高分子材料概论

（第二版）

王慧敏　等编著

中国石化出版社

内 容 提 要

本书简要介绍了高分子科学和高分子材料的基本知识，全面介绍了塑料、橡胶、纤维、涂料、胶黏剂等高分子材料以及高分子材料的加工、利用，并专章介绍了功能高分子材料、油田高分子材料、高分子合金、高分子材料的回收等。本书既有广度，又有一定的深度。

本书既可以作为化工、轻工、高分子材料学科的大学本科生基础教材，又可以作为有关工程技术人员的参考书，是普及高分子材料科学知识不可多得的读物。

图书在版编目（CIP）数据

高分子材料概论／王慧敏等编著. —2版. —北京：中国石化出版社，2010.8（2018.9重印）
ISBN 978-7-5114-0556-2

Ⅰ.①高… Ⅱ.①王… Ⅲ.①高分子材料 Ⅳ.①TB324

中国版本图书馆CIP数据核字（2010）第163899号

中国石化出版社出版发行

地址：北京市朝阳区吉市口路9号
邮编：100020　电话：(010)59964500
发行部电话：(010)59964526
http://www.sinopec-press.com
E-mail：press@sinopec.com
北京科信印刷有限公司印刷
全国各地新华书店经销
*
787×1092毫米 16开本 16.75印张 421千字
2018年9月第2版第4次印刷
定价：36.00元

前　言

《高分子材料概论》第一版由中国石化出版社于2003年出版发行。该书是基于由烟台大学化工系虞乐舜教授牵头，韩冬冰教授、任万忠教授等共同承担的山东省教学科研项目“化工专业课程体系和化工工艺学教材研究”。这个教学科研项目是对工程教育和工程基础教育，包括化学工程与工艺、高分子材料化工、生物化工、环境化工等大化工专业的课程体系做的规划研究，项目获得山东省教学研究二等奖。

《高分子材料概论》作为新生在入学后最先接触到的一门工程和工艺的基础入门课，目的是让工科学生更早地接触工科知识和工程基础。实践证明，该书出版七年期间，深受读者的关注和喜欢，获得烟台大学于维纮出版基金的支持，并获中国石化出版社优秀教材等奖项，同时也得到了其他院校高分子专业同行的欢迎，大家也提出了很多宝贵的意见和建议。

高分子材料学科很年轻，但充满活力，在当今能源工程、信息工程、生物工程和材料工程这些被称之为文明大厦和未来进步的“四大支柱”中，占有重要的地位，其实在另外三个支柱的发展中也一刻离不开材料，甚至一刻也离不开高分子材料。正是因为它年轻，藏在深闺人不识，因此有必要普及高分子材料的知识。这本书无疑是一本入门的读物。什么叫入门？入门不等于钻进去，更不等于钻得很深，而是入门时给读者、或者说是“高分子材料公园”的游客们，在“门口”看一张“导游图”。这个图力求做到总揽全局，简练又不失深度，全面又不失重点，点面结合，深浅相得，既有科学又有工程，既可以以此深钻下去，细细“游览”，也不妨看一看略知一二，作为知识储备。

作为一本教材，要有足够的信息量，要有新的知识。该书出版七年多了，这些年来科学技术有了迅速的发展，产生了许多新知识，原书内容有许多要提高和完善之处。为此，在出版社和广大读者以及同行的支持下，该书修订再版。

本书在坚持第一版所强调的特色上，重写和增加了一些新的内容和章节，对第一版的有关章节进行了增减和整合。本书第一章、第三章的第六节、第六章、第七章部分内容由韩冬冰编写，其他由王慧敏完成。在修订过程中，得到东北石油大学等兄弟院校支持，派出得力教师参与其中。本书第八章油田高分子材料由舒静编写。

修订后的《高分子材料概论》一书，不失第一版的体系，同时内容更紧凑、更贴切现代高分子的发展，更适合作为高等院校与高分子有关专业的入门教材，同时可以作为相关专业的参考书。

编　者

目　录

第一章 认识高分子

在我们的周围，高分子无处不在。当我们一觉醒来，睁开眼一看，我们的床，桌子，椅子，床头的灯罩，导线的包皮，床头的方便开关，电视机的外壳、冰箱的涂层；电脑的机壳、屏幕；窗上的玻璃，旁边一泻到地的窗帘；窗外的绿树、红花，飞舞的蜜蜂；我们穿的衣服，盖的被子，穿的袜子、拖鞋，吃的早点面包，用的电话，坐的汽车其轮胎、外壳涂料、内部衬垫、装修材料；地上的岩石，泥土，混凝土的楼房……都含有多种高分子。

第一节 什么是高分子

一、高分子的定义

尽管我们生活在高分子的世界里，真的要给高分子下一个定义，也不容易。

通常定义是分子量(现称相对分子质量)大于 10^4，即分子量超过 1 万的分子叫高分子，实际上有时七八千分子量也是高分子，再小一些也许还可以叫高分子。高分子的“高”，可能又来于另一个字源。与“高分子”对译的英文名词有两个，一个写作“macromolecule”，直译是“大分子”；另一个写作“high polymer”，直译为“高的聚合物、高级聚合物或高聚合的聚合物”，简称“高聚物”，汉语成了“高分子”，也许是“高聚物大分子”的简称。

仔细推敲，这 macromolecule 和 high polymer 还是有区别的。按照 IUPAC(国际纯粹化学和应用化学协会)命名法委员会的规定，这后一个英文词汇，指的是组成单元相互多次重复连接而成的那种物质(东西)；前词指的是不一定有规律或者虽有规律但未必老是重复的单元，反正是分子量很大的东西，诸如酶、胰岛素之类大约这样称呼较好。在汉语里有时不分，统称为高分子，很少有人叫“大分子”的。对于那些多次重复单元连接成的物质(high polymer)常常叫高分子，有时叫聚合物、聚合体、高聚物、高聚体等，通用的叫法是“高分子”或高分子物质，有时也有人称为高分子材料。其实，材料另有定义(下一章介绍)，但叫惯了，似乎也可以理解。高分子物、高分子物质应与高分子材料加以区别。

大多数情况下，人们研究的“高分子”，指的是那种 high polymer，有时用 polymer，即指那些有固定的链条单元(也许不止一种单元)，这些单元又多次重复或有规律重复出现而分子量又足够大的分子。例如三聚甲醛、多聚乙二醇等，它们有单元重复出现，可是它们不是高分子，因为其分子量不足够大。那些分子量足够大，可是不大好找重复出现单元的 macromolecule，往往在其他领域(如生物学、天然物质化学等)研究，不大归于“高分子”这个学科。还有一些物质，也可以找到重复单元，以一定形式连接，分子量也足够大，如水晶、硅酸盐之类，但也不在“高分子”这个学科。它们被人类发现和研究得较早，当时还没有高分子这个名词，现在硬要改过来似乎也无必要，已独立成为一个学科分支。现今有人把它们划于“无机高分子”，但支持者不多。

二、高分子的分类

任何一个分类方法都是人为的。人们总认为他们的分类符合科学，实际上，并非如此。

因此采取折衷的做法，就是按许多方法、许多标准来分类。分过来合过去，意义并不重要，但对想了解高分子的人，还是应当了解一下各种分类的说法。

按生物和生命活性来分，则有生命高分子和非生命高分子之分。生命高分子并不全指生物体内制造出来的高分子，而只特指其中的控制化学反应、遗传、信息等生命功能的高分子。可见，生命高分子基本不随时间地点和个体而转移。非生命高分子则不尽然。

按天然和人工制造的途径划分为天然高分子和人工合成的高分子。

这又出了一个问题，改性的天然高分子算哪一类？改性不等于形状的改变，如纤维素变成纸，只是用化学或其他方法改变性能和物状，因此又分为以下三类：

- 天然高分子
- 天然产物改性的高分子
- 人工合成的高分子

按高分子链条的主链条来看，通常可以分为无机高分子和有机高分子。

这又有问题了，比如主链是碳，而此外所有原子都不是 C 或 H，算无机物还是有机物？比如主链不是碳可是和主链上原子连接的全是烃基团，算无机还是有机高分子？于是又折衷，增加一个类别，叫半无机高分子。

- 有机高分子
- 无机高分子
- 半无机高分子

还可以按高分子主链条的原子种类来分：

- 有机高分子
  - 碳链高分子
  - 碳杂链高分子
- 非碳链高分子
  - 无机高分子
  - 半无机高分子（元素有机高分子）

如果按高分子链条和主体的微观结构划分又可以分为：

- 线型高分子
- 梯型高分子
- 网状高分子
- 立体交联高分子
- 交叉穿插高分子
- 高分子合金

以上各种分类法又被天然的高分子和人工合成的高分子分类法所涵盖，有机高分子中有天然的、合成的和改性的几种；无机高分子中也有天然的、合成的和天然产物改性的几类。

天然的有机高分子一般是生物体制造的，包括维持形态的一种，如肌肉、骨皮毛爪、纤维素、细胞壁等；还包括另一种具有生命功能的，如酶类，则又是生命高分子。

天然无机高分子大约是地球从熔融态冷却下来就存在的，如云母、水晶、岩石。实际上，天然无机高分子也在“生长”，晶体也在变，有没有生命尚不得而知。合成的有机高分子、半有机半无机高分子，又可以按高分子链条来分成若干种。总之，分类只是粗略的，不很准确的。

高分子按使用形态划分可分为橡胶、塑料和纤维，随着使用形态的扩展，又可以增加许多形态，一般分类为：

塑料
橡胶
纤维
涂料
胶黏剂
其他

这种分类方法又与材料的分类相交叉，很难把用作材料的高分子物和材料本身截然分清。如果按用途分则可以分类更多、更细。

本书介绍的主要是人工合成的高分子和部分天然高分子改性的半人工合成的高分子，而且以有机高分子、半有机高分子为主，不包括一些人工合成的无机高分子，比如玻璃、硅酸盐、陶瓷等。实际上这些物质通常人们也不叫它们高分子，而叫无机非金属材料。所以，高分子这个概念几乎狭窄到仅指人工合成的有机高分子，包括少数无机和半无机高分子以及部分改性的天然高分子。

第二节　高分子科学发展的历史

一、高分子的利用、改性和合成的发展

1. 天然高分子利用

天然高分子从古代就被人们发现并利用。在利用过程中，人们不断改进加工技术，将竹、木、棉、麻、丝、皮、毛等用于建筑、工具、用品、纺织、造纸、制衣制革、防寒制品等，把植物体内的“树脂”(树流出的油脂)用于涂料、胶黏剂、药物和溶剂等等。

2. 天然高分子改性的早期成果

天然橡胶的改性是由于发现了橡胶的硫化。起先人们用天然胶乳炼制成固体生胶后，要寻找它的溶剂，用于涂层防水。从1763年至1823年，先后有人发现了松节油、乙醚、石脑油可以溶解橡胶，但涂布后热黏冷脆开裂。到19世纪30年代，许多人想用当时已知的先进炼钢技术，用炼制“合金”的方法来使橡胶变成“合金”，提高强度。于是他们将许多物质，如焦炭、石灰、滑石、硫黄、酸、碱、油等，添加到橡胶中，或煮或熬或加热或搅拌，不知做了多少试验，费了多少精力，屡遭失败。1839年侨居美国的英国人固特异(Goodyear)把硫黄加入到已经燃烧的橡胶中时，发生了激烈反应，放出大量窒息性气体。后来，他再进入实验室，偶而发现忙乱中撒在试验台上发黑的橡胶，加热时不发黏，高温下尚存弹性和强度。他从废物堆里找回丢掉的橡胶，研究了它的性能，分析那种难闻的窒息性气体是硫黄在空气中燃烧所致。他继续工作，研究隔绝空气、添加硫黄的最佳配比等，终于取得成功。1844年他获得硫化橡胶的专利。1858年在法国举行的工业展览会上，硫化橡胶得到了推广应用，固特异成了公司总裁，橡胶销量从1824年不到100吨，上升到几千吨。

1832~1845年，人们发现用硝酸处理洁净的纤维素，能得到硝化纤维，但难以加工。到1872年，有人发现加入樟脑后，硝化纤维易于加工，做成了叫“赛璐珞”的塑料。1884年用来制作照相底片、电影胶片。它应用极普遍，可制台球，还用来制假牙、梳子、刀柄、镜框、镜架。做衣领可以防水、又不打褶，成为畅销品，但极易燃烧。

1855年，法国人奥德马尔把硝化纤维溶解在乙醇-乙醚混溶液中，将溶液通过毛细针管挤到空气中，溶剂挥发后得到一根人造丝，实现了人类多少年来的梦想。但由于硝化纤维易

燃易爆，无法应用。1883~1884 年，英国一位学徒出身的业余科学爱好者，用硫化铵溶液对硝化纤维脱硝获得成功。1884 年法国人查东耐特将硝化纤维用细孔制成人造丝，并于 1891 年建厂，日产约 50kg。

1857 年德国人施韦策(Schweizer)发现纤维素可溶于铜氨液中。到 1890 年，德国人研究发现这种溶液遇到水、碱、酸，又能再生出纤维素来，利用这个原理生产铜氨再生人造丝，1899 年建厂。1900 年英国建成年产 1000t 的人造丝厂。1911 年改进凝固浴，使丝质大大改善。从此，以制备纺丝液—纺丝成形，凝固牵伸—后处理，形成完整工艺，其基本原理沿用至今。

3. 合成高分子的诞生与发展

早在 1872 年，德国的拜尔(A. Bayer)就提到苯酚和甲醛在酸性介质中反应形成树脂状物质，树脂可熔可溶，但未引起注意。因为当时人们追逐和好奇的是合成各种低分子物质，结晶提纯测定物理性质，研究其性质。而这种树脂状物质是合成低分子物的障碍。到 1891 年，有人用浓硫酸催化得到不熔不溶的多孔物质，仍然因为无法提纯结晶而放弃研究。直到 1907 年，在英国工作的比利时人贝克兰德(Baekeland)在前人基础上深入研究苯酚与甲醛的反应，指出在不同条件下，可得到两类树脂，一是酸催化下生成可熔可溶的，称虫胶代用品；另一个是碱介质中生成不熔不溶树脂。他准确提出了控制反应的三个阶段，A 阶段是开始阶段，生成物可溶可熔；B 阶段生成软而不溶物；C 阶段则生成不熔不溶产物。在第三阶段之前加入木粉，能提高韧性。他先后发表 119 篇专利，并有“热和压力”作为加工技术的专利。这是人类历史上第一个完全靠化学合成方法生产出来的树脂，命名为“Bakelite”。1907~1909 年投产，1910 年建成日产 180kg 的工厂，用作电气绝缘材料。其在中国的俗名叫“电木”。1925 年技术改进由一步法改成现在仍采用的二步法。20 世纪 30 年代，酚醛树脂的应用，全面突破进展，产量已有二十多万吨，1932 年世界上第一个塑料外壳的黑色电话机问世，所用塑料就是酚醛树脂。

20 世纪 30 年代，由于合成氨工业的发展，许多人对高压合成十分有兴趣。1933 年英国 ICI(帝国化学公司)的鲁宾逊建议用乙烯和苯甲醛作超高压反应，在 1000~2000atm(1atm=101325Pa)、170℃反应未获结果，只发现在容器壁上附有蜡状物。1935 年又进行了乙烯的高压试验，由于密封不好漏掉了乙烯，压力下降，补充乙烯后，出乎意料，却获得了 8g 粉末，这就是聚乙烯。分析原因可能是补充乙烯时，补充了微量氧气。1936 年获得专利，1939 年英国建立了高压聚乙烯的工厂。聚乙烯作为电缆料用于军事上，美国的杜邦公司和 UCC(联合碳化物公司)在第二次世界大战时投产。德国也在研究乙烯高压合成，到 1944 年达到中试规模。50 年代初高压聚乙烯年产已达十多万吨。

1950 年起，世界上有三个试验组在研究烯烃低压聚合方法。德国的齐格勒(Ziegler)在 1953 年用三乙基铝和 $TiCl_4$ 搭配，使乙烯常压下聚合，这使科技界十分震惊也使人们豁然开朗，破除了对“科学”的迷信。齐格勒催化剂也有了一系列品种。到 1969 年，比利时人研究“第二代”催化剂，活性又提高几百倍。

1954 年，意大利的纳塔(G. Natta)将齐格勒催化剂中 $TiCl_4$ 改为 $TiCl_3$(结晶态)，用于丙烯聚合，获得整齐的“等规聚丙烯”，高熔点、高结晶度。纳塔用类似的方法聚合了苯乙烯和其他 α-烯烃。

在这之前，聚氯乙烯的研究十分活跃，二次大战中，美德都制定了大规模生产计划，在 1943 年产量各自接近 4 万吨。美国和德国分别在 30 年代工业化生产聚苯乙烯。

1927～1931 年间，美国和德国先后生产有机玻璃，在 40 年代开始生产水溶性聚丙烯酰胺。1938 年发现四氟乙烯的聚合，1950 年美国杜邦公司正式工业化。

1900 年以后对天然橡胶的结构研究取得进展，人工合成橡胶登上历史舞台。第一次世界大战时，德国用二甲基丁二烯制造合成橡胶，实现了工业化。由于当时没有研究好的工艺路线和条件，要在 30～35℃下聚合 6 个月。1916～1918 三年间德国生产了 2000 多吨甲基橡胶。

1925 年，前苏联设计了第一个制造丁二烯的工厂，1931 年制成丁钠橡胶中试厂，同年建设了几个大型工厂生产丁钠橡胶。德国和美国先后开发并投产的有丁苯橡胶、丁腈橡胶，仅 1942～1944 年间，美国和加拿大建有三百多家厂，生产 100 多万吨丁苯橡胶。同时期美国研制并投产了聚硫橡胶和氯丁橡胶、丁基橡胶。50 年代由于齐格勒和纳塔的定向聚合研究，丁钠橡胶被定向聚合方法取代，同样用丁二烯为原料，通过定向聚合得到了性能优异的顺丁橡胶。1954 年美国聚合异戊二烯生产所谓合成天然橡胶。

1912 年德国的克拉特获得人工合成聚合物制取纤维的第一个专利，是聚氯乙烯纤维，但未能工业化。到 1934 年改进后，将聚氯乙烯补充氯化，称过氯乙烯，制成氯化聚氯乙烯纤维，投入市场。

1927 年，美国杜邦公司推进基础研究，负责开发研究的是 32 岁才思敏捷的卡罗泽斯(W. H. Carothers)，研究聚酯、聚酰胺合成与纺丝。1935 年，尼龙 66 纤维投产，杜邦称他们合成了比蜘蛛丝还细、比钢还强的丝，到 1939 年大规模工业化。与此同时，德国生产了另一种聚酰胺纤维——尼龙 6。卡罗泽斯还用脂肪族聚酯纺丝，但这些丝没有实用价值，熔点偏低，易于水解。1941 年英国温费尔德(R. Whinfield)和狄克逊(T. Dickson)提出以芳香二元酸代替卡罗泽斯使用的脂肪酸，得到熔点 250℃以上的缩聚产物，申请了专利。由于战争，专利 1946 年才发表。1950 年英国开始生产这种纤维(中国名称涤纶)，到 1972 年产量已超过尼龙，占合成纤维首位。

1935 年，合成耐油的丁腈橡胶后，同时就有人研究用聚丙烯腈纺丝，1942 年找到了二甲基甲酰胺(DMF)是其良好的溶剂，1944 年开始建厂，到 1950 年正式大规模生产，这就是腈纶，俗名人造羊毛。1931 年就有人用聚乙烯醇生产纤维的研究，得到的纤维是水溶性的，到 1939 年，日本樱田一郎和朝鲜李升基共同提出热处理和缩甲醛化，1941 年建成中试厂。1949 年，日本高分子化学协会命名为“维尼纶”。

20 世纪六七十年代之后，高分子合成业蓬勃发展，新的产物和新工艺层出不穷，合成了各种特性的塑料，如聚碳酸酯、聚砜、聚酰亚胺、氯化聚醚、聚吡咙、聚氨酯、环氧树脂、聚苯、聚甲醛、聚苯硫醚等等；合成了液体橡胶、热塑性橡胶；合成了芳纶耐高温特种纤维、特种涂料、胶黏剂，使高分子合成的产品成为国民经济与日常生活不可或缺的材料。

4. 高分子材料的工程化、功能化和向深度广度的发展

短短几十年时间里，高分子的合成吸引了千千万万的科学家、工程师和技师，人们先后合成了数以万计的高分子化合物，但实现工业化的大约不足十分之一，而为人类广泛使用的高分子则不过上百种而已，其中受人们青睐的高分子几乎屈指可数。究其原因不外乎是单体不易合成或单体合成、分离提纯的成本太高，因而使聚合物成本上升；或者是合成的高分子在工程实施上尚有困难；或者是这些高分子只有理论意义，缺乏实用价值；或者是这些高分子的性能，虽有某些优点，但仍有许多目前不可克服的缺点；或者是这些高分子的综合性能尚不足以取代目前大规模生产的高分子，其性能-价格之比值不足以取代现有的材料。

因此，近一二十年间，绝大多数人致力于已有的高分子的改性、补强、低廉化和功能化。对实验室报道的合成高分子和新开发的高分子则投入力量尽快实现工业化。

高分子合成出来是作为材料而使用的，因此，原料的来源，合成工程和技术的实施，性能和价格是人们普遍关心的。对于被称为“通用塑料”或“通用橡胶”的大宗产品，则致力于研究它们的接枝、共聚、补强、共混、合金化以提高它们的机械性能，或得到透光、抗冲、耐寒、耐热、阻燃、抗裂、耐候等性能，使它适合作为工程材料，称为通用材料工程化；而对于特种材料、工程材料，则致力于高性能化研究。方兴未艾的是发展高分子合金，改进合金化的路线和技术是技术开发的热点。

此外，废高分子材料作为第二次资源的利用，单体合成技术的开发和优化，加工方法的改进和研究，正在高分子产业中蓬勃开展。

二、高分子学科的产生发展和进步

从19世纪中叶到20世纪20年代，人们对天然高分子的改性以及用二烯烃合成橡胶，生产酚醛树脂，取得了显著成果，但对高分子的概念以及这些物质的结构都不甚清楚。

虽然，这时已确认淀粉具有$(C_6H_{10}O_5)_n$的通式，而且其水解产物是葡萄糖，但人们认为它们是靠分子力或部分价键聚集在一起的，对天然橡胶也这样认为。尽管已经肯定了异戊二烯，但仍解释是它们二聚成环，一环一环地聚集吸引在那儿。人工合成的酚醛树脂，学者们认为是由6个苯环和7个甲醛组成的一个大环。

德国化学家斯笃丁格(H. Staudinger)提出了《关于聚合反应》的论文，指出淀粉、橡胶等不是多元环的缔合、聚集而是共价键结构的长链高分子。到1924年，他在大量试验基础上，例如把天然橡胶加氢处理，可能破坏原设想的“环”，但仍然得到胶体，于是明确提出天然橡胶分子是高分子量的大分子。但当时绝大多数人仍坚持是环缔合结构。1926年秋，德国召开“自然科学研究者会议”，大家都主张纤维素、淀粉、橡胶是低分子环式结构，只有斯笃丁格孤军奋斗，坚持高分子说。会后，他和他的同事们进行了艰苦的实际工作，他用端基法求得了化学分子量，用渗透压法求得分子量，并建立了黏度法求分子量的方程，三种方法测得分子量都在10^4这个数量级。这期间许多科学家也研究了纤维素重复单元长度，大约为1.03nm，远远大于葡萄糖基元的长度(2倍以上)等等。

4年过后，德国以“有机化学与胶体化学”为题召开了胶体学会年会，会上，斯笃丁格、马克(Mark)、米易(Meyer)等都以高分子说的支持者作了报告，坚持低分子说的只有赫斯(Hess)一人了，高分子说取得了胜利。斯笃丁格又发表了黏度法测分子量的方程，确定了斯笃丁格常数，高分子进入定量测定阶段。1932年他发表了高分子化合物的总结性论著，高分子学科奠基了，斯笃丁格名垂史册。1953年，他登上了诺贝尔化学奖的领奖台，在受奖演讲中，曾详细动情地回顾了高分子学科奠基的这一段历史。

1929年开始，卡罗泽斯研究了一系列的缩合反应，合成了聚酰胺、聚酯。他严格控制原料配比，远远超过一般有机合成的要求，发现了缩合反应的规律，研究了控制交联凝胶点的方程。曾经当过卡罗泽斯助手的弗洛里(P. J. Flory)于1939年总结了一系列缩合反应，提出了等活性假设，建立了缩聚方程的定量关系式，称弗洛里方程。至此，缩聚反应就可以被人们掌握了，此后，一系列特殊性能的缩合反应聚合物相继问世。

从1934~1940年，一系列分子量测定的方法出现。斯笃丁格的分子量与黏度关系的方程得到改进，终于建立了$[\eta]=KM^{\alpha}$这个最广泛的分子量测定方法(黏度法)，其中贡献最大的是弗洛里，同时，渗透压法、光散射法以及高分子溶液的性质的研究都很快取得了重要成果。高分子溶液理论得到进一步发展。

从1935~1940年间，乙烯类聚合物的研究推动了高分子学科的发展，研究了分子结构，证明大多数单体是头-尾连接的主链；研究了引发剂和诸因素。马克(Mark)和其他学者，于1935~1938年相继推导出聚合速度方程，于1938年得到实验证实。随后1941~1946年间，一些科学家又建立了共聚合方程，现代高分子学科的主要骨架已经相继构成。

从20世纪50年代之后，由于齐格勒、纳塔的"催化剂"研究，出现了定向聚合，使许多聚合物面目一新。其后又研究发明了离子型聚合，研究了其合成机理。高分子的研究方法在50年代后得到了飞快发展，研究了高分子微晶和单晶结构，用先进工具测定了宏观和微观的结构与性能。到60年代以后，为适应各行业的需求，以及冷战、空间技术等需要，特种高分子、功能高分子、生物医学高分子、工程塑料、特种涂料、航空航天材料、复合材料、高分子合金理论和实践上都取得了惊人的成就，聚合理论、聚合方法、测试手段、应用技术，从工艺到工程都有惊人的发展。20世纪末，美国丁·黑格、麦克迪尔米德和日本高分子科学家白川英树发现并研究了导电的高分子，为高分子学科又拓展了新领域。当代高分子技术成果研究成果和专著、资料十分丰富，高分子的学术会议、报告会议频频召开，高分子成为当今最活跃的学科之一。

进入21世纪，高分子化学与物理，高分子材料学科，高分子与环境科学等理论与实践相得益彰，材料科学和新型材料技术是当今优先发展的重要技术，与信息技术、生物技术鼎足而立，推动技术和社会的进步。高分子材料成为材料学科的重要分支，必将在新的世纪里令人刮目相看。到目前为止，获得诺贝尔化学奖的高分子学科的科学家有斯笃丁格、弗洛里、齐格勒、纳塔、黑格、麦克迪尔米德和白川英树。

第三节　高分子学科的术语和基本概念

一、有关高分子合成的概念

1. 单体

可与同种或其他分子聚合而生成高分子物质的那些低分子原料统称为单体。生成一种聚合物，可能就是一种单体，也可能不止一种单体。单体一般按聚合反应中的情况可分为4类。

(1) 含有不饱和键的烃及其衍生物类，如乙烯、苯乙烯、丙烯酸等。

(2) 一些环状化合物，如己内酰胺、环氧乙烷、环内酯、环醚等。

(3) 有两个或两个以上化学反应官能团的，如二醇、二异氰酸酯、环氧氯丙烷、二胺、二酸、三醇、二酸酐等。

(4) 隐性的多官能度单体，在反应中互相作用激活的，而有两个以上官能度的分子，如苯酚、二甲酚、甲醛、含硫双键低分子等。

2. 官能团和官能度

官能团又称官能基，在有机化合物中，表示同一族的特性，与其他化合物反应可生成化学键的活性基团，如羟基、胺基、羧基、卤代基等。官能团在生物体中的定义，是指酶的活性中心氨基酸上的活性基团，这部分定义与高分子合成关系不大。

官能度实际上相当于一个单体所含官能团的数目。这与单体参与的反应体系有关。严格定义应当是单体在某一个聚合反应体系中，实际上参加反应显示的官能团数目，叫做官能度。例如苯酚在与光气反应体系中显示一个官能团，而与甲醛反应，显示2~3个官能团，甚至4个官能团。二甲酚表面上只有1个官能团，实际上与甲醛反应或与O_2反应，则显示两个官能团。所以官能度与反应体系有关。

3. 本体聚合

不用溶剂只有单体本身和微量添加剂(常有引发剂、催化剂或其他)进行聚合的方法称为本体聚合。方法简单，产物较纯，能适用于逐步聚合和连锁聚合。在连锁聚合中由于黏度大，不易除去反应热，此外出料问题也必须研究解决。在逐步聚合体系中亦广为应用。

4. 溶液聚合

单体引发剂或催化剂溶解在溶液中进行的聚合反应称为溶液聚合。黏度较低，反应热易于散去，反应平和，好控制，分子量较均匀，适合于实验室研究和直接使用溶液的场合，如纺丝、胶黏剂、涂料等。

5. 悬浮聚合

悬浮聚合以水为介质，加入分散剂，强烈搅拌下将单体和引发剂分散成小液滴进行聚合，是自由基聚合的一种方法。液滴内等于本体聚合。聚合热易于散去，温度好控制，分子量较均匀。为了使悬浮液稳定，往往添加稳定剂、pH值缓冲剂、消泡剂等等。

6. 乳液聚合

乳液聚合在水相中借助于乳化剂的作用，将单体分散成被乳化剂胶束包围的“油滴”，少部分单体分散在水中，大多数单体进入乳化剂胶束形成增溶液束。其引发剂不同于悬浮聚合，悬浮聚合引发剂是溶于单体的，这里引发剂通常在水中。引发剂自由基进入增溶胶束引发单体聚合。生成单体/聚合物胶粒，最终得0.05~0.2μm的乳液胶粒。若用油溶性引发剂，则同悬浮聚合。

7. 均聚合和共聚合

由一种单体进行的聚合反应称均聚，又叫均一聚合，聚合物相应称均聚物。

共聚合指由两种或两种以上单体进行的连锁聚合，得到的聚合物称共聚物。由两种单体参与的叫二元共聚，同理有三元共聚、多元共聚之说。共聚物里各单体形成的单元一般是不规则的(有少数有规则的)。在二元共聚物中，两种单体各自接成长链并相互连接的称嵌段共聚物；一种单体组成主要链，另一种单体主要是以支链形式时，叫接枝共聚物。注意，逐步聚合通常不止一个单体，但得到的聚合物不叫共聚物。

8. 逐步聚合

逐步聚合就是分步聚合的意思，通常指两个或两个以上官能度单体，通过官能团化学反应实现的聚合。其特点是，第一步反应有时叫预聚合，由两个单体或两个以上单体(碰撞几率大的单体)，通过化学反应变成二、三、四、五或六聚物，只要条件成熟，单体几乎很快消失(接近消失)，生成的低聚物具有同单体相同的官能团(度)。随着时间延长，它们之间继续反应，分子量逐步或成倍增大，聚合时间较长。逐步聚合一般分两类，一类叫逐步缩聚反应，在反应中，缩合去掉低分子物如水、HCl、NH_3、醇等；另一类叫逐步加聚反应，基于活泼氢的加成，不产生低分子物质，但它们“逐步”的特点是很清楚的。典型的高聚物如聚酰胺、聚酯、酚醛树脂、聚氨酯、环氧树脂、聚苯硫醚、聚碳酸酯等。

缩聚聚合是逐步聚合中常见的。所以，有一段时间人们甚至把逐步聚合误称为“缩聚”。缩聚聚合通常是两个单体，也可称“混缩聚”。如：

$$HO—R—OH + HO—C(=O)—R'—C(=O)—OH \longrightarrow HO—R—O—C(=O)—R'—C(=O)—OH + H_2O$$

或者生成

$$HO—R—O—C(=O)—R'—C(=O)—O—R—OH + 2H_2O$$

$$HO—C(=O)—R'—C(=O)—O—R—O—C(=O)—R'—C(=O)—OH + 2H_2O \text{ 等等}$$

生成的“低聚体”之间仍然有—OH 和—COOH，它们之间继续反应，生成高分子。

缩聚聚合也可能是一种单体，称为均缩聚，如：

$$H_2N—(CH_2)_5—COOH \longrightarrow H_2N—(CH_2)_5—C(=O)—NH—(CH_2)_5—C(=O)—OH$$

继续反应生成 $H\text{—}[NH(CH_2)_5—C(=O)]_n\text{—}OH$

特殊的情况是一些“内酰胺”，如己内酰胺，要以 H_2O 为催化剂，使环状物打开，成为 ω-氨基酸，再缩聚脱去水，形成高分子。

还有两个以上单体共同缩聚反应，叫共缩聚。

缩聚反应可以按生成高分子的结构分类，有线型缩聚和体型缩聚两种。前者如：

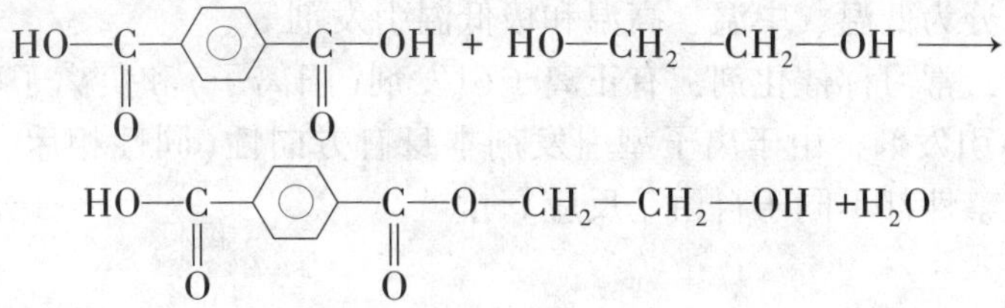

继续反应生成

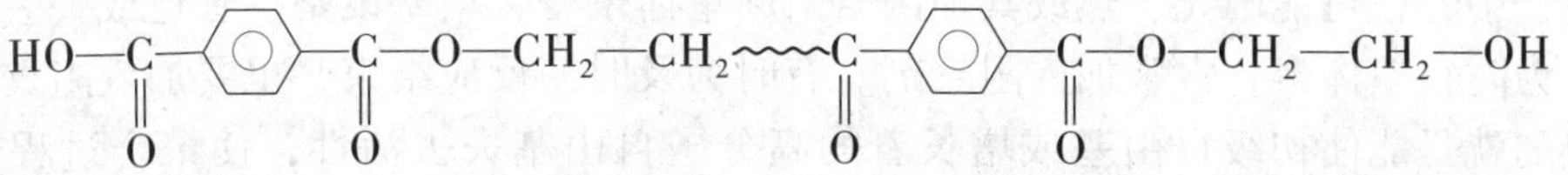

后者如 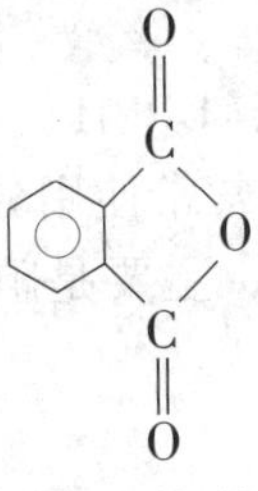 和 $HO—CH_2—CH(OH)—CH_2—OH$ 反应，大分子可沿着三个羟基方向生成。

逐步聚合中的“加聚”则不脱去低分子，典型聚氨酯合成

$$O{=}C{=}N—R—N{=}C{=}O + HO—R'—OH \longrightarrow O{=}C{=}N—R—NH—C(=O)—O—R'—OH$$

或者生成

$$O{=}C{=}N—R—NH—C(=O)—O—R'—O—C(=O)—NH—R—N{=}C{=}O$$

$$HO—R'—O—C(=O)—NH—R—NH—C(=O)—O—R'—OH$$

它们继续反应，或者 $\underset{\mathrm{O}}{\underset{\|}{\mathrm{C}}}=\mathrm{N}\sim\sim\sim\mathrm{N}=\underset{\mathrm{O}}{\underset{\|}{\mathrm{C}}}$ 与另外的 HO—R″—OH 聚合，生成高分子。

9. 连锁聚合

连锁聚合又叫链式聚合，其特点不是单体和单体先生成低聚物，而是一个单体首先被激活，形成活性中心，其余的单体一个一个地接连到这个活性链上。也就是说，单体一个一个地长到正在生长的高分子链上，使高分子变大，理论上讲直到反应结束都可能有单体存在。活性中心可能是自由基，也可能是正离子或负离子。前者称自由基连锁聚合，简称自由基聚合。后者称离子(引发)链锁聚合，简称离子(型)聚合，一般分为链引发、链增长、链终止三个步骤，聚合物的分子量并不一定随时间增加而增加，但时间加长提高单体的转化率。连锁反应的高聚物在产量上占绝对优势，常见的产物有聚乙烯、聚丙烯、聚氯乙烯、聚苯乙烯、聚丙烯腈、顺丁橡胶、乙丙橡胶、丁腈橡胶等。

10. 引发剂

容易产生自由基或离子活性种，用来“引发”单体反应的物质称为引发剂，有时也被称为或看成是催化剂。

自由基型引发剂利用光、热、氧化还原和其他能量产生初级自由基，分别称为光引发剂、热引发剂、氧化还原引发剂等等，不大叫催化剂。常用的有过氧化物引发剂、偶氮类引发剂和过氧化物与变价离子氧化还原引发剂。引发剂可分为油溶性和水溶性两类。根据引发剂的使用温度又可分为低温、中温、高温和极低温引发剂等。

离子型引发剂，常习称催化剂，有正离子引发剂(阳离子)和负离子引发剂(阴离子)以及配位离子(正负)引发剂，由于离子型引发剂本身有方向性(同性相斥、异性相引)，因此使链增长速度和规整性都不同于自由基反应。

11. 阻聚剂

合成高分子的单体，常常要用化工的方法精馏、提纯、精制，还要输送、贮存和运输。在这些过程中，很可能因光、热或其他因素引起单体聚合，堵塞设备、管道或失去单体的商品意义。为防止单体聚合常常加入阻聚剂。有时为及时使反应结束，也要加入阻聚剂。

阻聚剂就是能使初级自由基或增长着的高分子自由基失去活性，使聚合过程停止的物质。有些阻聚剂在聚合过程中起“缓聚”作用，抑制反应速率。

阻聚剂有自由基型和分子型，前者如2,2-二苯基-1-二硝基苯肼基胺(DPPH)，后者如苯醌、对苯二酚、甲苯胺、硝基苯、含硫化合物和变价金属盐等。工业上常常使用分子型阻聚剂。因此单体在加入引发剂聚合时，初期并不发生反应，称“诱导期”，主要是阻聚剂的作用。

12. 链引发增长、终止反应

(1)连锁聚合过程中，活性中心和第一个单体结合起来，形成包括单体结构在内的新的活性中心，这一步就叫链引发。链引发包括两个步骤，即引发剂分解为活性中心，活性中心引发单体形成新的活性中心。例如单体 M，引发过程是：

离子型：$AB \longrightarrow A^{+}+B^{-}$

$A^{+}B^{-}+M \longrightarrow A\text{-}M^{+}B^{-}$

自由基型：$I_2 \longrightarrow 2I\cdot$

$I\cdot+M \longrightarrow I—M\cdot$

(2) 链增长就是已经引发反应的活性中心，继续与单体反应，表现为链的迅速变

大，例如

$$A—M^+B^- + M \longrightarrow A—M—M^+B^- \xrightarrow{nM} A—MM—\cdots\cdots M^+B^-$$

或

$$I—M\cdot + M \longrightarrow I—M—M\cdot \xrightarrow{nM} I—MM\cdots\cdots M\cdot$$

(3) 链终止就是正在增长的高分子活性链，停止了增长反应，活性中心消失。

链终止方式很多。例如自由基聚合中，链终止方式有双基终止和单基终止，双基终止又有偶合终止和歧化终止，单基终止的因素较多，包括遇到杂质、碰到器壁和各种形式的链转移。

偶合终止简单表示为

$$\sim\sim M\cdot + \cdot M\sim\sim \longrightarrow \sim\sim M—M\sim\sim$$

歧化终止简单表示为

$$\sim\sim M\cdot + \cdot M\sim\sim \longrightarrow \sim\sim M' + \sim\sim M''$$

往往在结构形式上，自由基活性失去形成端基不同的大分子链，如歧化终止

$$\sim\sim CH_2—\dot{C}H(X) + \dot{C}H(X)—CH_2\sim\sim \longrightarrow \sim\sim CH{=}CH(X) + CH_2(X)—CH_2\sim\sim$$

离子引发聚合的终止，不可能出现双基终止，只能是单分子终止。正离子聚合中，一般活性向“反离子”转移而中止，如

$$\sim\sim CH_2—C^+(CH_3)_2\ AlCl_4^- \longrightarrow \sim\sim CH_2—C(CH_3)_2—Cl + AlCl_3$$

负离子活性聚合在没有外加终止剂时，则不发生链终止。当加入终止剂时，在终止的同时，可以获得端基是我们料想的高分子物，如

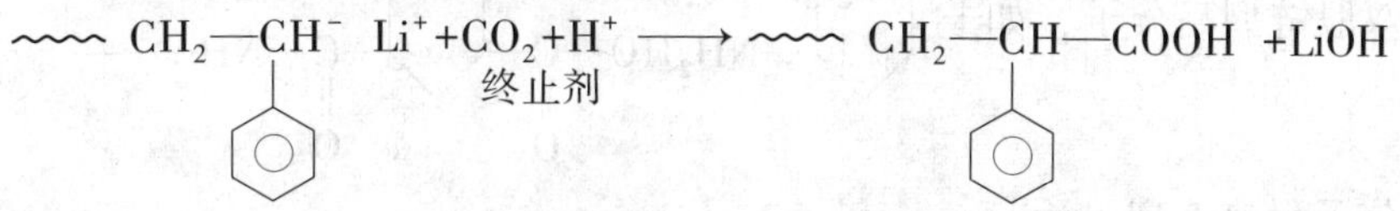

13. 链转移

正在增长的高分子活性链，与体系中的其他物质作用，使原活性中心停止生长，终止反应，而将活性转移到其他物质上，被激活的其他物质成为单体增长的新的中心。也就是说，链转移过程中，活性中心并没有减少，但原先增长的链不能增长了，而由新的活性中心，从头开始。因此，链转移是链增长的竞争反应。显然，链转移的结果，使分子量即高分子链的长度不是很长，可以控制它变得很长。链转移的对象较复杂，有如单体、引发剂、溶剂、杂质和已经停止增长的高分子或正在增长的高分子。如是转移到正在增长的高分子，则这个链就有两个中心，长出枝枝叉叉来。当然，链转移对象也可以是人为加入的“链转移剂”，如自由基聚合中常用硫醇，正离子聚合中常用水、醇、醚、酸等，负离子聚合中常用甲苯。

二、有关高分子形态结构的概念

1. 高分子链相关术语

合成的高分子是由许多重复出现的单元以化学键形成原子集合接连而成的，线状的高分

子其长度与横截面之比为$10^3 \sim 10^5$，类似于一条链子，形象地称为大分子链。这些重复出现的单元，形象地称为链节。构成大分子链骨架的主要链条称为主链。与主链相连接的次要分子链称为支链，有时叫侧链。

如果高分子链的侧链并不是很长的链条，也简称为侧基。侧基的概念比较宽泛，包括与主链碳原子相连的氢也可以叫侧基，但不常用。常用的侧基概念指与主链原子相连接的原子集合基团或较氢大的原子。侧基有时也叫“取代基”，似乎是取代了 H 原子的位置而得到的。例如主链碳原子上连接的氟，也叫侧基，更不必说连接的氯、羟基、氨基、乙烯基、苯环、羧基、酯基、长链烃基等等，它们有时也称取代基或侧基取代基。

高分子主链的端头，又称链端，把链端的结构原子团称为端基。合成的高分子链端的端基是什么形式，与单体、引发剂、溶剂或添加的分子量调节剂有关，取决于聚合过程的原理和引发终止的机理。不同的端基存在，可以影响高分子的性能。某些端基可以用来测定大分子链条的数目，一般用酸碱滴定方法，简称端基滴定法。由于高分子链都几乎在卷曲、蜷曲着，测定端基的距离、端末距或末端距，可以衡量高分子链的卷曲程度。

2. 高分子链形状的术语

线型高分子：又称线状高分子或线型高分子，是指主链无分支结构的高分子。

支链型高分子：又称分枝高分子、枝链高分子，是指主链有如树枝分支的高分子，或说带有相当长的侧支链的高分子。分枝有时不止一支。

交联型高分子：线型或支链型高分子，以化学键交联形成的网状或体型高分子。交联高分子的特点是线型或支链型高分子上有若干可以反应的基团，利用自身交联或加入交联剂进行交联。

梯型高分子：高分子链上的原子或原子团不是一个单链，而是两个单链，自身具有网格结构。又称双股链型高分子，如

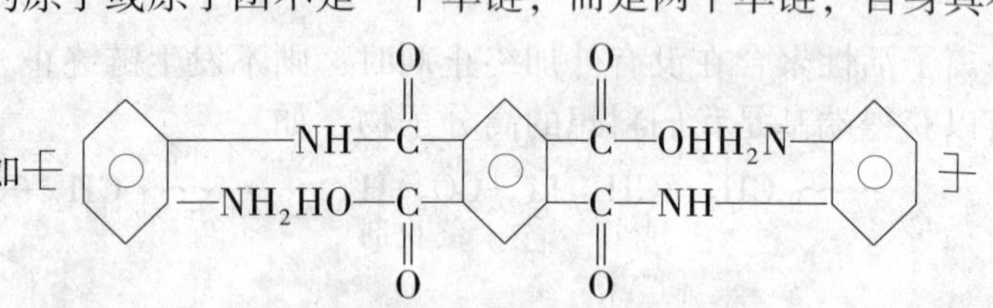

一般梯形高分子耐热性高。

梳状高分子：一般是接枝聚合物，多个线型支链同时接在一个主链上，形状似梳子。

3. 重复单元

重复单元又叫链节，有些资料和书上称重复结构单元。还是叫重复单元好，重复结构单元与结构单元用词类似，易于混淆。

重复单元是高分子链中反复出现或说重复出现的那部分最基本的原子集合结构，或说重复出现的最小的单位。

4. 结构单元

结构单元是组成高分子链的那些最简单的反复出现的结构式，这些结构式通常与合成它们的单体相似或相关。例如高分子～～ $CH_2—CH_2—CH_2—CH_2—CH_2—CH_2—CH_2$ ～～，它反复出现的“最小”的结构式，此处该是[CH_2]，但它却不能算是结构单元，因为[CH_2]并不与合成它的单体相似，合成它的单体是$CH_2=CH_2$，因而其结构单元应当是[$CH_2—CH_2$]。$CH_2=CH_2$和[$CH_2—CH_2$]组成原子相同，只是电子得失组成不同。因此，有人主张把结构单元称为“单体单元”，但“单体单元”与“单体”闹不清，使人误以为在高分子主链上还有“单体”似的。

有些聚合物分子中，这“结构单元”与“单体”一下子不一定判定出来，叫结构单元为“单体单元”，更显得不确切。如用单体 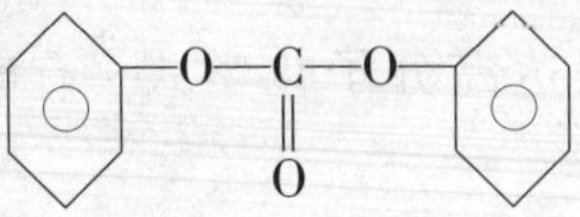 和 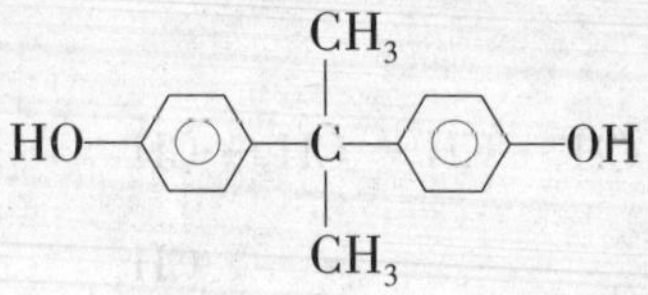 聚合，生成一种高分子，其主链上出现重复结构为

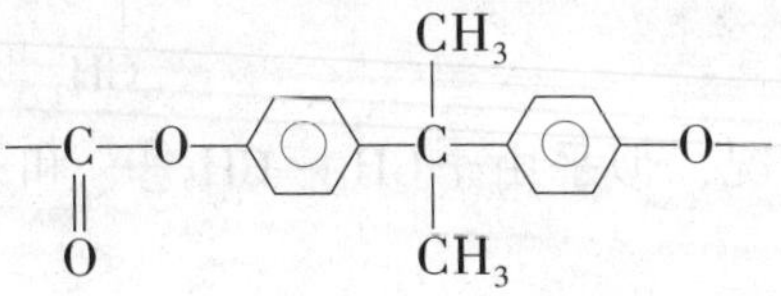

显然，这个重复出现的单元，不能算结构单元。因为这个结构和单体不相似，没有这种单体，这里就有两个结构单元[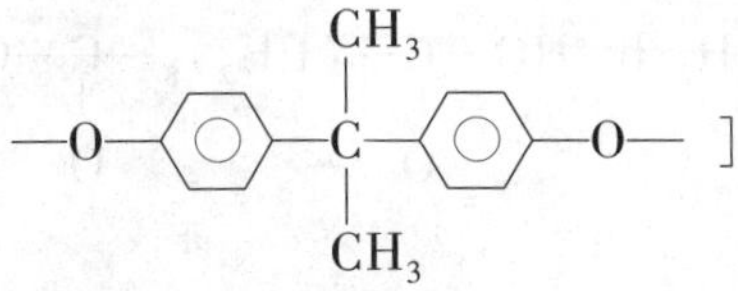]和[$-\underset{\underset{\large O}{\|}}{C}-$]。前者可以看出与一个单体有点像，但缺少了H原子；后者一个简直不好想像了，因此，叫“单体单元”不很贴切，还是使用“结构单元”这个概念好。

重复单元有时与结构单元是同一的，对于连锁聚合的均聚物来说，如

(1) 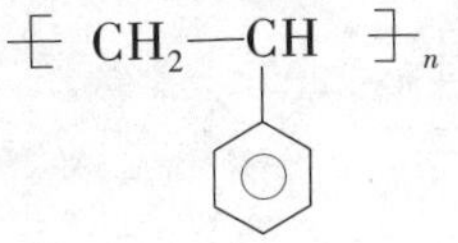　(2) $\left[CH_2-\underset{\underset{\large Cl}{|}}{CH} \right]_n$

(3) $\left[CH_2-\overset{\overset{\large CH_3}{|}}{\underset{\underset{\underset{\underset{\large O-CH_3}{|}}{C=O}}{|}}{C}} \right]_n$　(4) $\left[CF_2-CF_2 \right]_n$

结构单元分别是

(1) 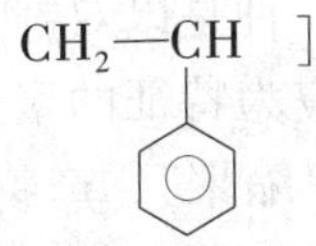；(2) [$CH_2-\underset{\underset{\large Cl}{|}}{CH}$]；(3) [$CH_2-\overset{\overset{\large CH_3}{|}}{\underset{\underset{\underset{\underset{\large O-CH_3}{|}}{C=O}}{|}}{C}}$]；(4) [CF_2-CF_2]。

重复单元与结构单元相同，而且与单体相似。

5. 高分子的表达化学式

高分子化学式常用$\left[\text{重复单元}\right]_n$这样的形式，或$\left[\text{链节}\right]_n$来表达。如 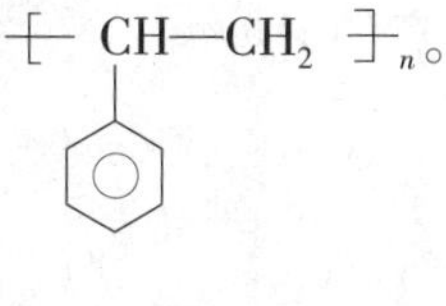。

注意，高分子表达式与重复单元和结构单元的表达有微小区别。

有时，一些高分子的重复单元不好找到，例如 $CH_2=CH_2$ 和 $CH_2=\underset{\underset{\large CH_3}{|}}{CH}$ 共聚合的产物，组

成复杂，不好说它们的重复单元是［ $CH_2—CH_2—CH_2—\underset{\displaystyle CH_3}{\underset{|}{CH}}$ ］，也不能用 $\left[CH_2—CH_2—CH_2—\underset{\displaystyle CH_3}{\underset{|}{CH}} \right]_n$ 来表达高分子化学式。有时采用结构单元来表达 $\left[(CH_2—CH_2)_a—(CH_2—\underset{\displaystyle CH_3}{\underset{|}{CH}})_b \right]_n$ 或者用 $\left[CH_2—CH_2 \right]_m \left[CH_2—\underset{\displaystyle CH_3}{\underset{|}{CH}} \right]_n$ 表达。

这种表示并不代表真实情况，似乎由 $\left[CH_2—CH_2 \right]_m$ 和 $\left[CH_2—\underset{\displaystyle CH_3}{\underset{|}{CH}} \right]_n$ 接起来一样，但作为权宜之计和习惯，还在使用着。

反过来，用 $NH_2—(CH_2)_8NH_2$ 和 $HO—\underset{\displaystyle O}{\underset{\|}{C}}—(CH_2)_8—\underset{\displaystyle O}{\underset{\|}{C}}—OH$ 聚合出来的高分子，却不能表达为

$$\left[NH—(CH_2)_8—NH \right]_m \left[\underset{\displaystyle O}{\underset{\|}{C}}—(CH_2)_8—\underset{\displaystyle O}{\underset{\|}{C}} \right]_n$$

而必须写成

$$\left[NH—(CH_2)_8NH—\underset{\displaystyle O}{\underset{\|}{C}}—(CH_2)_8—\underset{\displaystyle O}{\underset{\|}{C}} \right]_n$$

因为前者不是这类高分子链的实际情形，后者才是。

6. 聚合度

这是衡量高分子大小的一个指标，一般是平均值，为平均聚合度，简称聚合度，用 $\overline{DP}$ 表示。聚合度就是高分子链中结构单元的平均数目。

读者会在另一些文献中看到聚合度的不同的表述，比如一些教科书上这样说：“聚合度用 $\overline{DP}$ 表示，是分子链中重复单元的平均数目，这一般用于加聚物；还有一种以结构单元平均数目表征的聚合度，用 $\bar{X}_n$ 表示，常用于缩聚物中”。

在20世纪五六十年代，人们研究合成高分子的反应，分两种，一种是以双键加成聚合为特征的，称为“加聚”，产物称加聚物；另一种是以化学双官能团反应为特征的聚合，两单体之间，一般缩合失去一个低分子而键合起来，称为缩合聚合，简称“缩聚”，产物称缩聚物。后来研究发现，在以化学官能团（官能度）为特征的聚合反应中，也有不脱去低分子反应的属于“加聚”，因此，用“加聚”和“缩聚”来区分，不甚准确。现在一般把原先所指的双键加成聚合，以及一些开环聚合，以其反应特征，称为连锁聚合。化学官能团反应一类称逐步聚合，示意如下：

聚合方式
- 逐步聚合
  - 缩聚（逐步缩聚）——脱低分子
  - 加聚（逐步加聚）——不脱低分子
- 连锁聚合
  - 自由基聚合
    - 自由基均聚合
    - 自由基共聚合
  - 离子型聚合
    - 正离子聚合
    - 负离子聚合

缩聚反应不一定是两种不同的单体。同一种单体，如己内酰胺还有氨基酸也产生缩合聚合反应。而逐步加聚，则不大可能是只用一种单体。

但如果用重复单元表示聚合度，可以直观地从高分子的化学表达式中找到它，例如

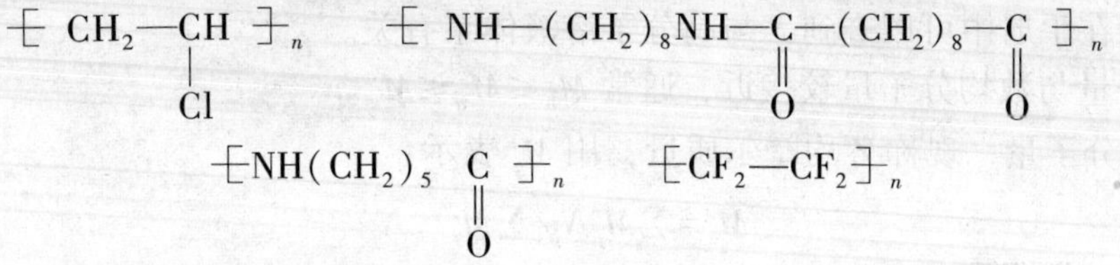

可以看出，上述各式中“n”就是聚合度，或者说，高分子化学表达式是由重复单元和聚合度表示的。早期确有此说。

然而，随着高分子聚合研究的开展，在逐步聚合中一般都以结构单元为研究对象，无论缩聚方程还是考虑原料配比，添加封头剂等计算的聚合度方程式，都是按结构单元计算的，因此，为不修正上述聚合度旧说，不得已，又造出另一个聚合度表达方式 $\bar{X}_n$，这就出现了两个聚合度，两个表述方式。无论计算或运用时，都会造成麻烦。即使用于“缩聚”产物，可有关系式 $\bar{X}_n = 2n$，但也不完全适用，如$\text{+}NH(CH_2)_8C(=O)\text{+}_n$ $\text{+}NH(CH_2)_{10}C(=O)\text{+}_n$ 聚合度就不等于 $2n$。

所以，笔者认为，对于上述旧说中的“加聚”反应，即连锁聚合反应来说，重复单元等于结构单元，何必拘泥旧说。聚合度的表述应以“结构单元平均数目”为确切，不要 $\bar{X}_n$ 这个符号，一律用$\overline{DP}$表示。

7. 分子量

高分子物的分子量，是高分子链中各原子的分子量之和。为运算方便，以结构单元分子量与聚合度的乘积来计算。

由于高分子的链长短不一，通常采用平均摩尔质量来表示，过去高分子学科称为“平均分子量”，就是指平均摩尔质量(为叙述方便，以下仍简称分子量)。

分子量是一个平均值，平均的方法不同，就得到不同的数值。

(1) 数均分子量　数均摩尔质量，用 $\bar{M}_n$ 表示

$$\bar{M}_n = \sum M_i X_j = \sum M_j \cdot N_j / \sum N_j$$

M_j 为某一分子(链条)的分子量；X_j 为摩尔分数；Nj 为分子(链条)数。

$\bar{M}_n$ 可由端基测定法，渗透压法，蒸汽渗透压法，沸点上升法等方法测定。

数均聚合度$\overline{DP}_n$ 表示为

$$\overline{DP}_n = \bar{M}_n / \bar{M}_o$$

$\bar{M}_o$ 为结构单元的分子量。

(2) 重均分子量　现称质均摩尔质量，用 $\bar{M}_w$ 表示：

$$\bar{M}_w = \sum M_j W_j = \sum M_j \cdot M_j N_j / \sum M_j N_j = \sum M_j^2 \cdot N_3 / \sum M_j N_j$$

式中，W_j 是分子量为 M_j 的分子所占的质量分数。

$\bar{M}_w$ 可由光散射法、小角激光光散射法测得。

(3) 黏均分子量　现称黏均摩尔质量，其测定最方便、应用最广泛，所以有时就用 $\bar{M}$

表示，为了区别，可用 $\bar{M}_\eta$ 表示。

只要实验测出特性黏度，就可以由下式求出 $\bar{M}$；

$$[\eta]=K\bar{M}^{\alpha}$$

式中，K 和 α 在手册中可以查到，与高分子溶液体系有关。

黏均分子量与数均分子量较接近，通常 $\bar{M}_n \leqslant \bar{M}_\eta \leqslant \bar{M}_w$。

(4) Z 均分子量　现称 Z 均摩尔质量，用 $\bar{M}_z$ 表示：

$$\bar{M}_z=\sum M_j^3 N_j / \sum M_j^2 \cdot N_j$$

可由沉降平衡法测得。

8. 分子量分布

分子量分布现在称相对分子质量分布。几乎所有的合成聚合物尺寸大小都是不整齐的，多分散的，分子量分布反映这种多分散性。可用分子量分布函数来描述。许多函数是经验公式。过去用分子量分级的方法提供多分散性的数据，繁杂费时，现代用凝胶渗透色谱法(GPC)可以快速可靠地表征。

9. 高分子溶胀和溶液

油或溶剂渗入固相的高分子内部，使高分子体积增大的现象称溶胀。高分子溶解在溶剂的过程中都有溶胀现象。有些高分子可以被溶解，有些则只发生溶胀而不能溶解。

高分子溶解在溶剂中形成均相，即为高分子溶液。高分子稀溶液以 5%以下为度，比 1%更小的叫极稀溶液，高分子链几乎可以在极稀溶液中呈近于孤立状态。浓溶液以大于 5%计，高分子在这种溶液中纠缠在一起。高分子在不同浓度下，行为和性质是不同的。

高分子溶液是真溶液。

三、高分子的命名

1. 系统命名法

1972 年，国际纯粹化学和应用化学协会(IUPAC)对线型有机聚合物提出系统命名法。规定准确写出高分子的重复单元，对重复单元命名，再在前面加一“聚”字，即为高分子的系统命名。

重复单元的写法有规定。对乙烯基聚合物应先写有取代基的部分，如 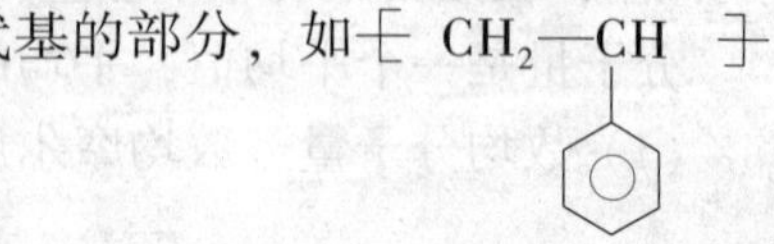、

⊱ CH_2—CH(Cl) ⊰就不符合规范，应写成 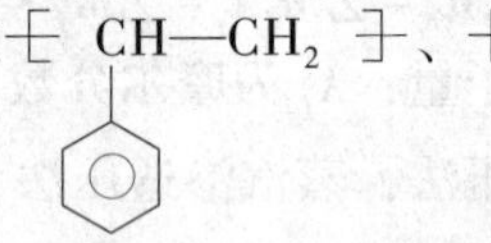、⊱ CH(Cl)—CH_2 ⊰，分别命名为聚(1-苯代乙烯)、聚(1-氯代乙烯)。

另一个原则是与其他元素连接最少的元素先写，例如我们用 CH_2 ═CH—CH ═CH_2 合成的橡胶，根据习惯一般都写成⊱CH_2—CH ═CH—CH_2⊰$_n$，这就不符合规定，而应写成⊱CH ═CH—CH_2—CH_2⊰$_n$，命名为聚(1-次丁烯基)。

又如，用 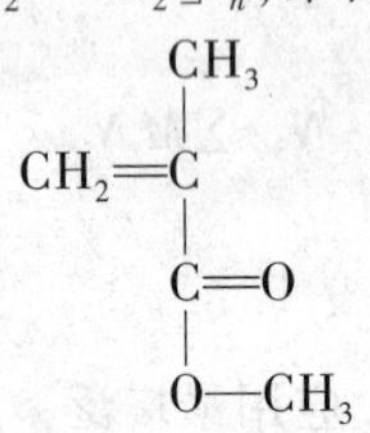（甲基丙烯酸甲酯）聚合的产物，写成 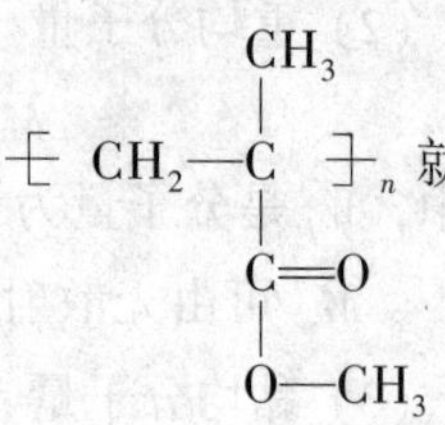 就不

规范，而要先写取代基多的那个原子。应当是：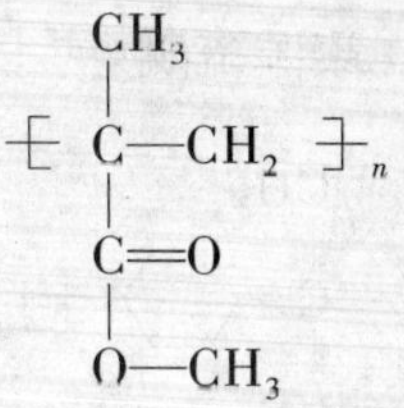命名为聚[1-(甲氧基羰基)-1-甲基乙烯]。

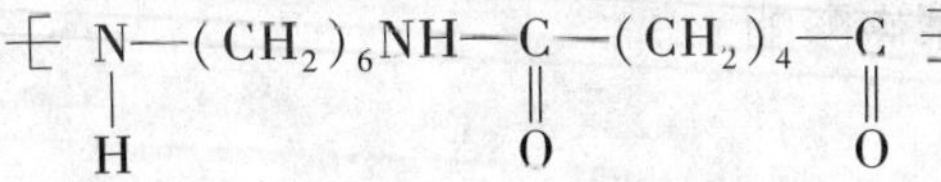命名为聚(亚胺基六亚甲基亚胺基己二酰)。

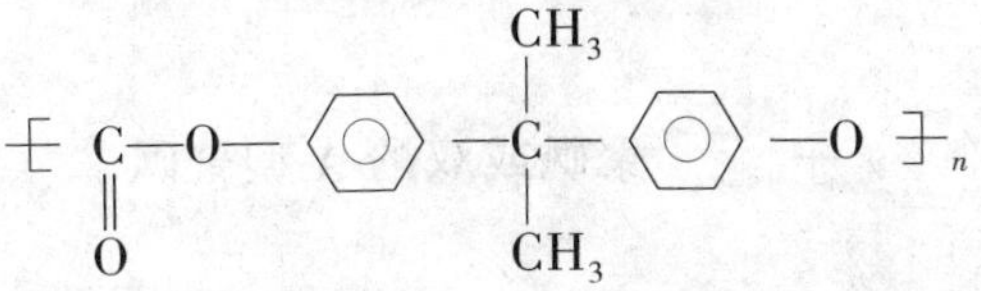这个写法观察结构单元方便，但不符合规定，而应写成

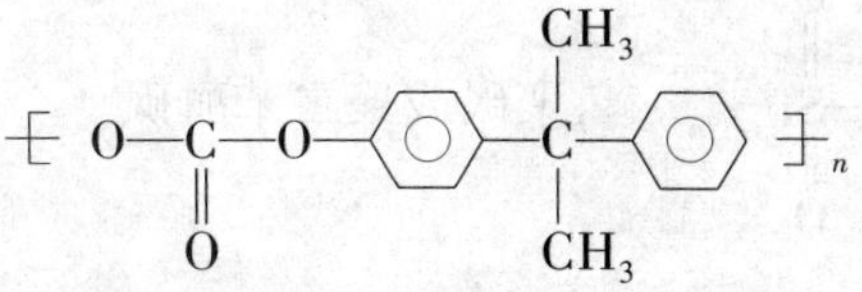

命名为聚(氧化羰基氧-1,4-苯基异亚丙基-1,4-苯基)。

IUPAC 并不反对使用以原料为基础的比较清楚的命名，但希望学术交流时尽量少用俗名。

2. 习惯命名法

习惯命名法又称通俗命名法，大致有下述几种原则：

(1) 以单体或假想单体前加一个“聚”字，这是最常见的，也是用得最多的命名法。如

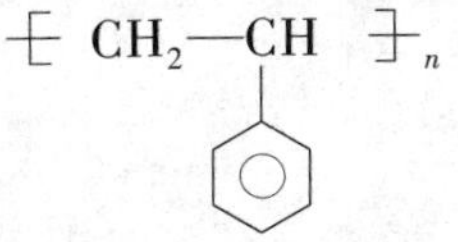 聚苯乙烯

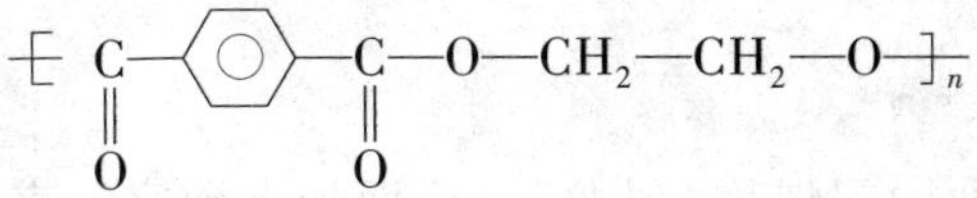 聚对苯二甲酸乙二(醇)酯

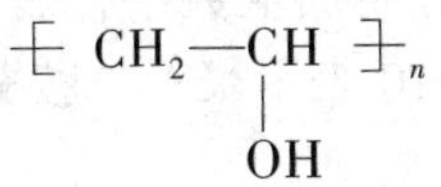 聚乙烯醇(这是假想单体)

(2) 单独或两种以上不同单体聚合，常取单体名称于前、后缀上“树脂”、“橡胶”等词，不用“聚”字，如醇酸树脂、脲醛树脂、酚醛树脂、氯丁橡胶、丁苯橡胶、三元乙丙橡胶。

(3) 以高分子的结构特征命名，常常是一大类聚合物的统称，如聚酯、聚醚、聚酰胺、聚氨酯、环氧树脂、聚砜等，若加以区别，可以在这些词汇之前或之后缀上一些单体的特征名称。

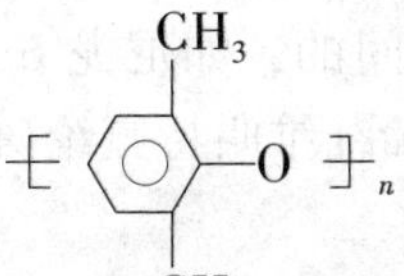 聚苯醚

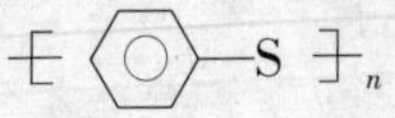

聚苯硫醚

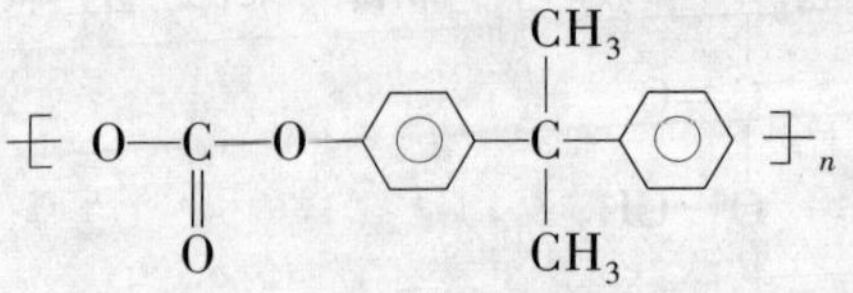

聚碳酸酯或聚双酚 A 碳酸酯

$$H\!\left[O-R-O-\underset{\displaystyle \overset{\|}{O}}{C}\right]_n O-R-OH$$

聚碳酸酯

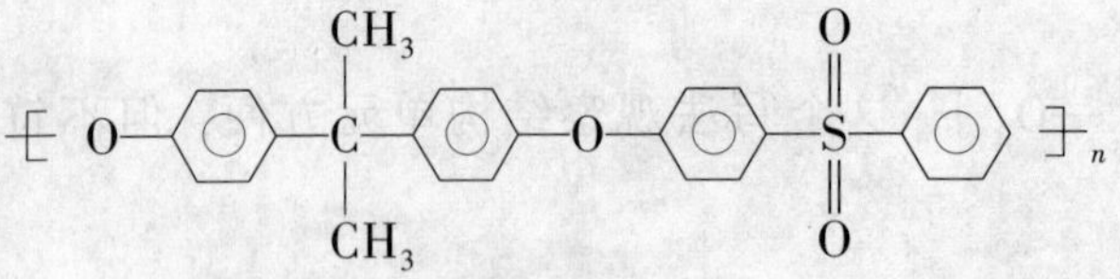

聚砜或双酚 A 型聚砜

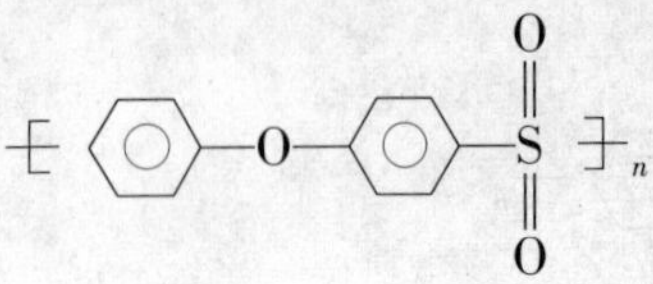

聚砜或聚二苯醚砜

$$\left[O-(CH_2)_4-O-\underset{\displaystyle \overset{\|}{O}}{C}-NH-(CH_2)_6-NH-\underset{\displaystyle \overset{\|}{O}}{C}\right]_n$$

聚氨酯

$$\left[NH-(CH_2)_9NH-\underset{\displaystyle \overset{\|}{O}}{C}-(CH_2)_8-\underset{\displaystyle \overset{\|}{O}}{C}\right]_n$$

聚酰胺或聚酰胺 910

$$\left[R-NH-\underset{\displaystyle \overset{\|}{O}}{C}-NH\right]_n$$

聚脲

$$\left[NH-\underset{\displaystyle \overset{\|}{O}}{C}-NH-\underset{\displaystyle \overset{\|}{O}}{C}-(CH_2)_x\underset{\displaystyle \overset{\|}{O}}{C}\right]_n$$

聚酰胺脲

（4）用商业习惯命名　聚酰胺在商业中习惯称“尼龙”，后面加上数字，表示二胺的碳数和二酸的碳数。如尼龙 66 表示聚己二胺己二酸酰胺，尼龙 910 表示聚壬二胺癸二酸酰胺，尼龙 11 表示聚十一酰胺。

合成纤维商品名喜欢后缀一个“纶”字，如氯纶，表示聚氯乙烯纤维；腈纶，表示聚丙烯腈纤维；氨纶表示聚氨基甲酸酯纤维；丙纶表示聚丙烯纤维。

3. 商品俗名

有许多高分子在日常使用中有商品俗名，如有机玻璃实际上是聚甲基丙烯酸甲酯，还有赛璐珞、电木、电玉(脲醛树脂)、塑料王(聚四氟乙烯)，太空塑料(聚碳酸酯)等。

还有一些介于商品俗名和习惯命名之间的，如尼龙 6 纤维又叫锦纶、卡普纶(译名)，聚乙烯醇缩甲醛纤维叫维尼纶，聚四氟乙烯纤维叫特氟纶(译名)。

4. 外文字母缩写法

外文字母缩写法又叫外文代号法。有些高分子材料名称太长、太繁，使用外文字母缩写一般比较简单，在同行业中很易被人掌握。许多缩写已广为人知，表 1-1 为部分高分子的英文全称和缩写。

表 1-1 部分高分子的英文全称和缩写

AAS	Acrylonitrile-acrylate-styrene	丙烯腈-丙烯酸酯-苯乙烯共聚物
ABA	Acrylonitrile-butadiene-acrylate	丙烯腈-丁二烯-丙烯酸酯共聚物
ABS	Acrylonitrile-butadiene-styrene	丙烯腈-丁二烯-苯乙烯共聚物
AES	Acrylonitrile-ethylene-styrene	丙烯腈-乙烯-苯乙烯共聚物
AMMA	Acrylonitrile-methyl methacrylate	丙烯腈-甲基丙烯酸甲酯共聚物
ARP	Aromatic polyester	聚芳香酯
AS	Acrylonitrile-styrene resin	丙烯腈-苯乙烯树脂
ASA	Acrylonitrile-styrene-acrylate	丙烯腈-苯乙烯-丙烯酸酯共聚物
BR	Butadiene rubbre	顺丁橡胶
CA	Cellulose acetate	醋酸纤维素
CAB	Cellulose acetate butyrate	醋酸-丁酸纤维素
CAP	Cellulose acetate propionate	醋酸-丙酸纤维素
CF	Cresol-formaldehyde	甲酚-甲醛树脂
CMC	Carboxymethyl cellulose	羧甲基纤维素
CN	Cellulose nitrate	硝酸纤维素
CP	Cellulose propionate	丙酸纤维素
CPE	Chlorinated polyethylene	氯化聚乙烯
CPVC	Chlorinated poly(vinyl chloride)	氯化聚氯乙烯
CR	Chloroethylene rubbre	氯丁橡胶
CTA	Cellulose triacetate	三醋酸纤维素
EC	Ethyl cellulose	乙基纤维素
EEA	Ethylene-ethyl acrylate	乙烯-丙烯酸乙酯共聚物
EMA	Ethylene-methacrylic acid	乙烯-甲基丙烯酸共聚物
EP	Epoxide resin	环氧树脂
EPDM	Ethylene-propylene-diene polymer	乙烯-丙烯-二烯三元共聚物
EPM	Ethylene-propylene polymer	乙烯-丙烯共聚物
EPR	Ethylene-propylene rubbre	乙丙橡胶
EVA	Ethylene-vinyl acetate	乙烯-醋酸乙烯共聚物
HDPE	High-density polyethylene plastics	高密度聚乙烯塑料
HIPS	High impact polystyrene	高冲击聚苯乙烯
IPS	Impact-resistant polystyrene	耐冲击聚苯乙烯
LCP	Liquid crystal polymer	液晶聚合物
LDPE	Low-density polyethylene plastics	低密度聚乙烯塑料

续表

LLDPE	Linear low-density polyethylene	线型低密度聚乙烯
MC	Methyl cellulose	甲基纤维素
MDPE	Medium-density polyethylene	中密度聚乙烯
MF	Melamine-formaldehyde resin	蜜胺-甲醛树脂
MPF	Melamine-phenol-formaldehyde	蜜胺-酚醛树脂
NBR	Nitrile butadiene rubbre	丁腈橡胶
NR	Natural rubbre	天然橡胶
PA	Polyamide (nylon)	聚酰胺(尼龙)
PAA	Poly(acrylic acid)	聚丙烯酸
PAE	Polyarylether	聚芳醚
PAEK	Polyaryletherketone	聚芳醚酮
PAN	Polyacrylonitrile	聚丙烯腈
PARA	Polyaryl amide	聚芳酰胺
PASU	Polyarylsulfone	聚芳砜
PAT	Polyarylate	聚芳酯
PAUR	Poly(ester urethane)	聚酯型聚氨酯
PB	Polybutene-1	聚1-丁烯
PBA	Poly(butyl acrylate)	聚丙烯酸丁酯
PBAN	Polybutadiene-acrylonitrile	聚丁二烯-丙烯腈
PBS	Polybutadiene-styrene	聚丁二烯-苯乙烯
PBT	Poly(butylene terephthalate)	聚对苯二酸丁二酯
PC	Polycarbonate	聚碳酸酯
PCTFE	Polychlorotrifluoroethylene	聚氯三氟乙烯
PE	Polyethylene	聚乙烯
PEBA	Thermoplastic elastomer polyether	聚酯热塑弹性体
PEEK	Polyetheretherketone	聚醚醚酮
PEI	Poly(etherimide)	聚醚酰亚胺
PEK	Polyether ketone	聚醚酮
PEO	Poly(ethylene oxide)	聚环氧乙烷
PES	Poly(ether sulfone)	聚醚砜
PET	Poly(ethylene terephthalate)	聚对苯二甲酸乙二酯
PEUR	Poly(ether urethane)	聚醚型聚氨酯

续表

PF	Phenol-formaldehyde resin	酚醛树脂
PFA	Perfluoro(alkoxy alkane)	全氟烷氧基树脂
PI	Polyimide	聚酰亚胺
PIB	Polyisobutylene	聚异丁烯
PISU	Polyimidesulfone	聚酰亚胺砜
PMMA	Poly(methyl methacrylate)	聚甲基丙烯酸甲酯
PMP	Poly(4-methylpentene-1)	聚 4-甲基-1-戊烯
PMS	Poly(alpha-methylstyrene)	聚 α-甲基苯乙烯
POM	Polyoxymethylene, polyacetal	聚甲醛
PP	Polypropylene	聚丙烯
PPE	Poly(phenylene ether)	聚苯醚
PPO	Poly(phenylene oxide) deprecated	聚苯醚
PPOX	Poly(propylene oxide)	聚环氧(丙)烷
PPS	Poly(phenylene sulfide)	聚苯硫醚
PPSU	Poly(phenylene sulfone)	聚苯砜
PS	Polystyrene	聚苯乙烯
PSU	Polysulfone	聚砜
PTFE	Polytetrafluoroethylene	聚四氟乙烯
PUR	Polyurethane	聚氨酯
PVAC	Poly(vinyl acetate)	聚醋酸乙烯
PVAL	Poly(vinyl alcohol)	聚乙烯醇
PVB	Poly(vinyl butyral)	聚乙烯醇缩丁醛
PVC	Poly(vinyl chloride)	聚氯乙烯
PVCA	Poly(vinyl chloride-acetate)	聚氯乙烯醋酸乙烯酯
PVCC	Chlorinated poly(vinyl chloride)	氯化聚氯乙烯
PVDC	Poly(vinylidene chloride)	聚(偏二氯乙烯)
PVDF	Poly(vinylidene fluoride)	聚(偏二氟乙烯)
PVF	Poly(vinyl fluoride)	聚氟乙烯
PVFM	Poly(vinyl formal)	聚乙烯醇缩甲醛
PVK	Polyvinylcarbazole	聚乙烯咔唑
PVP	Polyvinylpyrrolidone	聚乙烯吡咯烷酮
SAN	Syrene-acryonitrile copolymer	苯乙烯-丙烯腈共聚物

续表

SBS	Syrene-butadiene block copolymer	苯乙烯-丁二烯嵌段共聚物
SBR	Syrene butadiene rubbre	丁苯橡胶
SI	Slicone	聚硅氧烷
S/MS	Srene-α-methylstyrene copolymer	苯乙烯-α-甲基苯乙烯共聚物
TPE	Termoplastic elastomer	热塑性弹性体
TPS	Tughened polystyrene	韧性聚苯乙烯
TPU	Termoplastic urethanes	热塑性聚氨酯
TPX	Poymethylpentene	聚-4-甲基-1-戊烯
VG/E	Vnylchloride-ethylene copolymer	聚乙烯-乙烯共聚物
S/MA	Styrene-maleic anhydride plastic	苯乙烯-马来酐塑料
SAN	Styrene-acrylonitrile plastic	苯乙烯-丙烯腈塑料
SB	Styrene-butadiene plastic	苯乙烯-丁二烯塑料
SBR	Styrene-butadiene rubber	丁苯橡胶
SI	Silicone plastics	有机硅塑料
SIR	Silicone rubber	有机硅橡胶
SMS	Styrene-alpha-methylstyrene plastic	苯乙烯-α-甲基苯乙烯塑料
SP	Saturated polyester plastic	饱和聚酯塑料
SRP	Styrene-rubber plastics	聚苯乙烯橡胶改性塑料
TEEE	Thermoplastic lastomer，ether-ester	醚酯型热塑弹性体
TES	Thermoplastic elastomer styrenic	苯乙烯热塑性弹性体
TPE	Thermoplastic elastomer	热塑(性)弹性体
UF	Urea-formaldehyde resin	脲甲醛树脂
UHMWPE	Ultra-high molecular weight PE	超高分子量聚乙烯
UP	Unsaturated polyester	不饱和聚酯
VCE	Vinyl chloride-ethylene resin	氯乙烯-乙烯树脂
VCEV	Vinyl chloride-ethylene-vinyl	氯乙烯-乙烯-醋酸乙烯共聚物
VCMA	Vinyl chloride-methyl acrylate	氯乙烯-丙烯酸甲酯共聚物
VCMMA	Vinyl chloride-methylmethacrylate	氯乙烯-甲基丙烯酸甲酯共聚物
VCOA	Vinyl chloride-octyl acrylate resin	氯乙烯-丙烯酸辛酯树脂
VCVAC	Vinyl chloride-vinyl acetate resin	氯乙烯-醋酸乙烯树脂
VCVDC	Vinyl chloride-vinylidene chloride	氯乙烯-偏氯乙烯共聚物

第四节　高分子的结构

为研究方便，将高分子从微观至宏观进行分析。

一、高分子的一次结构

一次结构又称高分子近程结构，主要是大分子的结构单元结构。也主要指化学结构，除非化学键受到破坏，一般这种结构形态不会改变。

- 一次结构
  - 结构(重复单元)组成
    - 主链
      - 碳链
      - 碳杂链
      - 无机链
        - 半无机
        - 无机
    - 侧链(基)
      - 大小
      - 极性
      - 共轭与否
      - 原子集合种类
  - 单元连接顺序
    - 头尾连接
    - 头头连接
  - 立体构型
    - 几何异构
      - 顺式
      - 反式
    - 旋光异构(手性原子立体异构)
      - 全同
      - 间同
      - 无规
  - 端基
  - 骨架形状
    - 线型
    - 非线型
      - 枝状
      - 梳状
      - 网状
      - 梯型
      - 环合状

二、高分子的二次结构

二次结构又称远程结构，是指单个的高分子链在空间存在的各种形状，如伸展状态、螺旋状态、折叠状态和无规线团形态。

高分子链处于不断运动的状态，在高分子主链上如果都是C—C单键，就会绕着轴自由旋转，如果没有任何干扰，每一个单键都同时内旋转，一条高分子链就有千千万万个构象形态。由于主链碳原子上总接有各种基团，存在着吸引、排斥或电子共轭等作用，因此，内旋转总是不完全的。越是好旋转的，表现得越柔顺，因此，就出现了一个高分子结构上的新概念，叫链的柔顺性。

柔顺性就是高分子链的内旋转自由度大小和难易程度，内旋转越容易，自由度越大称作柔顺性越大。

链柔性大小可以用链段长度来表示。什么叫链段？链段是指高分子链的“运动单元”。实际上高分子链的每个原子都在运动和内旋转，由于侧基和其他因素影响，表现出某一个链段之内，内旋转不容易，似乎相对稳定，链段和链段之间则可以旋转，似乎高分子链的内旋转构象是以“链段”为单元的旋转和组合。可以看出，如果链的柔顺性越好，链段就越短。一条高分子链的链段就越多。当然最柔顺的情况就是链段等于一个单键；最不柔顺，即最刚硬的就是链段等于一个高分子链。

- 影响柔顺性因素
  - 内因
    - 主链结构
      - 碳链
        - 亚芳基链
        - 全碳单键
        - 有双键
          - 孤立双键
          - 共轭双键
        - 梯型
      - 碳杂链
        - 单键
        - 双键
      - 元素有机链
    - 取代基(侧基)
      - 数量
      - 大小
      - 长短
        - 取代基结构
        - 取代基本身的柔性
    - 链的长短(分子量)
    - 交联程度
  - 外因——温度

三、高分子的三次结构

三次结构又称聚集态结构，是指若干个或几乎全部的高分子链条之间的关系，它们是如何排列的。聚集态结构是在加工成型中形成的，它影响材料和制品的主要性能。三次结构受二次结构影响甚大。

- 三次结构
  - 无规
    - 纠缠在一起的无规线团
    - 各自伸展无规排列
  - 有规
    - 结晶——高分子链之间近程有序，远程有序
    - 取向——高分子沿外力方向排列或大体排列

四、高分子的高级结构

高级结构又称宏观聚集态结构。

- 高分子合金
  - 混合物
  - 互穿网络
  - 共聚体
    - 接枝
    - 嵌段
  - 交联
- 复合材料
  - 填料
  - 基材
  - 夹心材料
  - 其他

五、高分子的结晶取向和液晶

高分子从无规的熔体或溶液中降温析出，可能出现近程有序排列和远程有序排列，称为结晶。结晶一般都不完善，有晶区、非晶区之分，晶区的高分子链段几乎平行排布，这些链段可来自于不是同一个高分子链。还有许多非晶区。常用结晶度来衡量，结晶度有质量结晶

度和体积结晶度，常用前者。

取向是指高分子在空间中，沿一定方向有大体的指向，这种指向可能是分子链，链段或基团，也可以是晶粒、晶面等。高分子的拉伸、挤压、熔体或溶液的流动等是最常见的形成取向的方法。

液晶是明显各向异性的有序流体。某些高分子可以处于液晶状态。按其分子结构可分为主链型和侧链型高分子液晶；由于温度变化和溶剂作用导致液晶性的分别称为热致性高分子液晶和溶致性高分子液晶。

六、高分子的宏观状态

宏观状态又叫物理态，一般把物质分为固态(晶态)、液态和气态，对于高分子来说没有气态。

- 结晶型高分子
  - 晶态
  - 液态、黏流态、晶体熔化
- 非结晶高分子
  - 玻璃态(固态)
  - 高弹态(弹性态)
  - 黏流态(黏液态)

1. 玻璃态和玻璃化温度

非结晶高分子在某个温度以下，分子的热运动能量极低，不能克服分子内旋转的势能，不能激发链段的运动，大的分子主链不能实现以运动单元(链段)为单位的运动，只有较小的侧基支链和部分小链节能够运动。有人戏称此时在这个温度以下，链段“冻僵”了。表现出来的力学性质和玻璃差不多，当受外力作用后，形变与受力大小成正比，大体符合虎克定律，模量一般达到 $10^8 \sim 10^{10}$ Pa，高分子显得比较刚硬。高分子聚合物处于这种普弹性状态称为玻璃态。使得高分子链段“冻僵”的温度，叫玻璃化温度，又称玻璃化转变温度，当然，也可以反过来说冻僵的链段开始运动的温度。玻璃化温度用 T_g 来表示。

玻璃化转变不是突然的，通常先有少数比较积极的链段“复苏”，直到全部的链段都可运动，一般总是在一个不很小的温度范围内发生这个过程。所以 T_g 的数值与升温速度和测量方法有关。有膨胀计法，示差扫描量热法以及动态力学法，介电测量和核磁共振等。

值得注意的是结晶高分子通常也存在非晶区，所以非晶部分在不同温度条件下，也发生玻璃化转变，对于结晶度很低的高分子，这种玻璃化转变比较明显，结晶度大于40%，则几乎观察不到玻璃化转变。

2. 高弹态

当线型的非结晶高分子聚合物在玻璃化温度以上时，在某个温度范围内并不熔化，而表现出具有较高的弹性形变状态。宏观上表现为可能具有 100%～1000% 的高弹性形变，其弹性模量约为 $10^5 \sim 10^7$ Pa。

高弹态是高分子材料特有的状态，如果高弹态的温度范围正好在室温上下某个区间，这种材料往往可以作橡胶。

有人把弹性形变较小，但又不是玻璃态的那一部分高弹态区间，划出来称为皮革态。这种称呼还比较形象。皮革态处于典型的玻璃态和典型的高弹态之间，典型的高弹态可称为橡胶态。

结晶的高分子通常没有高弹态。

3. 黏流态和黏流温度

温度上升到某点以上，高分子的整个分子链都开始运动，出现大分子分子间明显的相对位移，高分子宏观上表现为熔融，并达到了在外力作用下能够流动的状态。高分子熔体流动，有时可看到部分可逆的形变，杂夹有弹性形变，这种状态叫黏流态。

达到黏流态的转变温度称黏流温度，又叫流动温度，用 T_f 表示。对于非结晶高分子来说，T_f 是由高弹态进入黏流态的转变温度。

对于结晶高分子来说，晶区的熔融温度用 T_m 表示，又叫熔点。通常 T_m 并不等于 T_f。在分子量不太大时，非晶区的黏流温度 T_f 低于 T_m，当晶区熔融后，即温度 T_m 以上，结晶高分子进入黏流态。而当分子量足够大时，往往 T_m 低于 T_f，则结晶高分子温度在 T_m 时虽然晶区熔化、链段运动，但整个分子链仍不能运动，要在温度升至 T_f 以上时，才出现黏流态。

由于高分子一般都是在黏流状态下加工成型，因此黏流温度是高分子材料加工温度的重要依据。

第五节　高分子的结构和性能

高分子一般总是作为材料而使用的，材料的性能对我们至关重要。

我们如果仔细分析，就会发现材料的性能不仅与材料本身有关，还与加工过程(添加剂、加工的工艺条件，如温度、压力、配比、加工时间)和产品特征(如尺寸、形状等)有关，我们这里只讲高分子的结构与性能的关系。

高分子的结构有化学结构和物理结构之分，而物理结构又可随着加工过程的变化而变化(如拉伸、压延)。所以，研究高分子的一次结构、二次结构和三次结构以及高次结构对材料性能的影响，是最基础的性能。虽然它不等于最终产品的性能，但它对产品的性能有重要的影响。

高分子材料的一次结构、二次结构可以直接影响某些性能，如熔点、密度、耐热性、耐寒性、黏度等。例如，结构单元的连接有“头–尾”连接和“头–头”连接(有取代基的可称为“头”)，当头–头连接的聚乙烯醇进行缩醛化时，几乎不能进行，就不能作纤维。顺式的聚丁二烯室温下可作橡胶，而反式的则是塑料。当聚丙烯的结构单元无规律地排列起来时，聚丙烯强度很差，也不大可能结晶，或结晶度很小。但当聚丙烯的结构单元整齐排列，而且不对称碳原子(手性原子)全同排列时，聚丙烯力学性能大大改观。同样，全同立体构型的聚苯乙烯，不仅易结晶、透明，而且其熔点高达 240℃，而无规的聚苯乙烯软化点才 90℃左右。低密度聚乙烯由于有支链，使大分子排布不整齐，结晶度小，几乎无支链的高密度聚乙烯，性能与之相差不小，试对比如表 1–2 所示。

表 1–2　两种聚乙烯性能比较

性　能	低密度聚乙烯(LDPE)	高密度聚乙烯(HDPE)
密度/(g/cm^3)	0. 91～0. 94	0. 95～0. 97
熔点/℃	105	135
结晶度/%	60～70	95
拉伸强度/MPa	6. 9～14. 7	21. 6～36. 5
最高使用温度/℃	80～100	120

高分子主链的原子组成，化学键方式和侧基取代基的极性、大小、位置、数量，影响到大分子链的柔顺性(柔性)和宏观的性能，例如可以增加主链的刚性来提高使用温度，主链或侧链引进芳基、芳杂环，也可以提高耐热性，用 F 取代连接主链上的 H 原子或在主链上

引入 Si、P、Al、Ti 等可以提高其耐热性和热稳定性等。

高分子的三次结构即聚集态结构和高次结构是更直接地影响材料性能的因素，这些结构大多是在加工中形成的。如对于同一种高分了聚合物来说，结晶的比不结晶的无论耐热性和机械强度上都要大许多，高分子沿拉伸方向的强度比不拉伸的要高得惊人。

例如聚乙烯，当它完全结晶时，密度近于 $1g/cm^3$，但完全不结晶时，密度仅为 $0.85g/cm^3$。当结晶度由 65%上升到 95%时，硬度可由 13MPa 左右，提高到 65MPa，维卡热变形温度由 77～78℃上升到 121～124℃。经过位伸取向的聚酰胺，拉伸强度可达 600～800MPa，超过常见的钢的拉伸强度(400～600MPa，最大有时达 1000MPa)，是未取向的聚酰胺的几十倍。因此，有时我们可以利用这些特点，改造现有的高分子，例如聚乙烯结构单元整齐、易结晶，我们将其部分 H 原子用 Cl 取代，成氯化聚乙烯，可作橡胶。乙烯和丙烯共聚，可根据配比不同，做成各种性能有差别的橡胶或塑料。

分子链的瑞基对大分子性能的影响似乎自不待言，许多热降解往往从端基开始，交联接枝有时又用得着端基。而分子链的长短，即分子量大小对加工和性能的影响也是重要的。作为材料使用的高分子的分子量要大到一定程度才有强度，这个起码的分子量有人称临界分子量。如 PS 为 3.5 万，PC 为 1.5 万。也有人指出极性聚合物，聚合度起码要 40 以上，非极性聚合物，聚合度起码要 80，才能显出有强度。至于使用时要求的分子量数值则各不相同，如低压聚乙烯 6 万～30 万，PVC　5 万～15 万，PS　10 万～30 万，PC　2 万～6 万，PA66　1.2 万～1.8 万，PAN　5 万～8 万，顺丁橡胶 25 万～30 万等等。

第六节　合成高分子的方法

合成高分子的方法分类如下：

- 形成高分子的方法
  - 由低分子合成高分子（聚合反应）
    - 逐步聚合
      - 缩聚
        - 线型
          - 平衡
          - 不平衡
        - 非线型
      - 加聚
        - 活泼氢加成
        - 催化开环
    - 连锁聚合
      - 自由基聚合
        - 均聚
        - 共聚
      - 离子聚合
        - 阴离子(负离子)
        - 阳离子(正离子)
        - 配位离子
  - 由高分子合成高分子（高分子反应）
    - 用天然高分子
      - 化学方法
        - 再生
        - 侧基端基反应
      - 物理和化学方法——拼混
    - 用合成高分子
      - 化学方法
        - 侧基端基反应
        - 接枝、嵌段
      - 物理和化学方法
        - 高分子合金
        - 共混
        - 互穿网络
        - 共混共聚
  - 复合材料

一、逐步聚合反应

1. 线型缩聚反应

反应的一种或两种以上的单体，具有两个可参加反应的官能团(度)，在反应开始后，基于化学官能团之间的反应进行较快，几乎很快消失单体，生成两个以上的“低聚物”，同时脱去低分子。如单体 aAa，a 表示其官能团；单体 bBb，b 表示其官能团。

$$aAa+bBb \longrightarrow aABb+ab$$

在该体系中，可能形成 aABAa、aABABb、bBABb、aABABb、bBABABb、aABABAa 等。

可以想像，只要有充分的反应时间，只要单体足够纯，而且，aAa 和 bBb 是准确的1∶1，可以生成一个巨大的高分子链。但事实上较难，因为生成的低分子 ab，通常是 H_2O、HCl、NH_3、CH_3OH 等，能和形成的高分子或低聚物反应，使之分解，如

$$HO—R—OH + HO—\underset{\underset{O}{\|}}{C}—R'—\underset{\underset{O}{\|}}{C}—OH \rightleftharpoons HO—R—O—\underset{\underset{O}{\|}}{C}—R'—\underset{\underset{O}{\|}}{C}—OH + H_2O$$

实际上 H_2O 可以使高分子中的～～～ $O—\underset{\underset{O}{\|}}{C}$ ～～～结构降解。此外，当生成高分子较大时，体系黏度变大，官能团之间碰到的几率小得接近于 0，也可使反应不再继续下去。

缩聚反应后期，达到平衡，在不断抽去低分子的体系中，聚合度与平衡常数和低分子摩尔分数有下列关系式

$$\overline{DP}=(K/n_w)^{1/2}$$

式中，$\overline{DP}$为缩聚反应产物的平均聚合度；K 为平衡常数；n_w 为平衡时，残留低分子的摩尔分数。

有些线型缩聚反应，实际上是不平衡的(不可逆的)，主要是脱除的低分子被及时除去或改变了性质，不能形成逆反应，或者是生成的高分子结构稳定。如

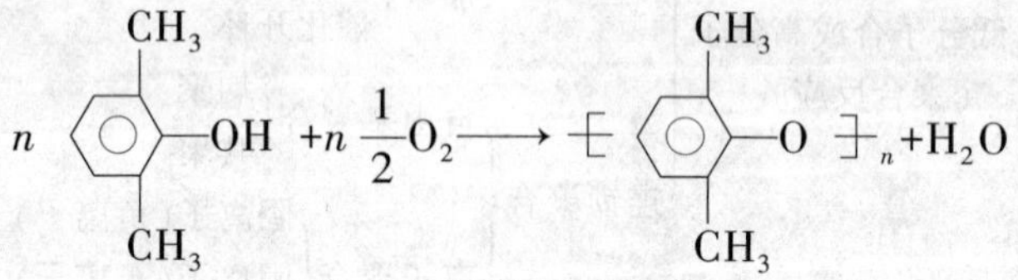

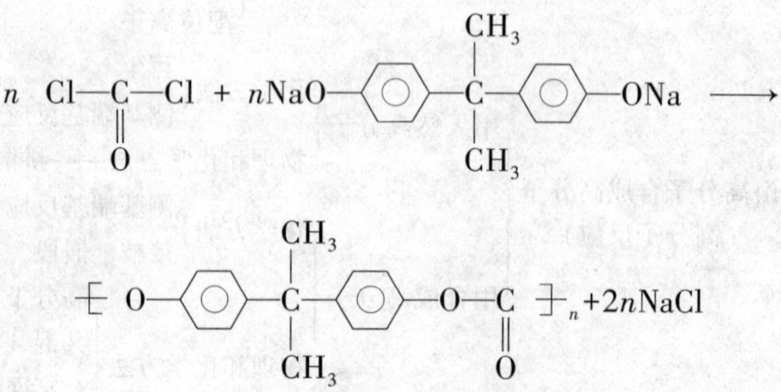

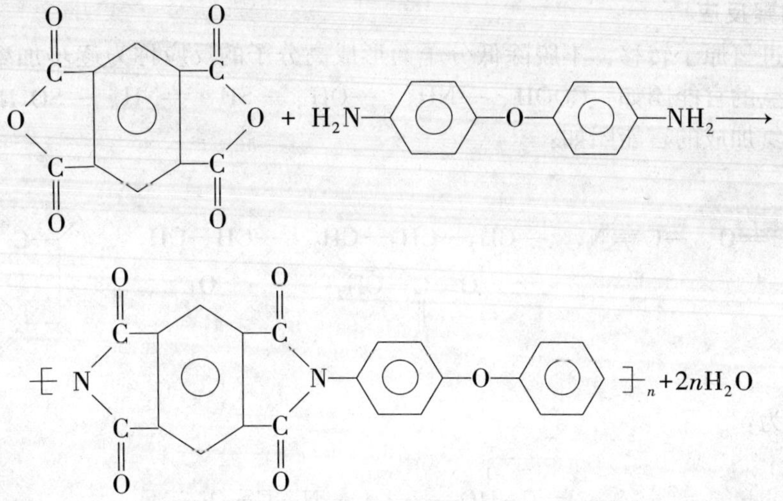

2. 体型缩聚反应

单体有两个以上官能度，参加反应时，高分子沿多个方向增大，当反应进行到一定程度(P_c)时，体系黏度突然增大，称为凝胶化作用，这时的反应程度 P_c，又叫“凝胶点”。

单体形式除了 aAa、bBb 之外，还有 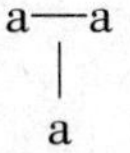 、 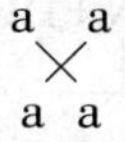 等。由于伯碳和仲叔碳上官能团活性不相同，所以反应在初期的时候，基本生成线型聚合物，工业上称为甲阶段或 A 阶段。

随着反应时间加长，反应程度增大，接近凝胶点，部分(不是全部)第三、第四官能团参与反应，体系黏度变大，但仍可熔、溶，示意为：

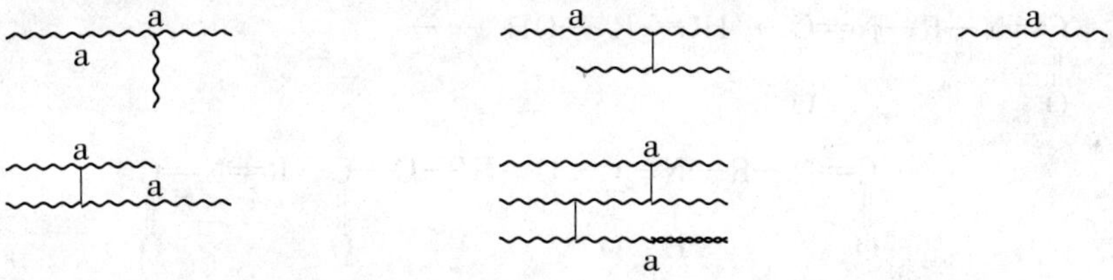

工业上称乙阶段，或 B 阶段，还有官能团未参与反应，未完全交联，工业上常以这个阶段的预聚体出售。

反应若继续进行，则超凝胶点，形成不熔不溶的体型高聚物，示意为：

在工业上常常是在加工成品时达到这个程度。

许多人研究预测凝胶点，以控制反应，其中卡罗泽斯的关系式常被采用。

$$P_c=\frac{2}{f}$$

式中，P_c 为凝胶点反应程度，$\bar{f}$ 为反应物平均官能度。

这个关系式又称卡罗泽斯方程。

3. 逐步加聚反应

分子间通过氢原子转移，不脱除低分子而形成高分子的反应称为逐步加聚反应。

具有活泼氢的官能团如—COOH、—NH_2、—OH、—SH、═NH、—SO_2H 等。

能与活泼氢加成的官能团如：

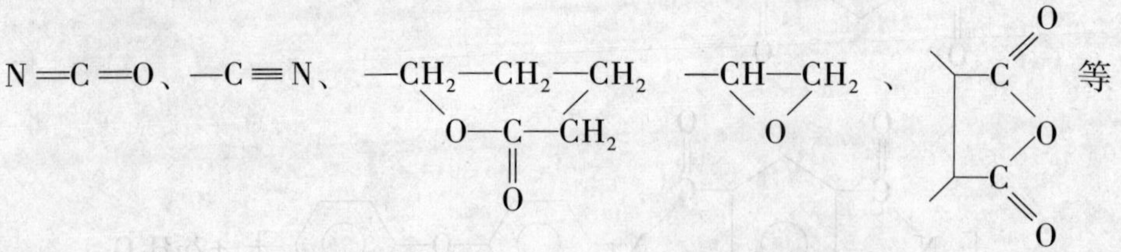

反应示意为：

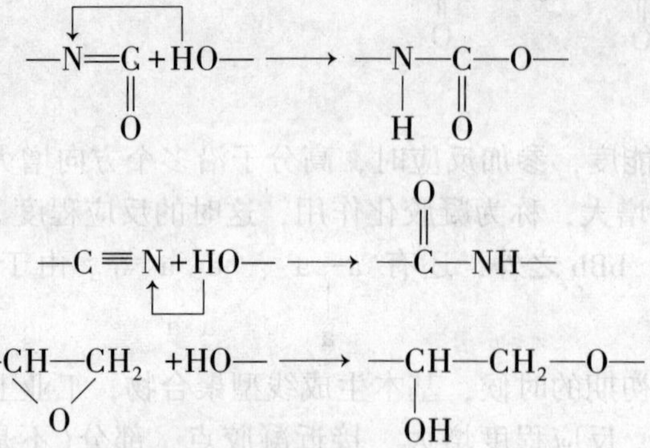

工业上现在最常见的是聚氨酯和环氧树脂。

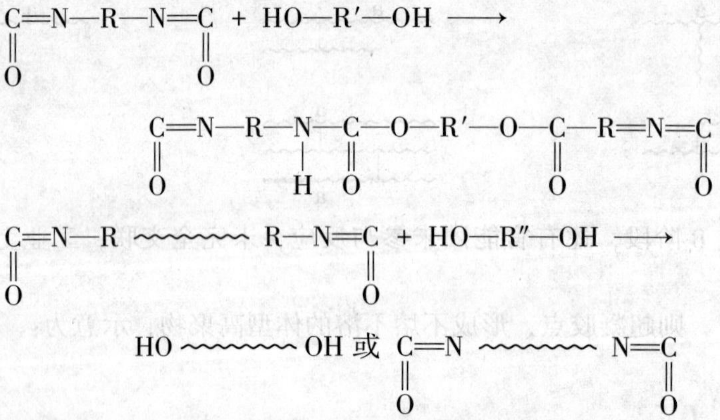

环内酰胺在微乎其微的水的催化作用下开环聚合，有人也把它归于“逐步加聚”反应中，尽管反应原理是缩聚，但宏观上却不必要脱去低分子水。常用含水的化合物催化反应如：

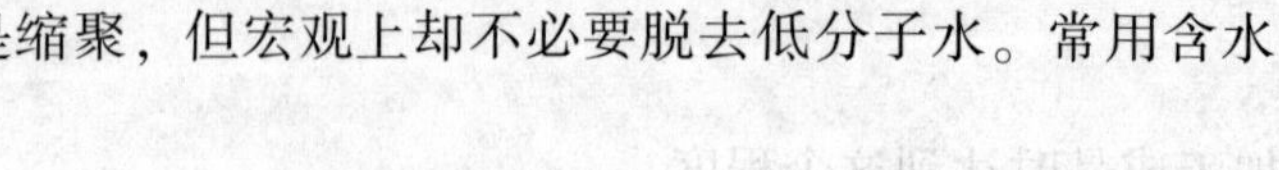

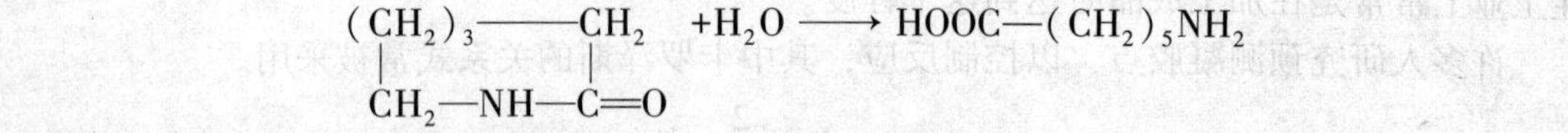

生成的 H_2O 再打开新的环，如此下去直至生成高分子。

二、连锁聚合反应

连锁聚合有人叫链锁聚合，或叫链式聚合、链式反应。其最基本的特点是单体被某种能量激活，使之连接到具有能量的基团上，从而再激发另一个单体，使之再连接到这个增长的基团上，如此往复，迅速地使单体连接成高分子，示意如下：

$$A^* + M \longrightarrow AM^* \xrightarrow{M} AMM^* \xrightarrow{M} AMMM^*$$

$$\xrightarrow{M} AMMMM^* \xrightarrow{M} \cdots \xrightarrow{M} \cdots \longrightarrow A\text{-}[M]_n\text{-}M^*$$

可见，连锁聚合不是单体和单体反应，而是单体一个一个地被接到正在生长的具有能量的高分子(由低到高)链上。这个速度可能很快，也可能不很快。这个能量可能是被分解的自由基，也可能是具有化学能的离子。

分子 $\xrightarrow{能量}$ 分裂 { 均裂 ⟶ 两个自由基；异裂 ⟶ 两个电荷相反的离子 }

1. 自由基聚合反应

反应可理解为下列步骤：

(1) 获得自由基　必须外加能量，能量的来源可能是光、热、电、辐射射线、化学能或其他能量，产生自由基的分子可以是单体本身，也可以是外加物质的分子。大多数单体变成自由基耗能较高，又不易控制，因此常添加某种可以在光、热或其他能量作用之下，能够容易获得自由基的物质。这些物质被称之为引发剂。根据能量形式常用的有光引发剂、热引发剂、氧化还原反应引发剂等等。

$$I_2 \xrightarrow{能量} 2I\cdot$$

获得的自由基又叫初级自由基。

(2) 初级自由基引发单体

$$I\cdot + M \longrightarrow IM\cdot$$

(3) 单体一个一个被激活而增长为链

$$IM\cdot + M \longrightarrow IMM\cdot \xrightarrow{M} IMMM\cdot \longrightarrow \cdots \longrightarrow IM \sim\sim M\cdot$$

(4) 失去活性，链停止增长，终止。反应终止情况比较复杂。

- 终止
  - 双基终止
    - 偶合 → IM ~~~ MM ~~~ MI
    - 歧化 → IM ~~~ M′+M″~~~ MI
  - 单基终止
    - 碰撞
    - 自成环
    - 与引发剂结合
    - 其他杂质
  - 链转移
    - 单体
    - 溶剂
    - 引发剂
    - 聚合物
    - 杂质等

人们把上述(1)、(2)称“链引发”，因此，整个聚合反应分为链引发、链增长、链终止三个阶段。链转移是链终止的特殊形式，对于增长着的链来说，反应终止了，但不同于其他终止，其他形式终止伴随着自由基的消失或死亡，而链转移则不然，只是自由基转移到别处，仍然出现新的链增长点。

引发剂的用量对反应速率和聚合度均有重要的影响，许多专家进行过数学推导，得出结论是：聚合反应速率与单体浓度成正比，与引发剂浓度的平方根成正比。聚合度与单体浓度成正比，与引发剂浓度的平方根成反比。

有时由两种或两种以上单体进行自由基聚合反应，情况比较复杂，复杂之处是引发作用出现后，增长过程中有多种可能，示意为

$$I\cdot \xrightarrow{\text{引发}} \begin{cases} IM\cdot_1 \xrightarrow{\text{增长}} \begin{cases} IM\cdot_1 + M_1 \xrightarrow{(k_{11})} IM_1M\cdot_1 \\ IM\cdot_1 + M_2 \xrightarrow{(k_{12})} IM_1M\cdot_2 \end{cases} \\ IM\cdot_2 \xrightarrow{\text{增长}} \begin{cases} IM\cdot_2 + M_2 \xrightarrow{(k_{22})} IM_2M\cdot_2 \\ IM\cdot_2 + M_1 \xrightarrow{(k_{21})} IM_2M\cdot_1 \end{cases} \end{cases}$$

再增长下去，情况可能很复杂。终止的方式也较复杂。

因此，人们研究出一个叫“竞聚率”的参数。定义表达为

$$r_1 = \frac{k_{11}}{k_{12}}$$

$$r_2 = \frac{k_{22}}{k_{21}}$$

也就是说竞聚率是单体自聚能力与它同另一单体共聚能力之比。例如当 $r_1 = 0$，意味着这种单体根本不能自聚，只能夹在另一单体聚合的单元之中。不同的单体有不同的竞聚率，某一单体，在不同的聚合体系中(共聚单体不同)，不同的条件下，竞聚率亦不相同。

根据共聚合体系两种单体的竞聚率可以估计和计算聚合物中各单体结构单元的组成比例。

2. 离子聚合反应

其基本反应特征与自由基聚合相似，只是在这里引发单体的不是自由基而是离子。

离子有正离子(阳离子)、负离子(阴离子)和配位离子，以金属为中心的配位离子又根据中心原子和配位原子电荷的代数和分为配位正离子(配位阳离子)和配位负离子(配位阴离子)，以配位负离子型居多。

聚合反应示意为

链引发：$AB \longrightarrow A^+ + B^-$

$A^+ + M \longrightarrow A—M^+ \cdots B^-$

链增长：$A—M^+ \cdots B^- + M \longrightarrow A—MM^+ \cdots B^- \xrightarrow{M} \cdots \xrightarrow{M} AMM \cdots M^+ \cdots B^-$

链终止：没有双基终止。

可自发异构化终止或向链转移剂、单体反离子、聚合物及其他杂质转移。在无终止剂、无链转移的负离子聚合时，能形成活性高分子聚合物，可实现高分子的嵌段共聚合等等。

离子聚合可以使一些目前不能用自由基聚合的单体实现了聚合，由于离子聚合的电荷作用，通常高分子的结构是有规律排布的。最早的定向聚合就是用配位离子聚合获

得的。

三、高分子的侧基端基化学反应

1. 可进行化学反应的高分子和化学反应

一般指高分子的侧基端基具有反应性基团，有人划分为聚合性基团(用 P 表示)、反应性基团(用 R 表示)和功能性基团(用 F 表示)。实际上任何分类都不甚严格合理，我们认为称反应性基团为宜。根据反应特征，有低活性、中活性和高活性之分，低活性如苯环、烃、氯基、酰胺、酯、腈等；中活性基团如羟基、环氧基、羰基、氯甲基、双键等；高活性基团如异氰酸酯基、酰氯基、巯基等等。

利用高分子的化学反应改性天然高分子，已被广泛使用。人类早期利用纤维素进行硝化、醋酸化和后来的羧甲基化，以及把纤维素再生成人造纤维等，都能获得性能各有特色的新的高分子材料。改性淀粉、活化生物高分子等也为人们所采用，用这种方法合成新的高分子，原料来源广泛，间接利用太阳能和生物能，资源可以不断产生，不像煤炭、石油等可枯竭资源。

对人工合成高分子进行“改性”的研究，也从高分子的化学反应入手，获得许多新的材料。例如，聚乙烯氯化，使侧基的氢原子被部分取代，破坏了分子链的规整性，降低了结晶能力，氯化聚乙烯成为一种新的材料，将聚氯乙烯氯化，得到“过氯乙烯”或称氯化聚氯乙烯，可用于涂料。对于利用高分子化学反应对高分子的改性，还有十分广阔的活动天地。

比较有意义的是利用高分子的化学反应，可以合成一些用单体无法获得的高分子，例如聚乙烯醇 $\left[CH_2-\underset{\displaystyle OH}{\underset{|}{CH}} \right]_n$，由于乙烯醇$\left[CH_2=\underset{\displaystyle OH}{\underset{|}{CH}} \right]$单体不存在，目前仍由聚乙酸乙烯酯水解获得：

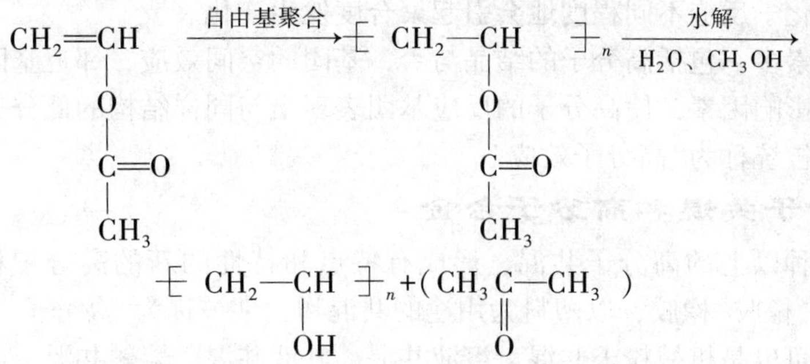

有些高分子需要一些特殊的基团，如胺基、巯基、磺基等，如果这些基团在单体上则常常是阻聚基团，因此无法或很难用单体聚合，采用高分子化学反应才可以获得，如氯磺化聚乙烯、阳离子交换树脂等。

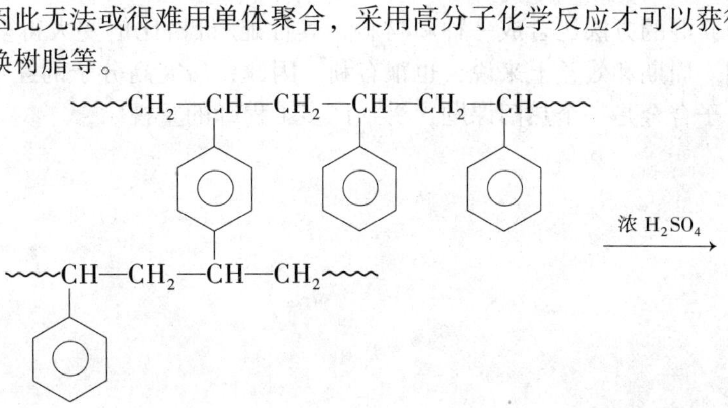

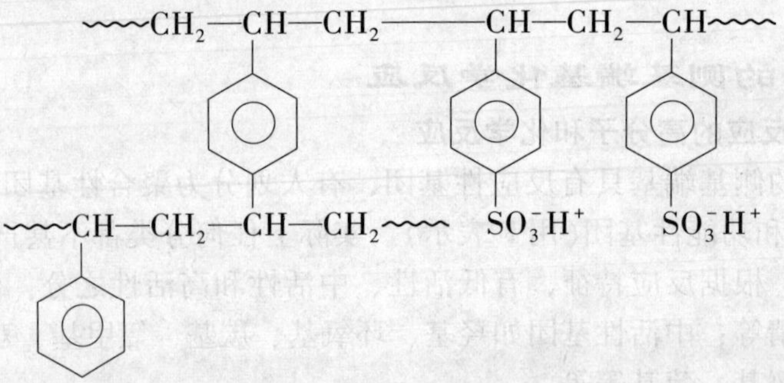

利用高分子的端基反应，可产生交联、扩大聚合度，合成接枝、嵌段聚合物等。有些反应性基团如双键、羟基、活泼氢、环氧基、酯、酰胺等在高分子链内，可进行化学反应，形成交联或接枝或引起降解等。

2. 高分子化学反应特点

(1) 由于用高分子物作为制造新的高分子的原料，则原料不易提纯，反应传热和搅拌较为困难，在化学工程上有一些需要克服的困难。

(2) 新合成的高分子不可能很纯，新产生的官能团与原有的官能团并存，许多情况并不是高分子的整个链参加反应，有时只是少数链段发生局部反应，常用一个百分率表示化学反应的程度。

(3) 化学反应不易控制也不易测定，情况复杂。例如 $\left[\underset{\displaystyle \text{COOR}}{\text{CH}}\text{—CH}_2\right]_n$ 聚丙烯酸酯，侧基是酯基，根据有机化学的知识，进行水解皂化反应该不困难，但实际上并不是所有的基团都水解为羧酸基，并不能保证主链、支链不发生歧化，也无法测定其具体变化。

(4) 高分子化学反应不同程度地会引起聚合度发生变化。

(5) 影响因素多，包括高分子的结晶与否，基团的空间效应，邻近基团的影响，主链的异构效应等许多影响因素，使高分子的反应基团表现出与同样结构的低分子有不同的化学反应性，这种影响被统称为“高分子效应”。

四、高分子共混和高分子合金

由两种或两种以上的高分子共混，形成有特点和特性的新的高分子材料，有塑料-塑料、塑料-橡胶、橡胶-橡胶，以塑料为用途的共混物，常被称为“高分子合金”。

高分子共混可以是机械粉末共混、溶液共混、乳液共混、熔融共混，还可以采用化学接枝共混、互穿网络结构以及化学反应性共混。

采用高分子共混的方法比合成一种新材料，其性能/价格比值要大得多，而且方便。在开发研究的时间、周期和效益上来说，也很有利。因此，研究高分子的互穿网络(IPN)和高分子共混、高分子合金是一个热门课题，受到许多工程师的重视。

第二章 高分子材料概述

第一节 材料和高分子材料

材料、能源和信息作为科学技术的三大支柱促进了社会的迅速发展。其中材料是工业发展的基础，是一个国家科学技术水平、经济发展水平和人民生活水平的重要标志，也是一个时代的重要标志。有人称人类社会的发展史就是一部材料的发展史，也许，从这个角度上看，是毫不夸张的。回顾人类社会的发展历史，人类跨越了石器时代、青铜器时代、铁器时代、非金属材料时代、复合材料和功能材料时代等，每一次材料的重大发现和制造、使用都推动了人类社会向更新更高的阶段发展。总之，材料是现代社会经济的先导，是社会新的飞跃的标志。

材料可以分为三大类，即金属材料、无机非金属材料、有机高分子材料。高分子材料也称为聚合物材料。

人类从远古时期开始就已经使用了如皮毛、棉花、蚕丝、纤维素、树脂、天然橡胶、木材等一些天然高分子材料，随着社会的发展，也相应地开发了天然高分子加工工艺。然而从第一个合成高分子材料酚醛树脂的工业化，以及对高分子材料从科学和工程意义上进行研究和被社会承认，距今不过 100 年，因此说高分子材料是一门古老而年轻的学科。但是高分子材料的出现，却给材料领域带来了重大变革。

随着天然高分子应用领域的不断扩大，人们对它的研究也在不断深入。1839 年发明了橡胶的硫化，1872 年发现用硝化纤维素可制成“赛璐珞”，1892 年确定了天然橡胶的干馏产物，直到 20 世纪初才开始了合成高分子的工业化开发。1907 年第一个合成的高分子材料酚醛树脂诞生了，随后又开发了氨基塑料，标志着热固性塑料的开始。1930 年大分子学说的发表为高分子材料的合成奠定了理论基础，特别是 Ziegler-Natta 催化剂的发明，极大地推动了高分子材料工业的发展，新的高分子材料也不断问世并工业化。特别是 1948 年出现的机械共混法生产的 ABS 是第一个高分子合金材料，这标志着高分子材料的开发从此开辟了新的路线。

表 2-1 为 1900 年到 1970 年出现的合成高分子材料。

材料的出现也促进了高分子物理的进展，表征材料的结构和揭示结构性能关系的各种研究方法和实验方法不断完善，为高分子的成型理论以及新的改性材料研究提供了理论基础。20 世纪 70 年代以后是高分子材料迅速发展时期，1999 年全世界高分子材料的消耗量约为 1 亿 8 千万吨，体积已经超过金属材料，成为材料领域之首。同时通过化学改性、物理改性、化学-力化学改性等手段赋予材料新的性能，为新材料的开发提供了新的途径。如：纳米增强技术、橡胶和塑料的机械共混、纤维增强的高分子基复合材料等等。除此之外功能高分子、智能高分子也成为研究热点，人类更加重视环境友好，大力发展可持续战略，废弃高分子材料的回收利用引起全人类的关注。

虽然我国高分子材料工业起步晚，大约 1958 年才有了第一个聚氯乙烯树脂工业化生产装置，且差距大、竞争力弱，但是随着我国现代化进程的加快，高分子材料工业的发展很快。高分子材料也成为人类赖以生存的重要材料之一，在尖端科技、国防建设和国民经济的各个领域中得到广泛的应用，成为社会生活中衣食住行不可缺少的材料，服务于服装、汽车、建材、机械、包装、电子信息、生物工程、航空航天、海洋工程等行业。用高分子材料制造出的产品，工作温度可在-100～350℃，可耐腐蚀、耐辐射、阻燃隔热、消音减震，耐深度真空和超高压等，有些高分子材料可以代替金属、木材、玻璃、陶瓷等使用，并具有其他材料所不能获取的特殊性能。现在，高分子材料已与金属材料、无机非金属材料并列，成为科学技术、经济建设中的重要材料。

表 2-1　合成高分子材料生产发展简史

年 份	聚 合 物	简 写	年 份	聚 合 物	简 写
1907	酚醛树脂	PF	1947	环氧树脂	EP
1926	醇酸树脂		1948	ABS 树脂	ABS
1927	聚氯乙烯	PVC	1950	聚丙烯腈纤维	PAN
1929	脲醛树脂	UF	1950	聚乙烯醇缩醛纤维	PVB
1931	氯丁橡胶	CR	1953	聚酯纤维	PES
1936	聚甲基丙烯酸甲酯	PMMA	1955	高密度聚乙烯	HDPE
1936	聚乙酸乙烯酯	PVAC	1956	聚甲醛	POM
1937	丁苯橡胶	SBR	1957	聚丙烯纤维	PP
1937	丁腈橡胶	NBR	1957	聚碳酸酯	PC
1938	聚苯乙烯	PS	1959	氯化聚醚	
1938	聚酰胺(尼龙)	PA	1959	顺丁橡胶	BR
1939	三聚氰胺-甲醛树脂		1959	异戊橡胶	IR
1939	聚偏氯乙烯	PVDC	1960	乙丙橡胶	EPR
1940	丁基橡胶	IIR	1965	聚酰亚胺	PI
1942	不饱和聚酯树脂		1965	聚 砜	PF
1942	低密度聚乙烯	LDPE	1968	聚苯硫醚	PPS
1943	有机硅树脂		1970	乙烯-四氟乙烯共聚物	
1943	含氟树脂		1970	乙烯-三氟氯乙烯共聚物	
1943	聚氨酯	PU	1974	芳香族聚酰胺	

第二节　高分子材料分类

高分子材料也称聚合物材料，它是以高分子化合物，即聚合物为基体组分的材料。大多数高分子材料，除基本组分聚合物之外，为了获得具有各种实用性能或改善其成型加工性能，一般还有各种添加剂。因此严格地说，高分子化合物与高分子材料的涵义是不同的。材料的组成及各成分之间的配比从根本上保证了制品的性能，作为主要成分的高分子化合物对制品的性能起主宰的作用。

不同类型的高分子材料需要不同类型的添加成分，比如塑料需要增塑剂、稳定剂、填料、润滑剂、增韧剂等；橡胶需要硫化剂、促进剂、补强剂、软化剂、防老剂等；涂料需要催干剂、悬浮剂、增塑剂、颜料等。可见高分子材料是一个比较复杂的体系。高分子材料的分类方法很多。

一、按照高分子材料的来源分类

按照高分子材料的来源可以分为天然高分子材料、半合成(改性天然高分子材料)高分子材料和合成高分子材料。

1. 天然高分子材料

天然高分子材料是生命起源和进化的基础。人类社会一开始就利用天然高分子材料作为生活资料和生产资料，并掌握了其加工技术。比如利用蚕丝、棉、毛织成织物，用木材、棉、麻造纸等。

2. 改性的天然高分子材料

许多天然高分子材料经过人工改性，主要是用化学方法改性，获得新的高分子材料，如把纤维素用化学反应的方法，改性获得硝基纤维素、醋酸纤维素、羧甲基纤维素、再生纤维素，还有改性淀粉等。

3. 合成高分子材料

合成高分子是指从结构和分子量都已知的小分子原料出发，通过一定的化学反应和聚合方法合成的聚合物。如：聚乙烯、聚丙烯、聚氯乙烯、涤纶、腈纶、丁苯橡胶、氯丁橡胶、顺丁橡胶等。

4. 改性合成高分子材料

这一种本质上是从小分子单体合成的聚合物，只是得到的聚合物再经化学反应方法加以改性，似乎是分两步获得的高分子材料。如把聚醋酸乙烯醇解，获得了聚乙烯醇，用化学反应使原有的合成高分子变成一种新的高分子材料，如氯化聚乙烯、氯磺化聚乙烯、氯化聚氯乙烯、强酸性阳离子交换树脂、ABS 树脂也属于这一类。

二、按照高分子化合物的主链结构分类

按照高分子化合物的主链结构可分为碳链聚合物、杂链聚合物、元素有机聚合物。

1. 碳链聚合物

碳链聚合物指高分子化合物的主链完全由碳原子组成。绝大部分烯类和二烯类聚合物都属于这类。常见的聚合物有聚氯乙烯、聚乙烯、聚丙烯、聚苯乙烯、聚丙烯腈、聚丁二烯等等。

2. 杂链聚合物

杂链聚合物是指大分子主链中除了碳原子外，还有氧、氮、硫等杂原子。常见的聚合物有聚醚、聚酯、聚酰胺、聚脲、聚硫橡胶、聚砜等。

3. 元素有机聚合物

元素有机聚合物是指大分子主链中没有碳原子，主要由硅、硼、铝、氧、氮、硫、磷等原子组成。典型的例子是有机硅橡胶。

三、按照高分子材料的用途分类

按照高分子材料的用途可以分为塑料、橡胶、纤维、聚合物基复合材料、胶黏剂、涂料、功能高分子等等。实际上，这才是真正的把高分子材料从材料的角度进行分类的一种方法。

1. 塑料

塑料是以合成树脂或化学改性的高分子为主要成分，再加入填料、增塑剂和其他添加剂

制得。其分子间次价力、模量和形变量等介于橡胶和纤维之间。通常按合成树脂的特性分为热固性塑料和热塑性塑料；按用途又分为通用塑料和工程塑料。作为塑料基础成分的聚合物，决定着塑料的主要性能。这里需要注意的是同一种聚合物，由于制备方法、制备条件、加工方法不同，可以作为塑料用，也可以作为纤维或橡胶。比如聚氯乙烯是典型的通用塑料，也可作为纤维，即所说的氯纶。塑料同合成橡胶和合成纤维相比，虽都为聚合物，但因分子结构和聚集态各不相同，其物理性质也不相同。塑料具有柔韧性和刚性，而不具备橡胶的高弹性，一般也不具有纤维那种分子链的取向排列和晶相结构。塑料的主要优点有：

（1）密度小，比强度高，可代替木材、水泥、砖瓦等大量应用于房屋建筑、装修、装饰及桥梁、道路工程等。

（2）耐化学腐蚀性优良，可用于制造化工设备。

（3）电绝缘性和隔热性好，可用作电工绝缘材料和电子绝缘材料，如制造电缆、印刷线路板、集成电路、电容器薄膜等。

（4）摩擦系数小，耐磨性好，有消声减振作用，可代替金属制造轴承和齿轮。

（5）易加工成形，易于着色，采用不同的原料和不同的加工方法，可制得坚韧、刚硬、柔软、轻盈、透明的各种制品，广泛用于日常生活和工业生产中。

此外，各种纤维增强的塑料基复合材料，可代替铝、钛合金用于航空领域和军事工业中；耐瞬时高温、耐辐射的塑料可用于火箭、导弹、人造卫星和原子核反应堆上。

2. 橡胶

橡胶是一类柔性高分子聚合物。其分子链间次价力小，分子链柔性好，在外力作用下可产生较大形变，除去外力后能迅速恢复原状。它的特点是在很宽的温度范围内具有优异的弹性，所以又称为弹性体。橡胶可分为天然橡胶和合成橡胶，天然橡胶是从自然界含胶植物中制取的一种高弹性物质；合成橡胶是用人工合成的方法制得的高分子弹性体。

3. 纤维

纤维是指长度比直径大很多倍，并具有一定韧性的纤细物质。纤维的次价力大、形变能力小、模量高，一般为结晶聚合物。纤维可分为天然纤维和化学纤维两大类。天然纤维，比如：棉花、羊毛、麻、蚕丝等；化学纤维指用天然的或合成的高分子化合物经过化学加工制得的纤维，前者称人造纤维，后者称合成纤维。

4. 复合材料

聚合物基复合材料是复合材料的一种。复合材料由两种或两种以上物理和化学性质不同的物质，用适当的工艺方法组合起来，得到的具有复合效应的多相固体材料。根据构成的原料在复合材料中的形态，可分为基体材料和分散材料。基体材料是连续相的材料，它把分散材料固结成一体。高分子基复合材料，即聚合物基复合材料，是以高分子化合物为基体，添加各种增强材料制得的一种复合材料。它综合了原有材料的性能特点，并可根据需要进行材料设计。

5. 胶黏剂

胶黏剂也称黏合剂，是一种把各种材料紧密地结合在一起的物质。分为天然的、合成的，有机的、无机的，但是具有代表性的是以聚合物为基本组成、多组分体系的高分子胶黏剂。高分子胶黏剂是以高分子化合物为主体制成的胶黏材料，分为天然和合成胶黏剂两种，应用较多的是合成胶黏剂。除主要成分聚合物外，还根据配方和用途加上辅助成分。辅助成分有增塑剂或增韧剂、固化剂、填料、溶剂、稳定剂、稀释剂等。

6. 涂料

涂料是指涂布在物体表面形成的具有保护和装饰作用的膜层材料，也是多组分体系。体系中主要成分是成膜物质，是聚合物或者能形成聚合物的物质，它决定了涂料的基本性能。涂料用聚合物与塑料、纤维和橡胶等用聚合物的主要差别是平均分子量较低。根据不同的聚合物品种和使用要求需要添加各种不同的辅助成分组分，如颜料、溶剂、催干剂等。根据成膜物质不同，分为油脂涂料、天然树脂涂料和合成树脂涂料。

此外，高分子材料按用途又分为普通高分子材料和功能高分子材料。功能高分子材料除具有聚合物的一般力学性能、绝缘性能和热性能外，还具有物质、能量和信息的转换、传递和储存等特殊功能。已应用的有高分子信息转换材料、高分子透明材料、高分子模拟酶、生物降解高分子材料、高分子形状记忆材料和医用、药用高分子材料等。

第三节　高分子材料的相关概念、术语

有关高分子材料的概念、术语简单介绍如下：

（1）热塑性塑料　指在特定的温度范围内，具有可反复加热软化、冷却硬化特性的塑料品种。

（2）热固性塑料　指在特定的温度下加热或通过固化剂可发生交联反应，变成既不熔融，也不溶解的塑料制品的塑料品种。

（3）通用塑料　指产量大、价格便宜、力学性能一般、主要作为非结构材料使用的一类塑料。

（4）工程塑料　可以作为结构材料使用，具有优异的力学性能、耐热性能、耐磨性能和良好的尺寸稳定性的一类塑料。

（5）合成树脂　ASTM（美国试验与材料学会）有通用定义。但实际应用中常常指的是利用化学合成的方法生产出的一种与天然树脂类似的有机高分子化合物，是一种新型的合成材料。如果以合成树脂为基料，加上各种助剂，经过加工，即可制成具有一定特性的可塑材料，通常称为“塑料”。

（6）熔体流动速率　在一定温度下，熔融状态的高聚物在一定负荷下，10min 内从规定直径和长度的标准毛细管中流出的质量。也称熔融指数。

（7）合成纤维　由合成的高分子化合物加工制成的纤维。如聚酯纤维（涤纶）、聚酰胺纤维（锦纶）、聚丙烯腈纤维（腈纶）等。

（8）人造纤维　以天然高聚物为原料，经过化学处理与机械加工而制得的纤维。其中以含有纤维素的物质如棉短绒、木材为原料的，称为纤维素纤维；以蛋白质为原料的，称为蛋白质纤维。

（9）微孔高分子材料　内部具有大量微小气孔的一类高分子材料称为微孔高分子材料。以树脂为基体的称为泡沫塑料；以生胶或胶乳为基体的称为泡沫橡胶，俗称为海绵橡胶。

（10）生胶　天然的或合成的高分子化合物经过化学处理或加工制成浓缩胶乳和干胶，前者直接用于胶乳制品，后者即为生产橡胶制品的原料——生胶。

（11）再生胶　由废的硫化橡胶经过化学、热、机械加工处理后所制得的，具有一定的可塑性，可重新硫化的橡胶材料。再生胶可部分代替生胶使用。

(12) 门尼黏度　胶料在模腔内对黏度计转子转动所产生的剪切阻力。

(13) 硫化　胶料在一定条件下，橡胶大分子由线型结构转变为网状结构的交联过程。

(14) 塑化　指塑料在设备内经过加热达到流动状态并具有良好的可塑性。

(15) 复合材料　以一种材料为基体，另一种材料为增强体，组合而成的材料。

(16) 疲劳破坏　指材料在交变负荷的作用下，逐渐形成裂缝，并不断扩大而引起的低应力破坏。

(17) 界面　指基体与增强剂之间化学成分有显著变化、构成彼此结合的、能起载荷传递作用的微小区域。

(18) 聚合物共混　聚合物改性的最为简便而且有效的方法。指两种或两种以上聚合物经混合制成宏观均匀的材料的过程。

(19) 线密度(纤度)　表示纤维粗细的程度。以 1000m 长纤维质量的克数作为线密度单位，名称特[克斯]，单位符号为 tex。表示纤度还有一种通俗方法，即“支数”。支数是每克纤维的长度米数，如 60 支即 1g 纤维长 60m，可见，支数 = 1000/tex。

(20) 熔融纺丝　将高聚物加热熔融制成熔体，并经喷丝头喷成细流，在空气或水中冷却而凝固成纤维的方法称为熔融纺丝。

(21) 溶液纺丝　将高聚物溶解于溶剂中以制得黏稠的纺丝液，由喷丝头喷成细流，通过凝固介质使之凝固而形成纤维，这种方法称为溶液纺丝法。

(22) 湿法纺丝　它是溶液纺丝的一种，因为凝固介质为液体，故称为湿法纺丝。从喷丝头小孔中压出的黏液细流，在液体中通过，这时细流中的成纤高聚物便被凝固成细丝。

(23) 干法纺丝　它是溶液纺丝的一种，因为凝固介质为干态的气相介质，称为干法纺丝。从喷丝头小孔中压出的黏液细流，被引入通有热空气流的甬道中，热空气将使黏液细流中的溶剂快速挥发，被热空气流带走，而黏液细流脱去溶剂后很快转变成细丝。

(24) 捻度　将拉细的纤维或几根纤维相互抱合在一起，在特定的加捻机上进行。这种工艺过程叫加捻。加捻的程度叫捻度，即纤维每米长度上的捻回数。捻回的方向有 S 形和 Z 形之分。

第四节　高分子材料的性能

高分子材料应用比较广泛的一个很重要的原因，是高分子材料具有其他材料所不可比拟的性能。

一、高分子材料的力学性能

对大多数高分子材料来说，力学性能是最重要的性能指标。聚合物的力学特性是由结构特性所决定的。

1. 力学性能的基本指标

(1) 应力与应变　当材料受到外力作用而又不产生惯性移动时，它的几何形状和尺寸会发生变化，这种变化称为应变或形变。材料宏观变形时，其内部分子及原子间发生相对位移，产生原子间和分子间对抗外力的附加内力，达到平衡时附加内力和外力大小相等，方向相反。应力定义为单位面积上内力。材料受力的方式不同，发生形变的方式也不同。对于各向同性材料，有简单拉伸、简单剪切和均匀压缩三种基本类型。

（2）弹性模量　弹性模量简称模量，是单位应变所需应力的大小，是材料刚性的表征。模量的倒数称为柔量，是材料容易变形程度的一种表征。相应的三种形变对应的模量分别为拉伸模量(E，也称杨氏模量)，剪切模量(G)，体积模量(B，本体模量)。

（3）硬度　硬度是衡量材料抵抗机械压力的一种指标。试验方法不同名称各异。硬度的大小与材料的拉伸强度和弹性模量有关，所以，有时用硬度作为拉伸强度和弹性模量的一种近似估计。

（4）强度

① 拉伸强度　曾称抗张强度，是在规定的温度、湿度、加载速度下，在标准试样上沿轴向施加拉伸力直到试样拉断为止。断裂前试样所承受的最大载荷与试样截面积之比称为拉伸强度。如果向试样施加单向压缩载荷测得的是压缩强度。

② 弯曲强度　也称挠曲强度、抗弯强度，是在规定的条件下对标准试样施加静弯曲力矩，直到试样折断为止，然后根据最大载荷和试样的尺寸，按照公式计算弯曲强度。

③ 冲击强度　曾称抗冲强度，是衡量材料韧性的一种强度指标。定义为试样受冲击载荷破裂时单位面积所吸收的能量。

2. 高弹性能

高弹性是高分子材料极其重要的性能，其中橡胶是以高弹性作为主要特征。聚合物在高弹态都能表现一定程度的高弹性，但并非都可以作为橡胶材料使用，作为橡胶材料必须具有以下特点：

（1）弹性模量小，形变大。一般材料的形变量最大为1%左右，而橡胶的高弹形变很大，可以拉伸5~10倍，弹性模量只有一般固体材料的万分之一左右。

（2）弹性模量与绝对温度成正比。一般材料的模量随温度的提高而下降。

（3）形变时有热效应，伸长时放热，回缩时吸热。

（4）在一定条件下，高弹形变表现明显的松弛现象。

高弹形变的特点是由高弹形变的本质所决定的。

3. 黏弹性

聚合物的黏弹性是指聚合物既有黏性又有弹性的性质，实质上是聚合物的力学松弛行为。在玻璃化转变温度以上，非晶态线型聚合物的黏弹性最为明显。对理想的黏性液体即牛顿液体，其应力-应变行为遵从牛顿定律；对虎克体，其应力-应变行为遵从虎克定律。聚合物既有弹性又有黏性，其形变和应力都是时间的函数。

（1）静态黏弹性　高聚物的黏弹性是指在固定的应力(或应变)下形变(或应力)随时间的延长而发展的性质。典型的表现是蠕变和应力松弛。

在一定温度、一定应力作用下，材料的形变随时间的延长而增加的现象称为蠕变。对线型聚合物形变可以无限发展且不能完全回复，保留一定的永久变形。对交联聚合物，形变可达一平衡值。

在温度、形变恒定的条件下，材料的内应力随时间延长而逐渐减少的现象称为应力松弛。在应力松弛过程中，模量随时间而减少，所以这时的模量称为松弛模量。

（2）动态黏弹性　指在应力周期性变化下聚合物的力学行为，也称动态力学性质。

4. 聚合物的力学屈服

在一定条件下，由于拉伸应力的作用，聚合物会有应变行为。聚合物的应力-应变曲线如图2-1所示。该曲线也称冷拉曲线。曲线的起始阶段OA基本上是一段直线，应力应变成此，试样表现虎克弹性行为。B 点为屈服点，当应力达到屈服点之后，在应力不变的情况下产生较大的形变，除去应力后，材料不能恢复原样，即材料屈服了。屈服点对应的应力称为屈服应力或屈服强度。一般来讲，屈服应力是聚合物作为结构材料使用的最大应力。屈服点后，聚合物开始出现细颈（也有不出现细颈的）。此后的形变是细颈的逐渐扩大，直到 D 点。然后进入第三阶段，试样再度被均匀拉伸，应力提高，直到在 E 点拉断为止，E 点的应力称为拉伸强度，相应的形变称为断裂伸长率。

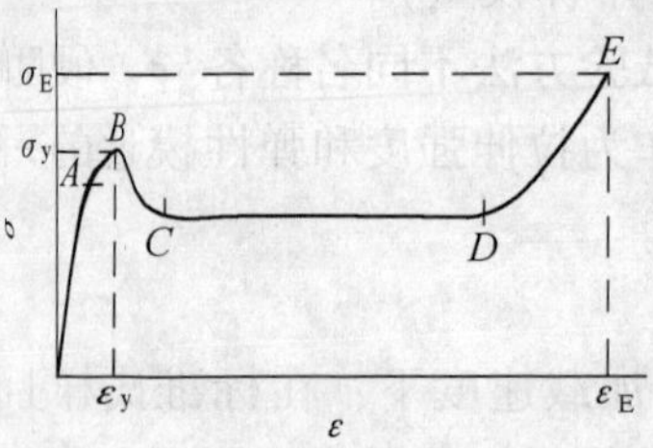

图 2-1　聚合物应力-应变曲线

屈服前就出断裂的玻璃态聚合物表现为脆性，屈服之后才断裂的玻璃态聚合物表现为韧性。

非晶态聚合物在 T_g 之下，结晶聚合物在熔点 T_m 之下，一般都有明显的拉伸屈服现象。屈服之后的形变可达百分之数百。在拉伸温度下，解除应力后，形变不能回复，将温度提高到拉伸温度以上，即非晶态聚合物的 T_g、晶态聚合物的 T_m 以上，屈服形变可以自动回复。所以说，屈服形变的本质就是一种高弹形变。从分子机理而言是大分子链构象改变的结果，对结晶聚合物还包括晶粒的取向、滑移、片晶的破裂、熔化、重结晶等过程。

屈服形变的过程包含两种可能的过程，即剪切形变过程和银纹化过程。

5. 聚合物的力学强度

将聚合物材料按照结构完全均匀的理想情况计算得到的理论强度要比聚合物的实际强度高出十数倍，甚至上百倍。其主要原因是聚合物的实际结构存在着大小不一的缺陷，引起应力的局部集中。而弹性模量实际值与理论值比较接近。

聚合物的抗张强度与聚合物本身的结构、取向、结晶度、填料等有关，同时还与载荷速率和温度等外界条件有关。冲击强度在很大程度上取决于试样缺口的特性，此外加工条件、分子量、添加剂等对冲击强度也有影响。

表 2-2、表 2-3 为常见聚合物的力学强度。

表 2-2　一些常见聚合物的缺口冲击强度（悬臂梁）

材料名称	冲击强度 $\times10^{-1}/J\cdot m^{-1}$	材料名称	冲击强度 $\times10^{-1}/J\cdot m^{-1}$
聚苯乙烯	1.3~2.1	聚丙烯	2.65~10.5
ABS	5.3~53	聚碳酸酯	63~68.9
硬聚氯乙烯	2.1~15.9	酚醛塑料（普通）	1.3~1.9
聚氯乙烯共混物	15.9~106	酚醛塑料（布填料）	5.3~15.9
PMMA	2.1~2.6	酚醛塑料（玻璃纤维填料）	53~159
醋酸纤维素	5.3~29.7	聚四氟乙烯	10.6~21.2
乙基纤维素	18.5~31.8	聚苯醚	26.5
尼龙 66	5.3~15.9	聚苯醚（25%玻璃纤维）	7.4~7.9
尼龙 6	5.3~15.9	聚砜	6.8~26.5
聚甲醛	10.6~15.9	环氧树脂	1.0~26.5
低密度聚乙烯	>84.8	环氧树脂（玻璃纤维填料）	53~159
高密度聚乙烯	2.15~107	聚酰亚胺	4.7

表 2-3　聚合物的弯曲强度和拉伸强度

材料名称	拉伸强度 $\times10^{-2}$/kPa	断裂伸长率/%	拉伸模量 $\times10^{-4}$/kPa	弯曲强度 $\times10^{-2}$/kPa	弯曲模量 $\times10^{-4}$/kPa
高密度聚乙烯	215~380	60~150	82~93	245~392	108~137
聚苯乙烯	345~610	1.2~2.5	274~346	600~974	
ABS	166~610	10~140	65~284	248~930	296
PMMA	488~765	2~10	314	898~1175	
聚丙烯	330~414	200~700	118~138	414~552	118~157
聚氯乙烯	345~610	20~40	245~412	696~1104	
尼龙 66	814	60	314~324	980~1180	287~294
尼龙 6	727~764	150	255	980	236~254
尼龙 1010	510~539	100~250	157	872	127
聚甲醛	612~664	60~75	274	892~902	255
聚碳酸酯	657	60~100	216~236	962~1042	196~294
聚砜	704~837	20~100	245~275	1060~1250	275
聚酰亚胺	925	6~8	~	>980	314
聚苯醚	846~876	30~80	245~275	962~1348	196~206
氯化聚醚		60~160	108	686~75688	
线型聚酯	784	200	285	1148	
聚四氟乙烯	139~247	250~350	39	108~137	

6. 摩擦与磨耗

摩擦与磨耗在高分子材料的性能指标中还没有严格的定量理论，但也属于聚合物重要的力学性能指标，尤其在橡胶轮胎的设计和纤维中比较重要。

摩擦和磨耗是同一现象的两个方面。聚合物的摩擦机理与金属并不一致，这是因为聚合物在摩擦过程中，要发生黏弹变形。比如对橡胶，形变是高弹的，接触面积与负荷的关系如下：

$$\mu = KL^{n-1}$$

式中，K 与材料有关的常数；L 为负荷；$2/3<n<1$，例如对聚四氟乙烯，$n=0.85$。

因此摩擦系数随压力增加而减小。表 2-4 为常见聚合物的摩擦系数。

表 2-4　常见聚合物的滑动摩擦系数

聚　合　物	摩擦系数	聚　合　物	摩擦系数
聚四氟乙烯	0.04~0.10	尼龙 66	0.15~0.40
低密度聚乙烯	0.30~0.80	聚氯乙烯	0.20~0.90
高密度聚乙烯	0.08~0.20	聚偏二氯乙烯	0.68~1.80
聚丙烯	0.67	聚氟乙烯	0.10~0.30
聚苯乙烯	0.33~0.50	丁苯橡胶	0.50~0.30
PMMA	0.25~0.50	顺丁橡胶	0.40~1.50
聚对苯二甲酸乙二醇酯	0.20~0.30	天然橡胶	0.50~3.00

对于两种硬度差别较大的材料，如聚合物和金属，进行相对滑动时，较硬的材料的凸凹不平处嵌入软质材料表面，形成凹槽。当嵌入的尖端移动时，凹处或者复原，或者软质材料被刮落下来。黏合和嵌入的形变均可因剪切而使材料从较软的表面磨去，这称为磨耗。

7. 疲劳强度

聚合物在周期性交变应力作用下，在低于静态强度的应力下破裂，这种现象称为疲劳现象。同样的疲劳现象也是在应力作用下，由裂纹的发展引起的。在一定负荷的反复作用下，材料的疲劳寿命随聚合物分子量的提高而增加。如聚苯乙烯分子量从 1.6×10^{-5} 增到 8.6×10^{-5}时，疲劳寿命大约增大 10 倍多。

疲劳强度和静强度的比值，对大多数热塑性聚合物为 1/4，增强材料稍大一些，而一些工程材料，如聚甲醛和聚四氟乙烯可达到 0.4~0.5。一般来讲，这个比值随着分子量及温度的提高而增加。

8. 蠕变

高分子材料在一恒定应力作用下，应变随时间而逐渐发展，最后达到平衡的现象。室温下的蠕变现象又叫冷流。非高分子材料也有蠕变现象，不过高分子材料较明显。它受高分子的分子量、链缠结、交联和交联程度、结晶和结晶度、温度以及高分子材料本身结构的影响。

蠕变实验可在拉伸、压缩、剪切等方式下进行。高分子材料在恒定拉力作用下，应变随时间增加，导致黏性流动，直至试样断裂叫蠕变断裂。蠕变过程中应力与应变的比值叫蠕变模量，显然，它是时间的函数。材料用于工程，常常考虑其抗蠕变性能。

9. 应力弛豫

应力弛豫过去曾叫“松弛”，本书多数情况仍习称松弛。是物质体系在恒定的应变下，应力随时间而衰减的现象。常用时间来表征应力弛豫所经历的时间。高分子应力弛豫的模型极复杂。线型高分子，由于可发生黏性流动，应力最终可弛豫到零。对于交联高分子，则不可能达到零。用应力弛豫仪可以测出高分子试样在拉伸时的应力弛豫。

二、高分子材料的物理性能

1. 热性能

材料的热性能指标有热导率、膨胀系数和比热容。表 2-5 为高分子材料的热性能。

表 2-5 高分子材料的热性能

聚合物	线性热膨胀系数/$10^{-5}K^{-1}$	比热容/$kJ\cdot kg^{-1}\cdot K^{-1}$	热导率/$W\cdot m^{-1}\cdot K^{-1}$
聚甲基丙烯酸甲酯	4.5	1.39	0.19
聚苯乙烯	6~8	1.20	0.16
聚氨基甲酸酯	10~20	1.76	0.30
聚氯乙烯	5~18.5	1.05	0.16
聚氯乙烯(含 35%增塑剂)	7~25		0.15
低密度聚乙烯	13~20	1.90	0.35
高密度聚乙烯	11~13	2.31	0.44
聚丙烯	6~10	1.93	0.24
聚甲醛	10	1.47	0.23

续表

聚合物	线性热膨胀系数/ $10^{-5}K^{-1}$	比热容/ $kJ \cdot kg^{-1} \cdot K^{-1}$	热导率/ $W \cdot m^{-1} \cdot K^{-1}$
尼龙 6	6	1.60	0.31
尼龙 66	9	1.70	0.25
聚四氟乙烯	10	1.06	0.27
环氧树脂	8	1.05	0.17
氯丁橡胶	24	1.70	0.21
天然橡胶		1.92	0.18
聚醚砜	5.5	1.12	0.18

由于聚合物一般是靠分子间力结合的，所以导热性比靠自由电子的热运动导热的金属材料低得多，属于较差的一类。固体聚合物的热导率范围较窄，一般在 $0.22W \cdot m^{-1} \cdot K^{-1}$ 左右；结晶聚合物的热导率稍高一些；非晶聚合物的热导率随着分子量的增大而增大；热导率随密度的下降而减小，例如微孔聚合物的热导率非常低，一般为 $0.03W \cdot m^{-1} \cdot K^{-1}$ 左右。总的来讲，加入增塑剂的材料会使热导率下降，随温度的变化有所波动，但是一般不超过10%，取向会引起热导率各向异性，取向方向热导率增大，而横向减少。

高分子材料的比热容和热膨胀性比金属材料及无机材料大。

2. 电性能

聚合物是极好的电器材料，聚合物的电性能主要是由其化学结构所决定。电性能的指标有电阻率和介电常数、介电损耗、介电强度等，常见聚合物的电性能指标如表 2-6。

表 2-6　聚合物的电性能指标值

聚合物	体积电阻/ $\Omega \cdot cm$	介电强度/ $kV \cdot mm^{-1}$	介电常数	损耗角正切
聚乙烯	$>10^{16}$	18	2.3	<0.0005
聚丙烯	$>10^{16}$	30	2.2~2.6	<0.0005~0.0018
聚苯乙烯	10^{18}	24	2.4~2.6	0.0001~0.0008
聚氯乙烯	10^{15}	16	3.0~5.0	0.009~0.16
PMMA	10^{15}	20	3.0~3.5	0.04~0.06
聚四氟乙烯	10^{18}	18.9	<2.1	<0.0002
天然橡胶	10^{15}	18	2.3~3.0	0.003~0.016
硅橡胶	10^{14}	24	3.0~3.5	0.001~0.010
酚醛树脂	10^{12}	16	4.4~9.0	0.04~0.20
脲醛树脂	10^{11}	14	7.0~9.5	0.03
三聚氰胺甲醛树脂	10^{12}	14	6.0~7.5	0.013~0.034
聚对苯二甲酸乙二醇酯	10^{15}	16.9		
聚对苯二甲酸丁二醇酯	10^{16}	16~20	3.1~3.8	0.002
聚碳酸酯	$>10^{16}$	15~20		
聚芳酯	1.2×10^{16}	16	2.7	0.005

续表

聚合物	体积电阻/$\Omega \cdot cm$	介电强度/$kV \cdot mm^{-1}$	介电常数	损耗角正切
尼龙	$10^{11} \sim 10^{15}$	16~24	3.0~5.3	0.029
聚苯醚	10^{18}	20		
聚甲醛	10^{15}	20		
聚砜	5×10^{16}	17		
聚苯硫醚	10^{15}	13.4	4.5	
聚酰亚胺	10^{17}	22	3.4	
ABS	2.4×10^{15}	14~20		0.0018

聚合物的体积电阻率常随充电时间的延长而增加，在各种电工材料中聚合物是电阻率非常高的绝缘材料。损耗角的正切值称为介电损耗，在通常情况下，只有极性聚合物才有明显的介电损耗，而非极性聚合物介电损耗的原因是由于极性杂质的存在。极性基团可位于大分子主链，也可位于侧基。聚合物的介电强度的上限是由聚合物结构内共价键电离能决定的。

此外，由于聚合物的高电阻率使得它有可能积累大量的静电荷，比如聚丙烯腈纤维因摩擦可产生高达1500V的静电压。一般聚合物可以通过体积传导、表面传导等来消除静电。目前工业上广泛采用添加抗静电剂来提高聚合物的表面导电性。

一般介电常数大的聚合物带正电，小的带负电，如以下序列。

(+)	尼龙66	羊毛	蚕丝	皮肤	纤维素(棉花)	聚甲基丙烯酸甲酯	聚乙烯醇缩醛	涤纶	聚丙烯腈	聚氯乙烯	聚碳酸酯	聚乙烯	聚丙烯	聚四氟乙烯	(−)

3. 光性能

(1) 折射　聚合物的折光指数是由其分子的电子结构因辐射的光电场作用发生形变的程度所决定，聚合物的折光指数一般都在1.5左右。无应力的非晶态聚合物在光学上也是各向同性的，因此只有一个折光指数；结晶的和各向异性的材料，折光指数沿不同的主轴方向有不同的数值，该材料被称为双折射。

(2) 透明性　大多数聚合物不吸收可见光谱范围内的辐射，当其不含结晶、杂质时都是透明的，如有机玻璃(PMMA)、聚苯乙烯等。但是由于材料内部结构的不均匀性而造成光的散射，加上光的反射和吸收使透明度降低。

4. 渗透性

液体分子或气体分子可从聚合物膜的一侧扩散到其浓度较低的另一侧，这种现象称为渗透或渗析。由于高分子材料的渗透性，使高分子材料在薄膜包装、提纯、医学、海水淡化等方面获得了广泛的应用。一般来讲，链的柔顺性增大、渗透性提高，结晶度越大、渗透性越小，当大分子链上引入极性基团时渗透性下降。

三、高分子材料的化学性能

1. 高分子材料的老化

聚合物及其制品在使用或储存过程中由于环境的影响，性能逐渐变坏的现象称为老化。由于光、热、水、微生物、化学物质等的作用，发生化学反应，导致聚合物大分子链断裂，特别是有氧的情况下，加剧了聚合物的氧化过程。为防止聚合物的老化，常常加入稳定剂，如：光稳定剂、抗氧剂、热稳定剂。

2. 高分子材料的耐化学溶剂和耐酸碱性能

高分子耐溶剂有时叫抗试剂性，就是指高分子材料在化学试剂作用下，抗拒化学试剂的能力，不发生开裂、银纹、溶胀等。高分子材料耐溶剂性能好，则在溶剂侵蚀下仍能保持其物理机械性能。

高分子耐酸碱能力常被称为耐腐蚀能力，主要指耐酸的能力。

3. 高分子材料的燃烧性能

大多数聚合物都是可燃烧的，燃烧过程包括加热、热解、氧化、着火等步骤。燃烧过程是一种复杂的自由基连锁反应过程，首先热解产生碳氢物片段，再与氧反应产生自由基，然后开始链式反应，最终生成有毒的挥发物质。聚合物燃烧的性能指标有燃烧速度和氧指数。燃烧速度是指在有外部辐射热源存在下水平方向火焰的传播速度；氧指数是指在规定的条件下，试样在氧气和氮气的混合气流中维持稳定燃烧所需的最低氧气浓度，用混合气流中氧气所占的体积分数表示，氧指数越小材料越容易燃烧，因此氧指数是衡量材料燃烧难易的标志。

为了防止大多数聚合物材料的燃烧，在使用时要加入阻燃剂，使它具有良好的阻燃性能。阻燃剂大多是无机物和含卤素、磷原子的有机物。

4. 力化学性能

聚合物的力化学性能是指在塑炼、挤出、破碎、粉碎、摩擦、磨耗、拉伸等过程，由于机械力的作用下所产生的化学变化。常见的力化学变化，如力降解，力降解使聚合物的分子量下降、产生新的端基及极性基团、溶解度发生改变、可塑性发生变化等。

四、高分子溶液

高分子溶液是高分子材料应用的又一个形态，一般来讲，浓度在1%以下为稀溶液，可用其测定聚合物的分子量和分子量分布；而浓溶液，比如纺丝液、胶黏剂、涂料、增塑的塑料等等，在实际中应用的比较多。

1. 高分子的溶解

高分子的溶解是一个比较缓慢的过程，因为高分子和溶剂分子的尺寸相差比较大，两者的分子运动速度差别也很大。溶剂分子很快渗入高分子中，而高分子向溶剂的扩散比较慢，可以分为两个阶段，一是溶剂化溶胀过程，溶剂分子渗入高分子内部，使高分子胀大；二是高分子均匀分散在溶剂中，形成完全溶解的均相体系。线型和支化高分子可以溶解，而交联高分子仍然保持溶胀。在高分子的溶解过程中，溶剂的选择至关重要，一般要根据极性相近、溶剂化、溶解度参数相近的原则来选取溶剂。

2. 高分子的浓溶液

高分子的浓溶液常见的形式有高聚物的增塑、高分子溶液纺丝、凝胶、冻胶、涂料、胶黏剂等。

(1) 高聚物的增塑　为了改进某些聚合物的使用性能和成型性能，比如增加聚氯乙烯产品的柔软性，降低其加工时的流动温度，常常在聚合物中加入高沸点的小分子液体，这种作用称为增塑，小分子液体称为增塑剂。高分子增塑体系属于高分子浓溶液的范畴。

增塑后的聚合物玻璃化温度和脆化温度降低了，可以在较低的温度下成型和使用，其制品的柔韧性、冲击强度、断裂伸长率有所提高。一般认为，利用极性增塑剂增塑极性聚合物，其玻璃化温度的降低正比于增塑剂的量，而非极性聚合物的增塑作用，其玻璃化温度正比于增塑剂的体积分数。

(2) 聚合物的纺丝液　在纤维工业中，有一些聚合物，如：聚丙烯腈、聚乙烯醇、聚氯乙烯等，它们的分解温度比较低，无法通过升温使之处于流动状态，因此只能配成浓溶液，再进行纺丝。在制备纺丝液时，要求溶剂必须是聚合物的良溶剂、溶剂有适中的的沸点等等，配成的纺丝液要控制聚合物的浓度和黏度。

第五节　高分子材料的研究方法

高分子材料的应用极其广泛，因此对高分子材料的研究也成为一门实用的技术。利用现代分析技术研究高分子结构，并确定结构与性能的关系，是高分子科学的一个重要方面。高分子材料的研究分析主要以仪器分析为主，包括高分子结构、分子量及其分布、结晶结构、共混物的相结构等，而化学分析和低分子的化学分析类似。

一、高分子材料结构的测定方法

高分子材料的结构是材料物理性能和力学性能的基础，所以人们了解高分子材料的微观结构、亚微观结构、宏观结构等不同层次的形态和聚集态是必不可少、十分重要的。

1. 高分子链结构的测定

高分子链的结构测定包括分析鉴别聚合物、定量测定和定性分析聚合物的链结构、研究高聚物的反应、高聚物的支化结构和取向结构等。高分子链结构的测定可以采用 X 射线衍射法(大角)、电子衍射法、中心散射法、裂解色谱-质谱法、紫外吸收光谱、红外吸收光谱、拉曼光谱、微波分光法、核磁共振法、荧光光谱、偶极矩法、旋光分光法、电子能谱法等。

2. 高分子聚集态结构的测定

高分子聚集态结构的测定主要包括高分子结晶状态(结晶度、取向、晶粒尺寸等)、溶液中聚合物的状态、共混物和共聚物的片层结构等。

高分子材料结晶度测定可以采用 X 射线小角散射法、电子衍射法、核磁共振吸收(宽线)、红外吸收光谱、密度法、热分析法等；测定取向程度有双折射法、X 射线衍射法、红外二色性法等；此外电子显微镜、光学显微镜、原子力显微镜、固体小角激光散射等可以测定高分子材料的聚集态结构。

3. 高分子链的整体结构

高分子链的整体结构测定包括四个部分：分子量的测定；分子量分布的测定；支化度的测定；交联度的测定。

分子量采用溶液光散射法、凝胶渗透色谱法(GPC)、黏度法、扩散法、超速离心法、溶液激光小角光散射法、渗透压法、气相渗透压法、沸点升高法、端基滴定法等测定。

分子量分布采用凝胶渗透色谱法(GPC)、熔体流动行为法、分级沉淀法、超速离心法等测定。

支化度的测定采用化学反应法、红外光谱法、凝胶渗透色谱法(GPC)、黏度法等。

交联度的测定采用溶胀法、力学测量法等。

二、高分子材料性能的测定

高分子材料的性能是高聚物的结构在一定条件下的表现，而高分子材料的性能直接影响材料的使用。高分子材料的性能包括力学性能、热性能、物理性能、流变性能等。

1. 力学性能

高分子材料的力学性能主要是测定材料的强度和模量、变形。采用的实验方法有拉伸、压缩、剪切、弯曲、冲击、蠕变、应力松弛等。相应的试验机包括：万能试验机、应力松弛仪、蠕变仪、冲击试验机(摆锤式、落球式)、动态黏弹谱仪、高低频疲劳试验机等。

2. 物理性能

高分子材料的物理性能包括电性能、密度、透光性、透气性、吸湿性、吸音性等。电性能主要测定材料的电阻、介电常数、介电损耗角正切值、击穿电压，采用的仪器有高阻计、电容电桥介电性能测定仪、高压电击穿试验机等；采用比重计和密度梯度法测定材料的密度；采用透光度计测透光性；采用透气性测定仪测定材料的透气性；采用吸湿计测定吸湿性；采用声衰减测定仪测定吸音系数等等。

3. 热性能

高分子材料的热性能主要有材料的导热系数、比热容、热膨胀系数、耐热性、玻璃化温度的转变、分解温度等。测试仪器有高低温导热系数测定仪、差示扫描量热仪(DSC)、量热计、线膨胀和体积膨胀测定仪、马丁耐热箱、维卡耐热仪、热失重仪(TG)、差热分析仪(DTA)等。

4. 流变性能

高分子材料的流变性能主要是测定黏度、黏度和切变速率的关系、剪切力和切变速率的关系。采用的仪器有旋转黏度计、熔体流动速率仪、毛细管流变仪等。

5. 化学性能

高分子材料的老化和高分子材料的燃烧性能可以划到高分子材料的化学性能中。高分子材料的老化主要研究它的热老化、自然老化，一般采用热老化箱、模拟自然的人工气候老化箱；燃烧性能主要指标有氧指数的测定，一般采用氧指数仪等。

第三章　塑　料

第一节　概　述

通用塑料是相对工程塑料来说的，指来源丰富、产量大、应用面广、价格较低、力学性能一般，且容易成型加工，主要作为非结构材料使用的塑料。主要的品种有聚氯乙烯、聚乙烯、聚丙烯、聚苯乙烯、ABS、酚醛塑料、氨基塑料等。随着科学技术的发展，一些通用塑料如聚丙烯，经过改性之后可以作为工程材料，而工程塑料的产量也逐年增加，因此说二者之间的界限现在已经不是很严格了。

工程塑料的定义顾名思义是工程上应用的塑料或可作工程材料的塑料。显然，这种工程材料通常指土木工程、机械工程、水电安装工程、矿山采掘工程、水利工程等等，也许可能主要是指替代金属材料和某些竹木材料的塑料，这是早期的一种宽泛的定义。实际上，工程塑料是随着汽车工业、电子电气工业、信息技术、航空航天以及主要是国防军工的特殊要求在20世纪50年代以后新兴的高分子塑料材料，一般指能在常见温度或更宽的温度范围内较长时间使用，而能保持其优良性能，并且有一定的机械强度可以作为结构材料的塑料。这个定义似乎仍然强调它代替金属作结构材料的这种意义。实际上，现代工程塑料不仅仅是代替金属，而且更加看重它具有金属所没有的特殊性能，是一种独立的而且是金属无法取代的高分子材料。比如它的密度小，质轻，比强度高，耐化学腐蚀，耐磨，尺寸稳定性好，摩擦系数小，吸震，消音，绝缘，耐热，使用温度一般较高，抗冲击，抗挠曲，撞击不产生火花等等特殊性能，金属尚不能及。所以工程塑料与金属材料或其他非金属材料不是谁替代谁的问题，而是人类使用的一类特种材料，是材料的一个进步。这样理解工程塑料的定义就不拘泥了(拘泥于一定作结构材料)。因而工程塑料，就是在电子电气、化工、机械、建筑、水暖、航空、航天、汽车、运输、仪器、仪表、卫生医药等工程上应用的具有特殊性能的高分子塑料材料。

最早出现并应用的塑料如聚苯乙烯、聚乙烯、聚氯乙烯、酚醛树脂以及后来居上的聚丙烯，它们实际上也具有“工程塑料”的某些特性，有些材料相当长时间之内也充当“结构材料”，有些现代仍充当结构材料，如用它们作容器、泵、齿轮、管道、板材等等。这些材料产量大、历史久，使用起来当然有一定的特殊性能，但尚不理想，不能满足一些特殊场合要求，因此，把它们戏称为大路货塑料，雅化称之为通用塑料。可见，工程塑料是在它的一些特殊性能超越了通用塑料之后而问世，并得以立足、发展，而且扩大了工程应用领域。所以，工程塑料重在它具有特别优异的性能，是相对于通用塑料而称呼的一类塑料。

目前人类使用的工程塑料通常有聚碳酸酯、聚酰胺、聚甲醛、聚砜、聚芳酯、聚苯酯、聚酰亚胺、含氟塑料及ABS等类。新的工程塑料或改性的工程塑料还会不断涌现，应用领域在开拓扩展，成为新型化工材料中的重要成员(新型化工材料可定义为正在开发的或者是具有某些优异性能或特殊功能的先进化工材料)。

第二节　通用塑料分类和成型

一、通用塑料分类

1. 按照塑料的受热状态分类

通用塑料的分类可以根据塑料受热后形态性能进行分类，这样可分为热塑性塑料和热固性塑料两大类。热塑性塑料可以反复成型，一般说来，它的柔韧性大、脆性低，但是刚性、耐热性和尺寸稳定性较差；而热固性塑料是体型结构的聚合物，所以刚性高，耐热，不容易变形，但是成型工艺复杂、成型效率低。它们的区别见表 3–1。

表 3–1　热塑性塑料和热固性塑料

项　目	热塑性塑料	热固性塑料
加工特性	受热软化、熔融制成一定形状的型坯，冷却后固化定型为制品	未成型前受热软化、熔融，制成一定形状的型坯，在加热或固化剂作用下，一次硬化定型
重复加工性	再次受热，仍可软化、熔融，反复加工	受热不熔融，达到一定温度分解，不能反复加工
溶剂中情况	可以溶解	不可以溶解
化学结构	线型高分子	由线型分子变为体型分子
成型中的变化	物理变化	物理变化、化学变化
举　例	PE、PP、PVC、ABS、PS 等	PF、UF、MF、ER、UP 等

2. 按照塑料的组成分类

塑料按其成分的不同，可分为单组分和多组分：单组分的塑料，基本上是以合成树脂为主，有的加入少量的助剂(着色剂、润滑剂等)，比如聚乙烯、聚苯乙烯等；多组分的塑料除树脂外还要加入增塑剂、稳定剂、着色剂、润滑剂、偶联剂、交联剂、阻燃剂、抗静电剂、填充剂等助剂，如聚氯乙烯、酚醛塑料等。

二、塑料的成型

塑料制品通常就是由聚合物或聚合物与其他组分的混合物，于受热后在一定条件下塑制成一定形状，并经冷却定型、修整而成，这个过程就是塑料的成型与加工。由于热塑性塑料与热固性塑料受热后的表现不同，因此其成型加工的方法也有所不同。塑料的成型加工方法已有数十种，其中最主要的是挤出成型、注射成型、压延成型、吹塑成型及模压成型，前四种方法是热塑性塑料的主要成型方法，热固性塑料的成型主要采用模压、铸塑、传递模塑等。

第三节　通用塑料性能和用途

一、通用塑料的性能

塑料是一类重要的高分子材料，具有质轻、电绝缘、耐化学腐蚀、容易成型等特点。它的某些性能是木材、陶瓷、金属所不及的。表 3–2 是塑料与金属、无机非金属材料性能的比较。

从表可以看到，塑料具有如下优点：

（1）质轻　塑料的密度在 900~2300kg/m³ 之间，是材料中最轻的。当制成泡沫塑料后密度下降到 10~50 kg/m³。

表 3-2　塑料与金属、无机非金属材料性能比较

性　能	钢铁（金属）	聚丙烯（塑料）	陶瓷（无机非金属）
熔点/℃	1535	175	2050
相对密度	7.8	0.9	4.0
拉伸强度/MPa	460	35	120
拉伸模量/10^4 MPa	21	0.13	39
热变形温度/℃	—	60	—
线膨胀系数/$10^{-5}\cdot K^{-1}$	1.3	8~10	0.85
传热系数/[（10^4 W/（$m^2\cdot K$）]	4019.3	11.7	175.8
韧　性	优	良好	差
体积电阻率/Ω · cm	10^{-5}	$>10^{16}$	7×10^4
燃烧性	不燃	燃烧	不燃
耐药品性	可以	良好	良好

（2）拉伸强度、拉伸模量比较低，韧性优良　特别是纤维增强的塑料比强度（强度与密度比）接近或超过金属材料。

（3）传热系数小　塑料的传热系数是金属的 1/100~1/1000，可以作为优良的绝热材料。泡沫塑料的绝热性更佳。

（4）电绝缘性好　塑料的体积电阻率在 10^{13}~10^{18} Ω · cm 之间，介电常数一般小于 2，介电损耗小于 10^{-4}。和其他材料相比是最佳的绝缘材料。

（5）成型加工性优良　塑料由于是塑性材料，因此可以适应各种成型方法，多数情况下可以一次成型。

（6）减震、消音性能良好。

（7）耐腐蚀性优良　塑料有较好的化学稳定性，对酸、碱、盐溶液、蒸汽、水、有机溶剂等的稳定性优于金属材料。

（8）透光性能、着色性能好　塑料的透光性能、着色性能好，可以做成透明或半透明、色泽鲜艳的制品。

（9）可赋予各种特殊的性能　塑料可以作成各种特殊性能的材料，如：透气性、难燃性、粘接性、离子交换性、生物降解性以及光、热、电、磁等性能。

通用塑料的缺点如下：

力学性能比金属材料差，表面硬度低；容易静电积累；难于加工高精度的制品，成型条件对产品的物理性能影响大；使用过程中容易产生蠕变、疲劳、结晶等现象，长期使用性能差；热膨胀系数远远大于其他材料，当进行复合时，要充分考虑；耐热性能差，使用温度低；容易燃烧；在光热条件下容易受到破坏等。

虽然通用塑料有一些缺点，但是随着共混技术的不断发展进步，它的一些不足逐渐得到改善，并不断扩大使用范围，使得塑料在国民经济中的地位越来越重要。

二、通用塑料的用途

通用塑料的用途可涉及以下几个方面：

(1) 农业和渔业　各种农膜、片材、排灌管、喷灌管、渔网、养殖箱、飘浮材料。

(2) 工业　由于塑料的电绝缘性，在电器工业上已经大量使用塑料作绝缘材料和封装材料；在电子和仪表工业中的制件、壳体；机械工业中的传动齿轮、轴承等；化学工业中各种防腐容器、管道、槽、罐等。

(3) 建筑业　用塑料代替木材、金属等传统材料，制作塑料门、窗、天花板、地板革、上下水管道与管件、煤气管道与管件等等。

(4) 包装业　各种编织袋、包装薄膜、复合薄膜、中空容器、周转箱、瓦楞箱、打包带、泡沫塑料等。

(5) 日常用品　各种塑料玩具、牙刷、肥皂盒、雨衣、餐具、器具、拖鞋等等。

(6) 医疗与器械工业　各类人造器官、医疗用输液袋、一次用注射用品、降解性医用材料。

(7) 电器工业　各种办公用具及家用电器绝缘、保温、防腐、防潮的壳体，耐磨、精密的零部件等。

除了在以上领域，通用塑料应用比较广泛外，目前一些通用塑料通过改性扩大了应用领域，在国防尖端工业、交通与航空工业等作为结构材料大量使用。

第四节　重要的通用塑料

一、聚乙烯

聚乙烯(PE)是以乙烯为原料经催化剂催化聚合而得的一种热塑性化合物，结构式如下：

$$\left[CH_2—CH_2 \right]_n$$

作为塑料使用的聚乙烯分子量要达到1万以上。在世界范围内聚乙烯是塑料品种中产量最大的，应用面也最广，约占塑料总量的1/3。

1. 聚乙烯的分类

聚乙烯的分类主要是按照聚乙烯的密度，并适当考虑分子结构来划分：

高密度聚乙烯(HDPE)，密度0.940~0.970g/cm^3，分子呈线型结构并有少量的短支链，支化度较小，结晶度85%~90%；

低密度聚乙烯(LDPE)，密度0.915~0.940g/cm^3，分子呈长短支链，支化度较大，结晶度55%~65%；

线型低密度聚乙烯(LLDPE)，密度0.914~0.940g/cm^3，分子呈线型结构，有一定数量无规则分布的短支链。

三种聚乙烯聚合时的压力、温度、催化剂以及采用的聚合方式不同，因而结构性能也不同，表3-3为三种聚乙烯的结构性能比较。除了上述几种聚乙烯外，一般分子量在100万以上的称为超高分子量聚乙烯(UHMWPE)。

聚乙烯比水轻，无毒，为白色蜡状半透明材料，它的透明度随着结晶度增加而下降，一般经过退火处理后变得不透明，而淬火处理后透明；具有优良的电绝缘性，它的介电常数和介电强度与分子量有关；良好的耐化学性，在60℃以下，能耐各种浓度的盐和碱溶液，室温下一些化学物质对它不起作用；具有优异的力学性质，结晶部分赋予聚乙烯较高的强度，非结晶部分赋予了良好的柔性和弹性，并随着分子量的增加力学性能有所提高，当分子量超过150万为极坚韧的材料，可作为工程材料使用；聚乙烯容易光氧化、热氧化、臭氧分解。

表3-3　三种聚乙烯结构性能比较

	LDPE	LLDPE	HDPE
短链支化度/1000个C	10~30	10~30	<10
短链分支长度	C_1~C_4	C_2、C_4、C_6	C_2~C_4
长链支化度	~30	0	0
结晶温度/℃	108	122	130
密度/(g/cm^3)	0.915~0.940	0.914~0.940	0.940~0.970
分子量/万	10~50	5~20	10~150
拉伸强度/MPa	6.90~13.79	20.68~27.58	24.13~31.03
伸长率/%	300~600	600~700	100~1000
肖氏硬度	41~45	44~48	60~70
最高使用温度/℃	80~95	90~105	110~130
耐环境应力开裂	好	很高	好~低
结晶度/%	55~65	两者之间	85~90

2. 聚乙烯的品种

（1）低密度聚乙烯(LDPE)　LDPE也称为高压聚乙烯，是按照游离基聚合历程进行的反应，所以容易发生链转移，产品中存在大量支链结构，分子结构缺乏规整性，因此结晶度小，导致它的耐热性、耐溶剂性、硬度也较差。电绝缘性优良，柔软性好，耐冲击性能和透明性也比较好；具有良好的透气性。

LDPE主要做成薄膜用于食品包装、商业和工业用包装、购物袋、垃圾袋等，特别是作为农用薄膜，用于生产棚膜、地膜等，这部分大概占50%~60%；家用器皿、玩具、医用品等注射制品；牛奶及果汁饮料、冰淇淋纸盒和非食品包装的涂覆等；各种电线电缆的绝缘和护套。

（2）高密度聚乙烯(HDPE)　HDPE也称低压聚乙烯，由于它的分子量比较高，支链短而且少，因此密度较高，拉伸强度、拉伸模量、弯曲模量、硬度等性能都优于LDPE，但冲击强度比LDPE差。它的耐热性比较高，最高使用温度100℃，最低使用温度可至-70℃。透气性为LDPE的1/5，特别适合于包装防潮物品。

HDPE可制成吹塑制品，用于日用容器、医用药瓶、汽车油箱、化学品贮罐等；饮料和食品的周转箱、机器零件等注塑制品；食品和工农业产品的包装、农用地膜、购物袋等；制成管材类，如天然气管、煤气管、固体输送管、城市排水管、农用灌溉管等；单丝类，如渔网、建筑用安全网、民用纱窗网等；用于发泡制品，可作合成木材和合成纸。合成木材用于汽车坐板、挡板、轮船甲板，合成纸强度好，耐水、耐油、化学稳定好，可印刷，做地图及重要文件用纸。

（3）线型低密度聚乙烯(LLDPE)　LLDPE是乙烯与少量的α-烯烃共聚，形成在线型乙烯主链上带有非常短小的共聚单体支链的分子结构。LLDPE的分子链具有短支链的结构，其分子结构规整性介于LDPE、HDPE之间，因此密度、结晶度也介于二者之间，更接近于HDPE；它的刚性好，韧性好，因此它的撕裂强度、拉伸强度、耐穿刺性和耐环境应力开裂性比LDPE要好，但是它的吹塑薄膜透明性差；LLDPE的分子量分布比LDPE窄，平均分子量较大，因此它的熔体黏度比 LDPE 大，加工性差。

LLDPE 约 70%用于薄膜的生产，主要是食品包装、工业用包装、农用膜、垃圾袋等；注塑制品有各类容器；电话电线的绝缘材料，光缆和电力电缆的绝缘夹套；大型的农用贮槽、化学品贮槽、儿童玩具；各种管材、片材和板材等。

(4) 其他种类的聚乙烯

① 超高分子量聚乙烯(UHMWPE)　UHMWPE 的分子结构和 HDPE 比较相似，呈线型结构。常规的 HDPE 分子量在 5 万~30 万，而 UHMWPE 的分子量在 100 万以上。由于分子量大，使它具有独特的性能，如：极佳耐磨性、高的冲击强度、良好的自润滑性、优异的耐低温性和化学稳定性，是一种价格低廉、可以和工程塑料相媲美的塑料。

UHMWPE 可用于农业机械、汽车、煤矿、纺织、造纸、化工、食品工业做不粘、耐磨、自润滑部件，如：导轨、泵、压滤机、阀、密封圈、轴承等，与食品接触的材质，人体内部器官、关节等器件。

② 交联聚乙烯　交联聚乙烯是通过化学或辐射的方法在聚乙烯分子链间相互交联，形成的网状结构的热固性塑料。无论是低密度聚乙烯还是高密度聚乙烯都能进行交联，交联后的聚乙烯的拉伸强度、冲击强度、抗蠕变性、刚性等皆优于 HDPE，弹性模量比 HDPE 高 5 倍；低温柔韧性好，软化点达到 200℃，可在 140℃长期使用；有突出的耐磨性、耐应力开裂性；电绝缘性、化学稳定性比普通聚乙烯更优异。

交联聚乙烯主要用于电线电缆的包覆层及绝缘护套；各种耐热、耐腐蚀介质管材和容器；薄膜类用于食品包装业、建筑业和农业，以及热收缩薄膜；火箭、导弹、机电产品及高压、高频绝缘材料；交联聚乙烯可制作泡沫塑料，广泛用于建筑、包装、工业部件。

③ 氯化聚乙烯(CPE)　氯化聚乙烯是聚乙烯氯化反应后的产物。由于 Cl 的取代，破坏了聚乙烯的结晶性，使氯化聚乙烯变软、玻璃化温度降低，但是当氯含量超过一定时，玻璃化温度随之升高。主要用来与 PVC 共混，改善冲击韧性、耐低温、耐候、耐燃和成型性等。

3. 聚乙烯的牌号

聚乙烯的牌号很多，命名也相对复杂，GB1845—88 是以聚乙烯的代号、密度、熔体流动速率、主要用途、加工方法以及树脂的特性等为内容来命名的。现举例如下：

PE-FB-18D045

说明：第一单元 PE，为聚乙烯的英文缩写代号。

第二单元 FB，为聚乙烯的主要用途或加工方法及重要性能；F 表示为用于挤出薄膜，B 表示为具有抗粘连性能。

第三单元 18D045，为聚乙烯的密度和熔体流动速率的范围；18 表示密度为>0.916~0.921g/cm^3 范围，D 表示为熔体流动速率的测试条件：190℃/2.16kg，045 为熔体流动速率的范围>3.0~6.0g/10min。

第四单元，(例中没有表示)表示填料或增强材料的类型；如粉状(D)的碳酸钙(K)等。

因此 PE-FB-18D045 的意义为：某种加抗粘连剂、挤出薄膜用聚乙烯本色粒料，其密度标称值为 0.918g/cm^3，熔体流动速率的标称值为 3.5g/10min，测试条件为 190℃、2.16kg。

二、聚丙烯

聚丙烯(PP)是丙烯催化聚合而制得的，结构式为：

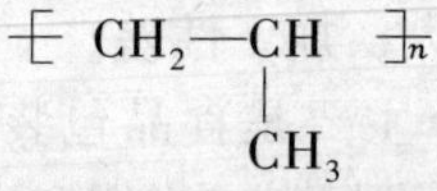

聚丙烯链的形式有等规聚丙烯（IPP）、无规聚丙烯（APP）和间规聚丙烯（SPP）三种结构，工业上，95%以上是等规聚丙烯，无规聚丙烯是等规聚丙烯的副产物，间规聚丙烯是采用特殊的催化剂在低温下合成的。

聚丙烯可分为均聚物和共聚物两种，实际上共聚物是丙烯和乙烯、苯乙烯等进行的共聚，是一类改性的聚丙烯，又可分为无规共聚物、嵌段共聚物。它们的特性见表3-4。

表3-4　PP种类及其特性

PP的种类	均聚物	无规共聚物	嵌段共聚物
特性	高刚性、耐热性	高透明、低熔点	不透明、耐冲击性
应用	家用电器部件，CPP（流延PP）、BOPP（双向拉伸PP）薄膜	注射器、瓶盖，复合BOPP的热封层薄膜	汽车部件，可热食品袋用CPP、特殊BOPP薄膜

虽然聚丙烯分子链上挂有庞大的侧基，影响了分子排列的整齐性，使其不易结晶。但是在聚合过程中，如果分子排列整齐，仍可构成结晶区，等规立构就赋予了聚丙烯高结晶度及良好的性能，无规立构类似于未硫化的橡胶，熔点及硬度、刚性都比较低，间规立构聚丙烯处于二者之间。

1. 聚丙烯的性能

聚丙烯的物理性能介于HDPE和ABS树脂之间，加工性能、制品的外观和耐热性均比聚乙烯好。

聚丙烯的性能见表3-5。

表3-5　聚丙烯的性能

性能	数据	性能	数据
密度/$g \cdot cm^{-3}$	0.90~0.91	断裂伸长率/%	200~700
熔点/℃	165~170	弯曲强度/MPa	49~58.8
脆折点/℃	<-10	弹性模量/MPa	980~9800
拉伸强度/MPa	29.4	缺口冲击强度（悬臂梁法）/$kJ \cdot m^{-2}$	5~10

聚丙烯是所有合成树脂中密度最小的一种；在高温下的流动性好，加入添加剂后，制品的收缩率减少，可用来制造各种大型和在高温下变形小的制品；聚丙烯薄膜的透明度、光洁度、拉伸强度、耐热性及二次加工性能都比较优良，薄膜在单向拉伸后的强度很高，伸长率变小，可将其切成窄带或细丝用作织物和绳索材料；聚丙烯具有良好的化学稳定性和耐热性，对溶剂及大多数化学药品都比较稳定；聚丙烯可耐沸水，在没有外部压力的条件下，制品加热到150℃也不变形；均聚聚丙烯的耐冲击强度性能不好，可通过与乙烯的共聚改性来提高它的常温和低温下的强度；由于聚丙烯的高等规度、高结晶性，使它具有较高的强度和抗挠曲性，拉伸强度、屈服强度和刚性都比HDPE高，有高的耐磨性、较好的应力开裂性和低蠕变性；聚丙烯具有良好的电绝缘性，不吸水，不受周围环境湿度的影响，且有优良的高频特性，特别适合作为电器电缆绝缘和电器外壳。由于结构上叔碳原子上氢的存在，聚丙烯在加工和使用中容易受到光、热、氧的作用发生降解和老化，因此必须添加稳定剂。

2. 聚丙烯的用途

聚丙烯由于价格低廉，综合性能良好，容易加工，因此应用比较广泛。特别是近些年来聚丙烯树脂改性技术的迅速发展，使它用途日趋广泛。

聚丙烯可制成家具、餐具、厨房用具、盆、桶、玩具等；可制成各种农具、渔网、蘑菇培养瓶等；可制成汽车上的很多部件，如方向盘、仪表盘、保险杠等；可制成电视机、收录机外壳、洗衣机内桶等；可制成扁丝织成编织袋，制成打包带，还可生产各种薄膜用于重包装袋(如粮食、糖、食盐、化肥、合成树脂的包装)，制成透明的玻璃纸等；可制成食品的周转箱、食品包装以及香烟的过滤嘴；可制成工业用布、地毯、服用布和装饰布，特别是聚丙烯土工布广泛应用于公路、水库建设，对提高工程质量有重要作用；可制成一次性注射器、手术用服装、个人卫生用品等；聚丙烯材料印刷性能比较好，可以印刷出特别光亮、色泽鲜艳的图案。

普通的聚丙烯可以通过共聚改性、交联改性、接枝改性等化学改性方法和物理改性方法来扩大使用范围，在性能上和工程塑料相媲美。

3. 聚丙烯的牌号

聚丙烯的牌号是以聚丙烯的代号、聚合物的类型、主要用途、等规指数、熔体流动速率、以及树脂的特性等为内容来命名的。现举例如下：

PP H-E Z C-001-K D 40

说明：第一单元 PP H，PP 为聚丙烯的英文缩写代号，H 表示均聚物。

第二单元 E Z C，E 表示加工方法为挤出成型；Z C 表示材料的性能，Z 为抗静电，C 表示已着色。

第三单元 001，为等规指数或熔体流动速率。两位数表示等规指数，三位数表示熔体流动速率。001 表示熔体流动速率在测试条件为 230℃/2.16kg 的条件下范围为 0.1～0.2g/10min，等规指数大于 90 的均聚物可省略表示。

第四单元 K D 40，表示填料、增强材料及其标称含量，K 表示填料为碳酸钙，D 表示碳酸钙为粉状，40 表示碳酸钙的含量为 40%。

因此 PP H-E Z C-001-K D 40 的意义为：用 40% 的粉状碳酸钙填充的聚丙烯均聚物材料，已着色，具有抗静电性能，主要用于挤出成型，基础聚合物的等规指数大于 90，熔体流动速率为 0.1g/10min，测试条件为 230℃、2.16kg。

三、聚氯乙烯

聚氯乙烯(PVC)是由氯乙烯聚合而成，其结构式可表示为

$$\left[\!\!-\ CH_2-\underset{\displaystyle Cl}{\underset{|}{CH}}\ -\!\!\right]_n$$

世界上 PVC 的产量是仅次于 PE，位居合成树脂的第二位，而我国的 PVC 产量则位于第一位。PVC 工业上有四种聚合方法：悬浮聚合、乳液聚合、本体聚合和溶液聚合，每种聚合方法，应用范围常有不同。其中以悬浮聚合为主，其产量约为 PVC 产量的 90%。悬浮聚合时，采用不同的分散剂可以制得颗粒结构不同的两种 PVC 树脂，一种是紧密型的，俗称“玻璃球树脂”(XJ)，一种是疏松型的，俗称“棉花球树脂”(XS)，国家标准统称 SG。

1. 聚氯乙烯的性能

聚氯乙烯根据分子量的大小可以分为 8 个型号。分子量的大小可用 1,2-二氯乙烷 1%溶

液的黏度来表示，也可以用 *K* 值来表示，*K* 值是 PVC 环己酮溶液的固有黏度值。聚氯乙烯的型号见表 3-6。

表 3-6 聚氯乙烯的型号及其用途

型号		SG1	SG2	SG3	SG4	SG5	SG6	SG7	SG8
分子量	黏数/(mL/g)	156~144	143~136	135~127	126~118	117~107	106~96	95~87	86~73
	K 值	77~75	74~73	72~71	70~69	68~66	65~63	62~60	59~55
	平均聚合度			1350~1250	1250~1150	1100~1000	950~850	850~750	750~650
用途		高级电绝缘材料	一般软制品	凉鞋软制品	软管、人造革、高强度管材	硬管、型材、硬片单丝	硬板焊条	瓶子、透明片、注射制品	注射制品

PVC 是一种多组分塑料，通常不能单独使用，根据不同用途可以加入不同的添加剂，因此随着组成的不同，聚氯乙烯制品可呈现不同物理机械性能，比如加不加增塑剂，或者加多少就使它有软硬之分。

PVC 的外观是一种白色粉末。它的化学稳定性良好，能够耐一般的酸碱腐蚀；由于结构中含有氯原子，因此 PVC 的阻燃性优于聚乙烯、聚丙烯等塑料；PVC 的结晶度较小，只有5%左右，制品的透明性比较好；PVC 属于极性聚合物，氯原子的电负性强，它的电绝缘性一般；力学性能根据软、硬制品相差比较大。

PVC 的缺点：PVC 的热稳定性差，受热容易分解，分解放出氯化氢会促进 PVC 的分解，因此在加工时必须加入热稳定剂，并严格控制温度。

PVC 软制品由于含有增塑剂，在使用时，增塑剂的迁移会使制品在低温时变硬。

2. PVC 的用途

PVC 在我国用途比较大的一类是薄膜，如农用棚膜、塑料布、棚布、包装材料；可以大量用来制造管材、片材和异型材，应用于建筑业，如：PVC 门窗、上下水管等；PVC 的透明片用于包装；PVC 可用于人造革，制作箱包、沙发等家具；用于发泡制品，如运动鞋、汽车坐垫、地板革、壁纸等；在电线电缆方面主要制作护套料。

四、聚苯乙烯

聚苯乙烯(PS)是由单体苯乙烯通过连锁聚合而成，它的结构式如下：

$$\left[\; CH_2-\underset{\displaystyle C_6H_5}{\underset{|}{CH}} \;\right]_n$$

聚苯乙烯可以分为通用型聚苯乙烯(GPPS)、高冲击聚苯乙烯(HIPS)。它们的性能比较见表 3-7。

表 3-7 两种聚苯乙烯性能比较

性能	GPPS 苯乙烯的均聚物	HIPS 橡胶与苯乙烯的共聚物
相对密度/(g/cm^3)	1.04~1.06	1.035~1.04
软化温度/℃	70~100	85~104
拉伸强度/MPa	40~84	14~42
弯曲强度/MPa	62~97	14~56
伸长率/%	1.0~2.5	15~75
缺口冲击强度/(J/m)	13~18	80~133
熔体流动速率/(g/10min)	0.5~1.5	1~15

1. 通用型聚苯乙烯

GPPS 无嗅、无味、无毒、质硬、透明性极好、尺寸稳定性好、电绝缘性优良、耐辐射、着色性好、刚度和表面硬度大，性脆、耐热性低、耐日光性差、耐化学药品性一般、能溶于多种溶剂。它主要用于日用品、文具、灯具、室内外装饰品、化妆品容器、果盘、仪表外壳、光学零件、电子电器配件、电讯器材、家电零配件、各种罩壳和食品包装等。

2. 高冲击聚苯乙烯

HIPS 刚度好、着色性好、抗冲击性能好，拉伸强度、硬度、耐光性、光泽度不如 GPPS，透明性大大下降、耐候性差。主要用于包装材料，如食品、化妆品、日用品、机械仪表和文具包装；还可用于家用电器，如家用电器和仪表的外壳、电器配件、按钮、汽车零件、医疗设备附件、文体用品、办公用品、各种装饰件、照明器材、家具、玩具等。

3. 可发性聚苯乙烯

还有一种称为可发性聚苯乙烯(EPS)或发泡聚苯乙烯的材料，是苯乙烯在发泡剂的参与下利用悬浮聚合制得的。发泡剂在聚合前加入或在加热、加压下渗入聚苯乙烯珠粒中。这种材料可进一步加工制成泡沫塑料，具有良好的缓冲防震和隔热、隔音性能，主要用于包装材料和建筑领域。

五、ABS

ABS 树脂属聚苯乙烯类树脂，是丙烯腈(A)、丁二烯(B)、苯乙烯(S)三种单体的共聚物，由于它具有卓越的性能，被称为通用型工程塑料。它是苯乙烯类树脂中发展最快的一个品种。

早期的 ABS 树脂采用共混法，一般 70 份苯乙烯-丙烯腈共聚物与 40 份丁腈橡胶混合。目前工业上生产的 ABS 树脂主要采用乳液接枝法，使苯乙烯单体和丙烯腈接枝在聚丁二烯乳胶上得到的。各个组分对 ABS 的使用性能产生不同的作用：丙烯腈主要提供耐化学性和热稳定性，丁二烯提供韧性和冲击强度，苯乙烯则赋予了 ABS 的良好的刚性和加工性。三种组分的比例：A 为 25%~30%；B 为 25%~30%；S 为 40%~50%。

1. ABS 的性能

ABS 树脂一般是不透明，外观呈浅象牙色，能配成任何颜色；ABS 无毒、无臭、坚韧、质硬、呈刚性，并有较好的耐温性和耐蠕变性；ABS 不透水、常温下吸水率小于 1%，表面可抛光；ABS 有极好的冲击强度，而且在低温下也不迅速下降；ABS 的耐磨性很好，虽不能作自润滑材料，但由于有良好的尺寸稳定性，故可作中等负荷的轴承；ABS 制品的使用温度一般为-40~100℃。ABS 的热稳定性较差，在 250℃即能分解，产生有毒的挥发性物质；一般 ABS 易自燃，无自熄性；ABS 有良好的电绝缘性，且很少受温度、湿度影响；ABS 对水、无机盐、碱及酸类几乎完全没有影响，不溶于大部分醇类及烃类溶剂，但与烃类长期接触后会软化和溶胀。

2. ABS 树脂的用途

ABS 具有良好的综合物理机械性能，广泛用于汽车工业、电器仪表工业、机械工业。低发泡的 ABS 能代替木材。ABS 最大的用途是用来制作家用电器及家用电子设备，如电视机、收录机、洗衣机、电冰箱、电唱机、电话机、吸尘器、电扇、空调等的壳体及部件；计算机、复印机、各种文教用品；轻工业中的自行车、照相机、时钟、缝纫机、乐器等；建筑业中的板材、管道；农业中各种农具、喷灌器材等；在机械仪表工业中常用作齿轮、叶轮泵、轴承、电机外壳、仪表壳、蓄电池槽、纺织器材等；汽车工业中，可作挡泥板、扶手、空调管道、加热器、小轿车车身、汽车配件、车灯壳等。

六、酚醛塑料

以酚类化合物和醛类化合物缩聚而得的树脂称为酚醛树脂(PF)，其中最主要的一类是以苯酚和甲醛为原料的缩聚物。这是最早实现工业化生产的树脂，无论是产量，还是应用，在热固性聚合物中都占有第一位，在合成聚合物中居第六位。根据催化剂的种类不同、原料的比例不同，可生成热塑性树脂和热固性树脂：以酸做催化剂，并且苯酚过量，生成的是热塑性酚醛树脂；以碱做催化剂，或甲醛过量，生成的是热固性酚醛树脂。热固性酚醛树脂根据缩聚进程的不同可以分为甲(线型结构)、乙(部分线型结构)、丙(体型结构)三个阶段。

酚醛塑料是以酚醛树脂为基本成分，加入填料、润滑剂、着色剂及固化剂等制成的塑料，填料用量可达到50%以上。热固性酚醛树脂由于含有—CH_2OH 基团，受热就可以使分子链交联成为网状结构，而热塑性酚醛树脂必须加入固化剂才能固化。酚醛塑料主要用作电绝缘材料，有“电木”之称。

酚醛塑料可以分为以下几种类型：

1. 酚醛模压塑料

热塑性酚醛树脂或甲阶热固性酚醛树脂磨碎后与填料混合均匀，再采用模压方法成型。根据填料的种类，可分为粉状压塑料和碎屑压塑料。粉状压塑料也称为压塑粉，是酚醛塑料中的比较重要的品种，它主要的填料为木粉，其次是云母粉；碎屑压塑料的填料主要是小布块、小纸块、小木块等碎屑料。压塑粉的性能见表 3-8。

酚醛模压塑料具有较高的力学性能和突出的耐磨性，耐热性，可以制作优良摩擦片或制动零件、刹车片、耐高温摩擦制品，软、硬板材、管材，化工设备衬里、阀件等。

表 3-8　酚醛模压塑料的性能

性能 \ 种类	酚醛模塑料			
	木粉填充	高强度 GF 填充①	棉纤维填充	石棉填充
密度/(g/cm^3)	1.37~1.46	1.69~2.00	1.38~1.42	1.45~2.00
吸水率(24h)/%	0.3~1.2	0.03~1.2	0.6~0.9	0.1~0.5
成型收缩/(10^{-3}cm/cm)	4~9	1~4	4~9	1~9
拉伸断裂强度/kPa	34~62	48~124	41~69	31~52
压缩强度/kPa	172~214	180~483	159~214	138~241
弯曲强度/kPa	48~97	103~414	62~90	48~97
冲击强度/(J/m)	11~32	27~96	16~101	14~187
相对伸长率/%	0.4~0.8	0.2	1~2	0.1~0.5
导热系数×10^{-5}/[W/(m·K)]	1.0~1.9	1.9~3.3	1.9~2.4	1.4~5.3
线膨胀系数/(10^{-6}/℃)	30~45	8~21	15~22	10~40
热变形温度(1.82MPa)/℃	149~188	177~316	149~204	149~260
介电强度(短时)×10^{-6}/(V/mm)	10.2~15.7	5.5~11.8	7.9~14.2	3.9~14.2

注：①GF-玻璃纤维。

2. 酚醛层压塑料

各种片状填料如石棉、玻璃布、木材片、石棉布、纸等，浸透以甲阶热固性酚醛树脂，干燥、切割、迭配后，放入层压机内热压成层压板，也可模压成管、棒或其他制品。

酚醛层压塑料的主要特点是价格便宜、尺寸稳定性好、耐热性优良，根据不同的性能要求选择不同的填料和配方来满足不同用途的需要。表 3-9 为几种酚醛层压塑料的性能与用途。

表 3-9　几种酚醛层压板塑料的性能与用途

酚醛树脂种类	纸基层压板	布基层压板	玻璃布基层压板	石棉布基层压板	木材片基层压板
填　料	绝缘纸	棉　布	玻璃布	石棉布	木材片
特　性	绝缘性好，耐油脂和矿物油；耐强酸的稳定性不强	较高的抗压、抗冲、抗剪切；耐水性、绝缘性低	较高的机械强度、耐热性、良好的绝缘性；相对伸长率小	高度的耐热性，介电性能较低	耐磨性、机械性能高；化学稳定性差，吸水性大
用　途	各种盘、接线板、绝缘垫圈、垫板、盖板等	垫圈、轴瓦、轴承、皮带轮、无声齿轮、要求不高的绝缘件	用于飞机、汽车、船舶等制造业、电器工程、无线电工程中的结构材料	高温下工作的制动装置、离合机构的零件、各种垫板	螺旋桨、轴套、铸造模型、齿轮、泵壳、活动房零件、小型船舶等

3. 酚醛泡沫塑料

热塑性或甲阶热固性酚醛树脂，加入发泡剂、固化剂等经起泡后即得到酚醛泡沫塑料。酚醛泡沫塑料主要用作隔热材料、救生圈、浮筒等。

七、氨基塑料

氨基塑料是以一种具有氨基官能团的原料（脲、三聚氰胺、苯胺）与醛类（主要为甲醛）经缩聚反应而制得的塑料。氨基塑料主要的两个品种是脲-甲醛、三聚氰胺-甲醛的共聚物。通常所说的氨基塑料指脲-甲醛塑料。

脲-甲醛树脂（UF）是脲和甲醛在稀溶液中于酸或碱催化下缩合而成线型树脂，在固化剂的存在下，于 100℃左右交联固化成体型结构。蜜胺（MF）是三聚氰胺与甲醛的缩聚物，初聚物为线型或分支结构，经固化后成体型结构。

同酚醛塑料类似，氨基树脂加填料、固化剂、着色剂、润滑剂等可制得层压塑料或模塑料，经成型、固化就得到氨基塑料制品。

氨基塑料具有良好的力学性质和电绝缘性，可作绝缘材料。另外氨基塑料是无色的，可以制成各种色彩的塑料制品，特别是蜜胺塑料无毒、无味，是制作塑料餐具和桌面装饰层压塑料板的主要原料，而且耐水、耐热性比脲醛塑料好，但是价格稍高；脲醛塑料制品的外观色泽如玉，不愧为电玉制品的称呼。

八、聚氨酯泡沫塑料

用多官能度的原料，得到具有交联网络的聚氨酯凝胶体系。原料在混合后，几秒钟内就开始反应，原料中有水和匀泡剂、稳定剂或物理发泡剂或在混合时通入干燥的空气、N_2 并高速搅拌。原料异氰酸酯与水反应放出 CO_2，温度升高，可使本来溶解在物料中的物理发泡剂气化产生气泡。总之，在形成聚氨酯网络凝胶的同时，体系内产生了大量的 CO_2 或者 N_2、空气或其他气体，气体在匀泡剂表面活性剂分散作用下，向凝胶液四处充扩，可以看到整个物料发白，称为“乳白”。由物料混合到发白的时间到“乳白时间”，是发泡的重要工艺参数。在发泡过程中，延长乳白时间，有利于大气泡生长；增加催化剂用量，缩短乳白时间，可以得到细孔泡沫；匀泡剂的作用减小了相邻气泡之间压力差，降低气泡穿破变大的趋势，使泡沫体系稳定。温度对气泡的产生也有影响。气泡的压力不足以穿过气泡的孔壁，使泡壁基本不破，称为闭孔泡沫；如果凝胶强度低，气泡壁被冲破，多个气泡相通叫开孔泡沫。

由于原料配方可以调整，聚氨酯泡沫可有不同品种，分类如下：

按泡沫塑料的软硬程度分为硬泡、软泡、半硬泡。

硬泡：质硬，低密度，性脆，多为闭孔结构，导热率低，用作隔热保温领域；软泡：弹性好，主要用于各种垫材，缓冲材料；半硬泡：具有一定的开孔结构，吸振和承载性能好，多用作缓冲材料。

按密度不同又分为高密度、低密度、中密度等不同种类。

- 硬泡
  - 高密度结构硬泡
  - 普通硬泡
- 软泡
  - 中密度软泡
  - 低密度软泡
- 半硬泡
  - 低密度半硬泡
  - 超低密度半硬泡

按原料又分为聚酯泡沫、聚醚泡沫、TDI 泡沫、MDI 泡沫及 TDI/MDI 混合型泡沫(MDI 为二苯基甲烷-4，4-二异氰酸酯，TDI 为甲苯二异氰酸酯)。按发泡时的异氰酸酯指数分为异氰酸酯泡沫和异氰脲酸酯泡沫，即异氰酸酯大大过量，用催化剂使多余的异氰酸酯基团三聚，形成稳定的异氰脲酸酯六元环，提高了交联度和刚性、阻燃性。从生产方法上又分为连续法和间歇法。从产品形态上又分块状泡沫和模塑泡沫。

聚氨酯泡沫性能优良，与其他隔热抗振泡沫材料相比，不仅密度低，而且无臭，透气(软泡)，高度绝热(硬泡)，泡孔均匀，耐老化，耐一定的化学溶剂侵蚀，耐低温性能好，而且对金属、木材、砖石、玻璃、纤维等有很强的粘附性和粘结能力，广泛用作缓冲材料、隔热材料和衬垫材料等。

1. 软质泡沫塑料

聚氨酯泡沫中，大多数为软泡(约占 60%)，软泡中约 80%是块状软泡。

按负载能力不同，又可分为普通软泡、超柔软泡沫、高承载型软泡、高回弹泡沫等。按性能和功能分普通软泡和特种软泡。

块状泡沫是连续工艺生产的大体积泡沫再切割成所需形状的制品。而模塑软泡一般为间歇生产，原料直接在模具中发泡成型，模塑软泡又根据熟化方式分为热熟化和冷熟化两种。

(1) 普通软质泡沫塑料　一般软泡用聚醚多元醇，以三醇为主，分子量为 3000~4000，高回弹的则用 4500~6000 的聚醚三醇。聚合物多元醇(POP)往往用于高承载泡沫，泡沫硬度较高。用聚酯的场合较少。

异氰酸酯以 TDI 为主。催化体系常用有机锡和叔胺的协同体系。如果有机锡过多，则凝胶反应过快，泡沫易产生闭孔，甚至泡沫体收缩；而叔胺用量过多，发泡速度过快，发泡体将发生开裂，强度明显下降。

匀泡剂是有机硅材料，是泡沫生产中不可缺少的部分，它提高各组分的相容性，稳定制造工艺，使泡沫细孔细而均匀。

一般在制造密度大于 $21kg/m^3$ 软泡时，只用水作发泡剂；在低密度的软泡材料中，用二氯乙烷等低沸物作发泡辅助剂。辅助发泡剂会使泡沫的密度及硬度下降，由于它气化吸热会使固化速度减慢，需增加催化剂用量。

生产工艺条件和环境的温度、湿度以及大气压对发泡反应亦有影响，聚氨酯泡沫在发泡反应和熟化时，对温度比较敏感。若将多元醇组分由22℃上升到30℃，将会引起“烧芯”，所以生产温度要精确控制。而环境温度高，也可使反应加快，泡沫密度及硬度下降。环境湿度增大，泡沫中的—NCO基团部分与空气中湿气反应，硬度下降，伸长率增加，拉伸强度增大。气压直接影响到气泡的产生和饱和，实际上，可采用真空条件下发泡，可调节真空度成为可变压发泡技术。

（2）特种软质泡沫塑料　为网状泡沫，开孔率通常在95%以上，孔数一般为10~50孔/25mm，孔径为0.3~3mm，其机械强度、透气性能均优于普通软泡。用作油箱填充材料，特别是燃油运输车辆，由于孔洞占97%左右，不会减少油箱容量，但可大大减小油的晃动，减少了局部缺油现象。网状泡沫还可作过滤材料、防毒材料，网状泡沫经浸浇物料煅烘，可得到耐高温网状陶瓷；浸渍树脂经高温处理，可得到网状多孔碳结构，还可作隔音材料和电脑、打印机部件。

亲水性吸水泡沫是一种新型功能材料，引入吸水基团或合成时填加吸水物质(如交联聚丙烯酸盐)，用于绿化、园林、无土栽培、移植裹根等等。

超软泡用于高档沙发、床垫、枕芯等。

2. 硬质泡沫塑料

用于硬泡的聚醚一般是高官能度，高羟基值(分子量低)的。一般说，官能度越高，硬泡的压缩强度越大，耐热氧化、耐油及尺寸稳定性越好。用于硬泡的异氰酸酯一般用聚合MDI(PAPI)。催化剂以叔胺为主，常是几种组合使用。应根据制品的用途和成型工艺不同，选择适当的催化剂。

硬泡一般为室温发泡，成型工艺简单，有浇注成型、喷涂成型之分。可以生产硬质板材、夹心板、仿木材包装材料，广泛用于冰箱冰柜的绝热层、冷库、冷藏车的绝热材料，建筑物贮罐和管道的保温材料。用于建筑物房顶、设备和管道时，用喷涂成型有独到之处。

3. 半硬质泡沫塑料

半硬泡用聚醚多元醇，一般是软泡、硬泡的综合物；异氰酸酯用粗MDI、改性MDI；添加丙三醇、三羟甲基丙烷等作交联剂；用二醇作扩链剂。产品有普通半硬泡、整皮半硬泡、超低密度泡沫和微孔聚氨酯等。

4. 泡沫塑料主要应用领域

软泡常用的领域，用量最大的市场是作垫材。用于家具座椅、沙发、座垫、靠垫、床垫及其他垫衬材料，透气和吸湿性能优良，尤其是各种车辆及其他交通工具的座靠垫，全部使用高回弹的软泡，承载能力较好，有舒适感。此外，可用作隔音材料、室内装饰材料，与织物制成层压材料、玩具、包装材料等。

硬泡质量轻、绝热效果好、施工方便、隔音、防震、隔噪、耐寒、耐热、耐溶剂、电绝缘，已广泛用于航天、船舶、石油、化工、电子、车辆、食品、建筑等工业部门，作为保温防腐材料、灌封绝缘材料、防潮绝热材料等。硬泡的使用在建筑行业大约占50%以上，以彩钢板为面材、硬泡为芯材制成的复合板材，集质轻、高强、隔热、防水、装饰于一体，易于生产，易于安装和施工。用硬泡作空心墙，填缝胶用于门窗密封已有广泛应用。硬泡用作车船内饰材料，尺寸稳定，隔热、隔声特别理想。把硬泡聚氨酯与玻璃纤维制成增强硬泡结构材料，称仿木材，强度比天然木材好，而密度还低于天然木材，韧性好，结皮坚韧细密，不开裂，成型工艺简单，可作体育用品、装饰材料、工艺品等。聚氨酯硬泡和软泡都可制成吸波材料，用于隐身飞机，覆盖测试环境中的反射物体，如雷达、天线支架、转台、试验架，造成无回波物体；还能用作微波吸收墙、板，消除微波污染。

第五节　工程塑料的分类和特性

一、工程塑料分类

1. 按聚合物的结构单元和重复单元特征分类

这种分类方法便于命名归类。

- 聚酯
  - 聚碳酸酯
  - 聚芳酯
  - 聚苯酯
  - 聚对苯二甲酸丁二醇酯
  - 聚对苯二甲酸乙二醇酯
  - 其他
- 聚芳杂环化合物
  - 聚酰亚胺
  - 聚醚亚胺
  - 聚苯并咪唑
  - 其他
- 聚酰胺
  - 尼龙 6
  - 尼龙 66
  - 其他
- 聚醚
  - 聚甲醛
  - 聚苯醚
  - 聚苯硫醚
  - 聚醚醚酮
  - 聚醚酮酮
  - 其他
- 含氟塑料
  - 聚四氟乙烯
  - 聚三氟氯乙烯
  - 聚偏氟乙烯
  - 聚氟乙烯
  - 共聚氟树脂
  - 其他

2. 按长期连续使用温度来划分

这种分类为大多数人采用，一般是长期使用温度在 100~150℃范围内的，称“通用工程塑料”；把长期使用温度在 150℃以上的称特种工程塑料或超级工程塑料。

- 通用工程塑料
  - 聚酰胺　（PA）
  - 聚碳酸酯　（PC）
  - 聚甲醛　（POM）
  - 聚苯醚　（均聚苯醚，mPPO）
  - 热塑性聚酯　（主要 PBT，包括 PET）
- 特种工程塑料
  - 聚酰亚胺
  - 聚砜
  - 聚苯硫醚
  - 聚醚
  - 聚醚醚酮
  - 聚芳酯
  - 聚苯酯
  - 含氟塑料
  - 其他

二、工程塑料的主要特性

工程塑料同其他高分子材料一样，其物理机械性能和其他性能主要与高分子的结构有关，与加工过程有关。无论通用工程塑料还是特种工程塑料，它们各自有各自的特性。分别叙述如下：

（1）质量轻、相对密度小　相对于金属而言，工程塑料的相对密度一般在 1.0～2.0 之间，相当于钢铁的 1/4～1/8，相当于铝的 1/2 左右，是大多数有色金属的 1/5～1/9 左右。对于使用工程塑料替代一些传统的金属材料作结构部件时，可以减轻自重，用于航空飞行器、车辆、船舶、运动器材等，在减少损耗、降低能耗等方面有着特殊的意义。

常见的通用塑料、工程塑料和主要金属材料相对密度对比如表 3-10。

表 3-10　常见塑料和主要金属材料相对密度对比

材料名称	相对密度	材料名称	相对密度
PA6、PA66	1.14	玻纤增强 PA	1.2
PC	1.2	增强 PBT	2.1
POM	1.42	合金钢	8.0
PPO	1.06	硬铝	2.8
PBT	1.31	钛合金	4.5
PET	1.40	铸铁	8.0
玻纤增强 PC	1.4～1.6	黄铜	9.0

（2）较高的比强度　工程塑料用玻璃纤维或其他高强度的金属纤维、碳纤维和高分子材料纤维、非金属纤维增强，可大大提高拉伸强度。拉伸强度与相对密度的比值，一般可达 1500～1700 以上，更有甚者，可达 4000，相对于合金钢的 1600 和铝的 1500 来说，增强的工程塑料足以与之抗衡。

（3）突出的耐磨和自润滑性能　用工程塑料作摩擦零件，可以在干摩擦和各种液体、边界摩擦的条件下，正常工作，与耐磨金属合金相比，磨耗量低于 1∶5。通常情况下，POM、PA 和 PC 可以在无油润滑下正常工作，在添加固体润滑材料作填料的制品中，可进一步提高耐磨特性。氟塑料尤佳。

（4）优良的机械性能　在较宽的温度范围内，许多工程塑料，尤其是增强的工程塑料，有优异的抗冲击和耐疲劳性能。

（5）优良的电绝缘性能　几乎所有的工程塑料都有优良的电绝缘性能和耐电弧的特性，可以跻身优良绝缘材料行列。

（6）化学稳定性能　这些塑料对酸、碱和一般有机溶剂都有很好的抗腐蚀性。

（7）优良的吸震、消声和对异物的埋没性能　工程塑料作为运动零部件使用时，没有像金属撞击的噪声，有优良的吸震消声性能。而对于有磨粒或杂质存在的条件下，作为摩擦零件，可以埋没异物，而不像金属之间可能会咬死或刮伤。

（8）较好的制件尺寸稳定性。

（9）有较高的耐热性　与通用塑料或其他高分子材料相比，工程塑料特点在于其耐热性能优异。按照美国保险业研究室确定的 UL 相对温度指数表示，一般工程塑料在不同玻璃纤维增强时，UL 长期连续使用温度都超过 100℃，特种工程塑料的指标一般都超过 150℃，而经玻璃纤维增强后，使用温度指标还会提高 10～30℃。见表 3-11。

表 3-11　一些工程塑料以及增强后的耐热性比较

材　料　名　称	热变形温度(1.86MPa)/℃	UL 长期连续使用温度/℃
尼龙 6(PA6)	63	105
30%玻纤增强 PA6	190	115
尼龙 66(PA66)	70	105
30%玻纤增强 PA66	240	125
聚碳酸酯(PC)	135	110
30%玻纤增强 PC	145	130
聚甲醛(POM)	123	80
30%玻纤增强 POM	163	105
聚酯(PBT)	58	120
30%玻纤增强 PBT	210	140
改性聚苯醚(PPO)	130	110
聚苯硫醚(PPS)	260	220
聚酰亚胺(PI)	357	260~316
聚砜(PSU)	175	150
聚醚酮(PEK)	160	240

(10) 良好的加工性能　工程塑料可以在较低的温度下(通常 400℃以下)，采用注塑、挤出、吹塑等方法进行加工，制品也可采用机械方法再加工，尺寸稳定，成品的互换性强，模具费用低，与加工金属相比，可节省能耗 50%左右，而且缩短工时，成品率高。

从 20 世纪 50 年代出现工程塑料以来，半个世纪的发展，在市场竞争中成长壮大，世纪之交，全世界工程塑料的产量已超过 500 万吨，还以每年 7%~9%的速度递增。虽然工程塑料仅占全部塑料产量的 2%~3%，但它的优异性能使其他材料不敢望其项背。在促进高新技术的发展，节省能耗和在国民经济、军事科学领域的特殊地位以及改善人们的生活质量，满足各方面的需求，有着十分重要的作用。

第六节　重要的工程塑料及其应用

一、聚酰胺

聚酰胺又叫尼龙，是高分子主链上含有酰胺结构$\left[\mathrm{NH}-\underset{\underset{\mathrm{O}}{\|}}{\mathrm{C}}\right]$的高聚物，一般可由氨基酸缩聚，内酰胺开环聚合或者由相应的二酸和二胺缩聚而成，属于逐步聚合反应。其命名原则是以单体中所含胺基的碳数目和羧基的碳数目来表示的。若是氨基酸或内酰胺则以单体中总的碳数来表示。如尼龙 12 表示是 12 个碳的氨基酸聚合而成，尼龙 610 表示由 6 个碳的二胺和 10 个碳的二酸缩合成。

聚酰胺树脂是高结晶性的，力学性能优良，韧性好，蠕变变形小，具有耐寒、耐汽油、耐高温的特性，可在-40~100℃内长期使用，使它成为能够满足汽车发动机部件要求的材料。质轻耐磨，易于加工，使得尼龙有30%～45%左右消费在汽车和其他车辆的电气和车体部件上。此外，尼龙具有一定的阻燃性，能够自熄，又有良好的电绝缘性能，有1/3～1/4的消费用于电气和电力工业上。同时尼龙耐磨，摩擦系数小，大约是巴氏合金的1/3，是酚醛树脂的1/4，添加 MoS_2 等材料，还可再降低其摩擦系数，并提高耐磨性。好的尼龙制品，耐磨性大约是铜的8～10倍。尼龙制品运转时吸震、减噪，广泛应用于轴承、齿轮、轴瓦等滑动或啮合的部件。尼龙的挤出膜耐油、隔氧、耐刺穿、耐低温冲击，是优良的冷冻制品包装材料，这部分占尼龙消费的1/4～1/6左右。

在整个工程塑料中，尼龙的产量和消费居于首位，大约占30%左右。聚酰胺总产量的15%～20%左右，用作工程塑料，而在聚酰胺工程塑料中，80%～90%是尼龙6和尼龙66。其他的聚酰胺类则有尼龙12、尼龙11、尼龙1010、尼龙86、尼龙610、尼龙612、尼龙46、尼龙1212、尼龙1313，还有半芳香族尼龙，尼龙MXD6，尼龙6T、尼龙9T，全芳香族尼龙PPTA和共聚尼龙等。

1. 尼龙66和尼龙6的合成工艺

尼龙66是由己二胺和己二酸缩聚制得，为保证投料配比准确到1∶1，一般是先把原料各自配成甲醇溶液或水溶液，在60～70℃搅拌混合，中和成盐。

$$HOOC(CH_2)_4COOH+H_2N(CH_2)_6NH_2 \longrightarrow {}^{-}OOC(CH_2)_4\overset{\displaystyle O}{\underset{}{\overset{\|}{C}}}—O^{-+}H_3N(CH_2)_6NH_3^+$$

反应产物冷却析出，过滤，真空干燥得到结晶的尼龙66盐，再进行缩聚。

连续聚合工艺是将制备好的尼龙66水溶液（约63%）加入分子量调节剂，进入静态混合器，混合均匀后，送入蒸发器，在温度232℃，压力1.8MPa下蒸发除水3h。再将蒸发后的尼龙66盐送到管式反应器，温度从232℃上升到285℃，压力逐步降至0.28MPa，大约1h，分离除水之后，进入缩聚反应器。在271℃下抽真空，进行缩聚反应，时间约1h，分子量可达18000以上，经切粒干燥得到尼龙66树脂。

尼龙6的原料是己内酰胺，聚合方法则分为水解缩聚、碱性负离子聚合、固相缩聚和插层聚合。

水解聚合是最早的也是最常用的方法，分子量易于调节，适合于大规模生产。在水存在的情况下，己内酰胺开环，成为ω-氨基己酸，单体以逐步聚合的机理进行缩聚反应，在真空下抽去聚合体系中的低分子，得到设想的聚合度。

负离子聚合的引发剂有醇钠、NaOH、Na_2CO_3 和金属Na等，单体含水量要求小于 300×10^{-6}，在120～140℃温度下预聚合并抽真空脱水，预聚体在140～160℃继续反应0.5～1h，即可得到聚合物。因此，可以在预聚合完成后，把预聚体注入已预热好的模具中，直接可以得到尼龙6制品，因此，又称铸型尼龙（MC尼龙）。当然，也可以将预聚体进入双螺杆挤出机，在220～260℃形成分子量相当高的尼龙6，挤出切粒可得高分子量尼龙6切片。

固相缩聚是将普通的尼龙6切片干燥后，加入催化剂，在低于熔点的温度附近进行聚合，是获得高分子量尼龙6的方法。

近年来广泛研究的尼龙纳米复合材料，就是在250℃左右，将己内酰胺单体插入具有层状结构的硅酸盐层间进行离子型聚合反应。

2. 尼龙6和尼龙66主要性能指标

表3-12为尼龙6和尼龙66的主要指标。

表 3-12　尼龙 6 和尼龙 66 的主要指标

特　　性	尼龙 6	尼龙 66	30%玻纤增强尼龙 6	30%玻纤增强尼龙 66
熔点/℃	220	260	220	260
玻璃化温度/℃	50	50	50	50
密度/(g/cm^3)	1.14	1.14	1.36	1.37
吸水率(24h)/%	1.8	1.3	1.2	1.0
拉伸强度/MPa	74	80	160	170
弯曲强度/MPa	125	130	240	240
断裂伸长率/%	200	60	5	5
弯曲模量/MPa	2600	3000	7500	8000
缺口冲击强度/(J/m)	56	40	110	80
洛氏硬度	114	118	120	121
塔伯磨耗/($mg/10^3$ 次)	6	8	—	—
热变形温度(1.86MPa)/℃	63	70	190	240
UL 长期耐热温度/℃	105	105	115	125
阻燃性(UL94)	V-2	V-2	HB	HB
体积电阻率/Ω·cm	10^{15}	10^{15}	10^{15}	10^{15}
介电强度/(kV/mm)	4.0~3.7	4.1~3.4	60	60
耐电弧性/s	121	128	131	114

3. 其他聚酰胺的主要特性

（1）尼龙 11 和尼龙 12　其特点是熔融温度低，分别是 186℃和 180℃，因此加工温度较宽，吸水性低，只有 0.3%和 0.25%，可在-40~120℃保持良好的柔性，耐碱、醇、酮、芳烃，耐去污剂，耐油品和油脂，不耐浓无机酸、氯代烃、苯酚。PA12 是尼龙中相对密度最小的，只有 1.02。

（2）尼龙 610、612、1212　尼龙 610 性能类似于 PA66，尼龙 612 和尼龙 1212 的特点是吸水性更低，只有 0.2%，因此，制品尺寸稳定。

（3）尼龙 1010　除了具有尼龙共性之外，突出的特点是对霉菌和光的作用稳定，具有高度的延展性，在拉力作用下，可牵伸 3~4 倍，在-60℃下不脆，有优良的抗冲击和低温冲击性能，但在 100℃以上，与氧接触则机械强度下降，熔融状态下易氧化降解。

（4）尼龙 46　结晶度高，结晶速度快，因此，成型周期短，耐热性优良，熔点和玻璃化温度高，在 150℃下长期使用仍能保持优良的机械性能，蠕变变形小，韧性，耐磨，抗疲劳性优于其他产品，耐化学腐蚀性优良，密度大，吸水率高。

（5）芳香族尼龙　通常具有高强度、高模量、耐高温、低密度等优良性能，极难溶解，一般只溶于浓 H_2SO_4，主要用作增强的纤维原料。

4. 聚酰胺主要应用领域

（1）汽车工业　利用尼龙的高强度、耐温和耐环境变化的特性，能经受汽车上使用的汽油、机油、制动油、润滑油、蓄电池液、冷却液的侵蚀，是汽车发动机传动件和受力件的理想材料。一般用尼龙 6、尼龙 66 及其玻璃纤维增强的材料，用于汽车的发动机部件，如汽缸盖、进气管、散热器、空气过滤器、燃油过滤器、加油器盖、沉淀器、贮油缸、冷却风扇、电机电刷、操纵套杆等。

以尼龙 6 为主体的阻燃尼龙，可用于汽车的电气部件，如接插件、配线、保险盒、熔断器、接线柱接钮、开关、电线包覆、卡套等等。

尼龙同其他塑料共混得到的合金，具有高抗冲、耐稳定和可涂饰的特点，作为汽车的车体材料，如车门、前后盖板、挡泥板、仪表板、遮光板夹具等。一般采用尼龙 66/PPO 合金，有很好的刚性，可经受高低温的变化，承受飞沙尘粒的撞击。

尼龙 11、尼龙 12、尼龙 46 和增强的尼龙 6、尼龙 66，有耐水、耐腐蚀和尺寸稳定的优点，可作为汽车驱动控制部件，如输油管、制动管、踏板、油门、车轮盖板和齿轮等。

（2）铁路运输业　铁路用的材料，如铁轨枕垫，要求耐受环境和气候的变化，耐冲击，一般使用增韧尼龙 66。铁轨槽板、轨端绝缘板，要求良好的刚性，常用尼龙 66 合金。此外尼龙还用于铁路电气讯号装置、机车转向器和电路接线柱等。

（3）电子电气工业　随着电子通讯设备的小型化、轻型化，对工程塑料的需求越来越大。空调、彩电、程控交换机、复印机、计算机的各种部件以及电话、电气、电源装置开关、继电器外壳等都采用尼龙和阻燃尼龙。程控交换机和计算机的接插件主要使用阻燃尼龙 6、阻燃增强的尼龙 66 和尼龙 1010。家用电器如电饭煲、微波炉、干燥机、电熨斗、电吹风、VCD、摄像机，要求尺寸稳定、外形美观、耐冲击，一般使用尼龙 6、尼龙 66 及其合金。

（4）机械工业　在矿山机械、造纸、纺织、橡塑加工、食品加工等工业用机械中，为实现机械设备的小型化，低噪声、抗腐蚀和抗恶劣环境以及使用寿命长等技术进步，必须使用高强度、耐冲击、耐磨损、低摩擦系数、低噪声的材料，这些正是尼龙的优点所在。尼龙在机械工业上主要用于传动齿轮、轴套、轴承骨架，搬运机械的滚轮，轴密封垫圈等。用尼龙 6 作纺织机械的织梭，其使用寿命是木材的好几倍，用作纺织机械的套筒、套圈、轴承、轴瓦、转子等。轴承保持架是轴承骨架，过去用钢、铜等制造，现在用增强尼龙 66。作轴承骨架的重要材料，使用尼龙 66 有许多优越性，如加工精密，耐磨，使轴承温升较低，可以自润滑、减少润滑系统，吸震，低噪声，耐酸，抗腐蚀而且质轻易装卸。用作轴承保持架的材料是 PA66 的较大宗的应用场合。

（5）电动工具行业　电动工具的外壳材料，要求耐热、绝缘、高强度，有一定刚性、尺寸稳定，用增强的尼龙 6 或尼龙 6 的合金可以胜任。电动工具的工具箱可用尼龙，制造结构较为复杂的箱体。

（6）包装工业　尼龙薄膜能很好隔氧，有耐穿刺、透明、耐低温、可印刷等特性，用于食品冷藏、保鲜贮运是非常适合的。此外，利用其耐汽油、柴油、农药和溶剂的特性，可作相关的容器。

（7）运动器材和其他　增强尼龙制造运动器具，经久耐用，质轻，可有各种色彩，美观大方，如各种健身器的扶手、盖罩板、齿轮、滑雪板、鞋底。现在还出现了全塑自行车。尼龙还可制成膨胀螺丝，各种螺丝钉不生锈，广泛用于包装箱和家具上等等。

二、聚碳酸酯

在高分子主链中，出现重复单元的结构 $\left[O-R-O-\underset{\underset{O}{\|}}{C} \right]$，这一类材料统称为聚碳酸

酯(PC)。随重复单元中 R 基团的不同，可分为脂肪族、脂环族、芳香族等几个类型，目前只有芳香族聚碳酸酯具有工业价值，其中尤以双酚 A 型聚碳酸酯为主，其重复单元为

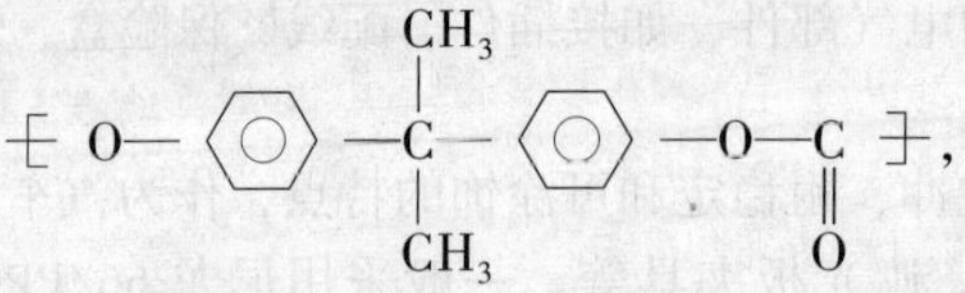

，是无定形热塑性塑料。一般情况下，不作特殊说明，凡讲到“聚碳酸酯”就是指这种双酚 A 型聚碳酸酯(PC 也是指这一类)。

1. PC 的合成工艺

实验室报道合成 PC 的工艺很多，现在许多人正致力于不用光气的“绿色化工工艺”开发。有实际意义的工艺可按原料划分为：

- 光气法
  - 直接用光气——与双酚 A 进行缩聚
  - 间接用光气——合成碳酸二苯酯进行酯交换法
- 非光气法
  - 碳酸二甲酯等进行酯交换法
  - 羰基化法——双酚 A——羰基化合成

如按反应工艺过程原理来分类，则划分为：

- 酯交换法
  - 光气合成碳酸二苯酯
  - 非光气化合成碳酸二甲酯等类
- 直接缩聚法
  - 光气与双酚
    - 界面缩聚
    - 溶液缩聚
  - CO 与双酚

非光气法现在是研究开发的热点，目前工业化生产仍然采用传统酯交换法和光气界面缩聚法。

(1) 传统酯交换法工艺　高纯级(聚合级，熔点 79℃±1℃)的碳酸二苯酯与经过精制后、纯度大于 99.5%的双酚 A，以摩尔比接近 1∶1(工业上常采用 1∶1.05～1∶1.1)投料，在催化剂乙酸锂作用之下，于 150～180℃熔融聚合，进行预聚合，逐步抽真空，使余压在 666.6Pa(50mmHg)时温度不能超过 180℃，因为大于 180℃时双酚 A 分解趋势明显。预聚过程中，不断脱出苯酚，当反应进行到一定程度时，认为单体基本消失，可升温至 200～230℃，继续预聚合，真空度再下降，当反应进行到 80%～90%时(升温反应大约 2h)(苯酚脱出量与理论量之比)，预聚合结束，将物料送入缩聚反应釜。

预聚体在缩聚釜中，温度升至 298℃±2℃，余压在 133.32Pa(10mmHg)以下，脱去低分子苯酚和碳酸二苯酯，使分子量达到所需的范围，达到反应终点，消真空，挤压出料，切粒。

酯交换法工艺简单，但生产条件和设备要求较严格，体系黏度高，得到高分子量的树脂较难。

20 世纪 70 年代之后，对传统的酯交换法进行改进，采用螺杆式聚合反应器，缩短了物料停留时间，降低了反应温度，提高了产品质量，工艺取得了进步，又逐步被人们重视。

(2) 光气法界面缩聚工艺　其反应式及工艺流程示意如下：

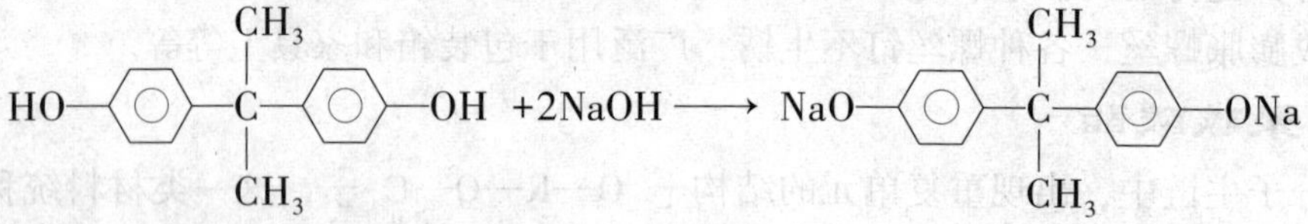

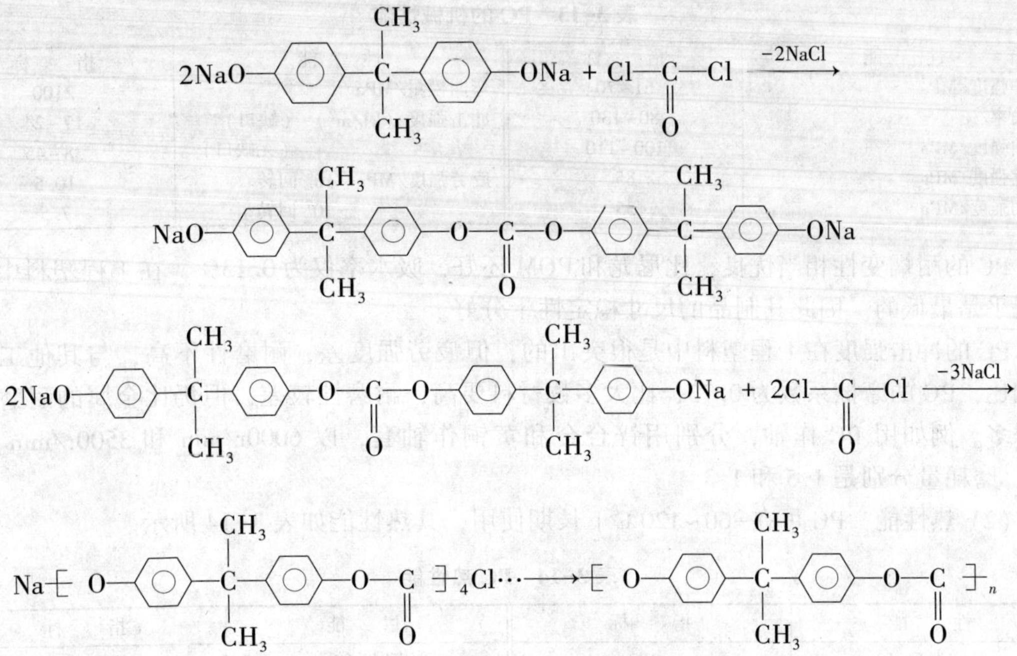

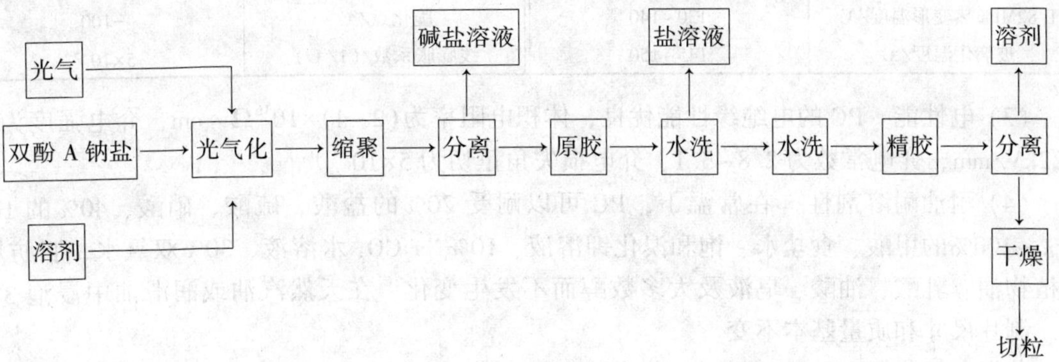

70 年代开发了“一步法”工艺，把光气化和缩聚分步合并为一步。光气法合成树脂的后处理流程较长，技术较为复杂。自 20 世纪 80 年代以来，世界各大公司都投入非光气生产路线的开发，并取得重要进展。

（3）PC 的固相缩聚　一般的 PC 几乎都是无定形，结晶度很小，因此，人们研究结晶性的聚碳酸酯成为一个重要课题。提高 PC 的结晶性，可提高 PC 的耐热、耐溶剂、耐化学试剂腐蚀性和提高其力学性能。固相缩聚就是一种比较简易的方法。

先合成分子量为 3500 左右的预聚物，加热到 240℃熔融，随即注入丙酮骤冷，可得到结晶度大约为 25%的多孔预聚体。将预聚处理的 PC 在低于熔点 3℃左右（逐渐升高至 210～250℃），真空余压小于 133. 32Pa（10mmHg）条件下，在催化剂作用下，大约反应 10h（加入双酚 A 钠盐），可得到高结晶度的 PC。

2. PC 的重要性能

聚碳酸酯有突出的耐冲击性、电绝缘性，使用温度范围较宽，耐蠕变、耐气候，低吸水性，无毒，自熄，而且是透明材料。

（1）机械性能如表 3-13。

表 3-13　PC 的机械性能

性　能	指　标	性　能	指　标
拉伸强度/MPa	61~70	弯曲模量/MPa	2100
伸长率/%	80~130	冲击强度/(kJ/m^2)　(缺口)	17~24
弯曲强度/MPa	100~110	(无缺口)	38~45
压缩强度/MPa	85	疲劳强度/MPa　10^6 回转	10.5
剪切强度/MPa	35	10^7 回转	7.5

PC 的耐蠕变性相当优良，比尼龙和 POM 还好，吸水率仅为 0.13%，在工程塑料中吸水率几乎是最低的。因此其制品的尺寸稳定性十分好。

PC 的冲击强度在工程塑料中是很突出的，但疲劳强度差，耐磨性不高，与其他工程塑料相比，PC 的摩擦系数为 0.73，比大多数材料要高，耐磨性较差，但仍比金属的耐磨性要好得多。例如用 PC 作轴，分别用锌合金和黄铜作轴套，以 6000r/min 和 3500r/min 运转 30h，磨耗量分别是 1∶5 和 1∶3。

(2) 热性能　PC 可在-60~120℃下长期使用，其热性能如表 3-14 所示。

表 3-14　PC 热性能

性　能	指　标	性　能	指　标
分解温度/℃	>300	熔点/℃	220~230
1.82MPa 热变形温度/℃	130~140	脆化点/℃	-100
玻璃化温度/℃	145~150	线膨胀系数/(1/℃)	5×10^{-5}

(3) 电性能　PC 的电绝缘性能优良，体积电阻率为 $(2\sim4)\times10^{16}\Omega\cdot cm$，介电强度为 20~22kV/mm，介电常数为 2.8~3.1，介电损失角正切为 5×10^{-4}。

(4) 耐油耐溶剂性　在常温下，PC 可以耐受 20%的盐酸、硫酸、硝酸、40%的 HF、10%~100%的甲酸、食盐水、饱和溴化钾溶液、10%Na_2CO_3 水溶液、30%双氧水、脂肪烃、动植物油、乳酸、油酸、皂液及大多数醇而不发生变化。在天然汽油或润滑油中浸泡 3 个月，制片尺寸和质量基本不变。

芳烃、氯化烃、酚类、丙酮、吡啶、四氢呋喃、环已酮、乙酸乙酯、DMF 等可使 PC 溶解或溶胀。

(5) 耐燃、耐老化性　PC 能燃，但可自熄；PC 抗气候能力和抗热老化能力相当好，将厚 1.33mmPC 板于试验机上，相当于户外恶劣环境，历时一年性能基本不变；户外各种环境曝露 2 年，强度基本不变。人们还在深入研究其热老化、热氧老化、光氧老化。

(6) 光学性能　PC 具有良好的透过可见光的能力。对波长 400nm 以下紫外光透过能力很弱，吸收 305nm 紫外光。有选择地吸收特定波长的红外线而透过其他波长的谱线。

3. PC 的应用领域

PC 主要用于透明材料和高抗冲领域。

(1) 光盘材料　是 PC 的重要用途，在光盘材料中，PC 占 50%，目前是 CD 光盘的主要材料，并开始用于 DVD。约占 PC 产量的 10%以上用于光盘产业。

(2) 汽车工业　用作各种车灯、透镜、车窗玻璃、内外装饰件、仪表板和彩色保险杠、各种零部件等。

(3) 电子电气行业　国外有将近 50%的 PC 用于电气行业，它是优良的 E 级(120℃)绝缘材料。用作低压电柜的绝缘零件、接线板垫片、套管接插件、线圈架壳体材料、机床电机的保护开关、电视机和摄像机的部件等。

(4) 机械行业　制作高刚性、耐冲击的制件，制造传递中小负荷的零部件如齿轮、蜗轮、蜗杆、齿条、泵的叶轮、阀门、管件，各种器材的外壳和机械零件螺丝、螺帽、手柄、按钮、铭牌等。

(5) 代替玻璃和金属作透明材料和结构材料　可用作矿灯、防爆灯罩，大型玻璃，飞机、船只、车辆的风挡玻璃，温室的顶棚，地下室的窗户，交通道路灯罩，潜望镜，各种玻璃瓶，保温水瓶，经改性还可作激光传真、激光复印的精密透镜，可作红黄绿色透镜等。

(6) 其他　利用PC的高抗性能，可制作安全帽。此外由于PC可在蒸汽下消毒，因此，用作医疗器械、手术器械杯筒、容器等。

三、聚甲醛

以甲醛为主要单体、聚合物主链中结构单元以$\left[CH_2—O \right]$为主构成的聚合物(POM)，分为均聚甲醛和共聚甲醛两类，均聚甲醛的端基一般为乙酰基。

$$CH_3—\underset{\underset{O}{\|}}{C}—O \left[CH_2—O \right]_n \underset{\underset{O}{\|}}{C}—CH_3$$

共聚甲醛除结构单元$\left[CH_2—O \right]$之外，还夹有$\left[CH_2—CH_2—O \right]$或$\left[C_4H_8—O \right]$单元，端基一般是丁氧基醚或羟基乙基醚，如

$$HO—CH_2—CH_2—O \left[CH_2—O \right]_m \left[CH_2—CH_2—O \right]_n CH_2—CH_2—OH$$

1. POM合成工艺

(1) 单体精制　以高浓度甲醛水溶液与高级醇生成半缩醛，醛被醇束缚，很易脱去水，将半缩醛精制后再热裂解，得到精制后的纯的甲醛。

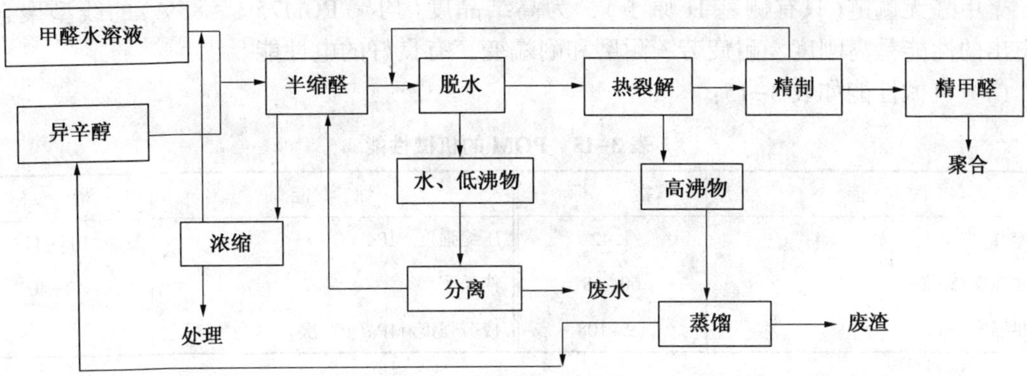

近年发展的新工艺是加入惰性溶剂聚乙烯醇二甲醚(PEGDME)，使得甲醛和水的共沸点消失，可以用精馏的方法，馏出高纯度的甲醛。

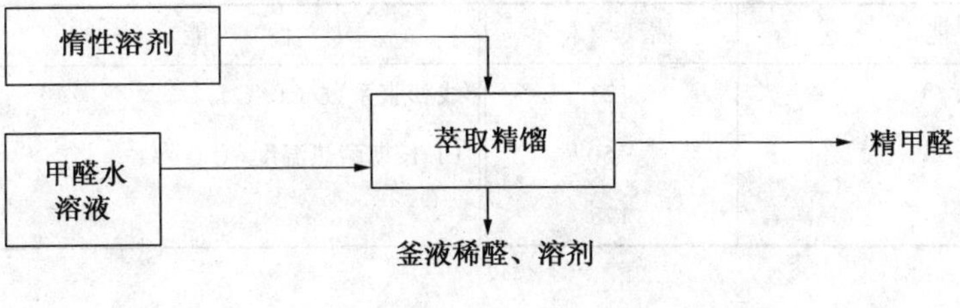

聚甲醛的另一条原料路线是精制三聚甲醛。

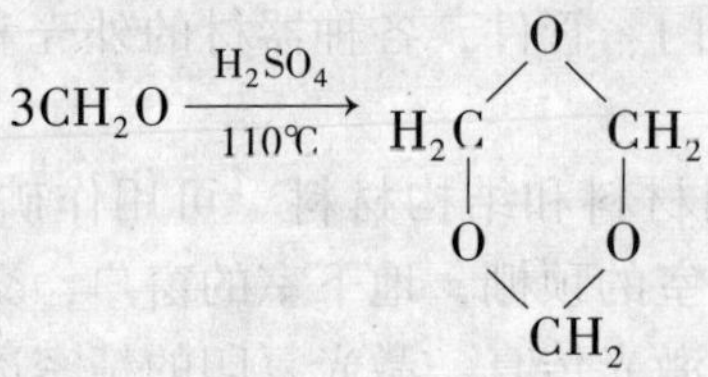

三聚甲醛浓度一般为60%~80%，水溶液中含甲醇、甲酸、甲酸甲酯等杂质，必须加以精制。精制的技术路线较多，一般采用萃取精馏的方法，最成熟的是用二氯乙烷进行气-液萃取，萃取产物三聚甲醛-二氯乙烷溶液于94℃精馏、产物经碱洗后精馏，脱除水和二氯乙烷得到精制三聚甲醛。

三聚甲醛的精制技术还在不断开发，基本思路仍然是萃取蒸馏。实际上将60%~80%的三聚甲醛溶液在结晶器中，用深度冷却盐水冷却，可使绝大部分的三聚甲醛结晶析出，简单的离心分离后可将粗三聚甲醛精制，得到三聚甲醛的精品。

（2）聚合反应　属离子聚合反应机理，工业上常用负离子引发，聚合过程很快，聚合热较大。

共聚甲醛亦属离子聚合，常用 BF_3 及其络合物作引发剂，在双螺杆反应器中进行，可以获得预期的聚合物。

聚甲醛的端基是活性的羟基，必须封锁，不然会自动降解，均聚甲醛用乙酐封端，共聚甲醛常以分子量调节剂形式加入，一般端基为甲氧基醚、羟基乙基醚或丁氧基醚。

封锁端基后，掺混助剂即进行挤出造粒。

2. POM 的性能和成型加工

聚甲醛无侧链（只有侧基 H 原子），为高结晶度（均聚 POM75%~85%）的线型聚合物，其突出的性能是高刚度、耐疲劳、耐磨和耐蠕变，有良好的电性能。

（1）机械性能如表 3-15：

表 3-15　POM 的机械性能

性　　能	指　　标	性　　能	指　　标
密度/(g/cm^3)	1.42	压缩强度/MPa	105~118
拉伸强度/MPa	60~68	伸长率/%	2~40
弯曲强度/MPa	89~108	疲劳强度/MPa(10^6 次)	35

在-40~100℃长期使用，可以保持其机械强度。

（2）热性能如表 3-16：

表 3-16　POM 的热性能

性　　能	指　　标	性　　能	指　　标
1.82MPa 热变形温度/℃	123	线膨胀系数/(1/℃)	4.5×10^{-5}
玻璃化温度/℃	-50	UL 长期耐热温度/℃	85~105
熔点/℃	175		

(3) 电性能如表3-17：

表 3-17 POM 的电性能

性 能	指 标	性 能	指 标
体积电阻率/Ω·cm	10^{15}	耐电弧/s	125
介电强度/(kV/mm)	20	介电损耗角正切	$(3\sim4)\times10^{-3}$
介电常数	3.4~3.7		

(4) 耐化学药品、耐溶剂性能　聚甲醛几乎没有常温溶剂，在熔点以下或熔点附近，也几乎找不到溶剂，在高温条件下对溶剂有相当好的耐侵蚀性。

醇类能在熔点以上和 POM 熔体形成溶液，均聚 POM 只能耐弱酸，共聚 POM 能够耐强碱。

POM 的吸水性很小，一般是 0.22%~0.25%，因而制品尺寸较为稳定。

(5) 耐磨性能　POM 是通用工程塑料中，摩擦系数很小的，为 0.31 左右。POM 分子内聚能高，耐磨性特别好，大分子中的非晶部分玻璃化温度低，起到润滑作用。所以 POM 可以自润滑，用于无油润滑环境和要求低摩擦、低磨耗的环境，有其独特的价值。

聚甲醛的成型加工，与所有工程塑料一样，现在可以利用计算机辅助设计，设计制品的模具，对模具内传热和流体力学的分析、流道的设计等进行分析，形成模具结构设计，制成图纸。POM 的成型加工可以用注塑加工。加工时，由于其热稳定性较差，因此要在保证流动的情况下，温度尽量低，受热时间应尽量短。由于 POM 的结晶度高，熔融时有明显的体积变化，必须有足够的保压时间。此外 POM 收缩率极大，一般为 1.5%~3.5%，摩擦系数小，有自润滑性和回弹性，可以快速脱模。

3. POM 的应用

(1) 汽车工业　这是 POM 的主要用途，制造汽化器部件，输油管、泵、动力阀、轴承、万向节轴承、齿轮、曲柄、手柄、把手、仪表板、轴套、护罩、汽车升降窗装置和汽车上的电器开关、安全装置等等。

(2) 机械制造业　适合于作齿轮、链条、驱动轴、轴承、阀杆螺母、叶轮、滚轮、凸轮以及各种机械结构件，电动工具外壳手柄、开关等。不漏电，强度高，而且抗震。

(3) 电子电气和仪表行业　用于制造各种接头，接插元件、开关、按钮、继电器、洗衣机的蜗轮、动力轮，家用电器、电话、收录机、VCD、录像机、微波炉的各种零部件，外壳，转动杆，滑动部件，精密仪器的支撑架、罩体、摩擦垫板，钟表、照相机、传真机等的机芯和精密零部件，打印机、激光复印机的齿轮分离爪等关键部件。

(4) 兵器和军工　制作追击炮的弹带，步枪的击发机，坦克和装甲车的各种机械部件、仪表部件和转动、往复耐磨密封件等等。

(5) 其他行业　用 POM 制造传送链带，磨损小，噪声低。广泛用于食品、医药、轻工行业。聚甲醛耐化学品性能好，可制造各种耐腐蚀部件容器，如农药喷雾器械、医药器械、液下泵部件等。

四、聚苯醚和改性聚苯醚

聚苯醚(PPO)结构式为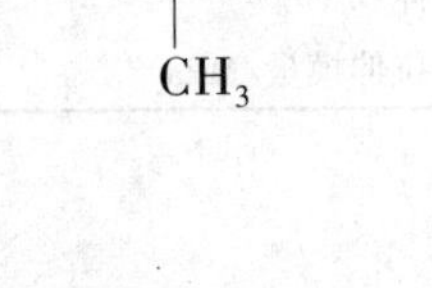。

由于PPO具有优良的机械性能、电性能和其他特性，但其熔融流动性差，加工很难，美国GE公司开发了与聚苯乙烯共混改性的技术，获得成功。现在商品聚苯醚通常都是改性聚苯醚(MPPO，MPPE)，一般是用高抗冲聚苯乙烯(HIPS)与聚苯醚共混获得的。

1. PPO的合成工艺

(1) 单体二甲酚的合成　它可以直接从焦油中分离得到，但不易得到高纯的单体，而且来源不普遍。2,6-二甲酚的合成以苯酚和甲醇在催化剂存在下的甲基化反应技术最为成熟。

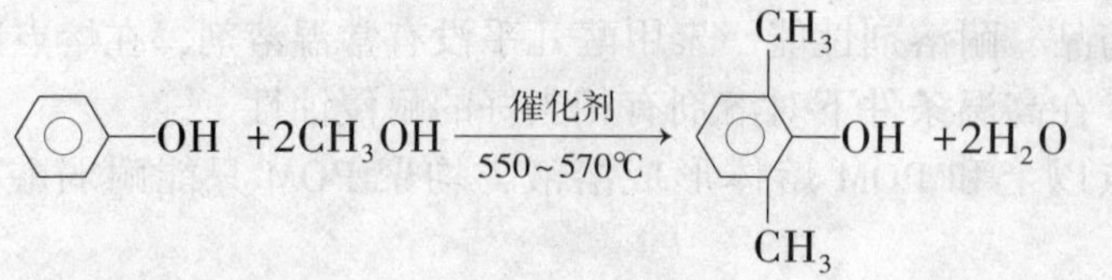

反应可在固定床和移动床中进行。工艺流程示意如下：

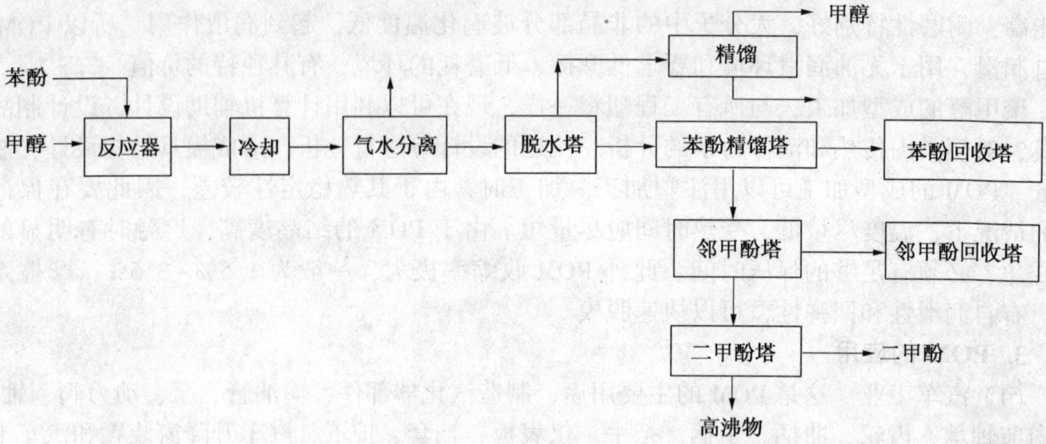

(2) 聚合反应　聚合反应催化剂为铜-氨络合物，通入氧气和二甲酚聚合。聚合机理说法众多，有人认为是在 O_2 参与下，二甲酚氧化产生自由基，偶合为二聚体，再产生自由基，偶合为三聚体，如此聚合为高聚物。也有人主张是逐步聚合反应的机理，先偶合为二聚体、三聚体，低聚物再偶合，聚合度逐步增大。

聚合方法
- 均相溶液法
  - 间歇聚合
  - 连续聚合
- 沉淀聚合法

目前大多采用均相溶液聚合法，将单体和催化剂溶于溶剂中(苯、甲苯、氯化苯或吡啶)，通入 O_2 进行聚合，达到要求的黏度时，使催化剂去除活性，停止反应，注入甲醇中，使树脂沉析，经过滤、水洗、干燥，得到聚合物粉末。

2. PPO和MPPO的性能特点

(1) 机械性能如表3-18：

表3-18　PPO和MPPO的机械性能

性　能	指　标	性　能	指　标
密度/(g/cm^3)	1.06	冲击强度(缺口)/(kJ/m^2)	1.9~2.2(MPPO可达4.8~5.2)
拉伸强度/MPa	70~75	伸长率/%	80
弯曲强度/MPa	98~103	拉伸模量/MPa	24600~26400

其拉伸强度超过 POM，部件在 200℃下不变形，蠕变小，比其他通用工程塑料都低，长期重载下，制件尺寸基本不变。缺口冲击强度在-60~65℃范围内几乎不变。

（2）热性能如表 3-19：

表 3-19　PPO 和 MPPO 的热性能

性　能	指　标	性　能	指　标
热变形温度/℃	185~194	分解温度/℃	>350
玻璃化温度/℃	211	线膨胀系数/(1/℃)	$(4.9\sim5.4)\times10^{-5}$
熔点/℃	280~300	制品成型收缩率/%	0.7
脆化温度/℃	-170		

MPPO 商品随 PPO 含量的降低，热变形温度下降。玻璃化温度变化亦如此。

（3）电性能　其介电性能几乎是工程塑料中最好的，而且几乎不受温度和湿度的影响，广泛应用于高压电气装置。见表 3-20。

表 3-20　PPO 和 MPPO 的电性能

性　能	指　标	性　能	指　标
体积电阻率/Ω·cm	10^{17}	介电强度/(kV/mm)	16~20
介电常数	2.5~2.7	介电损失角正切	4×10^{-4}

（4）耐介质特性　PPO 有优异的耐水性，吸水率 0.14%，是工程塑料中吸水率最低的品种，MPPO 制品在热水中长期浸泡，其性能几乎不变。而且 PPO 无毒，密度小，经美国食品及药物管理局(FDA)和卫生基金会(NSF)认可，可以用来制造医疗器材和食品用材料。

PPO 和 MPPO 耐酸碱洗涤剂，但在受力条件下不耐矿物油、酮类和酯类，不耐有机溶剂。PPO 耐光性差，有自熄性。

（5）加工性能　PPO 热变形温度高，熔体黏度大，在剪切速率增加时，黏度不会下降。其熔体流动性差，必须用很高的加工温度(315℃)，加工困难，且能耗大。在氧存在下，高于 105℃会逐渐交联，长期曝露，会慢慢呈现热固性塑料的特点。

改性的 MPPO 仍保持了 PPO 的耐水性能和尺寸稳定性好、成型收缩率低以及电性能优异的特点。虽然热变形温度下降，但仍高于大多数实际应用场合所要求的温度，MPPO 大大改善了加工性能，可通过注塑、挤出等工艺加工成制品。

3. PPO 和 MPPO 的应用领域

PPO 具有优异的耐高低温性能，可以在-127℃至+121℃之间长期使用；无负载时，可以用到 204℃。它有良好的力学性能，高抗拉，低吸水，尺寸稳定和耐疲劳，抗蠕变。最适宜应用在潮湿、有水、有负载而且还要具有良好绝缘性能和尺寸稳定的场所。

PPO 用于制造在较高温度下工作的齿轮，凸轮泵的叶轮，风机叶片，水泵的零部件，轴承。这些制件无噪声，用于化工管道、阀门、上水管道、管件、容器 、设备等。由于 PPO 抗蠕变，可用作紧固件、螺丝钉、连接件等。利用其电绝缘性能优异的特点，可作电机线芯、转子、机壳、高频印刷电路板、超高频零件、电视机、微波绝缘、变压器屏蔽套、线圈架和电视偏转系统元件等。PPO 可用蒸汽消毒，用于医疗器械有得天独厚的优越性。在航天航空和军工领域有重要应用前景。

MPPO 以及 PPO 的一些其他合金，加工性能改善，可以在-40~120℃的范围内长期使用，适合于制作在潮湿而有载荷的条件下使用的电绝缘零部件，如线圈的骨架、控制轴、变压器的屏蔽套、继电器盒等，在汽车工业上亦有广泛用途。尤其是 PPO 的高抗冲合金，可用作汽车保险杠、仪表盘和外装部件，用量可观。MPPO 适宜于制作水表、水泵和耐蒸煮的纺织专用的纱管。现在 MPPO 有近 1/3 用于汽车工业，有 1/3 以上用于家电、电子设备、办公用品等设备上。

五、热塑性聚酯 PBT 和 PET 等

大分子主链中，含有$\left[\overset{\displaystyle O}{\overset{\|}{\mathrm{C}}}\!-\!\mathrm{O}\right]$结构的一般通称为聚酯，聚碳酸酯和聚氨酯也有上述结构，也是聚酯，但通常它们都单独讨论。一般说的热塑性聚酯，大多数场合指由饱和二元酸和饱和二元醇，通过缩聚制得的线型高分子。主要品种有：

聚对苯二甲酸丁二(醇)酯	PBT
聚对苯二甲酸乙二(醇)酯	PET
聚对苯二甲酸-1,4-环己烷二甲酯	PCT
聚萘二甲酸乙二酯	PEN
聚萘二甲酸丁二酯	PBN
聚对苯二甲酸丙二酯	PTT

广义的热塑性聚酯，还包括聚芳酯等。

作为工程塑料品种，大规模工业化生产的是 PBT 和 PET 两种。PET 发展较早，最先以化学纤维形式(涤纶、的确良)出现，六七十年代用玻璃纤维增强，作为工程塑料。PBT 是工程塑料中工业化最晚的，到 1971 年才工业化投放市场，但很快热销，发展迅速。开始一二十年，以 20%~30%的速度增长，目前仍以 7%~10%的速度递增，成为通用工程塑料中发展最快的一种。其原因大概是它不仅有好的性能，还在于它易合成、易加工、易共混、易合金化。

1. 热塑性聚酯合成工艺

(1) PET 树脂聚合　这是典型的逐步聚合反应，工艺相当成熟，分为酯交换法和直接酯化法两种。

预聚合

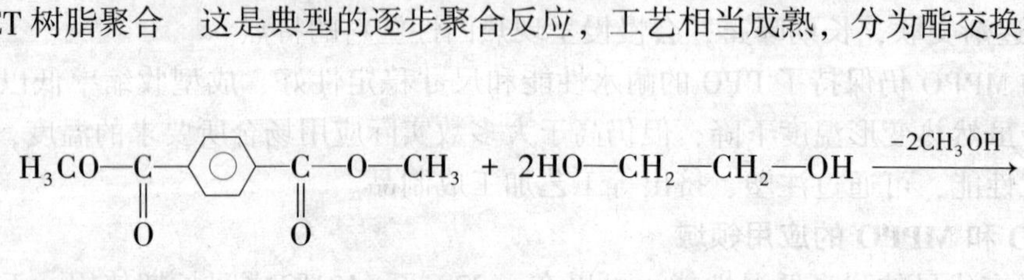

(酯交换法)

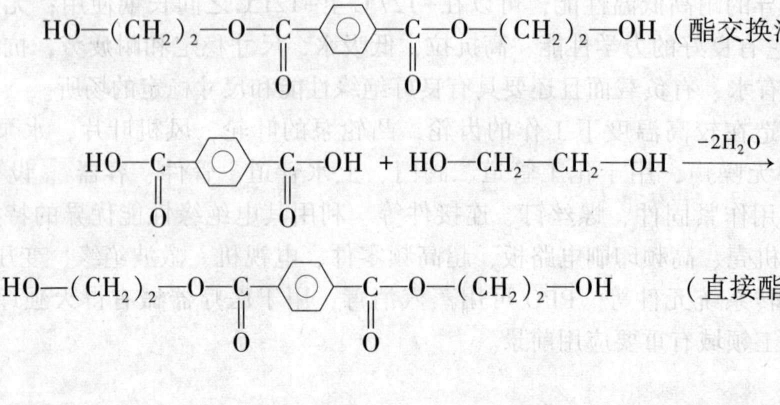

(直接酯化法)

缩聚

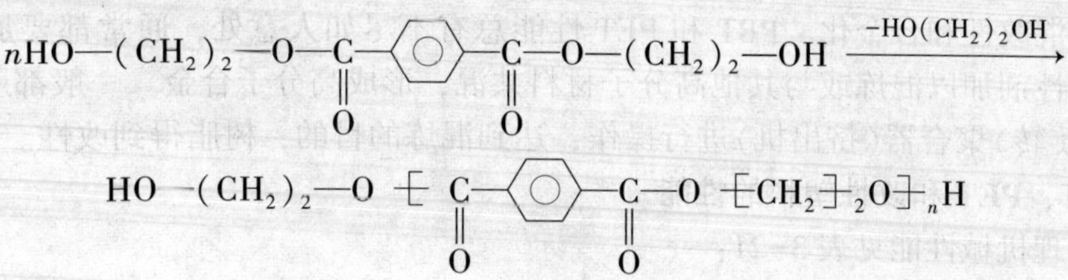

现在酯交换法已逐步被淘汰，而是用精制的对苯二甲酸(TPA)和精制乙二醇(EG)直接酯化。流程示意如下：

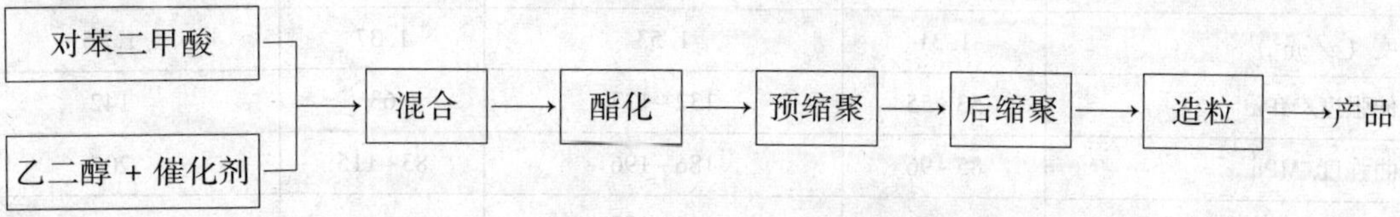

酯化压力≥0.1MPa，温度263~269℃，可用串联釜式反应器。预缩聚真空，余压27.5~5kPa，温度 273 ~ 278℃，时间 1 ~ 1.2h。后缩聚真空余压 300Pa 以下，温度 280 ~ 285℃，3.5~4h。

(2) PBT树脂聚合　与PET的生产方法类似，但在高温条件下，丁二醇会环化脱水，生成四氢呋喃，为聚合反应的副反应，使反应的能耗上升，收率降低。在工业化生产中，大多采用连续酯交换法。

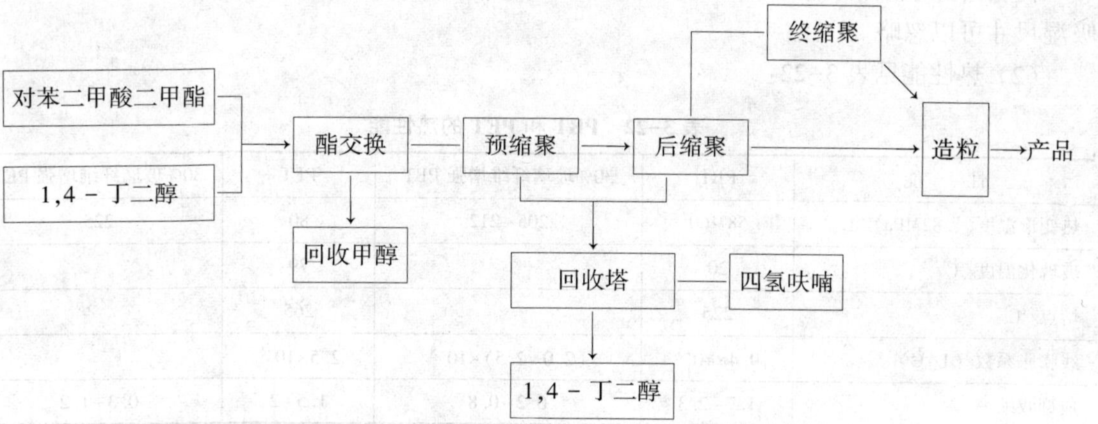

酯交换和预缩聚均由两段反应(串联两釜)组成：

	压力	温度	时间
第一段酯交换	0.03MPa	160~170℃	
第二段酯交换	由常压至低真空	210~220℃	
第一预缩聚	真空 1.33kPa	230~240℃	0.5h
第二预缩聚	真空 133Pa	240~250℃	10~20min

酯交换产物聚合度为2~5，预缩聚聚合度大约为20。

	压力	温度	时间
后缩聚	真空 67Pa	255℃	15~30min

产物可以切粒，但是如要生产分子量更大的，缩聚产物进入终缩聚。

终缩聚	13.3Pa	260℃

终缩聚一般采用双螺杆聚合器，边聚合边出料。

(3) 共混改性和合金化　PBT 和 PET 性能总有不尽如人意处，通常都要加入助剂、无机填料、改性剂加以混炼或与其他高分子材料共混，形成高分子合金。一般都用单螺杆或双螺杆(同向旋转)聚合器(挤出机)进行操作，达到混炼的目的，树脂得到改性。

2. PBT、PET 和改性塑料的性能

(1) 物理机械性能见表 3-21：

表 3-21　PBT 和 PET 的物理机械性能

性　能	PBT	30%玻璃纤维增强 PBT	PET	30%玻璃纤维增强 PET
密度/(g/cm^3)	1.31	1.53	1.37	1.56
拉伸强度/MPa	53~55	132~137	63	142
弯曲强度/MPa	85~96	186~196	83~115	205
压缩强度/MPa	88	118~127		
缺口冲击强度/(J/m)	49~59	78~98	42~53	74
伸长率/%	53~55	2.5~4	50~300	3.8
吸水率/%	0.08	0.06	0.08	0.05
摩擦系数(对钢)	0.17	0.15		0.28

树脂摩擦系数很低，而且耐磨，同样条件下，磨损量仅为 POM 的 1/4，吸水性很小，吸湿尺寸可以忽略。

(2) 热性能见表 3-22：

表 3-22　PBT 和 PET 的热性能

性　能	PBT	30%玻璃纤维增强 PBT	PET	30%玻璃纤维增强 PET
热变形温度(1.82MPa)/℃	58~60	205~212	80	225
玻璃化温度/℃	20		79	
熔点/℃	225		265	
线膨胀系数/(1/℃)	9.4×10^{-5}	$(2.0\sim2.5)\times10^{-5}$	2.5×10^{-5}	
成型收缩率/%	1.7~2.3	0.2~0.8	1.5~2	0.3~1.2

(3) 电性能见表 3-23：

表 3-23　PBT 和 PET 的电性能

性　能	PBT	30%玻璃纤维增强 PBT	PET	30%玻璃纤维增强 PET
体积电阻率/Ω·cm	4×10^{14}	2.5×10^{14}	10^{14}	3×10^{15}
介电常数	3.3	3.8	3.8	3.8
介电强度/(kV/mm)	17	28		38
介电损失角正切	0.002	0.002	0.002	0.043

(4) 耐介质性能　常温下，几乎除了强酸强碱外的化学试剂都可耐受，不能够耐热水，不耐蒸汽。增强材料的耐热性和耐热老化性能较好，而 PBT 耐热老化和耐光老化性能突出。

户外长期老化，PBT 优于尼龙和 POM，长时间高温条件下物理机械性能几乎不下降。

(5) 其他特性　PBT 本身摩擦系数很小，磨耗比 PC 和 POM 都小得多，PBT 本身阻燃，广泛用于电子电气行业中。PET 薄膜性能优异，强度高，韧性好，耐热，耐酸，耐溶剂。

PBT 和 PET 有许多优点，但使用时一般都是共混和改性的树脂。因此，以它们为基料可以扩展很多品种。

3. 应用领域

(1) PBT　主要用于制作电子电气、机械、汽车和精密仪器的零部件。在电子电气上，主要用作电器连接器和开关、集成电路插座、印刷电路基板、角形连接器。这些零件常用锡焊，要求材料耐高温，而且焊剂要清洗，要求材料能耐溶剂、耐化学药品，PBT 能满足其要求。PBT 用于电冰箱、电熨斗、接线盒、电视机、摄像机、音响骨架、接插件、管座等，要求耐热而且阻燃。

汽车的内部零部件、汽车电器零件、照相机零件等也用 PBT。

在坦克装甲车中，PBT 用作电器零部件，齿轮座安全带和需要涂装的零部件，添加导电填料的 PBT 可阻挡电磁波对坦克内电子元件的干扰。

(2) PET　PET 价格便宜，制造方便，技术成熟，凡用 PBT 的场合都可用 PET。增强后性能、价格之比特别好，今后有很大的发展前景。目前，PET 大多数用于制合成纤维，少量用于制薄膜(拉伸膜)，薄膜用作绝缘材料，如电容、电缆、电机槽绝缘等，军事上用于音波的屏蔽和导弹的覆盖材料，PET 薄膜片基和带基用于电影胶片、X 光片、录音、录像、计算机磁带等，薄膜还可用作包装材料。PET 用作工程塑料的约占 2%，玻璃纤维增强的 PET，用于电子电气、汽车机械、办公用具等行业。

六、硅树脂

1. 概述

硅树脂是高度交联、具有热固性的网状结构的聚硅氧烷预聚体。商品硅树脂含有一定的可交联的侧基(主要是羟基)、有一定交联结构或已部分交联的预聚物。通常都是由 CH_3SiCl_3、$(CH_3)_2SiCl_2$、$C_6H_5SiCl_3$、$(C_6H_5)_2SiCl_2$ 或 $CH_3(C_6H_5)SiCl_2$ 等共同水解，再进行适当缩合调聚，得到溶液型的预聚体。

硅树酯按不同角度，有不同分类。

- 硅树脂
  - 纯硅树脂
    - 甲基硅树脂
    - 苯基甲基硅树脂
    - 苯基硅树脂
  - 改性硅树脂
    - 环氧改性
    - 聚酯改性
    - 其他

按固化条件来划分

- 硅树脂
  - 加热固化
  - 常温干燥
  - 常温固化
  - 紫外光固化

按产品形态划分

硅树脂
- 溶剂型
- 无溶剂型
- 水性
- 乳液型

硅树脂的固化机理大多数为加热缩合，通常是缩去低分子水，也有缩合去氢去醇的。有一部分硅树脂是在催化剂存在下，双键加成固化或过氧化物激发固化。

硅树脂的耐热性和耐候性特别好，并有良好的耐化学药品性、电绝缘性、憎水性等。硅树脂主要用作涂料和胶黏剂，主要产品形态有耐热涂料、耐气候涂料、防水涂料、耐磨涂料、防污涂料、增硬涂料、耐高温涂料和高温胶黏剂等。

硅树酯最终产品的性能，取决于所含有机基团数量与硅的比例，即(R/Si)，有实用价值的硅树脂 R/Si 比在 1.2~1.6 之间。通常这个比值越小，树脂可在低温下固化；R/Si 比愈大，硅树脂的固化温度愈高，往往要在 200℃以上长时间烘烤，漆膜硬度差，但热弹性好。另外，有机基团中，甲基和苯基的比例对硅树脂性能亦有影响，有机基团中，苯基含量越低，生成的漆膜越硬、缩合反应越快。而苯基含量越高，生成的漆膜越软，具有热塑性，抗弯曲性能和耐热性更好。引入苯基可以较好地改进硅树脂同颜料的配伍性，也可以改进硅树脂同其他树脂的配伍性，还可以提高树脂对各种基材的粘附力。

2. 纯硅树脂

(1)甲基硅树脂　由 CH_3SiX_3 水解或在溶剂中水解缩合而制成。其用途受到限制，一般用于调配耐高温涂料，某些品种可作胶黏剂，如高温云母胶黏剂等。

由 $CH_3Si(OR)_3$ 水解制成透明甲基硅树脂，又叫玻璃树脂，商品制成不同浓度的乙醇溶液，在催化剂作用下，于较低温度下即可快速固化形成漆膜。高分子膜硬度高，防水、耐搔抓，透光率达 90%以上，透明度高，可作高级纸张的上光材料、塑料和金属的涂层、保护层等。

(2)甲基苯基硅树脂　通常由一甲基、二甲基、一苯基、二苯基四种单体(并不一定是四种)混合水解，经调聚而成，这就是我们通常说的硅树脂，牌号很多，一般用作涂料的成膜物质，性能各有差异。

(3)梯型硅树脂　由苯基硅烷 $PhSiX_3$ 水解或 $PhSiX_3$ 和 Ph_2SiX_2 共水解缩合制成的纯苯基硅树脂，热塑性太大，应用受到限制。但在特定条件下水解缩合，可得到类似梯型的全苯基硅氧烷，称为倍半硅氧烷或硅倍半氧烷，结构示意为

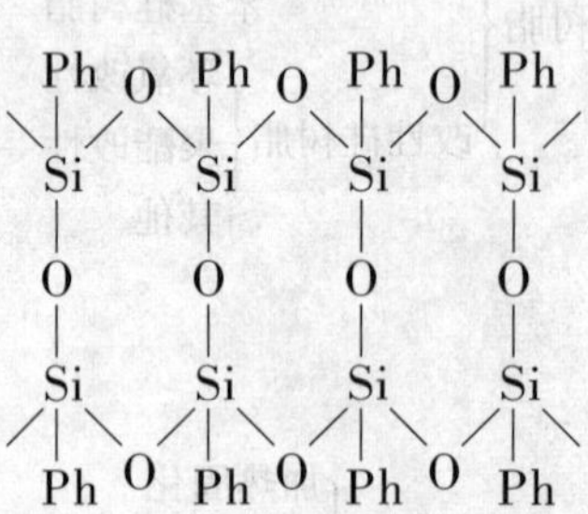

简称“苯 T”，分子式是 $(PhSiO_{1.5})_n$，故称倍半硅氧烷。它并不同于一般硅树脂，可溶于苯等溶剂，但不能熔融，拉伸强度为普通硅树脂的 2 倍，在空气中加热到 500℃以上才

失重。

除“苯 T”之外，也有“甲 T”、“甲苯 T”等。

(4) MQ 树脂　指由单官能的基团 $R_3SiO_{0.5}$(简称 M)和四官能基团(SiQ_2，简称 Q)组成的结构比较特殊的聚有机硅氧烷，一般认为芯部是 Si-O 键相连的笼状 SiO_2，外壳为密度较小的 $R_3SiO_{0.5}$所包围。主要作硅氧烷压敏胶的填料、增粘剂和橡胶补强剂等。

(5) 乳液型硅树脂　这类树脂可用于建筑涂料和水性胶黏剂。一般可由混合单体共水解缩合制成的硅树脂预聚体，在乳化剂作用下，把预聚体分散为水乳液，或者将烷氧基硅烷单体在胺基硅烷的甲醇溶液中加水进行水解，在表面活性剂配合下，得到硅树脂乳液。

(6) 粉末硅树脂　可由现成的硅树脂粉碎成无定形粉末，也可由单体高速搅拌水解获得球形微粉。这种粉末树脂广泛用作塑料、橡胶和涂料的改性添加剂。

3. 改性硅树脂

(1) 醇酸改性　往往由含 Si—OH 或 Si—OR 键的硅树脂中间体出发与醇酸树脂中间体缩合，得到改性的树脂。

(2) 聚酯改性　同醇酸改性一样，大多数情况下，由两类预聚体共缩聚。聚酯改性的硅树脂具有优良的耐热性、抗腐蚀性、抗弯曲性和高绝缘性。

(3) 丙烯酸酯改性　由于聚丙烯酸树脂与有机硅树脂的相容性较好，因此可以冷拼混，但主要仍用化学改性法，由丙烯酸的羟乙酯、羟丙酯与硅树脂中间体缩聚而改性。改性树脂有良好的固化性，可以室温催化固化，可以加热固化，又有良好的耐热性和粘接性、耐候性和耐水性、耐油和耐溶剂性，广泛用作建筑物、车辆、家具的保护性涂料。

(4) 环氧改性　工业上主要由双酚 A 型环氧树脂预聚物与含羟基或烷氧基的聚硅氧烷预聚物进行缩合而改性。环氧树脂中的 C—OH 和硅树脂中间体中 Si—OH 或 Si—OR 缩合反应获得。

改性树脂粘接性优异，强度高，可以如环氧树脂一样室温固化，耐热性优良，热胀系数小，化学稳定性好，广泛用于粘接、包封浇铸成型，也用作增强材料、涂料、胶黏剂和绝缘材料等。

(5) 酚醛改性和其他改性树脂　利用醋酰基聚硅氧烷预聚体和酚醛中间预聚体混合可以有效实现与酚醛树脂的共混。与其他树脂或热塑性弹性体的共混，则以互穿网络结构的形式实现，成了改性的主导方向。

七、氟树脂

1. 聚四氟乙烯

聚四氟乙烯(PTFE)俗名写成 F_4，是含氟高分子材料中产量最大、应用最普遍的一种。

(1) PTFE 主要性能

① 力学性能　PTFE 耐疲劳性能优异，不会出现永久疲劳破坏。

PTFE 是所有塑料中摩擦系数最小的，通常与滑动速度有如下关系：

$$\mu = C \cdot v^{0.27}$$

当速度 v 为 0.01cm/s 时，$\mu = 0.04 \sim 0.1$。

② 电学性能　PTFE 有极佳的介电性能，介电常数小于 2.2，介电损失角正切小于 $10^{-4} \sim 10^{-5}$。

③ 化学耐蚀性　除了全氟烷烃、全氟氯烷烃能微微溶胀之外，只有熔融的碱金属、三

氟化氯和 F_2 在高温高压下可腐蚀 PTFE。而常温下它几乎能耐受其他所有介质，几乎不吸湿，很难被一般液体所润湿。

④ 热性能　PTFE 具有高结晶性。未烧结材料在 340℃开始熔融，350℃以上完全熔融，烧结过的则到 327℃开始熔融，343℃完全熔融。

PTFE 在 200℃以上微微裂解，在熔点时裂解也很少，400℃以上裂解加快，475℃以上时，分解产物剧毒(全氟异丁烯)。

PTFE 热稳定性好，不受臭氧、氧、紫外光作用，不受潮湿、虫鼠等危害，而且阻燃。

综上可见，PTFE 有十分优异的综合性能，它问世后，就得到“塑料王”的美称。

(2) PTFE 的加工

① 粉末冶金　聚四氟乙烯熔体黏度很大，在 380℃熔体黏度为 10^{10} Pa · s，很难用熔体进行加工，因此通常采取“粉末冶金”的方法进行加工，即先把 PTFE 粉体或粉粒用压力制成生坯，再烧结成型。为了降低烧结温度，增加生料粒子的流动性，减小堆积角，使生坯不致形成孔洞或缺陷，有人将 PTFE 进行细研磨，然后再“造球”制成形状大小相似的球型粒子，改善加工性能。

压制成生坯的方法除了模压之外，也可以液压、挤压成生坯，再烧结成型。

② 分散液的加工　粒径 0.2~0.3μm 的超细 PTFE 粒子，悬浮在液体中形成的胶体溶液，可用于浸渍纤维(碳纤维、玻璃纤维及制衣等)和多孔物质，或与石墨、玻璃纤维等填料湿法捏合再进行共凝聚。当然，PTFE 分散液(胶体溶液)也可以作为涂料，在金属、陶瓷、橡胶、塑料或纤维织物表面形成防腐、耐磨憎水涂层。

③ PTFE 纤维加工　PTFE 不能溶液纺丝或熔融纺丝，一般是烧结成棒材以后由车床车削成薄膜，再将薄膜切割成细丝条，进行热拉伸得到特氟纶纤维。还可以使化学纤维(再生纤维)浸渍胶体分散液后，以湿法纺丝，纤维在高温下烧结，使化学纤维材料分解、碳化烧掉而得特氟纶纤维。

④ 其他加工方法　PTFE 可以焊接、粘结和机械加工，可用车、钻、削、铣等机械加工方法加工成最终制品，比如转子流量计的转子、大型的薄板等等；还可以加入添加剂压制成“生料带”作通常的密封材料。

(3) PTFE 的应用

① 用作防腐蚀材料，通常可制成输送管道、防腐蚀设备，如塔、塔釜、换热器、容器、阀门、管件等。还用于制作防腐蚀密封件，如垫片、垫圈等。用于超滤设备作防腐蚀滤料有着特殊意义。还用作电解隔膜、气体透析膜、杀菌滤膜、油分离膜等等。

② 电子电器方面适用于高频、高温、潮湿的环境中作绝缘材料，PTFE 绝缘电线、电缆已广泛应用。低噪音电缆、同轴射频电缆等大量应用于通信、航天、航空、电视、火箭和军事等领域。

③ 机械零部件和其他行业　用于摩擦系数要求极小的场合，如机床导轨、轴承、滑块。在建筑上曾利用 PTFE 滑块，建设旋转桥梁，利用 PTFE 的低摩擦系数，用于建筑物、桥梁作承重与支承旋转的支承座有特殊的意义。

(4) PTFE 的改性品种材料　主要是针对加工性能进行改性，主要品种有：

① 可熔性聚四氟乙烯(PFA)　由少量全氟丙基全氟乙烯基醚与四氟乙烯进行共聚合的共聚物。它与 PTFE 相比，机械性能、电性能和耐化学腐蚀性能毫不逊色，而熔体黏度下降，气体渗透下降，抗冷流，耐折性大为改善，使 PTFE 复杂的纤状粒子变成球状，流动性

大大提高，可直接用于柱塞挤压成型。

现在还有人研究用拼混的方法改善加工性能，制成类似的可熔性聚四氟乙烯。

② 乙烯-四氟乙烯共聚物(ETFE) 虽然其耐热性能、力学性能略逊于PTFE，但亦足以成为优良材料，用于PTFE所使用的各种场合，但其加工性能改善很大，可以用一般的热塑性塑料加工方法成型。

2. 聚偏氟乙烯

聚偏氟乙烯(PVDF)是一类综合性能优良，用途广泛而且价格适中的热塑性塑料，是含氟高分子中目前发展最快的品种。

(1) PVDF的性能 PVDF介电常数特别高，有独特的介电性能，是较好的绝缘材料。其拉伸强度和冲击强度优良，硬度高且耐磨、耐疲劳、抗蠕变，有较高的耐热性，在-60~150℃范围内长期使用，有较好的耐化学腐蚀性(较高温度下不耐极性溶剂)、耐氧化、耐紫外线、耐高能辐射和耐气候性。在波长200~400nm紫外线下照射一年或在3×10^9伦琴γ射线照射下，性能基本不变，用作高层建筑金属涂层，寿命可达20年以上。

PVDF熔点低，熔体流动性好，在整个含氟高分子材料中，它是加工性能最好的，可以使用通用的树脂加工方法进行加工。

(2) PVDF应用 由于其加工性能优越，可以制成整体的或带衬里的耐腐蚀泵、管子和各种各样的管件、阀门，耐腐蚀的容器、换热器，其织物可作耐腐蚀滤布。

在电子工业中，应用于耐热、防燃、耐切割的电线电缆的包覆层。

PVDF具有优异的耐辐射性能，用于核电站等地方更有其独到之处，其耐紫外线但透光性好，可用于太阳能的反光膜保护层，非常有效。作为涂料使用是"永久耐侯性"材料，用于机场、运动场、桥梁、高层建筑的装饰，可使用几十年，长期使用不需保养。

作为功能材料制成压电薄膜，其压电性能比石英大10倍，但其质轻、耐弯曲，可制成各种传感器，用于包括兵工在内的许多部门。PVDF的共聚膜对气体透过的选择性好，可制成膜分离装置。在人体中不被排异，因此在医用高分子方面可制成人工脏器，如人工肺、人工肾等。

3. 聚三氟氯乙烯

聚三氟氯乙烯(PCTFE)是高结晶性聚合物，结晶度可达85%~90%，晶体熔点为208~210℃，超过此温度出现高弹态，继续加热才变为黏流态，可以用模压、压铸、注塑、挤出等方法加工。

(1) 性能 PCTFE结晶度高，拉伸强度较高，弹性模量、弯曲强度和硬度均较高，而且随结晶程度的增大而增大。PCTFE的制品透明程度较好，几乎不透湿，吸水性极小，透气性也极低，制品即使在水中仍能保持良好的绝缘性能，其基本电性能逊于聚四氟乙烯，但仍然是良好的绝缘材料。

PCTFE熔融温度为212~217℃，加工性能良好，可以用常见方法加工，最有意义的是PCTFE有突出的耐低温性能，在液氮、液氧和液化天然气中不发生脆裂，而且基本保持其机械性能，但它的耐高温性能不如聚四氟乙烯。亦具阻燃性，长期处于260~280℃时会热分解。耐化学药品腐蚀性逊于PTFE，但仍不失为防化学、防腐蚀的优良材料。在大于140℃时，对发烟硫酸、熔化苛性碱、氯磺酸、F_2都不稳定，对于CCl_4、环已烷、环已酮及芳香族溶剂等有机溶剂不稳定，在高温高压下，可被溶解。

(2) 主要应用 聚三氟氯乙烯主要应用于耐低温、耐腐蚀、耐磨的场合，应用于要求表面硬度高的场所以及医疗卫生和低频绝缘等领域。可制成各类耐腐蚀的泵、阀门、管道密封件、垫片等。尤其用于低温场所如液氮、液氧的贮运密封件、球形容器的组件、气门嘴、核能锅炉、核舰艇的关键密封件，空军的液氧救生面罩上的开关和密封件，火箭液体燃料的密封垫料，还被用于紫外线杀菌的医疗器械，接触人体体液的部件和放射性同位素的分离装置的密封零件等。

PCTFE 可在-196～125℃长期使用，PCTFE 的薄膜双面均有可剥离性，可用作环氧树脂、酚醛树脂的脱模材料，用于玻璃钢、复合材料的生产。PCTFE 的密封填料还可在高真空状态下使用。

将 PCTFE 细粉(超细粉)分散于溶剂中即成分散液，喷涂或涂覆于处理过的金属表面，塑料或其他材质表面，加热、干燥、烧结就获得高硬高耐磨涂层。

(3) 偏氟乙烯-三氟氯乙烯共聚树脂　共聚物氟材料 F_{23-19}，其组成是偏氟乙烯与三氟氯乙烯之比为 1∶9，由后一组数字表示，同样还有 F_{23-14}、F_{23-12} 等牌号。

F_{23-19} 性能与 PCTFE 相似，但改进了透明性、加工流动性和耐开裂性，可以在 170℃以下使用，结晶不发生变化，保持良好的机械性能。

F_{23-14} 和 F_{23-12} 性能相似，是一类非结晶聚合物，具有良好的耐腐蚀性、电绝缘性和耐老化性，不燃、透明，有较好的机械强度，与一些材料如金属、木材、陶瓷、纸张等有良好的粘接性。一般用于防腐涂料和保护性涂层，或者作为氟橡胶的填料使用。

4. 聚氟乙烯

聚氟乙烯(PVF)是含氟高分子材料中氟含量最低的一种，但仍然有较好的耐腐蚀性能。

(1) 性能与应用　PVF 拉伸强度高，120℃时为 28MPa，室温时可高达 80～100MPa；PVF 薄膜的耐折性特别好，室温下可耐折 7 万次；但 PVF 的熔点较高而分解温度较低，其熔解温度高达 210℃而通常在 220℃即开始分解，难以用熔融方法加工。这与 PVC 有一定相似之处，PVC 要添加增塑剂，而 PVF 加工要采用特殊的增塑剂或用“潜溶剂”，使 PVF 的最低成膜温度降至熔点以下。

PVF 的主要用途是制薄膜和涂料，涂层与金属、塑料的粘接性特别好，涂层用作高层建筑物的耐侯保护层，用作工厂、仓库、住宅、露天石油化工设备、管道以及飞机、船舰、天窗、太阳能装置等的外层涂料敷层。

(2) PVF 改性　改性主要针对 PVF 的熔点高而分解温度低的缺陷，一般致力于提高其耐热性，提高热稳定性或降低树脂的熔点。

研究有效增塑剂，使加工温度降低。因为在常温下 PVF 对通常的增塑剂容纳有限，高温下易溶入，但到常温下又被渗出。一般只能保持 5%左右，偏苯三酸酯等增塑剂可加到 40 份以上而不渗出。PVF 用 1%～3%的聚乙烯基吡啶共混，可以提高其热稳定性，在 260℃时 30min 内不致分解。

选择优良的“潜溶剂”，将树脂和它混合均匀后，可增加流动性，挤出成薄膜，使树脂颗粒凝结成膜而让潜溶剂挥发，并在潜溶剂挥发之前进行不同程度的双向拉伸，获得各种型号的薄膜，常用的潜溶剂有 DMF(二甲基甲酰胺)等。

5. 四氟乙烯-全氟丙烯共聚物

四氟乙烯-全氟丙烯共聚物(FEP，俗名写成 F_{46})又叫聚全氟乙丙烯，由四氟乙烯和六氟丙烯采用悬浮聚合、乳液聚合、溶液聚合和本体聚合的方式合成，常用的是乳液聚合。以全氟辛酸胺作分散剂，引发剂用过硫酸盐，在 70℃左右引发聚合，不断补加单体，使压力保持为2~7MPa，聚合结束后乳液以机械搅拌凝聚，洗涤→干燥→烘烤(380℃)→挤出造粒，烘烤的目的是使端基稳定。

(1) 主要性能　FEP冲击韧性高，在-268℃仍有较高韧性和强度。许多性能与聚四氟乙烯相似，具有优良的电性能，防水、不粘、润滑，但更易于加工，且具有弹性记忆特性，温度越高，复原程度越大。FEP的耐化学稳定性与PTFE相差不大，有极好的耐气候性，室外寿命可达20年，在100μg/g的臭氧介质中和高能紫外线照射一年仍未发现性能变化，其耐高能辐射性能优于PTFE。

含氟塑料主要品种的一些性能对比如表3-24所示。

表3-24　含氟塑料的性能对比

	PTFE	PFA	ETFE	PVdF	PCTFE	ECTFE	PVF	FEP
密度/(g/cm^3)	2.17	2.14	1.74	1.76	2.15	1.70	1.38	2.15
熔融温度/℃	327	305	270	160~170	215	245	200~210	250~290
最高连续使用温度/℃	260	260	180	150	175	180	110	200
热变形温度(1.86MPa)/℃	55	48	70	90	75	75		50
挤出注塑加工性	差	良	良	优	差~良	良~优	差	良
拉伸强度/MPa	14~35	28~30	32~50	29~52	32~42	32~40	30~40	19~32
弯曲模量/MPa	400	700	1400	1400~1800	1600	1700		600
表面硬度(R)	25	25	50	110	85	95		25
介电常数(1MHz)	2.1	2.1	2.6	7~13	2.7	2.7	8	2.1

(2) FEP的应用　将FEP配成50%的水分散的非离子表面活性剂的体系(F_{46}乳液)，黏度达到$(1\sim1.2)\times10^{-2}$Pa·s(25℃)，即可用于浸渍和喷涂，烧结温度340~380℃，可以在纺织印染中作防粘涂层，也可以作为防腐衬里、设备和管道外涂。一次涂层0.3mm，反复喷涂可达到2mm，每涂一次烧结一次(300~340℃)，最后烧结温度为340~380℃。

利用FEP的弹性记忆性能，可生产热收缩管、热收缩薄膜。FEP的管材可以直接内衬于钢管内，作为石油、化工、轻工防腐材料。在电子电气工业中，主要用作高级耐热导线和电缆的绝缘材料。FEP无毒，生物相容性好，可制成血液低温贮存袋、医用制品和太阳能的透光材料等等。

八、聚酰亚胺

聚酰亚胺是一类工程塑料的统称，链中含有 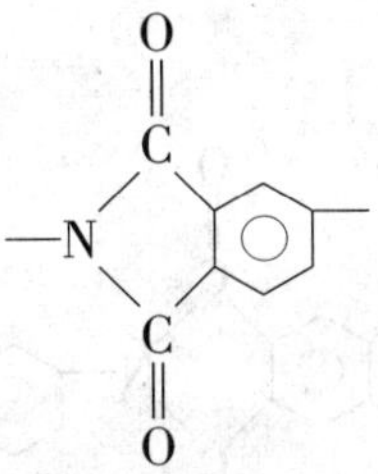 结构形式。

聚酰亚胺是耐热性最高的聚合物，又具有很高的机械性能，优异的电性能和耐辐射等性能。

聚酰亚胺品种较多，结构单元和合成方法不尽相同，有些合成方法尚未公布，举例如下。

1. 聚酰亚胺(Vespel)

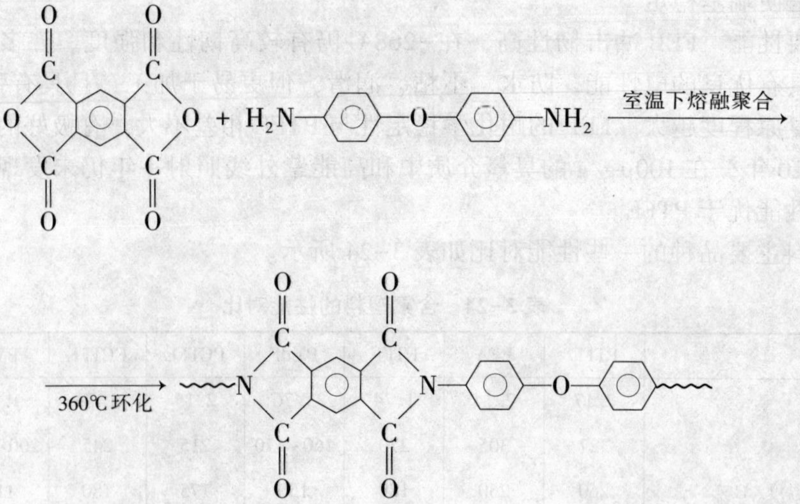

这种聚酰亚胺玻璃化温度为385℃，理论计算熔点为592℃。因它在熔融之初会发生分解，所以不能用熔融加工方法，而用接近于粉末冶金的方法加工。大致是将聚酰亚胺粉末加入模具中，在300℃常压烧结10min再加压维持数分钟，最后到真空炉中加热450℃处理5min，获得的制品可用机械加工方法钻磨车切，制品连续使用温度可达315℃。见表3-25。

表3-25　聚酰亚胺的性能指标

性　能	指　标	性　能	指　标
拉伸强度/MPa	86.2	伸长率/%	7.5
弯曲强度/MPa	110.3	摩擦系数	0.29
压缩强度/MPa	24.8	热变形温度(1.86MPa)/℃	360
冲击强度/(J/m)		体积电阻	$10^{14} \sim 10^{16}$
缺口	42.7	介电强度/(kV/mm)	22.0
无缺口	747	介电损失角正切	0.0036

2. 热塑性聚酰亚胺(Aurum)

结构形式为：

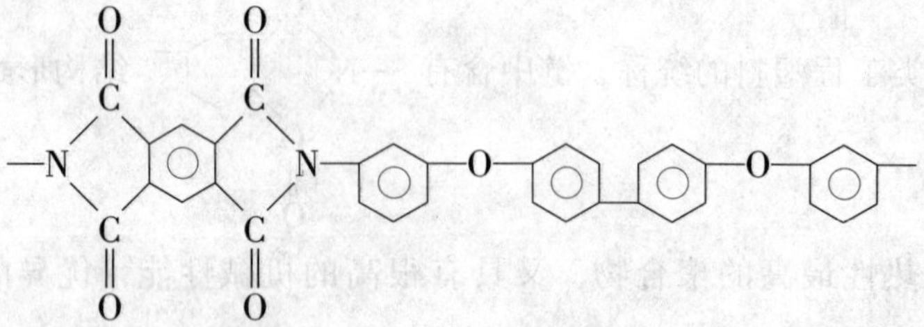

这是目前可用注射成型的热塑性聚酰亚胺中玻璃化温度最高的一种。性能如表3-26所示。

表 3-26　热塑性聚酰亚胺的性能指标

性　能	指　标	性　能	指　标
玻璃化温度/℃	250	拉伸强度/MPa	92
熔点/℃	388	弯曲强度/MPa	137.2
热变形温度/℃	238	伸长率/%	90
连续使用温度/℃	230		

3. 聚醚酰亚胺(YHPI)

这是中科院长春应用化学研究所在 20 世纪 60 年代末开发的热塑性工程塑料。合成工艺路线如下:

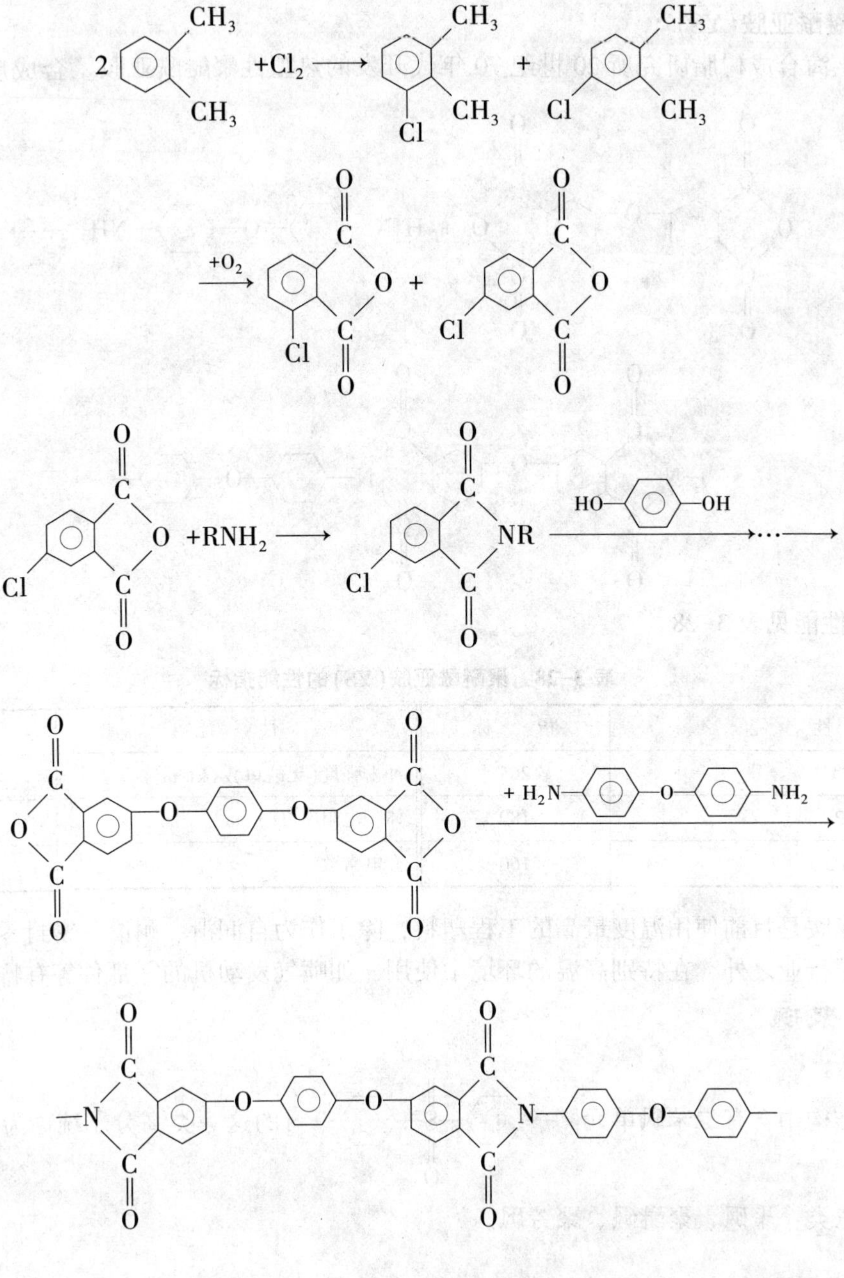

该材料有很高的韧性，有明显的角质感，除模压成型外，还可以挤出、注射成型。性能如表 3-27 所示。

表 3-27　聚醚酰亚胺(YHPI)的性能指标

性　能	指　标	性　能	指　标
密度/(g/cm^3)	1.36	介电常数	3.4
玻璃化温度/℃	232	体积电阻率/Ω·cm	10^{17}
拉伸强度/MPa	110	介电强度/(kV/min)	110
弯曲强度/MPa	166	介电损失角正切	2.1×10^{-4}
冲击强度(无缺口)/(kJ/m^2)	>150		

4. 聚醚酰亚胺(YS)

这是上海合成树脂研究所 20 世纪 70 年代开发的热塑性聚醚酰亚胺。合成反应式为：

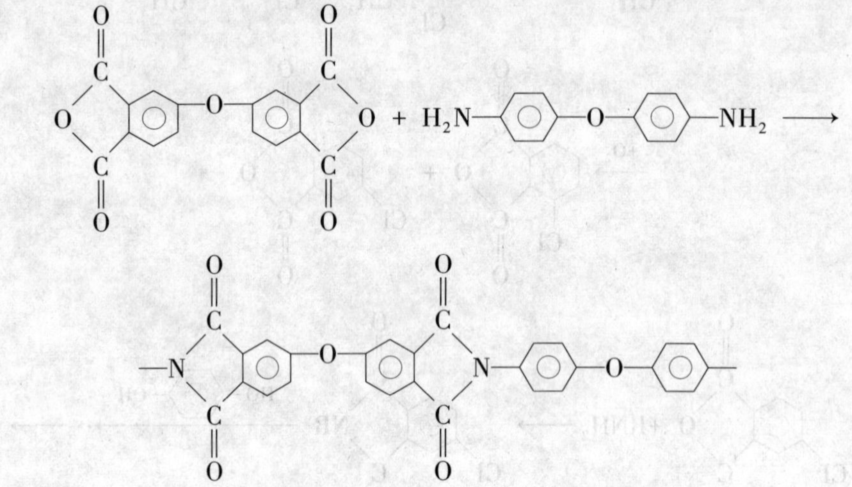

YS 的性能见表 3-28。

表 3-28　聚醚酰亚胺(YS)的性能指标

性　能	指　标	性　能	指　标
玻璃化温度/℃	265	冲击强度(无缺口)/(kJ/m^2)	100
弯曲强度/MPa	180	体积电阻率/Ω·cm	10^{16}
压缩强度/MPa	160	介电常数	3.0~3.5

聚酰亚胺是目前使用温度最高的工程塑料，除了作为自润滑、耐磨、密封零部件用于电子电气机械行业之外，在特别高温的环境中使用，如喷气发动机的零部件等有特殊意义。

九、聚砜

主链结构中含有二苯砜单元[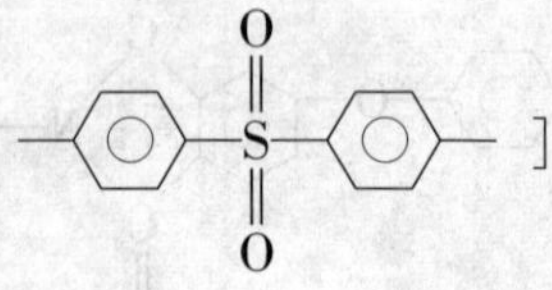]的这一类高分子统称为聚砜。按其结构分为三类：聚砜、聚醚砜、聚芳砜。

第一类：聚砜，又叫老聚砜，简称 PSF。合成反应式如下：

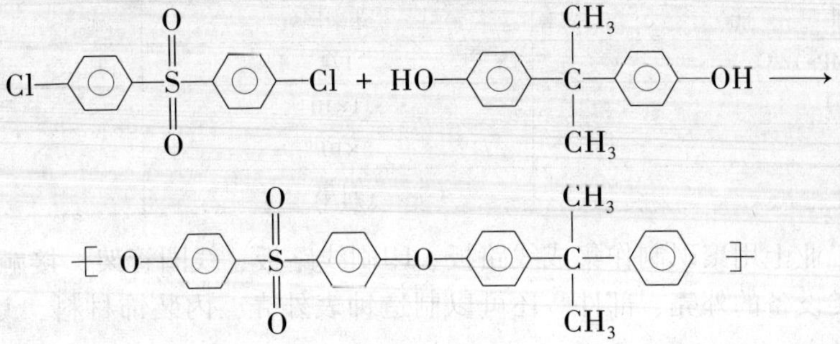

第二类：聚醚砜，简称 PES。合成反应式如下：

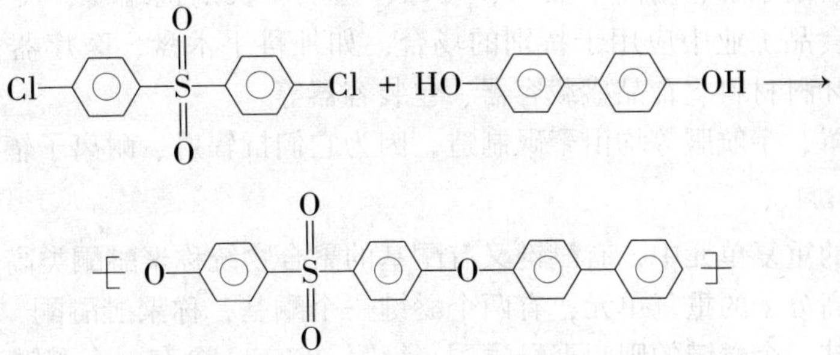

或

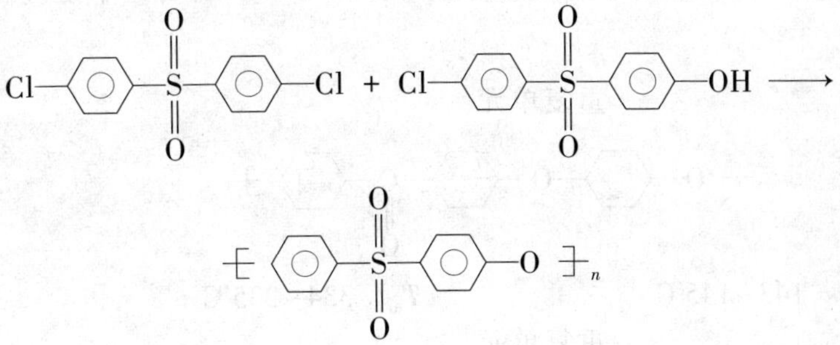

第三类：聚芳砜，简称 PAS。主链上不带醚键，如：

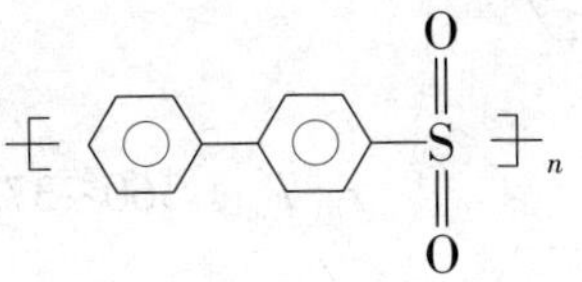

实际上有时把上述三种聚砜统称为聚芳砜，工业上广泛使用的是老聚砜和聚醚砜，其中 2/3 以上是老聚砜(聚砜)即双酚 A 型聚砜。其性能如表 3-29 所示。

表 3-29　老聚砜和聚醚砜的性能

性　　能		老聚砜	聚醚砜
密度/(g/cm^3)		1.24	1.37
吸水率/%		0.62	2.1
拉伸强度/MPa		70	92
弯曲强度/MPa		106	130
悬臂梁冲击强度/(J/m)	缺口	69	78
	无缺口	不断	不断
玻璃化温度/℃		190	220

续表

性　　能	老聚砜	聚醚砜
热变形温度(1.86MPa)/℃	174	195
线膨胀系数/(1/℃)	3.1×10^{-5}	3.1×10^{-5}
体积电阻/Ω·cm	5×10^{16}	$>10^{16}$
耐燃性	自熄	自熄

电子电气工业上用聚砜制作集成线路板、印刷线路板、线圈管架、接触器，在家用电器方面，用作各类设备的外壳、部件。还可以制造钟表外壳，内装饰材料，复印机、照相机、精密零部件。

聚砜耐蒸汽、耐水解、耐高压蒸汽、无毒、透明、长期抗蠕变、尺寸稳定性好，在医学、医疗工业、食品工业中应用于特别的场合，如外科手术盘、医疗器械、心脏阀、起搏器、防毒面具、牙科材料、食品盛载容器、包装容器等。

宇航员的面罩、宇航服等均由聚砜制造，因为它们抗辐射、耐离子辐射。

十、聚醚酮

大分子主链的重复单元中，有醚键又有酮基的聚合物统称聚醚酮类高分子，其中主要是聚醚醚酮，这种高分子的重复单元，有两个醚键一个酮基，称聚醚醚酮，简写 PEEK。以此类推，有两个酮基一个醚键的则叫聚醚酮酮，简写 PEKK；含有一个醚键和酮基的则叫聚醚酮，简写 PEK。

重复单元

PEEK 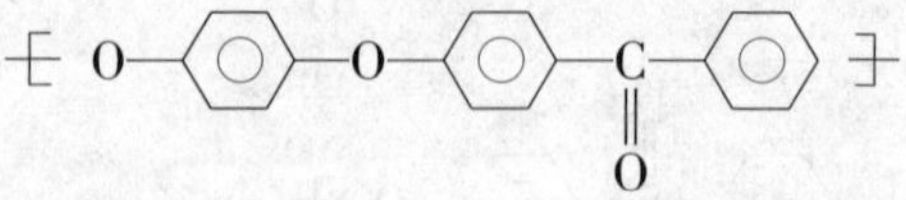

T_g　143~145℃　　T_m　334~335℃

重复单元

PEK 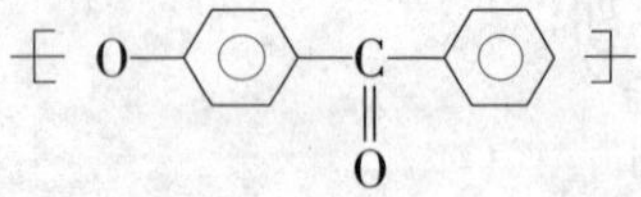

T_g　162~167℃　　T_m　360~373℃

PEKK 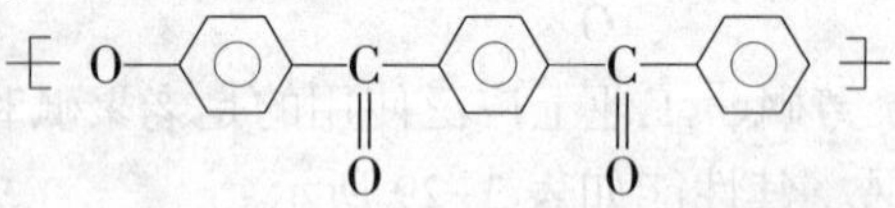

T_g　156℃　　T_m　343℃

PEKEKK 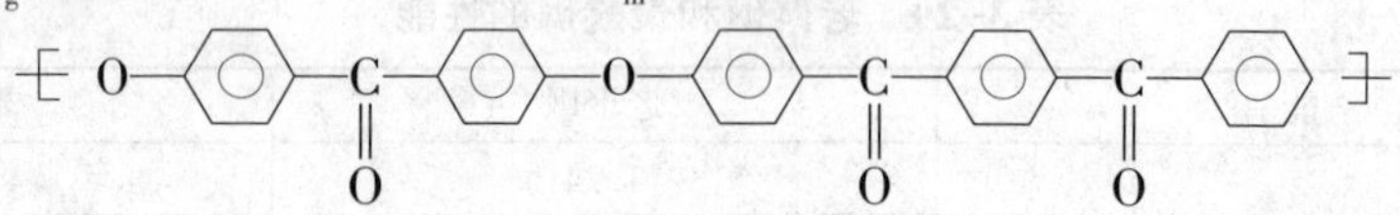

T_g　173℃　　T_m　371℃

聚醚酮类分解温度一般都在 500℃以上，大多为结晶高分子。耐热水性是主要特征之一，即使在 260℃热水中也相当稳定。PEEK 几乎不溶于所有的有机溶剂，对无机酸碱除了浓硫酸和硝酸外，几乎都能耐受。PEEK 经得起 10^9Rad 剂量的 β 和 γ 射线辐射。聚醚醚酮类有很高的耐疲劳和耐磨能力，具有优良的电绝缘性能，电学性能随温度、湿度变化很小，阻燃性好，是制作电子电气机械零部件和用于航天、原子能和宇航领域的良好的工程材料。

十一、聚苯硫醚

大分子主链结构单元为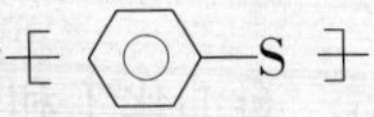，简称 PPS。合成反应式如下：

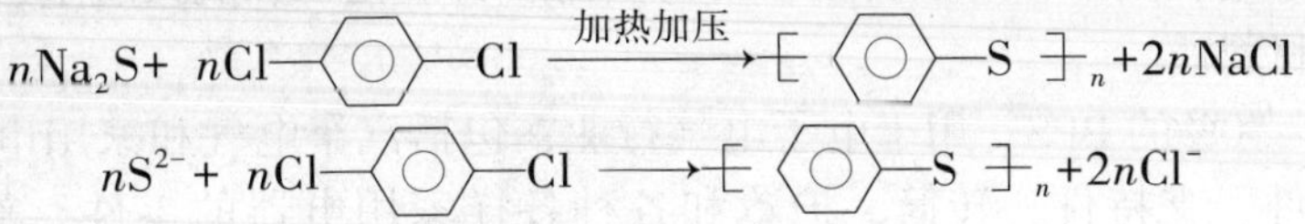

1. 物理机械性能

物理机械性能见表 3-30。

表 3-30　聚苯硫醚的物理机械性能

性　　能		指　　标	性　　能	指　　标
拉伸强度/MPa		85	吸水率/%	0.020
弯曲强度/MPa		142	伸长率/%	27
冲击强度/(J/m)	缺口	18		
	无缺口	951		

PPS 在高温下强度下降很小，强度保持率远大于其他工程塑料。耐磨，摩擦系数小，加入 MoS_2、石墨加工成复合材料后可制作性能极其优异的无油润滑部件，用作不同温度下使用的耐磨耗部件。

2. 热性能

PPS 结晶度有时高达 65%，熔点高达 280~290℃，在空气中分解温度为 430~460℃，热变形温度高达 260℃。在长期使用的热塑性塑料中，其使用温度最高，高达 220~240℃，PPS 的线膨胀系数在工程塑料中最小，阻燃性能在工程塑料中最好，达到 VL 指标最高级别，耐热老化。

3. 耐化学药品和环境介质性能

PPS 在 200℃以下，不溶于任何有机溶剂，可经受除了强氧化性酸之外的各种酸碱盐的侵蚀，在高温下，长期浸泡在化学药品中，仍保持较高的强度。耐蚀性能堪与聚四氟乙烯相伯仲，但其加工性能特别好，远胜于聚四氟乙烯。

PPS 有良好的耐气候、抗辐射性，较大剂量辐射后，其性能基本不变。

此外 PPS 为生理惰性物质，无毒。

4. 电性能

PPS 具有优良的电绝缘性能，主要特性如下表 3-31 所示。

表 3-31　PPS 的电性能指标

性　　能	指　　标	性　　能	指　　标
体积电阻率/Ω·cm	1.6×10^{16}	介电损失角正切	4×10^{-4}
介电常数	3.6	耐电弧性/s	115
介电强度/(kV/mm)	15		

在高温高湿变频条件下，PPS 仍保持优良的电绝缘性能。

5. 共混改性和加工性能

PPS 与许多材料相容性好，可制成各种 PPS 合金，目前已有一系列 PPS 合金商品问世。

PPS可进行涂层加工，可以作塑料、纤维、薄膜，可以用注射挤出模压、烧结压制等方法加工。

6. PPS的应用领域

PPS在电子电气、汽车、机械制品、精密仪器、石油化工和航天航空、宇航军工等许多部门都成为重要材料。

有将近40%~50%的PPS，用于电子电气行业，包括汽车电气和家用电器的各种结构部件、线架、接插件、支持件、转筒、护罩和各种各样家用电器的零件、部件、封装件等，PPS薄膜用于绝缘、电容、磁性记录材料、柔性印刷电路基板等。

有20%左右的PPS用于机械的精密零件制造，有20%左右的PPS用于汽车制造业，如汽车的引擎盖、排气处理部件、点火零件、汽化泵、汽化器、配油器零件、散热器零件、座阀、连接器转动零件、车身外板等。

以PPS制成的涂料、纤维用于化工、制药、石油工业的防腐、涂层和部件，PPS可作防腐蚀内衬或作容器、管道、阀门、耐腐蚀泵体、搅拌器等。

PPS在航天、宇航、军工和核设施中作飞行器内装修和各种零部件，常规武器的零部件和核设施中各种结构、仪表等需要承受高能辐射线的220℃以下使用的各种部件。

PPS还用于纺织、印染、造纸、制革、医疗食品，作各种转动、耐腐蚀、耐磨、耐高温、润滑的零部件，在体育运动器材中，可作重要的结构材料，如球拍球杆等。

十二、热致性液晶

液晶是指在液态时，大分子链的某些部分仍保持或呈现近程有序、远程有序的排列，具有结晶的性质。在溶液中保持有序排列的叫溶致性液晶；在熔融态的某一温度区间，仍保持结晶性质的高分子叫热致性液晶高分子，简称LCP。

LCP液晶树脂具有高强度、高模量的特点，有序结构与分子链方向相同，因此有自增强作用，不加补强剂的LCP材料，就足以与填加玻纤增强的普通工程塑料相匹敌。如果LCP以玻纤、碳纤增强，更使一般工程塑料无法与之比拟。LCP对蠕变可忽略不计，耐热、耐化学药品、耐磨、耐候、耐辐射、阻燃、自熄，是十分难得的特种工程塑料。LCP具有优良的电绝缘性能，而且熔融后，黏度小，流动性好，具有很好的成型加工性能。LCP已经用于微波炉灶容器、印刷电路板、人造卫星的电子部件、喷气发动机的零件，以及其他电子电气部门、汽车制造业。用LCP和其他高分子材料制成合金、机械强度高，可作封装材料、骨架材料和高强度的元件。

第七节　塑料用助剂

塑料用助剂的种类很多，实际应用时要根据工艺和性能的要求来选择助剂的种类、用量、添加方式等等。一般要注意助剂和树脂之间的相容性；助剂的耐久性；助剂对加工条件及制品用途的适应性；助剂的协同作用和对抗作用。

1. 抗氧剂

大多数聚合物都可能与氧发生反应，特别是在加工和使用过程中，由于热、光的作用，氧化反应的速度会更快，最终导致分子链断裂、交联、化学结构发生变化，制品的性能下降。抗氧剂是一类能够延缓或抑制氧化降解的物质。抗氧剂主要用于聚烯烃、ABS、聚苯乙烯、聚氯乙烯等，用于橡胶中习惯称为防老化剂。按照抗氧剂的作用机理可以分为主抗氧剂

(抑制自由基连锁反应)和辅助抗氧剂(分解氢过氧化物)，主抗氧剂主要为受阻酚类和芳香胺类，辅助抗氧剂有亚磷酸酯类、硫代二丙酸酯类和其他含硫的化合物，使用时辅助抗氧剂与主抗氧剂并用。

2. 光稳定剂

户外使用的制品由于波长较短的紫外线辐射作用，会破坏聚合物的化学键，引起自动氧化反应，造成老化降解。光稳定剂是抑制或减弱塑料光降解的一类物质。光稳定剂主要用于聚烯烃、聚氯乙烯、聚氨酯等。按照光稳定剂的作用机理分为光屏蔽剂，如炭黑、钛白、氧化锌；紫外线吸收剂，如二苯甲酮、水杨酸酯、苯并三唑等；淬灭剂，如二价的镍络合物；自由基捕捉剂，如受阻胺类。

3. 热稳定剂

热稳定剂是聚氯乙烯与氯乙烯共聚物的专用助剂，主要用于聚氯乙烯。聚氯乙烯由于结构的不稳定性导致对热比较敏感，在加工过程中容易发生降解，脱出 HCl，发生危害。热稳定剂就是延缓或避免由于热作用引起的对塑料的破坏和进一步的降解的助剂。常用的热稳定剂为铅盐类、脂肪酸金属盐(金属皂)类、有机锡类等主稳定剂和环氧化合物、亚磷酸酯、多元醇等辅助热稳定剂。

4. 增塑剂

增塑剂是一类通过降低聚合物分子之间的作用力，来改进聚合物成型时的流动性和增进制品的柔顺性的助剂。根据与聚合物的相容性可分为主增塑剂和辅助增塑剂。主增塑剂主要品种有邻苯二甲酸酯类，辅助增塑剂有己二酸酯类、癸二酸酯类、磷酸酯类、氯化石蜡等。增塑剂的 80%用于聚氯乙烯中。

5. 阻燃剂

高分子材料大多是比较容易燃烧的，这给使用带来了很多不便。阻止或延缓塑料燃烧的一类物质称为阻燃剂。阻燃剂的作用机理一是隔绝空气，二是阻止自由基的生成，三是利用含水化合物的水分阻止燃烧。阻燃剂分为添加型和反应型两种，添加型阻燃剂能分散在塑料母体中，与塑料不发生化学变化；而反应型阻燃剂则与塑料母体发生聚合或其他反应，成为主体树脂的一种组分。添加型阻燃剂主要有三氧化二锑、氢氧化铝、十溴二苯醚、氯化石蜡(含氯量 70%)、磷酸酯类。

6. 抗静电剂

由于摩擦高分子材料会产生静电，而它又是电的不良导体，电荷不能传导或泄漏，会造成各种各样的静电危害。用来降低塑料制品的电阻，消除静电的助剂称为抗静电剂。抗静电剂分为外用型和内用型两种，应用比较多的是内用型。抗静电剂大部分是表面活性剂，分为阳离子型、阴离子型和非离子型。

7. 冲击改性剂

一些塑料制品如聚氯乙烯，韧性比较差，抗冲击能力弱，因此要加入一类可提高塑料冲击强度的物质，即抗冲击改性剂。抗冲击改性剂的种类主要是丙烯酸酯类共聚物(ACR)、氯化聚乙烯(CPE)、MBS、ABS、EVA 等。目前具有芯壳结构的丙烯酸酯类共聚物作为抗冲击改性剂，综合性能比较好。

8. 偶联剂

为增加塑料与增强剂、无机填料的界面结合力，提高制品力学性能的一类助剂称为偶联剂。偶联剂分子是一类多官能团的物质，它的一端与无机物表面的化学基团反应，形成牢固的化学键合，另一端可与有机物分子反应或发生物理缠绕，从而将两种性质不同的材料牢固的结合起来。常用的偶联剂有硅烷类偶联剂和钛酸酯偶联剂。

9. 润滑剂

能够降低塑料熔体黏度或熔体与加工设备之间摩擦系数的助剂称为润滑剂。按照润滑剂的功能可分为内润滑剂和外润滑剂两大类。内润滑剂主要是降低聚合物分子间的摩擦，通常这类润滑剂与聚合物的化学性质是相容的；外润滑剂的作用主要是减少聚合物和加工设备间的摩擦，通常它与聚合物的相容性不好。其实很多时候内外润滑剂的区分并不是很明显。常用的润滑剂分为金属皂类、脂肪酸及脂肪酸酯类等。

此外，还有着色剂、增强剂、填充剂、防雾剂、增容剂、固化剂、防霉剂、降解剂、发泡剂等等。

第四章　橡　　胶

第一节　概　　述

橡胶一词来源于印第安语 cau-uchu，意为“流泪的树”。天然橡胶就是由三叶橡胶树割胶时流出的胶乳经凝固、干燥后而制得。1770 年，英国化学家 J · 普里斯特利发现橡胶可用来擦去铅笔字迹，当时将这种用途的材料称为 rubber，此词一直沿用至今。

橡胶的分子链可以交联，交联后的橡胶受外力作用发生变形时，具有迅速复原的能力，并具有良好的物理力学性能和化学稳定性。橡胶是橡胶工业的基本原料，广泛用于制造轮胎、胶管、胶带、电缆及其他各种橡胶制品。

人类对橡胶的认识和使用是在不断深化和拓展的。自从固特异 1839 年发明了天然橡胶的硫化技术之后，到 1858 年得到推广，人们使用天然橡胶简直成了一种时尚。1900 年已有种植橡胶出售，其性能超过了天然野生橡胶。因此，有人曾经说人类使用野生天然橡胶为第一代橡胶，而把种植橡胶称为第二代橡胶。

20 世纪从一次大战期间到 30 年代前后，人工合成橡胶纷纷出现，最早有丁钠橡胶和一些共聚橡胶、丁苯橡胶、丁腈橡胶等。50 年代定向聚合催化剂(离子型引发剂)出现之后，合成橡胶走向立体规整化，顺丁橡胶、异戊橡胶等登上了历史舞台，有人称为这是第三代橡胶，即合成橡胶。也有人把这第三代橡胶分为二期，第三代前期为自由基聚合合成橡胶，后期为立体规整(离子聚合)合成橡胶。

由于硫化橡胶能耗较大，有人大体估计大约占整个橡胶加工(混塑炼、成型、硫化等)能耗的 50%~60%，因此，不必硫化而成型成了人们的追求。终于，热塑性弹性体在 50 年代后期被研制成功，以后又出现液体橡胶、粉末橡胶等，有人称这是第四代橡胶。

然而，并不是说由于有了第四代橡胶，第三代或第二代橡胶就全部被废弃，而是橡胶的品种不断被丰富，当然取代掉一部分也是必然的。

1. 橡胶的分类

橡胶按其来源分为天然橡胶和合成橡胶。合成橡胶的品种比较多。

合成橡胶按使用又分为通用橡胶、特种橡胶和其他橡胶三类(如图 4-1 所示)。通用合成橡胶指可以部分或全部代替天然橡胶的，品种性能与天然橡胶相近，广泛用于制造轮胎及其他普通制品。而具有特殊性能的如耐候性、耐热性、耐臭氧性等，用于制造特定条件下使用的橡胶制品为特种合成橡胶。

合成橡胶按大分子主链的化学组成可分为碳链弹性体和杂链弹性体，碳链弹性体包括二烯类橡胶和烯烃类橡胶。

橡胶按外观形态分为块状生胶、乳胶、液体橡胶和粉末橡胶。乳胶为橡胶的胶体状水分散体；液体橡胶为橡胶的低聚物，未硫化前一般为黏稠的液体；粉末橡胶是将乳胶加工成粉末状，以利于配料和加工制作。

橡胶按加工制品的成型方法和过程分为硫化橡胶和热塑性弹性体。

- 合成橡胶
  - 通用橡胶
    - 丁苯橡胶
    - 顺丁橡胶
    - 异戊橡胶
    - 氯丁橡胶
    - 丁基橡胶
    - 丁腈橡胶
    - 乙丙橡胶
  - 特种橡胶
    - 硅橡胶
    - 氟橡胶
    - 聚氨酯橡胶
    - 聚丙烯酸酯橡胶
    - 聚硫橡胶
    - 氯醚橡胶
  - 其他橡胶
    - 热塑性弹性体（如：SBS、SIS、TPO 等）
    - 合成胶乳（如：丁苯、丁腈等）
    - 粉末橡胶（如：丁苯、丁腈）
    - 液体橡胶（如：氯丁、聚丁二烯）

图 4-1　合成橡胶分类及主要品种

2. 橡胶的成型

橡胶的成型基本过程包括塑炼、混炼、压延或挤出、成型和硫化等基本工序，每个工序针对制品有不同的要求，分别配合以若干辅助操作。为了能将各种所需的配合剂加入橡胶中，生胶首先需经过塑炼提高其塑性；然后通过混炼将炭黑及各种橡胶配合剂与橡胶均匀混合成胶料；胶料经过压出制成一定形状坯料；有一些制品还要使其与经过压延挂胶或涂胶的纺织材料（或与金属材料）组合在一起成型为半成品；最后经过硫化又将具有塑性的半成品制成高弹性的最终产品。

3. 橡胶的特征和性能

橡胶是有机高分子弹性体，它的使用温度范围是在玻璃化温度和黏流温度之间，因此作为好的橡胶材料应该在比较宽的温度范围（−50～150℃）内具有优异的弹性。作为橡胶，它的结构具有如下特征：

（1）大分子链具有足够的柔性，玻璃化温度应该比室温低得多。由于这样的要求，作为橡胶用的大分子链内旋转位垒就比较小，分子间作用力比较弱，其内聚能密度小。

（2）在使用条件下不结晶或结晶很小。虽然有些高分子化合物的内聚能密度比较小，如聚乙烯，但是比较容易结晶，就不宜作为橡胶材料。比较理想的情况是在拉伸时可结晶，解除负荷后结晶又熔化。因为结晶部分既起分子间的交联作用，又有利于提高模量和强度，负荷解除后结晶消失，又不影响其弹性的恢复。

（3）无冷流现象。冷流是指在使用过程中出现的分子链间的相对滑动，分子链间的滑动，即室温条件下的蠕变，会使橡胶在负荷下发生永久变形。因此橡胶的大分子链必须交联形成网状结构。

橡胶材料的性能包括弹性、强度、耐热性、耐磨性等。

（1）弹性和强度。这是橡胶材料的主要性能指标。分子链柔顺性越大，橡胶的弹性就越好；分子量越高，弹性和强度越大。橡胶的分子量通常为 $10^5 \sim 10^6$，比塑料和纤维高；交联结构提高了橡胶的弹性和强度，但是交联度过大，交联链间分子量过小，会使强度提高，而使弹性下降；结晶结构提高强度，非晶结构具有弹性，理想的橡胶结构在室温下是非晶态的，而在拉伸时，由于取向形成微晶，利于强度的提高。

(2) 耐热性和耐老化性。橡胶的耐热性主要和分子主链上的化学键的键能有关，含有C—C、C—O、Si—O、C—F键的橡胶具有良好的耐热性，如乙丙橡胶、丙烯酸酯橡胶、硅橡胶、含氟橡胶等。橡胶中弱键的存在会引起老化。

(3)耐寒性。对橡胶而言，当温度低于玻璃化温度，或者由于结晶，会导致橡胶失去弹性，因此降低玻璃化温度和避免结晶，可以提高橡胶材料的耐寒性。一般来说降低分子链的刚性、减少分子链间的作用、提高分子的对称性等都可以降低玻璃化温度，而破坏分子链的规整度，如无规共聚、支化、交联等都可以避免结晶。

(4)化学反应性。橡胶的化学反应性包括两种要求，一种是要求有足够的活性，以便于能够交联，另外是要求在使用过程中活性比较低，不发生化学反应，提高产品的稳定性。

4. 主要合成橡胶的种类

天然橡胶由于受自然条件的限制，产量满足不了使用要求，另外在某些特定方面，性能不如合成橡胶，因此橡胶的发展方向还是以合成橡胶为主。常见的合成橡胶见表4-1。

表4-1 合成橡胶的化学组成及特性

橡胶名称	符号	化学特性
异戊橡胶	IR	双键处容易发生反应，如氧化、硫化等
顺丁橡胶	BR	双键处容易发生反应，如氧化、硫化等
丁苯橡胶	SBR	比天然橡胶对氧稍稳定，耐磨耗
丁腈橡胶	NBR	比天然橡胶对氧稍稳定，且耐烃类油
氯丁橡胶	CR	较天然橡胶对氧稳定，耐臭氧、难燃，可用金属氧化物交联
丁基橡胶	IIR	比天然橡胶对氧稳定性好，气密性好，耐热老化
乙丙橡胶	EPR	相对密度小，耐臭氧
三元乙丙橡胶	EPDM	相对密度小，耐臭氧，用硫磺硫化
硅橡胶	MQ	对氧稳定，用过氧化物交联，电性能优异，耐热性好，耐低温
氟橡胶	FPM	耐热，耐油，耐氧，耐低温
聚丙烯酸酯橡胶	ACM	对氧稳定，耐油，用胺交联
聚硫橡胶	TM	耐油，耐烃类溶剂，可利用末端进行反应，粘接性好
聚氨酯橡胶	UR	耐油，耐磨，耐臭氧，性能特殊，加工方便
氯醚橡胶	CO	对氧稳定，用过氧化物交联

合成橡胶的结构特征是分子量很大，且呈多分散性。柔顺性好，玻璃化温度低，在室温和未拉伸状态下是无定形态。合成橡胶的品种多、门类全、性能优异、应用领域十分广泛，已成为我国工业、农业、国防军工和高科技行业发展中不可缺少的重要材料之一。

合成橡胶的用途比较广。传统的用途制造各种轮胎(包括汽车、飞机、力车、摩托车等)，它所需用的橡胶量大，在我国占橡胶总消费量的一半多。其他用途是制作胶带、胶管、胶鞋、电线电缆、密封制品、织物涂层、防水建材、医用橡胶制品、胶黏剂、乳胶制品(手套、气球、防水衣等)以及儿童玩具、日用杂品和多种机械仪器零部件用的配套制品。

第二节 通用橡胶概述

一、天然橡胶

天然橡胶(NR)主要是由三叶橡胶树的乳胶制得。其成分中91%~94%是橡胶烃，其余为蛋白质、脂肪酸、灰分、糖类等非橡胶物质。天然橡胶是应用最广的通用橡胶。

世界上约有2000种不同的植物可生产类似天然橡胶的聚合物，已从其中500种中得到了不同种类的橡胶，但真正有实用价值的是三叶橡胶树。橡胶树的表面被割开时，树皮内的乳管被割断，胶乳从树上流出。从橡胶树上采集的乳胶，经过稀释后加酸凝固、洗涤，然后压片、干燥、打包，即制得市售的天然橡胶。天然橡胶根据不同的制胶方法可制成烟片、风干胶片、绉片、技术分级橡胶和浓缩橡胶等。

1. 天然橡胶的主要特点

天然橡胶的物理常数见表4-2。

表4-2 天然橡胶的物理常数

项目	生胶	纯胶硫化胶	项目	生胶	纯胶硫化胶
密度/g·cm^{-3}	0.906~0.916	0.920~1.000	折射率(n_D)	1.5191	1.6264
体积膨胀系数/K^{-1}	670×10^{-6}	660×10^{-6}	介电常数(1kHz)	2.37~2.45	2.50~3.00
导热系数/W·m^{-1}·K^{-1}	0.134	0.153	电导率(60s)/S·m^{-1}	2~57	2~100
玻璃化温度/K	201	210	体积弹性模量/MPa	1.94	1.95
熔融温度/K	401		拉伸强度/MPa		17~25
燃烧热/kJ·kg^{-1}	-45	-44.4	断裂伸长率/%	75~77	750~850

从表中可知天然橡胶的特点：

(1) 纯胶硫化胶的拉伸强度为17~25MPa，而炭黑补强硫化胶可达25~35MPa。这是因为天然橡胶是一种结晶性橡胶，在外力的作用下拉伸时可形成结晶，产生自补强作用。

(2) 天然橡胶无一定熔点，加热到130~140℃完全软化，200℃左右开始分解。

(3) 天然橡胶具有高弹性，体积弹性模量比较小，大约为钢铁的三千分之一；而伸长率较大，为钢铁的300倍，最大可达1000%；回弹率在0~100℃范围内可达50%~80%以上。

(4) 天然橡胶加工性能好，易于同填料及配合剂混合，而且可与多数合成橡胶并用。

(5) 天然橡胶具有较高的门尼黏度，在存放过程中增硬，低温存放时容易结晶，在-70℃左右时变成脆性物质。

(6) 天然橡胶为非极性橡胶，在非极性溶剂中膨胀，故耐油、耐溶剂性差。

(7) 天然橡胶因含大量不饱和双键，化学活性高，易于交联和氧化，耐老化性差。

2. 天然橡胶用途

天然橡胶大量用于制造各类轮胎、各种工业橡胶制品(如胶管、胶带等)、日常用品(如胶鞋、雨衣、医疗卫生用品)。

二、丁苯橡胶

丁苯橡胶(SBR)是以丁二烯和苯乙烯为单体共聚反应得到的弹性体共聚物。它的结构式为：

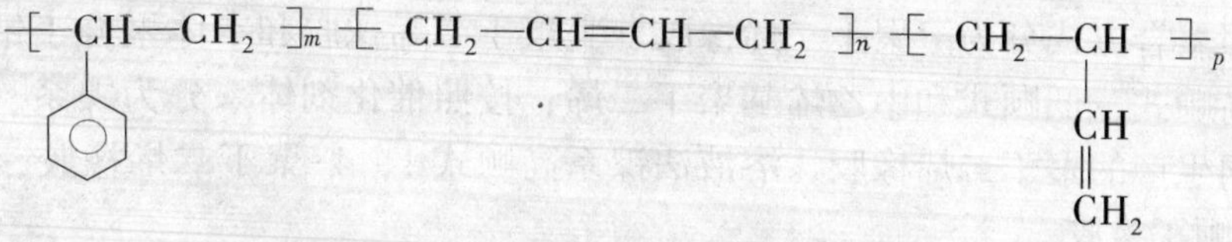

这是一类最早工业化的合成橡胶，属双烯类橡胶，是生产量最大的一类。

一般按照聚合工艺方法分为乳聚丁苯橡胶(E-SBR)和溶聚丁苯橡胶(S-SBR)。几种乳聚丁苯橡胶和溶聚丁苯橡胶的比较见表4-3。

表4-3　几种乳聚丁苯橡胶和溶聚丁苯橡胶的比较

胶种		S-SBR			E-SBR
结构		低乙烯基含量	中乙烯基含量	高乙烯基含量	无规结构
商品牌号		Tufdene 2000R	Solprene 1204	TSR SL-574	1520
生胶特性	苯乙烯含量/%	25	25	15	23.5
	门尼黏度 $ML_{1+4}^{100℃}$	45	56	64	52
	分子量分布	窄	双峰	双峰	宽
	玻璃化温度 T_g/℃	-70	-64	-55	-52~-57
硫化胶物性	门尼黏度 $ML_{1+4}^{100℃}$	60	59	64	53
	300%定伸强度/MPa	9.51	8.73	10.1~11.5	9.81
	拉伸强度/MPa	23.14	23.73	13.6~15.9	24.32
	扯断伸长率/%	580	590	340~404	540
	永久变形/%	4	4	7	6
	回弹率/%	57	55	50	53
	邵氏硬度A	60	65	65	60

乳聚丁苯橡胶是丁二烯和苯乙烯两种单体，通过乳液聚合反应制得的共聚橡胶。工业生产方法有高温聚合(又称热法)和低温聚合(冷法)。高温聚合得到的产品分子量低，支化度大，分子量分布宽，质量不如低温法聚合产品，生产量只占20%；低温法聚合的产品，是一种新法聚合的产物，物性要比高温共聚的橡胶好。溶聚丁苯橡胶是丁二烯和苯乙烯两种单体，通过溶液聚合反应制得的共聚橡胶。此外还可按照充油改性又分为充油、充炭黑、充树脂丁苯胶等。

1. 丁苯橡胶的性能

丁苯橡胶在耐磨性、耐热性、耐油性、耐老化性等方面均比天然橡胶好，硫化时不容易烧焦和过硫，与天然橡胶、顺丁橡胶的混容性好。缺点是弹性、耐寒性、耐撕裂性和黏着性比天然橡胶差，但是可以通过与天然橡胶的并用或调整配方得到改善。因此丁苯橡胶至今还是应用量最大的通用合成橡胶，可以部分或全部取代天然橡胶。由于其双键比天然橡胶少，硫化速度慢。

2. 丁苯橡胶用途

乳聚丁苯橡胶可与天然橡胶、顺丁橡胶混用，适用于制作各种轮胎、胶管、胶带、胶鞋、胶辊、电线电缆和橡胶制品。溶聚丁苯橡胶特别适用于轮胎、耐热运输带、皮带、刮水板、窗框密封和散热器软管、日常用橡胶制品等。

三、顺丁橡胶

顺丁橡胶(BR)是聚丁二烯橡胶中的一种。

聚丁二烯橡胶是以1,3-丁二烯为单体聚合而成的一类通用合成橡胶。聚丁二烯橡胶的分类很多。按照聚合方式分为溶聚丁二烯橡胶、乳聚丁二烯橡胶和本体聚合丁钠橡胶；按照分子结构分为高顺式、低顺式和中乙烯基聚丁二烯；按照催化剂体系分为镍系、钴系、钛系和稀土系。我国生产的聚丁二烯橡胶，溶液法镍系高顺式 1，4-聚丁二烯橡胶，国际通用代号为 BR，简称顺丁橡胶。

1. 顺丁橡胶的性能

顺丁橡胶同天然橡胶及丁苯橡胶相比，主要优点是弹性高，是橡胶中弹性最高的；耐低温性能好，其玻璃化温度-105℃，是通用橡胶中最好的；此外是耐磨性优异，动负荷下生热低，耐屈挠龟裂性能好，适用于制造汽车轮胎及耐寒橡胶制品。其主要缺点是生胶的冷流倾向大，加工性能差，撕裂强度和拉伸强度较低，抗湿滑性不好，但可通过与其他橡胶并用等方法来弥补。

2. 顺丁橡胶的用途

顺丁橡胶主要制造各种轮胎，在用于轮胎胎面、胎侧胶时可显著改善轮胎的耐磨性、耐屈挠龟裂性能，提高轮胎的使用寿命。顺丁橡胶还可以制造胶管、运输管、胶板、胶鞋、胶辊、文体用品及其他橡胶制品。也可作为合成树脂的增韧补强改性剂，如用来生产高抗冲聚苯乙烯(HIPS)以提高其冲击强度、耐候性和耐热性，并改善耐低温性能和耐应力开裂性能。

四、异戊橡胶

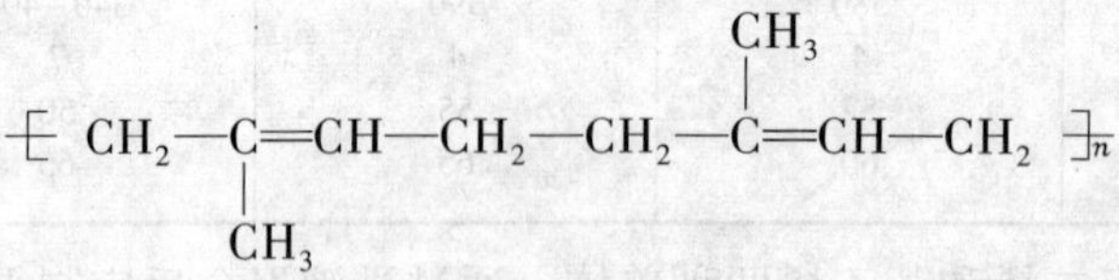

异戊橡胶(IR)是顺式 1,4-聚异戊橡胶的简称，它是由异戊二烯单体在定向催化剂的作用下，经溶液聚合方法制得的弹性体均聚物。它的分子结构和性能与天然橡胶相近，因此也称合成天然橡胶。表 4-4 为异戊橡胶和天然橡胶的比较。

异戊橡胶可以按照顺式 1,4-结构含量、催化剂体系、门尼黏度、是否充油来分类。从表 4-4 看到，钛系胶与天然橡胶更接近。

1. 异戊橡胶的性能

异戊橡胶是一种综合性能最好的通用合成橡胶，具有优良的弹性、耐磨性、耐热性、抗撕裂及低温屈挠性。与天然橡胶比，又具有生热小、抗龟裂的特点，且吸水性小、电性能及耐老化性能好。缺点是硫化速度比天然橡胶慢，炼胶时容易粘辊，成型黏度大，价格高。

表 4-4　各类异戊橡胶与天然橡胶性能比较

胶　种		天然橡胶	异戊橡胶		
			钛系胶	稀土胶	锂系胶
生胶特性	顺式-1,4-结构含量/%	98	96~98	95	92
	特性黏度/(dL/g)	6~9	3.5~6.0	4.0~8.0	6.5
	生胶门尼黏度 $ML_{1+4}^{100℃}$	90~100	80~90	40~70	60~70
	挥发分/%	1.0	0.12~0.13	0.1~0.15	0.1
	灰分/%	0.15~1.5	0.2~0.6	0.1~0.3	0.1
	玻璃化温度 T_g/℃	-72	-72~-70	-59	-70~-68

续表

胶种		天然橡胶	异戊橡胶		
			钛系胶	稀土胶	锂系胶
硫化胶性能	拉伸强度/MPa	25~30	25~30	24~28	20~26
	300%定伸强度/MPa	7~7.2	6~7	5~6	5~7
	扯断伸长率/%	800~850	850~900	700~800	600~700

2. 异戊橡胶的用途

异戊橡胶可以在除要求极为严格的航空或重型轮胎的生产外的一切领域代替天然橡胶，且在耐磨性能、耐寒性能方面优于天然橡胶。此外还可以用于制造帘布胶、输送带、胶管、海绵、胶黏剂、电线电缆、机械制品、医疗用具、胶鞋等。

异戊橡胶有两个主要品种，一个是充油异戊橡胶，成本低，流动性好，适用于复杂的模型制品；另一个是反式异戊橡胶，也称合成的巴拉塔橡胶，常温下是结晶状态，具有高的拉伸强度和硬度，可以制作高尔夫球皮层，做海底电缆、电线、医用夹板等。

五、氯丁橡胶

氯丁橡胶(CR)是2-氯-1，3-丁二烯聚合而成的一种高分子弹性体，其结构式：

$$\left[CH_2-\underset{\underset{\displaystyle Cl}{|}}{C}=CH-CH_2 \right]_n$$

氯丁橡胶的品种牌号是合成橡胶中最多的一个。可以按照外观形态分为干胶、胶乳和液体胶；按照制造工艺中采用的分子量调节剂，分为硫磺调节型、非硫磺调节型、混合调节型；按照用途分为通用型、专用型，专用型氯丁橡胶是指用作胶黏剂及其他特殊用途的氯丁橡胶。

1. 氯丁橡胶的性能

氯丁橡胶的综合性能比较好。其优良的物理机械性能、拉伸强度和天然橡胶相似；由于氯丁橡胶分子链含有极性氯原子基团，能够保护双链使活性减弱，使聚合物对非极性物质有很大的稳定性，因此氯丁橡胶在耐光、耐热、耐老化、耐油、耐化学腐蚀性优于天然橡胶，尤其是耐燃性更是突出，可以算是通用橡胶中最好的；另外氯丁橡胶是结晶橡胶，有自补强性、生胶强度高、良好的黏着性、耐水性、气密性。氯丁橡胶的缺点主要是电绝缘性差、耐寒性能差、容易早期硫化及储存期短。

2. 氯丁橡胶的用途

氯丁橡胶主要制作电缆护套、耐油胶管、胶板、运输带、胶皮水坝、各种密封圈垫以及化工设备防腐衬里、鞋类胶黏剂等。

六、乙丙橡胶

乙丙橡胶(EPR)是以乙烯和丙烯为单体，在齐格勒-纳塔催化剂存在下，采用溶液聚合法制得的高分子弹性体。由于乙丙橡胶的分子链段的序列组成属于聚合的亚甲基型结构，因此可分为二元乙丙橡胶(EPM)和三元乙丙橡胶(EPDM)两大类。二元乙丙橡胶只用乙烯和丙烯两种单体共聚，而三元乙丙橡胶还要加入第三单体，即二烯烃类。每类中按照乙烯(或丙烯)的结合量、第三单体的结合量(或按碘值)及门尼黏度不同，又分为多种牌号。表4-5为乙丙橡胶的性能和特性。

表 4-5　乙丙橡胶性能指标

牌号 指标	二元乙丙橡胶				三元乙丙橡胶				
	P-0180	P-0280	P-0480	P-0680	0045	1035	1045	1070	1071
外　观	无色或白色	无色或白色	无色或白色	无色或白色	白色	白色	白色	白色	白色
乙烯结合量/%	74	74	74	74	48	58.5	58.5	57.5	59.5
挥发分/%	<0.6	<0.6	<0.6	<0.6	<0.75	<0.75	<0.75	<0.75	<0.75
灰分/%	<0.1	<0.1	<0.1	<0.1	<0.1	<0.1	<0.1	<0.1	<0.1
钒含量/$\times10^{-6}$	<3	<3	<3	<3	<15	<15	<15	<15	<15
相对密度	0.87	0.87	0.87	0.87	0.86	0.87	0.87	0.87	0.87
二烯烃结合量/%						5.3~7.4	5.3~7.4	4.2~6.3	4.7~6.8
碘　值						12	12	12	10
熔体流动速率/(g/10min)(230℃)	6.8~11.0	4.0~6.8	1.4~3.0	0.5~1.4					
门尼黏度 $ML_{1+4}^{100℃}$					35~45	25~35	33~43	60~74	60~74
特　性	流动性最好	流动性较好,强度较高	流动性较好,强度较高	强度高	加工性能良好	挤出性能良好	挤出性能良好	物理性能良好	加工性能良好

1. 乙丙橡胶的性能

乙丙橡胶基本上是一种饱和橡胶，其耐老化性能是通用橡胶中最好的一种。其具有突出的耐臭氧性能，优于以耐老化而著称的丁基橡胶；耐热性好，可在120℃下长期使用；具有较高的弹性和低温性能，仅次于天然橡胶和顺丁橡胶，最低使用温度-50℃以下；具有非常好的电绝缘性和耐电晕性；耐化学腐蚀性好，对酸、碱和极性溶剂有较大的抗耐性；另外，还具有较好的耐蒸汽性、低密度(860~870kg/m^3，是所有橡胶中最低的)和高的填充性。乙丙橡胶的缺点是硫化速度慢、不易与不饱和橡胶并用，自粘性和互粘性差，耐燃性、耐油性、气密性差。

2. 乙丙橡胶的用途

乙丙橡胶主要用于汽车零件、电器制品、建筑材料、橡胶工业制品及家庭用品。如：汽车轮胎胎侧、内胎、散热器胶管、电缆绝缘材料、防水材料、耐热运输带、橡胶辊、耐酸碱介质的罐衬里材料、冰箱用磁性橡胶等。

七、丁基橡胶

丁基橡胶(IIR)是异丁烯和少量异戊二烯的共聚物。外观为白色或暗灰色透明弹性体，它的结构式：

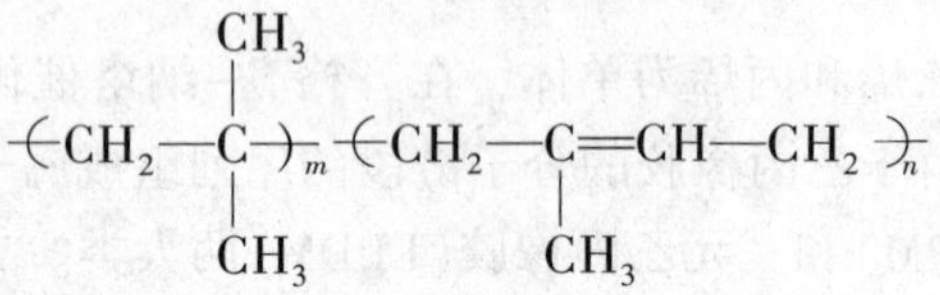

丁基橡胶中一个比较重要的品种是卤化丁基橡胶，包括氯化丁基橡胶(CIIR)和溴化丁基橡胶(BrIIR)。

1. 丁基橡胶的性能

丁基橡胶分子链中侧甲基的密集排列限制了聚合物分子的热运动，因此具有优异的气密性，是橡胶中最好的，气透率为天然橡胶的1/20，顺丁橡胶的1/30；它的耐热性、耐候性和耐臭氧老化性也很突出，最高使用温度可以达到200℃，能长时间暴露于阳光和空气中而不易损坏，抗臭氧性比天然橡胶和丁苯橡胶等不饱和橡胶约高10倍；耐化学腐蚀性好；电绝缘性和耐电晕性比一般合成橡胶好；耐水性能优异，水渗透率极低；减震性能好，在-30~50℃具有良好的减震性能，在玻璃化温度(-73℃)时仍具有屈挠性。丁基橡胶的缺点：普通的丁基橡胶硫化速度慢，需要高温或长时间的硫化且弹性、强度、黏着性、耐磨性、与其他橡胶的相容性较差。但是卤化丁基橡胶的性能比通用型好，除了具有通用型的优点外，还具有硫化速度快，与天然橡胶、丁苯橡胶的相容性和黏着性有改善，可以单独用氧化锌硫化，耐热性更好。

2. 丁基橡胶的用途

通用型丁基橡胶主要用于制造轮胎内胎、硫化水胎和胶囊、耐热胶管、输送带、减震抗震材料、电线电缆。不含防老剂的品种可以用作医用瓶塞、球胆和口香糖胶料。卤化丁基橡胶比较适合制作无内胎轮胎的密封层、耐热软管、运输带、耐热内胎、贮槽防腐内衬和胶黏剂等。

八、丁腈橡胶

丁腈橡胶(NBR)是由单体丁二烯和丙烯腈，在一定配料比及乳化剂等助剂存在和自由基引发下，经乳液共聚反应而生成的弹性体共聚物，国际通用代号NBR。

$$\left[CH_2-CH=CH-CH_2 \right]_m \left[CH_2-\underset{\underset{CN}{|}}{CH} \right]_n$$

丁腈橡胶的品种可以根据丙烯腈的含量和门尼黏度不同来划分。按照结合的丙烯腈含量分为5个品种：含量为42%~50%的为极高腈型，含量为36%~41%的为高腈型，含量为31%~35%的为中高腈型，含量为25%~30%的为中腈型，含量为18%~24%的为低腈型；按照丁腈橡胶的门尼黏度分为3个品种：门尼黏度($ML_{1+4}^{100℃}$)为80以上的称为高门尼黏度，60左右的为中门尼黏度，45以下的为低门尼黏度；按照丁腈橡胶的外观物理形态分为块状、片状、粉状、颗粒状、液态等；按照加工性能分为通用型、易加工型、交联型、羧基丁腈型、聚氯乙烯改进型、助剂型、并用型、聚稳丁腈橡胶等；按照是否填加防老剂分为污染型、非污染型。

1. 丁腈橡胶的性能

丁腈橡胶的特点是耐油，是一种耐油的橡胶，因有极性氰基存在，所以对非极性或弱极性的脂肪烃、动植物油、液体燃料和溶剂等有较高的稳定性，而芳烃溶剂、酮、酯等极性物质则对其有溶胀作用。丙烯腈含量越高的丁腈橡胶，其耐油性越好，同时耐热性和气密性也有所提高。丁腈橡胶的耐热性能优于天然橡胶、丁苯橡胶和氯丁橡胶，可在空气中120℃下长期使用，若隔绝空气则可在160℃下使用。丁腈橡胶的气密性较好，仅次于丁基橡胶。丁腈橡胶由于含有易被电场极化的氰基，因而降低了介电性能，属于半导体橡胶。

2. 丁腈橡胶主要用途

丁腈橡胶主要用于制作耐油、耐溶剂的橡胶制品，广泛用于模制品、压出制品、海绵制品、石棉制品、工业胶辊、设备衬里、纺织胶圈、耐油胶鞋、手套、电线电缆、胶布、胶黏剂、增塑剂以及建筑材料等。

第三节　特种合成橡胶

特种橡胶指具有特殊性能，可满足耐热、耐寒、耐油、耐溶剂、耐化学腐蚀、耐辐射等特殊使用要求的橡胶。它的含义是相对于通用合成橡胶的，但是随着合成橡胶的加工工业的发展，两者也没有明显的界限。例如氯丁橡胶、丁腈橡胶、丁基橡胶在最初被公认为特种橡胶，而聚氨酯橡胶、醇烯橡胶的性能和用途属于通用橡胶的范畴，但因为生产工艺和所用催化剂的特性，又被列入特种橡胶的范畴。总之特种橡胶和通用橡胶相比，除满足上述性能外还具有以下特征：产品种类与牌号多；生产厂家多而规模偏小；所用原料多样；生产过程复杂。

一、硅橡胶

1. 概述

硅橡胶通常是一些线型聚硅氧烷，它们的分子量又足够大，大到 15 万以上。在室温下未硫化的生胶大多数有一定的黏流性，硫化后变成具有网状或梯状结构的弹性体。

硅橡胶同其他聚硅氧烷一样，有着有机硅的独特性能，耐高温、低温、耐臭氧、耐候、抗电弧、憎水、高绝缘、高透气性及一定的生理惰性等。

硅橡胶的结构形式与硅油相似，以硅氧链为线型主骨架，侧基通常是甲基，间或有其他基团，如乙基、苯基、乙烯基或特殊基团等，使得硅橡胶具有特别的性能。按照硫化的温度来分类，有下列分类方式：

- 高温硫化硅橡胶（HTV）
  - 液体硅橡胶
    - 单组分
    - 双组分
  - 混炼胶
- 室温硫化硅橡胶（RTV）
  - 双组分
    - 脱醇
    - 脱水
    - 脱氢
    - 其他
  - 单组分
    - 脱醋酸型
    - 脱醇型
    - 脱丙酮
    - 脱胺型
    - 其他

合成有机硅生胶的单体，一般要求纯度高，有时要求达 99.99% 或 99.98% 以上，属于高聚合级的纯度。二甲基二氯硅烷都是经过水解、裂解生成环体，再将环体加以提纯。其他单体一般也是精制为环体，进行离子型聚合，以保证聚合物有足够的分子量。

2. 高温硫化硅橡胶（HTV）

HTV 一般是分子量为 40 万至 80 万的高聚合度聚硅氧烷，加入补强剂和各种添加剂进行混炼，添加剂包括填料、硫化剂（一般有的生胶不用过氧化物）、结构控制剂、改性剂等，然后混炼胶在模具中以 5MPa 左右的压力，在 120～130℃ 的高温下进行加热成型硫化 10～30min，脱模后的制品再在烘箱中 200～250℃ 下二次硫化 24h。所以这类生胶称高温硫化硅橡胶。

硅橡胶的补强剂是白炭黑(SiO_2)，按生产方式又分为气相白炭黑、沉淀白炭黑和其他形式的白炭黑三种，每类又可依平均粒经分为若干牌号。硅橡胶生胶强度很差，加入适当数量的白炭黑补强，可使其强度提高10倍以上。根据侧基基团的不同，可以得到不同用途的橡胶。划分HTV的方法一般按用途和性能分，如通用型、低压缩永久变形型、低收缩型、阻燃型、耐溶剂型、高温型等等，但作为生胶的生产系统，一般都习惯按侧基成分来称呼它们。

1) 二甲基硅橡胶

它的结构全同于201硅油，只是分子量高达35万~65万，结构式为：

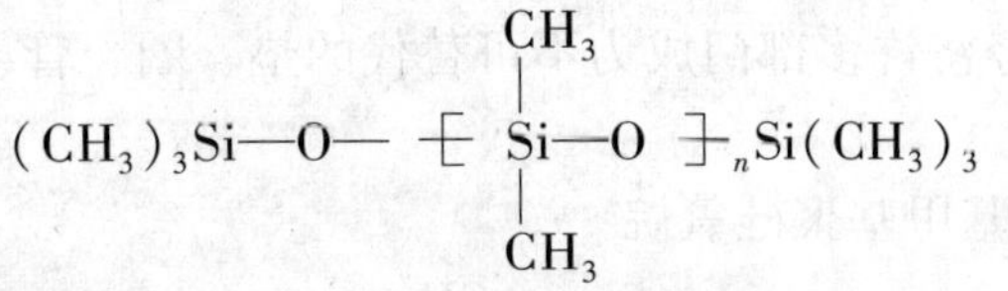

用过氧化二苯甲酰、氧化锌、白炭黑制成混炼胶，在一段硫化、二段硫化后，可在-60~200℃范围内保持良好的橡皮特性，主要用于织物涂覆和制成不太厚的橡胶制品。

2) 甲基乙烯基硅橡胶

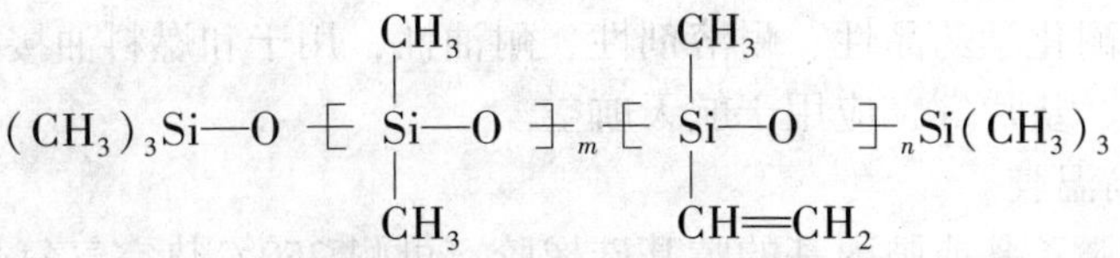

中国的商品牌号有110-1、110-2、110-3，人们把这种橡胶俗称为HTV，又称高温硅橡胶。这种产品在HTV中占的比重很大，广为人知。实际上，甲基乙烯基硅橡胶也是所有硅橡胶中的主要品种。因为分子链的侧基上有双键基团，可以在过氧化物的作用下方便地硫化。一般加入橡胶量的40%的SiO_2和1%~2%的叔丁基过氧化物制成普通型的混炼胶，在5MPa、130℃下，硫化30min，再在烘箱中150℃下二次硫化，硫化1h，升至200℃，硫化6h。

110硅橡胶一般使用温度可达-60至260℃，压缩永久变形小，耐蒸汽，耐寒，适用范围广。在航空航天、电子电器、高绝缘、耐高温场合作密封材料和封装保护层等。

以甲基乙烯基硅橡胶为基础，可以加工或改性为许多特殊用途的制品，如富氧膜、耐热导电胶、不需二次硫化的硅橡胶、阻燃胶、高抗撕硅橡胶、高强度橡胶等。用这种胶制成医用硅橡胶，其制品对人体无毒，生理反应小，可制成心瓣膜、血管和医疗器械，诸如各种导管、膜，还应用于日用制品如奶嘴、压力锅垫等等。

3) 甲基苯基乙烯基硅橡胶

在甲基乙烯基硅橡胶类似的主链上，有甲基苯基硅氧烷链节或者具有二苯基硅氧烷链节的硅橡胶，其结构示意为：

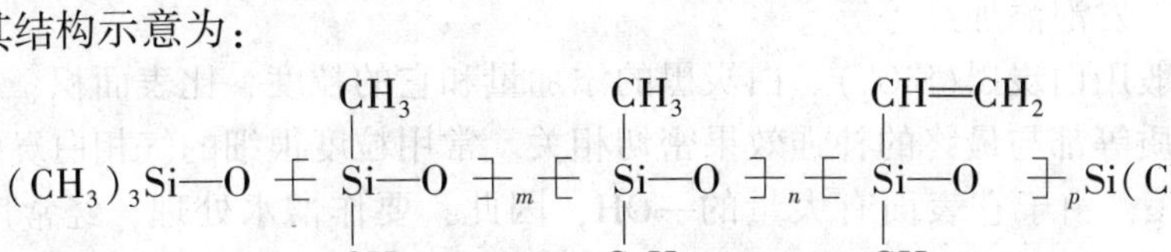

或

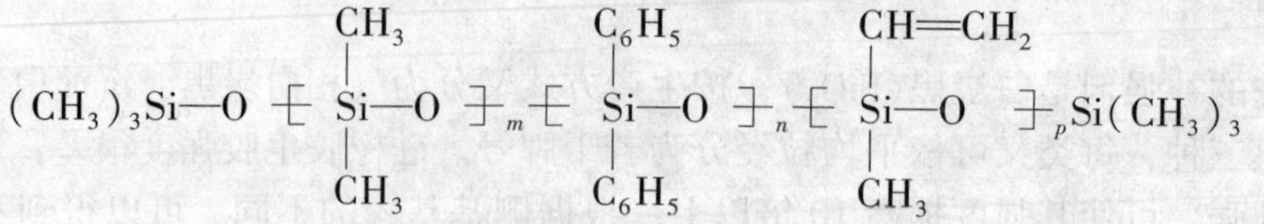

后一种又可以叫甲基双苯基乙烯基硅橡胶。

国内商品代号有 120、121 等，这种硅橡胶除了具有甲基乙烯基硅橡胶的优点之外，由于引进了苯基，大大降低了硅橡胶的结晶温度，具有更卓越的耐寒性和耐烧蚀、抗辐射性能。分子链中苯基含量为 5%～10%的称低苯基高温胶，有很好的耐低温性能，在-100℃尚能保持橡皮特性，而含苯基在 20%～40%的则称中苯基高温胶，有明显的耐烧蚀、耐燃性能，可以自熄。要是苯基含量达到 40%～50%时，就是高苯基胶，具有优异的耐辐射性能。因而在航空航天和国民经济许多部门成为不可替代的垫、圈、管、板、棒和密封材料。

4）氟硅橡胶

一般常指 γ-三氟丙基甲基聚硅氧烷

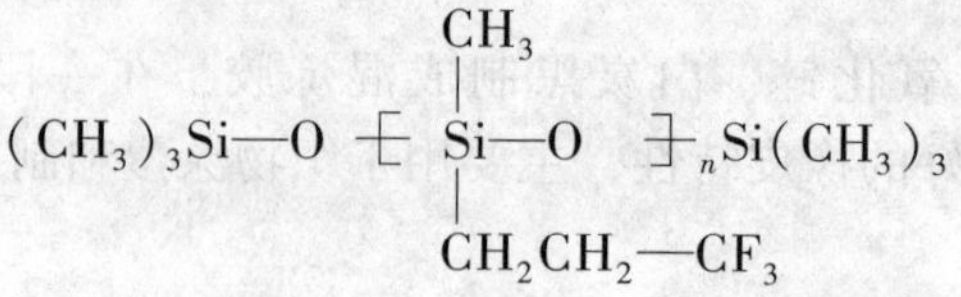

它具有优良的耐化学药品性、耐溶剂性、耐油性，用于和燃料油接触的管道、阀门、密封圈、燃料箱衬里、垫片等，应用于航天航空。

5）其他特殊高温胶

在侧基中含有腈乙基或腈丙基的腈基硅橡胶，可耐 250℃热空气氧化，可作为耐油橡胶用于-60℃至 180℃的温度范围内。

在甲基苯基乙烯基硅橡胶的骨架基础上，引入硅亚苯基链节，如

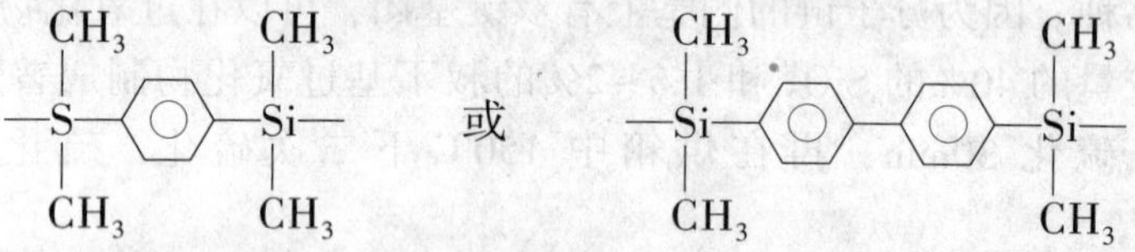

合成的亚苯基硅橡胶，具有更优良的耐辐射性能，是高苯基高温硅橡胶的 5～10 倍，在 γ-射线 2.58×10^{5}C/kg 或中子 10^{18} 通量辐照下，硫化胶能够弯 180°，还有弹性。使用温度-25～250℃，用于原子能反应堆作为护套护缆、垫圈垫片和热收缩管等。

此外，还有硅氮橡胶、乙基高温胶以及各种橡胶的拼混物。其中含乙烯基的硅橡胶与填料补强剂、结构控制剂作为一组分，和含氢的聚硅氧烷、催化剂等混炼成双组分的加成型混炼胶。

3. 混炼胶

混炼胶一般由生胶、硫化剂、结构控制剂、补强填料和各种添加剂组成，根据不同的使用场合添加料有一般填料、颜料、增塑剂、内脱模剂、硫化促进剂、防焦烧剂、耐热添加剂、阻燃添加剂、发泡添加剂等等。

补强填料一般用白炭黑(SiO_2)。白炭黑的添加量和它的粒度、比表面积、表面的化学成分及表面浸润性质等都与最终的补强效果密切相关。常用粒度很细的气相白炭黑，其比表面积一般为 $100m^2/g$，由于它表面有大量的—OH，因此，要作憎水处理，经常用有机硅或醇类(结构控制剂)来浸润处理。

结构控制剂可以有效防止胶料在贮存中逐渐交联、流动性和可塑性越来越差的弊端，常

用的结构控制剂是一些二羟基化合物，如 α，ω-羟基聚二甲基硅氧烷(羟基硅油)以及二烷氧基硅烷等。

加工的混炼胶可以根据不同的成型方法和性能，取用不同的生胶，改变添加剂种类和配比，可以混炼出许多品种牌号的混炼胶，如用于模塑成型硫化的，挤出成型的，高强度的，耐疲劳的，高抗撕的，低压缩永久变形的，导电制品用的，辊筒用的，导热制品用的，阻燃的，医用的，耐高温的，耐低温的，耐油的，耐水蒸气的，耐溶剂的，不用二段硫化的，可以发泡的，热收缩的，自润滑的，自粘结的等各类品种。

4. 室温硫化硅橡胶(RTV)

室温硫化硅橡胶实际上指室温硫化的(RTV)硅橡胶和低温硫化的(LTV)硅橡胶(稍许加热硫化)，一般分子量较低，上万或几万。在室温下，生胶是流动的液体，加工成混炼胶后，通常也是可以流动的黏滞态橡胶或膏状物。室温硫化一般借助于交联剂与硅橡胶体系中的端基反应，因此 RTV 生胶又被称为 α，ω-遥爪硅橡胶，或叫活性液体硅橡胶。根据硫化机理分为加成型和缩合型两种，大致分类如下所示：

- 室温硫化硅橡胶
  - 加成型硅橡胶
    - 双组分(RTV 和 LTV)
    - 单组分(LTV)
  - 缩合型硅橡胶
    - 单组分
      - 脱乙酸型
      - 脱脂肪型
      - 脱醇型
      - 脱酮型
      - 脱酰胺型
      - 脱羟胺型
    - 双组分
      - 脱氢
      - 脱醇
      - 脱水
      - 脱羟胺型

1) 单组分 RTV

单组分 RTV 的主要组成是基础胶和交联剂。基础胶是 α,ω-羟基封端的聚硅氧烷，通常它们是液体状态。单组分 RTV 的核心组分是交联剂。交联剂是三官能度的硅烷，交联作用是在空气中水分的作用下脱去活性基团(封头剂)，变成具有反应功能的三羟基硅烷，在催化剂作用下与硅橡胶缩合，根据交联剂的种类决定了硅橡胶的固化机理和命名。如：交联剂是 $CH_3Si(OAc)_3$，在水汽和催化剂存在下，交联硫化。

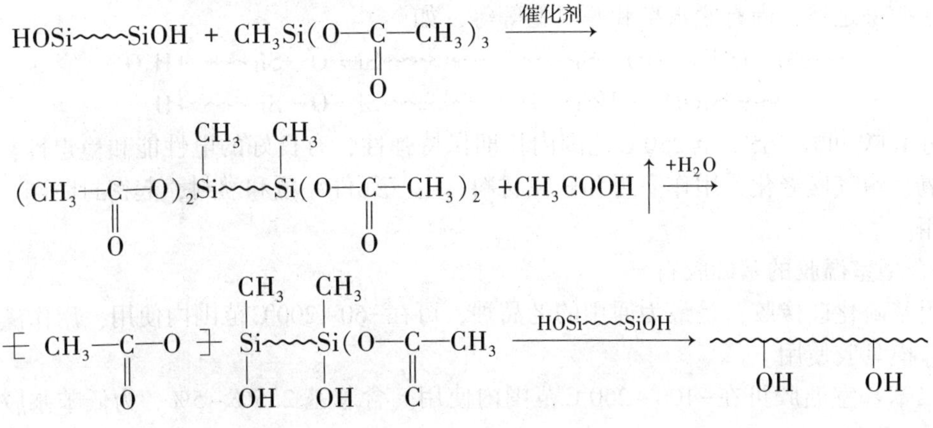

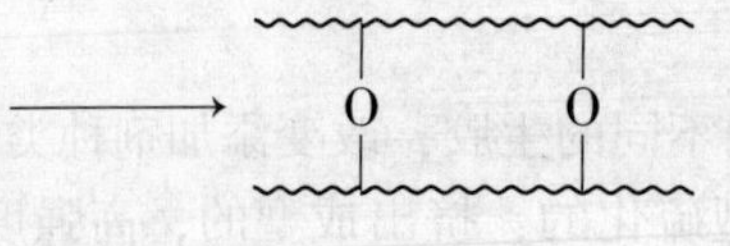

这就是脱乙酸型 RTV。

脱乙酸型 RTV 是最常见的，其黏性好，可以透明，硫化快而强度高但有乙酸味，对金属腐蚀。此外还有脱酮肟型交联剂，$CH_3Si(O—N=C(CH_3)—C_2H_5)_3$，脱出酮肟，气味不大，强度较好，但对铜略有腐蚀。

脱醇型交联剂是 $CH_3Si(OCH_3)_3$，脱出醇，无腐蚀性，但硫化较慢，粘接性欠佳。

脱胺型交联剂是 $CH_3Si(NHC_6H_{11})_3$，脱胺，硫化快，但有氨味，有毒，腐蚀金属。

脱酰胺型交联剂是 $CH_3Si(N(CH_3)—C(=O)—CH_3)_3$，脱酰胺，无味，但黏性欠佳。

脱丙酮型交联剂是 $CH_3Si(—O—C(CH_3)=CH_2)_3$，脱丙酮，无毒无味，硫化快，易贮存，耐热性好，但成本较高。

单组分 RTV 使用方便，具有有机硅的优良性能，但由于依赖于空气中水分的作用，使硫化胶的厚度受到限制，一般大于 6mm，则固化较慢，甚至要五六十个小时以上。

2）双组分缩合型 RTV

双组分缩合型的 RTV，不是依靠空气中的水分，而是靠催化剂引发缩合。常用的基础硅橡胶是羟基封端的聚二甲基硅氧烷，催化剂一般是有机锡，因交联剂不同而有不同的命名，最常见的是脱醇型交联剂，使用的是正硅酸乙酯[$Si(OEt)_4$]。

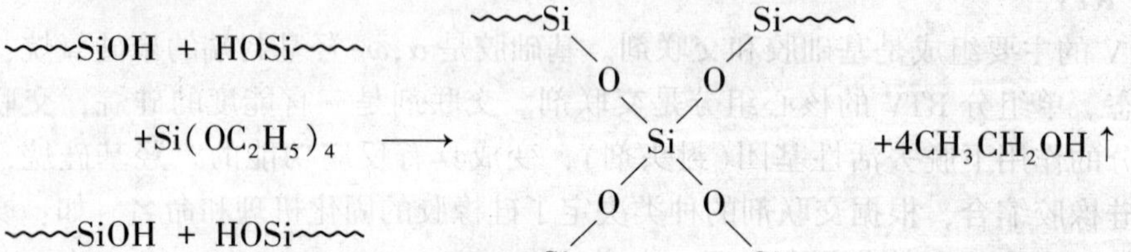

除了脱醇型之外，尚有脱水型和脱氢型等等，如

$$\sim\sim Si—OH + HO—Si\sim\sim \longrightarrow \sim\sim Si—O—Si\sim\sim + H_2O$$

$$\sim\sim SiOH + HSi\sim\sim \longrightarrow \sim\sim Si—O—Si\sim\sim + H_2$$

双组分 RTV 可在-65℃至 250℃范围内长期保持弹性，有良好的电性能和稳定性，能耐水、耐臭氧、耐气候老化，用作灌封和软模材料，电气元件涂覆和灌封，起密封防潮、抗震等保护作用。

3）缩合型室温胶的基础胶料

室温甲基硫化硅橡胶，是最为通用的老品种，可在-60~200℃范围内使用，用作灌封材料，也可作模具胶使用。

甲基二苯基室温胶可在-100~250℃范围内使用。含苯基 2.5%~5%，为低苯基胶，可以在-120℃保持弹性，而含苯基10%~20%的则耐辐射、耐烧蚀，可以自熄。

甲基嵌段室温胶是羟端基聚二甲基硅氧烷和甲基三乙氧基硅烷的低聚物，将之进行嵌段共聚的高分子。弹性体比二甲基聚硅氧烷RTV有更好的强度和粘接力，广泛用于灌封、印模、脱模、涂层以及药物缓释的载体等。在这种室温胶中加入一定的填料气相白炭黑和添加剂，可用于安装窗门玻璃、幕墙、飞机场跑道的伸缩缝、预制板的接缝，还可用作电子计算机中的胶黏剂，纸张的防粘剂等。

除此而外，还有室温硫化氟硅橡胶、腈基橡胶、亚苯基硅橡胶等。

将含有双键侧基的RTV与含有双键的高分子单体如苯乙烯、丙烯酸酯等接枝到RTV主链上去，强度可以大为提高。将RTV胶料，采用IPN的方法，与许多种高分子形成互穿网络的弹性体，使硅橡胶硫化后抗撕和其他强度大为改观。

4）双组分加成型RTV

一般将催化剂和含乙烯基团的硅橡胶作为一个组分，将含氢的有机硅交联剂作为另一个组分。反应在室温下进行较慢，而在50~100℃温度下，硫化速度大大加快。

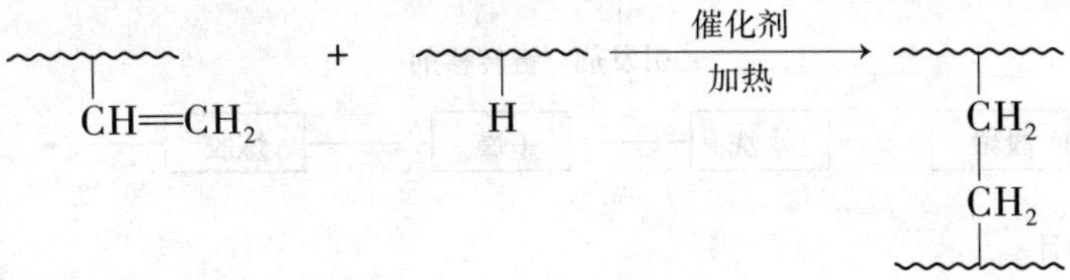

5. 硅橡胶的改性

硅橡胶强度差，虽然添加极细的填料也不能令人满意。而聚硅氧烷与有机高分子共混当中，又存在相容性不理想的问题。因此，对于聚硅氧烷的共聚接枝、嵌段和IPN共混等研究很是吸引人，很多类型的改性硅橡胶纷纷问世。

例如含硅氮烷的硅橡胶、接枝聚碳酸酯、聚苯乙烯、聚氨酯、聚砜、聚酯、聚甲基丙烯酸酯等，以有机硅的柔韧性和耐寒性，改性了这些高分子材料。与硅橡胶共混的材料研究，开发了一系列可以共混的热塑性弹性体。

二、氟橡胶

氟橡胶耐热性优于其他所有合成橡胶，200℃以上可以长期工作，短时间可经受300℃或略高一些的高温。氟橡胶耐腐蚀性能优良，耐臭氧、光和耐气候性很好，有较好的拉伸强度和极好的耐真空性，能自熄。

一般地说，早期研制的氟橡胶都用于军事工业和武器、导弹、航天事业，现在已广泛用于汽车、船舶、机械、石油、化工、轻工等许多领域。

1. 氟橡胶23

以偏氟乙烯和三氟氯乙烯共聚的弹性体称为氟橡胶23，其结构式如下：

$$\left[CF_2-CH_2 \right]_m \left[CF_2-\underset{\displaystyle Cl}{\underset{|}{CF}} \right]_n$$

式中，$m:n=1:1$或$2:1$，前者又叫氟橡胶2311，后者又叫2321。

1）聚合工艺

一般采用单釜或双釜串联聚合。间歇单釜聚合以无离子水为聚合介质，全氟辛酸盐为分散剂，引发剂体系用过硫酸钾和焦亚硫酸钠组成的氧化-还原引发体系，四氯化碳为分子量调节剂，硼酸为pH调节剂，进行乳液聚合，两种单体准确计量加入高压釜中，也可以在聚合过程中分批补加单体，聚合温度25℃，压力2～4MPa。

聚合结束后，泄压，未反应单体进入贮槽，再压缩，经由精馏分离，回收两种单体。聚合物胶乳稀释后冷冻凝聚或加入凝聚剂盐析凝聚。凝聚胶浆经充分洗涤后，离心甩干，再进行热烘干燥，胶粒在炼胶机上混炼，压成生胶片包装，也可以继续添加添加剂混炼，得到混炼胶出售。

双釜串联聚合是在第一釜中不加链转移剂和分子量调节剂，得到高分子量的聚合物；在第二釜中于高效搅拌下，补加单体和引发剂、链转移剂，生成低分子量或中等分子量的胶乳，与第一釜输入的高分子量胶乳共混或互穿网络，得到不同分子量级别的胶乳。工艺流程示意如下：

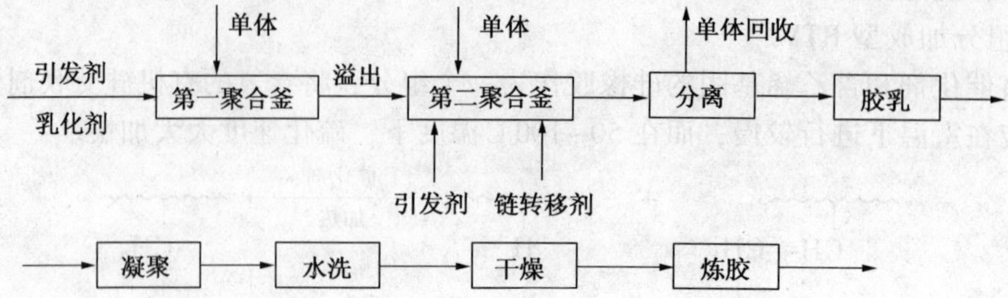

2）性能和应用

氟橡胶23有优异的耐受强氧化物质和腐蚀性物质的能力，能够耐硝酸、盐酸、磷酸、氢氟酸和90%的过氧化氢。

电绝缘性能良好，但一般只适用于低频低电压场合，还与所用填料种类和用量有关。但仍不失为优良的绝缘材料，体积电阻>$1.1\times10^{14}\Omega\cdot cm$，介电强度≥21kV/mm。

耐高温，长期使用温度200℃，玻璃化温度0℃，脆化点-60℃，不易燃，不易分解，无毒。伸长率400%～800%。

一般用于制造多种用途的垫圈、密封件，用于强氧化剂输送和贮存的胶管、胶带及隔膜，还可作耐酸耐碱的电介电容材料和电缆电线绝缘包覆材料等。

2. 氟橡胶26

氟橡胶26由偏氟乙烯和全氟丙烯(六氟丙烯)共聚而得，结构式如下：

$$\lbrack CF_2—CH_2 \rbrack_m \lbrack CH_2—\underset{\displaystyle CF_3}{\underset{|}{CF}} \rbrack_n$$

式中，当$m:n=4:1$时，代号为氟橡胶26-41，分子量10万～20万。

生胶是白色弹性体，无毒，无臭，可溶于酮类和酯类，密度1.81。

氟橡胶26-41有良好的抗热氧化性，可于空气中250℃下长期使用，玻璃化温度-17℃，脆化温度-40℃，短时使用可到300℃，对氧化性强的无机酸具有良好的耐抗性，耐臭氧，耐辐射。

F_{2641}有良好的电绝缘性能，体积电阻>10^{12}，介电强度>15 kV/mm，硫化胶的拉伸强度7～17MPa，伸长率150%～300%，有良好的粘接性。

氟橡胶26是通用氟橡胶，用于要求耐高温250℃以下，耐燃料油、润滑油和强氧化剂的场合，作各种垫片、垫圈、隔膜、密封件、胶管、胶带、胶布及防护制品和电绝缘护层制品等，还可以用低分子量的胶料配成腻子，用于嵌缝和其他密封材料。

3. 氟橡胶 246

氟橡胶 246 由偏氟乙烯、四氟乙烯和全氟(六氟)丙烯共聚而成，生产方法与其他氟橡胶类似，结构表示为：

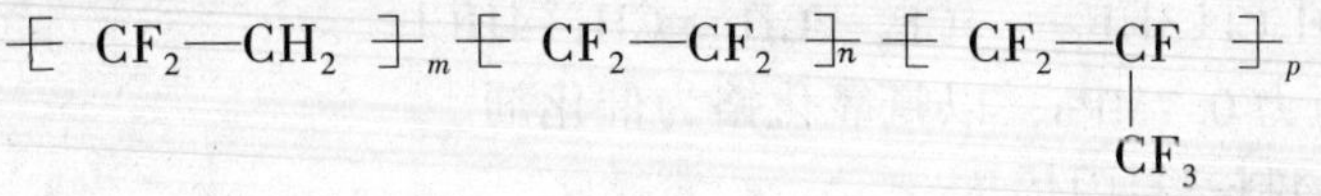

式中，$m:n:p=65:20:15$。

氟橡胶 246 的性能与氟橡胶 26 类似，某些方面则更为优越些，通常耐热性和使用温度比 F_{26} 高出 20℃左右，长期使用温度可近 300℃。

生胶添加各类性能特别的添加剂，可以制成阻燃级的、高温抗撕的、低永久变形的、耐低温的、耐水汽的、耐溶剂的混炼胶品牌。

氟橡胶 246 应用场合类似于氟橡胶 26。

4. 四丙氟橡胶

四丙氟橡胶由四氟乙烯、丙烯共聚而成，其结构式如下：

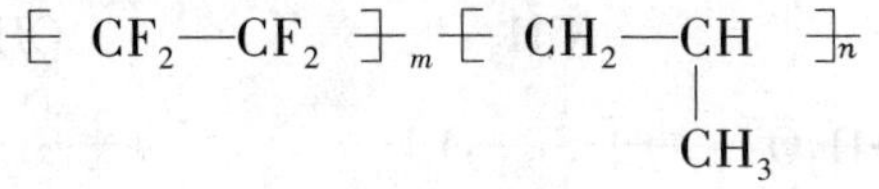

式中，$m:n=52:48$。

1）聚合工艺

以四氟乙烯和丙烯按 1∶1 投料，以无离子水为聚合介质，全氟辛酸铵为乳化剂，NaOH 为 pH 调节剂，由过硫酸铵-硫代硫酸钠组成氧化还原体系，加入适当的活化液(由 $FeSO_4$、焦磷酸钠和蔗糖溶液组成)，进行乳液聚合，反应温度为 40℃，压力为 3～4MPa。反应结束，分离出未反应的单体，精馏分离回收。胶乳加入凝聚剂盐析凝聚，凝胶用水充分洗净，离心过滤甩干，并进入烘箱干燥，即得到白色生胶。

生胶进行受控热处理，可在碳氢键上生成一定的过氧基，为橡胶硫化提供一定的交联点，改善硫化胶的抗撕强度。

2）性能和应用

四丙氟橡胶相当于改性的聚四氟乙烯，许多性能相当接近于 PTFE，耐热性好，可长期在 200℃连续使用，间断地可用到 230℃，热分解温度为 430℃，玻璃化温度为-35～40℃，耐高浓度的酸碱，耐强氧化剂，性能优异，耐热水和高压蒸汽。电绝缘性能优良，透气性小，不粘，无毒无味，机械性能良好。

四丙氟橡胶可以制成板材、垫圈、胶管、胶辊、密封圈、阀片、隔膜，特别用于碱性和水蒸气环境中的橡胶密封制品。

5. 氟硅橡胶

它本质上应属于硅橡胶，是以聚硅氧烷为主链骨架的材料，在硅的侧链上，具有氟代烃基。其结构式表示为：

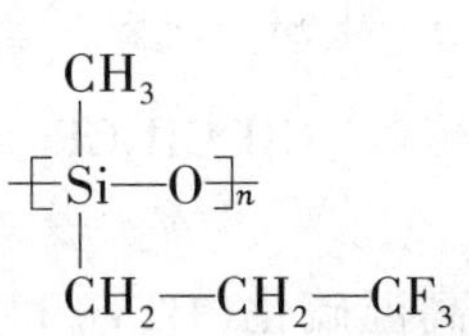

1）合成路线

$$CH_2=CH_2+CCl_4\longrightarrow CCl_3-CH_2-CH_2-Cl$$

反应温度 90~150℃，压力 0.1MPa，用过氧化二叔丁基酯催化。

$$Cl_3C-CH_2-CH_2Cl+3HF\longrightarrow CF_3-CH=CH_2+4HCl$$

反应温度 350℃，压力 0.7MPa，以氟氧化铬为催化剂。

或者由三氯丙烯制三氟丙烯

$$CCl_3-CH=CH_2+3HF\longrightarrow CF_3-CH=CH_2+3HCl$$

反应温度 200℃，催化剂为 $\gamma-Al_2O_3$ 和金属离子。

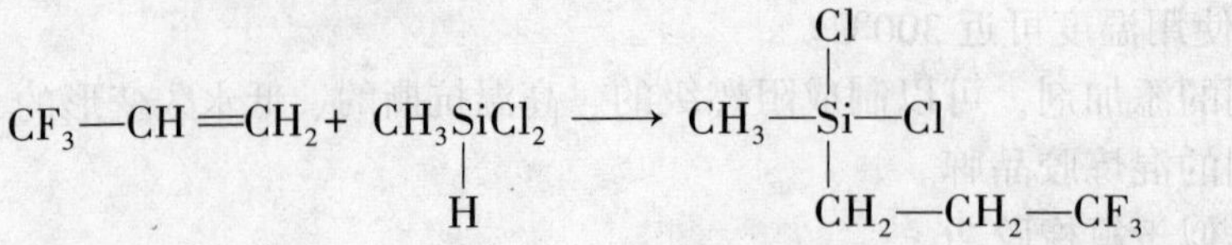

反应温度 100~120℃，压力 1MPa，采用铂系催化剂。

生成的氯硅烷单体和有机硅单体一样进行水解，裂解生成 D_3 环体。

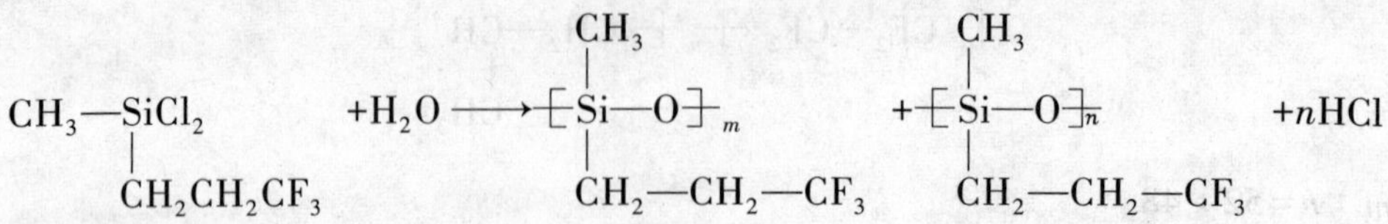

生成 3，4，5，6 个硅的环体和线型低聚物。

水解料中和、分离后，得到有机硅油状物，进行裂解，裂解在 180~200℃左右进行，以 2% KOH 催化，裂解可得三个硅的环体（D_{3F}）。

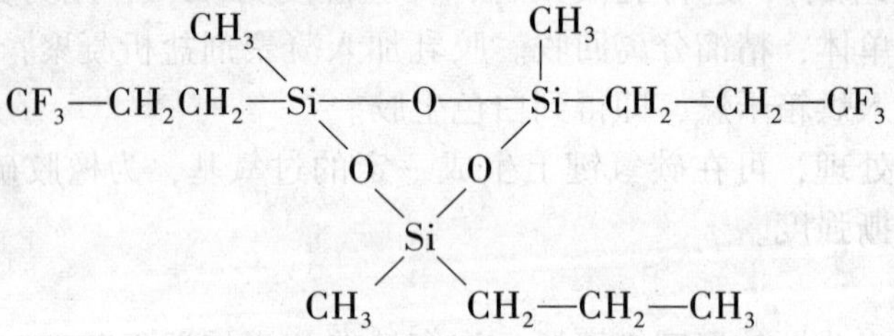

D_{3F}同有机硅聚合一样，属离子聚合，用 KOH 催化。

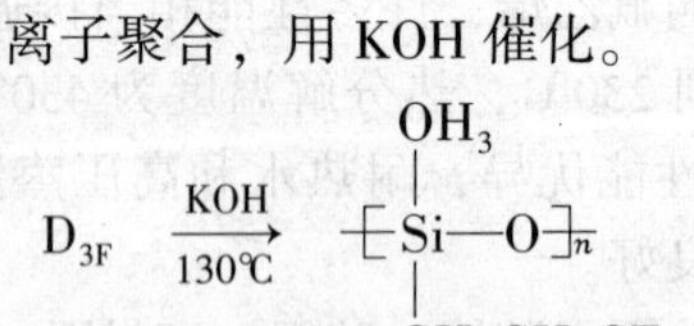

聚合中可加入有机硅乙烯基环体，加入量约为 0.7%~1%，使高分子链中有乙烯基侧基易于交联硫化。

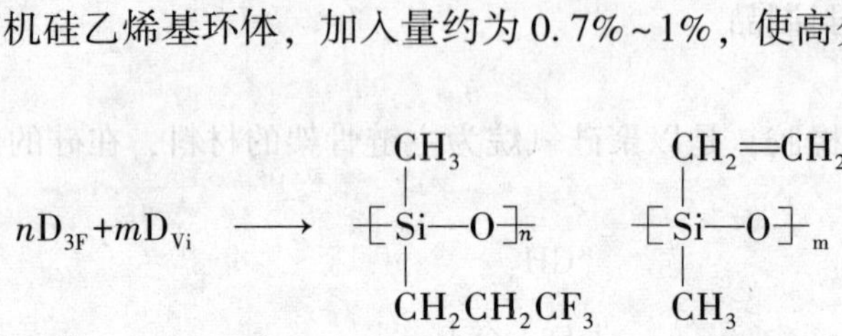

2）性能和应用

同硅橡胶一样，氟硅橡胶也分为高温硫化（HTV）和室温硫化（RTV）两大类型，RTV 一般用作密封胶黏剂等，HTV 一般以生胶或制作混炼胶供制品加工。

氟硅橡胶比氟聚合物具有更好的耐高温性(有机硅也耐高温)，比有机硅具有更好的耐低温性，一般可在-61~232℃长期使用，在更高的温度下，短时间仍可保持橡胶的弹性。耐化学药品腐蚀，耐化学溶剂，耐油(燃料油、液压油和机油、烃类)。

用高强白炭黑作填料加入硅氮烷，可以获得高抗撕的胶料，广泛应用于航天、航空、汽车、石油化工、医药卫生和电子电气等领域。

6. 其他特种氟橡胶

1) 羧基亚硝基氟橡胶

结构式为：

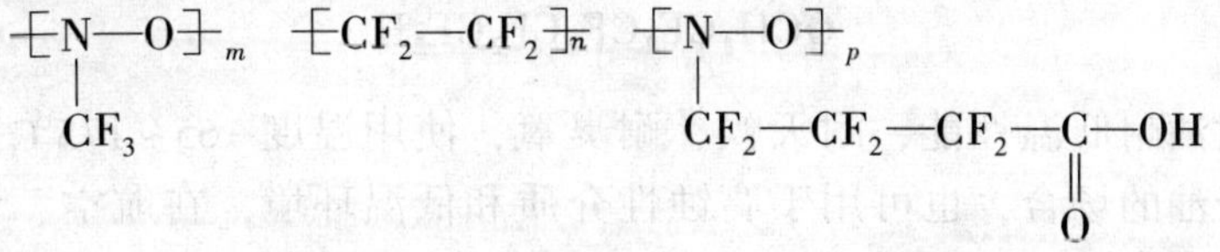

式中，$m:n:p=(48.5\sim49.5):50:(1.5\sim0.5)$。

由三种单体在二氯乙烷溶液中沉淀聚合获得。聚合温度-38℃，压力 1MPa，反应时间 30h。

三种单体中第一单体 $CF_2=CF_2$ 的合成方法已有述及。

第二单体 $CF_3-N=O$，合成示意为：

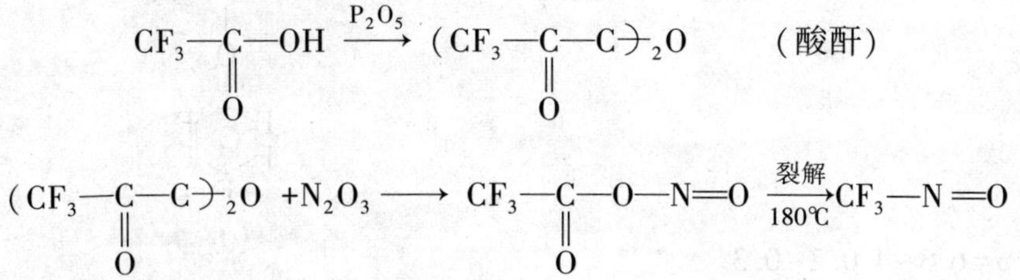

第三单体 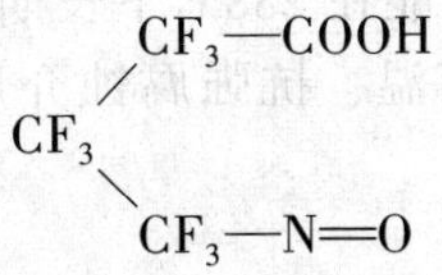 合成原理类似第二单体。

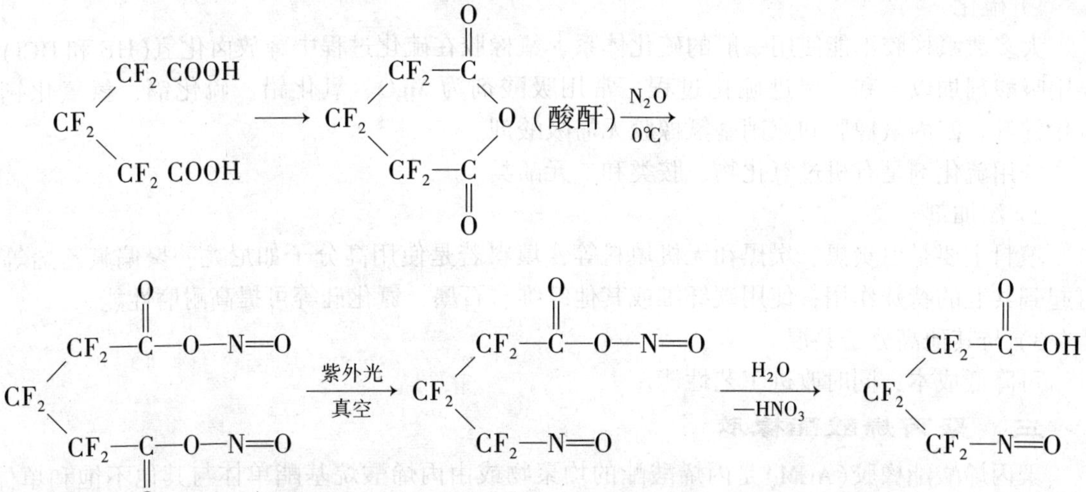

羧基亚硝基氟橡胶在纯氧中甚至加压也不燃烧，有突出的耐 N_2O_4 介质的性能，在 N_2O_4 介质中泡 7 天，拉伸强度下降率小于 20%，有较好的柔韧性和耐低温、耐溶剂性能，玻璃化温度-45℃，长期使用最高温度为 170℃。主要用于军事工程、火箭、导弹、卫星、宇航中作密封件、胶黏剂、涂料和容器等。

2）氟化磷腈橡胶（磷腈氟橡胶）

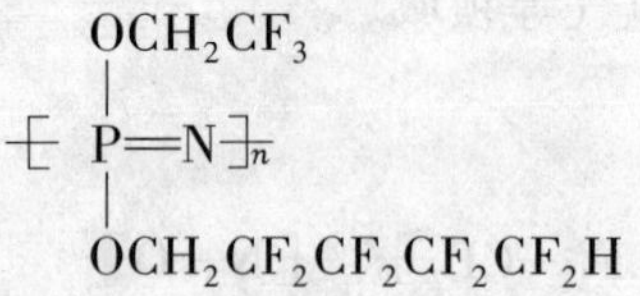

具有优异的耐油耐低温性能，耐天候，耐臭氧，使用温度-65~175℃。用于需耐燃料油、液压油、润滑油的场合，也可用于腐蚀性介质和低温环境，在航空、汽车等工业部门应用。

3）氟醚橡胶

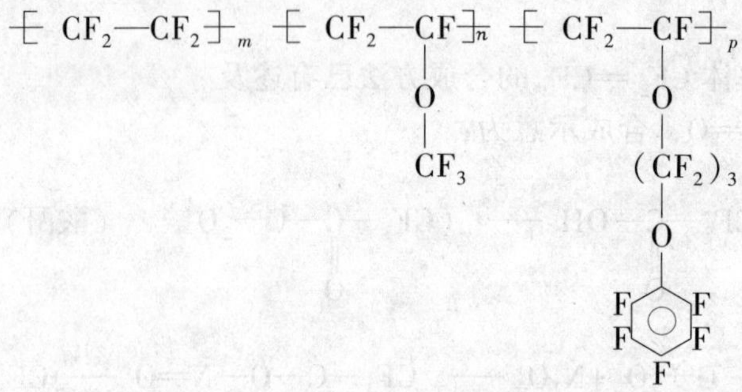

式中，$m:n:p=6:3\sim4:0.2\sim0.3$。

性能与 PTFE 相似，除氟化溶剂外不受其他介质影响，能在 288℃下长期使用，短期使用温度可达 315℃，机械性能类似于氟橡胶 26，用于耐高温、抗强腐蚀介质的密封件和管道等。

7. 氟橡胶硫化和加工

1）硫化

大多数氟橡胶不能使用一般的硫化体系，氟橡胶在硫化过程中释放卤化氢（HF 和 HCl），要用吸酸剂加以中和，促进硫化过程，常用吸酸剂为 MgO、氧化铅、硫化镉、氢氧化钙、氧化锌等。四丙氟橡胶和亚硝基氟橡胶无需吸酸剂。

常用硫化剂是有机过氧化物、胺类和二元酚类。

2）添加剂

填料主要是白炭黑、炭黑和无机填料等，填料若是使用高分子如尼龙、聚偏氟乙烯等，可起到共混的特殊作用；使用碳纤维或其他纤维、石墨、氮化硅等可提高耐磨性能。

3）与其他高分子共混

可降低成本，同时改进工艺性能。

三、聚丙烯酸酯橡胶

聚丙烯酸酯橡胶（ACM）是丙烯酸酯的均聚物或由丙烯酸烷基酯单体与其他不饱和单体共聚而得的一种弹性体。最主要的品种是丙烯酸丁酯与丙烯腈的共聚物。

聚丙烯酸酯橡胶具有优异的耐热和耐油性，可以在200℃下的矿物油中浸泡10昼夜而性能基本不变；耐油性优于丁腈橡胶，略低于氟橡胶，但价格远远低于氟橡胶。耐老化、耐臭氧、耐紫外光、气密性较好。聚丙烯酸酯橡胶的缺点：耐寒性、加工性能、耐水性差。

聚丙烯酸酯橡胶的用途：比较适合于制作耐热、耐油的橡胶部件，主要用于汽车的各种密封件，如油封、电绝缘部件；含氟的聚丙烯酸酯橡胶可用于航空军工及火箭上的部件；聚丙烯酸酯橡胶与硅橡胶、氟橡胶、氯醚橡胶等共混使用，产品的性能更佳。

四、聚硫橡胶

聚硫橡胶是指分子主链中含有硫原子的一种橡胶。它是由脂肪烃或醚类的二卤衍生物(如二氯乙烷、二氯丙烷、二氯乙醚等)与多硫化物(如多硫化钠、多硫化铵等)，经过缩聚反应而制得的。聚硫橡胶分为固体胶、液体胶、胶乳三种，其中液体胶的产量最大。

聚硫橡胶最突出的性能是耐油、耐烃类溶剂，如丙酮、四氯化碳、芳烃类化合物都不能溶解它(仅在二硫化碳中略有溶胀)。另外具有良好的耐大气老化、耐水和低温屈挠性以及对各种材质的良好粘接性。它的缺点是物理机械性能差、耐寒和耐热性差，故使用温度差。

聚硫橡胶的用途：固体聚硫橡胶主要用于耐油耐芳烃的胶管、印刷胶辊、垫圈、油罐衬里、船舶工业上用的零部件覆盖层、耐臭氧制品等；聚硫胶乳用于制成涂料用做溶剂罐、高辛烷值航空汽油箱与混凝土贮罐的内表面涂层；分子约4000的液体聚硫橡胶可作为火箭固体燃料胶黏剂。

五、聚氨酯弹性体

弹性体指玻璃化温度低于室温，扯断伸长率>50%，外力撤除后，复原性较好的高分子材料。其中扯断伸长率较大，大于200%，弹性较好的可称为橡胶。聚氨酯弹性体是特殊的一大类，原料品种繁多，配方多种多样，调配范围很大。因此，聚氨酯弹性体的硬度范围很宽，从很低弹性模量一直到大大高于其他橡胶的弹性模量的范围。其加工方法也很特别，有的采用普通橡胶的加工设备成型，有的则采用热塑性塑料的加工设备成型。还有反应注射模塑及水性聚氨酯喷涂等新的加工技术，也实现了工业化。

1. 浇注型聚氨酯弹性体(CPU)

CPU是由异氰酸酯与醇合成的液体树脂，浇注并反应成型而生产的一类弹性体。一般用TDI和聚酯二元醇或聚四氢呋喃二元醇，扩链剂为3,3′-二氯-4,4′-二苯基甲烷二胺(MOCA)的体系。

浇注用的液体胶的合成方法有一步法、预聚法和半预聚法。

一步法是将脱水后的单体、扩链剂、催化剂等一次混合，浇注入模，加热反应成型。设备简单，节省能量，生产效率高，成本低，但是反应复杂，不好控制，分子结构不规整，适用于制造低硬度、低模量的制品，如小型实心轮胎、胶辊等。

预聚法是常用的方法，脱水后的单体在70~80℃反应2h之后，作为预聚体贮存或出售。采用热浇注工艺时，再将预聚物加热到85℃，真空脱泡之后，加入在125℃熔化的扩链交联剂(MOCA高温熔化，加少许聚醚冷却至85℃不析出)，混合浇注入模，加热硫化(一般分两段硫化)得到制品。工艺流程示意如图4-2。

半预聚法是将部分多元醇分二次投入，准备第二次投入的多元醇与扩链剂混合，待浇注时再与预聚体混合浇注。这种方法预聚体黏度低，常用于MDI体系。

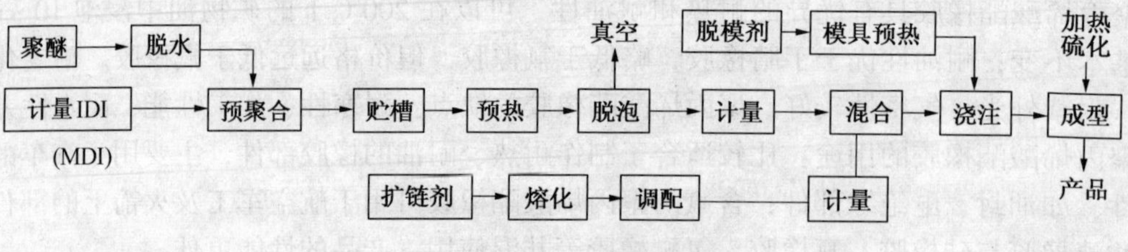

图 4-2　预聚法浇注流程

浇注成型方式：

- 按生产方式分
  - 手工浇注法——间歇操作
  - 机械浇注法——全流程都在浇注机中连续完成
- 按浇注入模的形式分
  - 垂直浇注
  - 倾斜浇注
  - 底部压注
  - 旋转浇注
  - 喷涂法
- 按制品成型方法分
  - 常压模制
  - 压力模制
  - 离心模制
  - 真空模制
  - 传递模制

浇注胶中使用的二元醇、异氰酸酯和扩链剂、交联剂对制品的性能较有影响。常用的浇注胶体系有：

聚醚(聚酯)—TDI—MOCA 浇注胶

聚醚(聚酯)—MDI—BD

聚醚(聚酯)—MDI—HQEE

HQEE—氰醌双(β-羟乙基)醚

聚醚(醚)—NDI—BD

聚醚(酯)—HMDI—二胺

聚酯(醚)—HDI—二胺

PPG—TDI—MOCA

室温浇注型浇注胶(PTMEG—TDI-100—TDI-80—MOCA—催化剂)

2. 混炼型聚氨酯弹性体

这种弹性体的合成是由过量的二元醇和异氰酸酯反应，得到分子量不是很大的、分子链两端是羟基封头的聚氨酯，这种胶体要求黏度高，贮存稳定，经烘箱烘成生胶。然后在开放式炼胶机上或用密炼机与各种添加剂混合。添加剂有补强剂、硫化剂、硫化促进剂、水解稳定剂等，炼成混炼胶，这种混炼胶不像浇注胶可以流动，而是像胶块一样的“固体”。适宜制作小型模压制品，薄型的薄膜制品，在整个弹性体中，占有量大约为 10%。

生胶合成采用分子量大的聚酯二醇，加入一定量的交联反应抑制剂如磷酸、苯甲酰氯、对甲苯磺酸等，搅拌均匀后慢慢加入—NCO 比—OH 要少的二异氰酸酯(—NCO/OH = 0.70~0.99)，控制温度在 70~85℃左右。预聚时间不宜太短，完成后放入盘中送进烘箱烘制，在 120~130℃烘至理论上生胶已经没有未反应的—NCO 基团，大约要 6~8h。

生胶在适合的条件下可贮存一年。

混炼胶的生产，可采用通用橡胶的加工设备、炼胶机、硫化机、挤出机等。在炼胶机上顺序加入生胶、硬脂酸、水解稳定剂、补强性填料、硫化促进剂-硫化剂-活化剂等。硫化方案则有异氰酸酯、过氧化物和硫黄三种硫化体系。工业上异氰酸酯硫化体系常采用TDI的二聚体作硫化剂，在炼胶过程中显示惰性，直到硫化温度下，才有较好的反应活性。过氧化物硫化体系中使用最多的是二异丙苯过氧化氢、异丙苯叔丁基过氧化物，有时也用过氧化二苯甲酰加入一定量的(<1%)氰脲酸三烯丙基酯作硫化促进剂，可减少过氧化物用量，提高交联密度。在实际生产中，有时采用过氧化物和异氰酸酯共硫化体系，比单独用过氧化物硫化的制品强度和耐水解性均有所提高。硫黄硫化体系只有当聚氨酯大分子链上有双键时才可适用，可以采用二烯类橡胶的配方与操作，这类橡胶的拉伸和抗撕强度均较高。

3. 热塑性聚氨酯弹性体(TPU)

与浇注胶相比，TPU结构上大体上仍是线型的，没有或极少化学交联，加热可以塑化，溶剂可以溶解。但由于聚氨酯的特殊结构，分子间存在一定的物理交联。链段之间存在一定的聚集力，包括氢键力等。

TPU按大分子结构单元划分为聚酯型TPU、聚醚型TPU和丁二烯型TPU。按聚合方法又可分为本体聚合法和溶液聚合法两种。

连续本体法TPU工艺，一般采用一步法投料，将脱过水的聚醚或聚酯、二醇类扩链剂和二异氰酸酯计量，泵送入混合头，强烈混合后一般用双螺杆连续反应工艺，熔融加工或浇注制成TPU粒料，粒料在100~110℃烘箱干燥后即可冷却包装。

溶液法反应平稳易于控制，采用溶液法生产的TPU，一般用于生产胶黏剂、合成革树脂和弹性涂料等。一般采用极性溶剂如DMF(二甲基甲酰胺)、四氢呋喃等。

TPU可以无须添加任何助剂而直接加工，加工方法又分为熔融加工和溶液加工两大类。前者是主要的加工方法。

熔融法根据制品的形状、大小和TPU粒料的加工特性，可采用挤出成型、注射模塑、压延成型、吹塑薄膜等方法，其中以注射模塑和挤出成型是TPU广泛采用的。

溶液成型工艺则采用流延成膜、刷涂、喷涂和浸渍等加工工艺，用溶液聚合的TPU可直接用于加工，粒料则需烘干后溶解，常用溶剂是DMF、甲乙酮(MEK)、乙酸乙酯、甲苯、THF(四氢呋喃)、环己酮等。

TPU的加工性能不如聚烯烃，成本亦较高，因此对TPU的共混改性研究方兴未艾。TPU和许多高分子可形成共混体系和聚合物合金。PVC与之共混可降低成本，与PC、POM、ABS等工程材料共混合金，可提高TPU刚性和模量。与其他许多高分子共混合金，可以获得性能特殊的材料。TPU用玻璃纤维增强材料或其他增强材料增强，明显提高其力学性能，应用越来越多。

4. 微孔聚氨酯弹性体(PUE)

PUE也称发泡聚氨酯弹性体，孔径0.1~10μm，密度介于泡沫和非泡沫材料之间，泡孔大小分布均匀。通常有混炼型、浇注型和热塑型三种加工方法。

5. 聚氨酯弹性体特性

聚氨酯弹性体综合性能出众，兼具了从橡胶到塑料的许多重要特性，任何其他商品橡胶或通用塑料都无法与之比拟。聚氨酯可以根据成型加工要求合成，分子的可调节性十分广泛，性能变化多端，可以用任何一种常规工艺加工，用途十分广泛，几乎遍及国民经济各领域。

聚氨酯胶硬度范围宽，而且高硬度下仍具很好的弹性，这是其他橡胶不能企及的。它们的抗拉和抗撕强度比通用橡胶高得多，甚至高好几倍。而在塑料硬度状态下又比塑料的抗弯、冲击强度大得多。

聚氨酯胶十分耐磨，已闻名遐迩。其耐磨性能要高出天然橡胶的5倍，实际使用中，由于润滑剂作用，效果更好，其耐磨性能相当于高强度合金钢，是其他塑料材料不能企及的。

聚氨酯弹性体的耐油性能不低于丁腈胶，耐臭氧性能优良，耐腐蚀、耐药品性能均很优良。耐低温，一般脆化温度-50~-70℃，一些品种在低温下弹性仍很好。吸振性能好，室温下可吸收20%。耐辐射性能也很好，$10^5 \sim 10^6$Gy辐射剂量下仍有很好的使用性能。

聚氨酯弹性体的电绝缘性能比较好，相当于酚醛树脂的水平。此外，透气性、抗霉菌性和生物相容性都很好。

各种不同牌号的弹性体又各具特色。

6. 聚氨酯弹性体应用

聚氨酯胶体胶辊有很低的压缩永久变形和良好的耐磨耐蚀性能，适用作印刷胶辊。在纺织印染、造纸、粮食加工、金属加工行业中，广泛用作拉丝辊、传送辊、彩涂胶辊等。

PU胶轮和传送带等胶制品承载能力大，是天然橡胶的7倍，抗撕，耐油，无噪音，可以作成较薄的传送胶带。

用作弹性联轴节，在扭转角度大、承受冲击的场合，传递动力，减少振动和噪声，而且耐磨，润滑性能好，用于汽车及各种机械轴端联接部的球形接头，无噪声，无油润滑而且加工容易。

作为密封塑料填料和密封制品，可作建筑密封胶、抗震密封胶、防弹密封胶等，在高压密封时，即使不用骨架材料增强，也可在50~70MPa的液压系统中正常工作。

电子元件的灌封和包覆材料，长期使用有机硅或环氧树脂，而PU则克服了环氧树脂性脆和有机硅不强的缺陷。用聚氨酯胶作设备、管道、泵壳的衬里材料亦十分理想。小型设备可以整体浇注成型，诸如液固分离的旋流器可以整体浇注。设备耐磨性、光滑性和耐油、耐蚀以及强度都十分令人满意。

至于用PU胶制作胶片、胶板、筛网材料和刮板耐磨衬板等，不仅降低噪声污染，而且装拆方便，易于清洗等。

六、氯醚橡胶

氯醚橡胶(CO)是环氧氯丙烷均聚或环氧氯丙烷与环氧乙烷共聚而制得的弹性体，也称为氯醇橡胶。由于氯醚橡胶具有高度的饱和结构，同时又含有氯甲基，因此它具有饱和橡胶和极性橡胶的特性：耐热性、耐寒型、耐臭氧性、耐油性、耐燃性、耐酸碱性、耐溶剂性能均好；气密性也比较好。

氯醚橡胶的用途：用于汽车、飞机和各种机械的配件，如：各种垫圈、密封圈；制作印刷胶辊、耐油胶管。

第四节　热塑性弹性体

热塑性弹性体(TPE)是一类分子结构同时串联或接枝某些化学组分不同的树脂段(硬段)和橡胶段(软段)的高分子化合物。大分子链之间存在化学的或物理交联而成的网状结构，起到补强作用，常温下显示橡胶的弹性及橡胶的物理机械性能。而高温下，由于受热的作用，网状结构消失，呈现塑性，可以按照热塑性塑料的成型方法塑化成型，加工中的边角料和废料均可重复加工使用。由于其具有塑料和橡胶的加工性和使用性，极具特点，也可称为“热塑性橡胶(TPR)”。

热塑性弹性体的品种可以按照高分子结构分为嵌段聚合物、接枝聚合物、其他类(络合离子型、结晶相型)；按照硬段组分来划分，大致分为7类，见表4-6。热塑型弹性体的共同特点：

(1) 可以利用热塑性塑料加工设备和工艺加工成型。

(2) 因为它无需硫化，故比起普通橡胶的加工，设备投资少，能耗低，工艺简单，加工周期短。

(3) 可以回收加工中的边角料、废料，有利于保护环境。

(4) 由于硬段在高温下软化或熔化，制品的使用温度受到一定的限制，形变温度比硫化橡胶低。

表4-6 热塑性弹性体的分类

序 号	类别(代号)	硬 段	软 段	代 表 产 品
1	苯乙烯类(SDS)	聚苯乙烯(PS)	聚丁二烯(PB)	丁二烯-苯乙烯嵌段共聚物(SBS)
			聚异戊二烯(PI)	苯乙烯-异戊二烯嵌段共聚物(SIS)
			氢化聚丁二烯	(SEBS)
			氢化聚异戊二烯	(SEPS)
2	聚烯烃类(TPO)	聚乙烯(PE)	交联三元乙丙橡胶(EPDM)	聚乙烯-三元乙丙弹性体(EPDM/PE)
		聚丙烯(PP)	交联三元乙丙橡胶(EPDM)	聚丙烯-三元乙丙弹性体(EPDM/PP)
		聚丙烯(PP)	丁腈橡胶	NBR/PP
3	聚氨酯类(TPEE)	异氰酸酯加低分子二元醇或胺扩链剂	聚 酯	聚酯型热塑性聚氨酯弹性体
			聚 醚	聚醚型热塑性聚氨酯弹性体
4	聚酯类(TPEE)	短链聚酯(结晶型)	无定形长链聚酯或聚醚(非结晶型)	聚酯类热塑型弹性体
5	聚酰胺类	聚酰胺	聚酯或聚醚	聚酯型热塑型聚酰胺弹性体或聚醚型热塑型聚酰胺弹性体
6	聚氯乙烯类(PVC)	结晶聚氯乙烯	非结晶聚氯乙烯	日本信越公司商品EZ-800、TK-4500
7	其他类	结晶聚乙烯	乙烯-乙酸乙酯共聚物	热塑性(EVA)弹性体
			乙烯-丙烯酸乙酯共聚物	热塑性(EEA)弹性体
		反式1,4-聚异戊二烯(结晶体)	顺式1,4-聚异戊二烯(非结晶体)	Polysar公司商品TRANS-PIP
		间规1,2-聚丁二烯	非结晶聚丁二烯	日本JSRJ公司商品SR-RB

目前工业化生产的有热塑型弹性体有聚烯烃类、苯乙烯嵌段共聚物类、聚氨酯类和聚酯类。它们的基本性能、特性及用途见表4-7。

表4-7　几种热塑型弹性体的性能指标及用途

性能 \ 类别	苯乙烯类	聚烯烃类	聚氨酯类	聚酯类
密度/(g/cm^3)	0.91~1.14	0.89~1.25	1.10~1.34	1.13~1.39
硬度范围(邵氏)	45~53	60~90	70~80	35~90
拉伸强度/MPa	6~20	5~20	20~25	25~40
拉断伸长率/%	200~800	200~500	200~700	350~700
使用温度范围/℃	-50~+100	-40~+125	-57~+130	-50~+150
特　性	耐低温性、柔软性、注射加工性好;耐高温性、耐油性、耐候性、耐水性差	良好的综合机械性能,耐低温性、耐候性好;耐油性差	机械强度高,压缩永久变形性能好;柔软性差	耐高温、低温性,机械强度,压缩永久变形性能好;耐水性差
用　途		汽车车体外部配件、电线电缆、胶管、胶带、各种模压制品	汽车外部制件、电线电缆护套、胶管、鞋底、薄膜	耐压软管、浇注轮胎、传动带

第五节　粉末橡胶和液体橡胶

一、粉末橡胶

粉末橡胶是20世纪后期兴起的一类橡胶加工新方法。生橡胶的形态是粒径在0.8mm以下，通常加工成0.3~0.6mm的粒子。加工成粒子的方法通常是干燥法、粉碎法和共凝沉淀法。干燥法就是一般用合成的橡胶胶乳(包括天然胶乳)经喷雾干燥，获得粒子，其中粗粒子还可以用气流粉碎法再细碎。粉碎法是将合成橡胶凝聚或生胶胶块进行冷冻，达到脆化点以下，用机械方法进行粉碎。共凝沉淀法一般用于合成橡胶胶乳，在橡胶从胶乳中凝聚沉淀下来的同时，在体系中加入隔离剂、防粘剂等进行共沉淀，获得各不相粘的粉末橡胶粒子。

粉末橡胶的优点是在加工过程中不需要塑炼，配方混合方便，大大缩短混炼时间，设备简化，工艺简化，并适合实现连续加工工艺，节省人力物力和能耗，提高橡胶加工的生产率。

目前，许多橡胶如丁腈胶、氯丁胶等都有粉末橡胶产品，适用于制造非轮胎的制品，尤其适用于压出制品。

二、液体橡胶

液体橡胶是常温下呈液体状态，而在加工成型时通过交联或其他方法形成固体制品。一般分子量较低，通常在10000以下，至少具有触变流动性，交联固化之后同普通硫化胶无多大区别，但加工简便不必使用大型设备，易于实现连续化和自动化，甚至可以现场成型。可以制成形状特别的制品，因此，颇有发展前途。适合于特殊条件和特殊场合下的加工，如密封件、粘接件。

根据橡胶分子中官能团的位置可有遥爪型液体橡胶和非遥爪型之分。早期的聚硫橡胶主要是非遥爪型橡胶，目前，研究的重点倾向于遥爪型液体橡胶，特别是二烯烃类的发展迅速，有端羟基、端羧基、溴基等。主要有液体聚硫橡胶、液体硅橡胶、液体丁苯橡胶、丁二烯橡胶和液体异戊橡胶等。

第五章　纤　维

第一节　概　　述

纤维是一类发展比较早的高分子化合物，比如我们所熟悉的一些物质，棉花、麻、动物的毛(如羊毛、兔毛、牦牛毛等)、蚕丝等都属于天然纤维。随着化学反应和合成技术的不断进步出现了人造纤维，伴随着煤化工和石油工业的迅速发展，又出现纤维的另类大品种——合成纤维。人们把人造纤维和合成纤维归并称为化学纤维。因此，纤维一般可分为二大类，即天然纤维和化学纤维。

纤维的分类见图 5-1。

- 纤维
  - 天然纤维
    - 植物纤维：棉花、麻等
    - 动物纤维：羊毛、蚕丝等
    - 矿物纤维：石棉等
  - 化学纤维
    - 人造纤维
      - 粘胶纤维
        - 普通粘胶纤维
        - 新型粘胶纤维
      - 硝酸酯纤维
      - 醋酸酯纤维
      - 铜铵纤维
      - 人造蛋白纤维
    - 合成纤维
      - 普通纤维
        - 聚酯纤维
        - 聚丙烯腈纤维
        - 含氯纤维
        - 聚酰胺纤维
        - 聚烯烃纤维
        - 聚乙烯醇纤维
      - 特种纤维
        - 聚四氟乙烯纤维
        - 酚醛纤维
        - 碳纤维
        - 聚芳纶纤维
        - 聚氨酯纤维
        - 聚酰亚胺纤维

图 5-1　纤维的分类

一、天然纤维

天然纤维是指自然界存在的和生长的具有纺织价值的纤维，是纺织工业的重要材料来源。尽管 20 世纪中叶以来合成纤维产量迅速增长，纺织原料的构成发生了很大变化，但是天然纤维在纺织纤维年总产量中仍约占 50%。按来源不同，天然纤维分为植物纤维、动物纤维和矿物纤维。

1. 植物纤维

植物纤维又称天然纤维素纤维。其主要组成物质都是纤维素。国际贸易中的植物纤维有：棉、大麻、黄麻、亚麻、蕉麻、剑麻、赫纳昆麻和椰壳纤维等。在天然纤维中，棉纤维产量最多，因其适应性强，容易加工，而广泛用于制造各种纺织品。

2. 动物纤维

动物纤维分为3类：动物的肤发毛与绒毛；禽类的羽绒；蚕丝及其他蛋白纤维。其主要来源是人工饲养的动物。动物纤维因其主要成分是蛋白质，又称蛋白纤维。动物纤维中最主要的绵羊毛，简称羊毛。羊毛广泛用来制造各种纺织品或制毡。除羊毛外，还有山羊绒、兔毛、骆驼毛、牦牛毛等。禽类的羽绒和羽毛在纺织上可与其他纤维混纺，也可做填充材料。蚕丝是蚕的腺分泌物，有桑蚕丝、柞蚕丝、蓖麻蚕丝和木薯蚕丝等。

3. 矿物纤维

石棉是最大宗的天然矿物纤维，作为纺织材料的主要是温石棉和青石棉。

二、化学纤维

化学纤维是用天然的或人工合成的高分子物质为原料制成的纤维。化学纤维根据原料来源的不同，可分为以天然高分子物质为原料的人造纤维和以合成高分子物质为原料的合成纤维。化学纤维的制备，通常是先把天然的或合成的高分子物质或无机物制成纺丝熔体或溶液，然后经过过滤、计量，由喷丝头(板)挤出成为液态细流，接着凝固而成纤维。此时的纤维称为初生纤维，它的力学性能很差，必须经过一系列后加工工序才能符合纺织加工和使用要求。后加工主要针对纤维进行拉伸和热定形，以提高纤维的力学性能和尺寸稳定性。拉伸是使初生纤维中大分子或结构单元沿着纤维轴取向；热定形主要是使纤维中内应力松弛。湿纺纤维的后加工还包括水洗、上油、干燥等工序。纺制长丝时，经上述工序即可卷绕成筒；纺制短纤维时还须增加卷曲、切断和打包等工序。

人造纤维是以天然的高聚物为原料，经过化学处理与机械加工而得的纤维。主要有粘胶纤维、硝酸酯纤维、醋酸纤维、铜铵纤维和人造蛋白纤维等，其中粘胶纤维又分普通粘胶纤维和有突出性能的新型粘胶纤维(如高湿模量纤维、超强粘胶纤维和永久卷曲粘胶纤维等)。

合成纤维的品种繁多，主要产品有聚酯纤维(涤纶)、聚酰胺纤维(锦纶)、聚丙烯腈纤维(腈纶)三大类。

第二节　合成纤维概述

在众多的纤维中，合成纤维具有强度高、耐磨、耐酸碱、耐高温、质轻、保暖、抗霉蛀、电绝缘性好等特点，而且用途广泛、原料丰富易得，生产不受自然条件的限制，因此发展比较迅速。

一、合成纤维分类

合成纤维的分类方法很多，主要介绍以下几种。

1. 按照化学组成分类

按照化学组成分为：聚酰胺纤维(锦纶或尼龙)，聚丙烯腈纤维(腈纶)，聚酯纤维(涤纶)，含氯纤维，聚丙烯纤维(丙纶)，聚乙烯醇缩甲醛纤维(维纶)以及特种纤维。特种纤维包括用四氟乙烯聚合制成的耐腐蚀纤维，耐200℃以上温度的耐高温纤维，相对强度大于10^{-2}N/tex、模量大于0. 2N/tex的高强度、高模量纤维，以及难燃纤维、弹性体纤维、功能纤维等。

2. 按照其加工产品的长度分类

按照其加工产品的长度又可分为长丝和短纤维。

(1) 长丝　长丝和蚕丝一样纤细柔软连续不断，长度以千米计，通常有单丝、复丝、帘线丝等。单丝是指以单孔喷丝头纺制而成的一根连续纤维或以3~6根单纤维组成的连续纤维，直径为0.08~2mm较粗的单丝又称为鬃丝。复丝一般是指由8~100根单纤维组成的丝条。帘线丝指以100根至几百根单组成的丝条，如制造轮胎帘子布的丝条。

(2) 短纤维　短纤维指被切断成长度为几厘米至十几厘米的纤维，又分为棉型、毛型、中长型。棉型短纤维指长度在25~38mm之间，线密度在1.3~1.7dtex之间的较细纤维，类似于棉花，主要用于和棉混纺，如"涤棉"织物等。毛型短纤维指长度在70~150mm之间，线密度在3.3~7.7dtex之间的较粗纤维，类似于羊毛，主要用于和羊毛混纺，如"毛涤"织物等。中长纤维指长度在51~76mm之间，线密度在2.2~3.3dtex，介于棉、毛之间，主要用于织造中间纤维织物，如"中长毛涤"织物等。

3. 根据性能和生产方法分类

根据性能和生产方法分为常规纤维和差别化纤维。

20世纪50年代开展合成纤维的改性研究，在常规纤维的基础上进行改性，这样的纤维称为差别化纤维。改性的方法：改变纤维的物理性能，通过聚合与纺丝条件的变化、纤维截面的变化、纤维品种的变化等，达到物理改性的目的，从而改善纤维的性能；改变纤维的化学性能，通过共聚、接枝、交联等方法，改善纤维的性能；改变纤维生产工艺条件及工艺过程，通过采用新的聚合方法及特殊控制，采用新的纤维成型方法，改进纺丝成型和后加工工艺，完善纺丝工艺过程同后续工艺过程的联合，来达到改善纤维性能的目的。

差别化纤维的品种：

(1) 异形纤维　采用异形喷丝孔纺制得具有非圆形截面纤维或中空纤维通称为异形纤维。它具有特殊的光泽性、蓬松性、保暖性、耐污性、抗起球性、回弹性、覆盖性等。

(2) 复合纤维　两种或两种以上不相混合的高分子化合物，经过特殊熔融纺丝溶液纺丝生成的纤维，称为复合纤维或多组分纤维。这类纤维根据聚合物的性能、纤维截面分配的位置、纤维内部组分间的几何特征，可以生成许多不同性能、不同用途的复合纤维。在复合纤维的品种中，还有一种称为共混纤维，它是一种高聚物组分以原纤状或细条状高度分散于另一种组分中而制得的纤维。

(3) 超细纤维　线密度在0.11~0.55dtex的纤维称为超细纤维。主要用于人造革、防水透气织物、仿麂皮绒织物等。线密度在0.55~1.3dtex称为细纤度纤维，主要用于仿真丝织物。

(4) 特种纤维　具有特殊的物理化学结构、性能和用途的纤维，称为特种纤维，如功能纤维等。

(5) 变形纱　通过变形加工后的丝或纱，如弹性纱、膨体纱等。

二、合成纤维性能和应用

1. 合成纤维的性能

合成纤维具有优良的物理、机械性能和化学性能，如强度高、密度小、弹性高、耐磨性好、吸水性低、保暖性好、耐酸碱性好、不会发霉或虫蛀等。某些特种纤维还具有耐高温、耐辐射、高强力、高模量等特殊性能。表5-1为几种合成纤维与天然纤维、人造纤维性能比较。

表 5-1　几种纤维主要性能比较

		棉　花	毛	粘胶纤维	醋酸纤维	涤　纶	腈　纶	锦　纶	丙　纶	维　纶
相对断裂强度	干态	3.0~4.9	1.0~1.7	1.7~5.2	1.1~1.6	4.3~9.0	2.8~4.5	3.0~9.5	3.0~8.0	3.0~9.0
	湿态	3.3~6.4	0.8~1.6	0.8~2.7	0.7~1.0	4.3~9.0	2.2~4.5	3.0~9.1	3.0~8.0	2.1~7.9
相对弹性（以棉花为基准）		1	1.34	0.74~1.08	0.95~1.22	1.2~1.35	1.2~1.28	1.28~1.35	1.28~1.35	0.95~1.2
密度/(g/cm^3)		1.54	1.32	1.50~1.52	1.30~1.32	1.38	1.14~1.17	1.14	0.90~0.91	1.26~1.30
回潮率/%（相对湿度 65%）		7	16	12~14	6.0~7.0	0.4~0.5	1.2~2.0	3.5~5.0	0	3.0~5.0
耐热性/℃	软化点	12℃5h 变　黄	100℃ 硬　化	不软化 不熔融	290~300	240	190~240	180	140~165	220~230
	熔点	150℃ 分解	130℃ 分　解	260℃变 色分解	260	225~260		215~220	160~177	
耐日光性		强度下降 可变黄	强度下降 色泽变差	强度降低	强度稍 有降低	强度不变	强度不变	强度降低	耐间接日光	强度不变
耐磨性		尚　好	一　般	较　差	较　差	优　良	尚　好	优　良	良　好	良　好
耐蛀霉性		耐蛀不耐霉	不耐蛀 抗菌蚀	耐蛀性好 耐霉性差	耐蛀性好 耐霉性良	良　好	良　好	良　好	良　好	良　好

2. 合成纤维的应用

合成纤维的优异性能使它的应用已经远远超出了纺织工业的传统概念的范围，而逐渐深入到国防工业、航空航天、交通运输、医疗卫生、海洋水产、通讯联络等重要领域，成为不可缺少的重要材料。合成纤维在民用上可纺制轻暖、耐穿的各种服装面料、装饰，可混纺；在工业上可用作轮胎帘子布、运输带、传送带、渔网、绳索、耐酸碱的滤布和工作服等；高性能的特种合成纤维可用作高空降落伞、飞行服、飞机导弹和雷达的绝缘材料、原子能工业中的特殊防护材料。

第三节　常见的几种合成纤维

一、聚酯纤维

聚酯纤维的中国商品名称是涤纶，俗称"的确良"，是由二元酸和二元酯经过缩聚而制得的聚酯树脂，再经熔融纺丝和后处理制得的一种合成纤维。聚酯纤维在合成纤维中发展最快，产量居于首位。

1. 聚酯纤维的品种

聚酯纤维的品种比较多，根据化合物的结构，以聚对苯二甲酸乙二酯为主，已经工业化生产的还有聚对苯二甲酸 1，4-环已烷二甲酯纤维，聚对、间苯二甲酸乙二酯纤维，低聚合度聚对苯二甲酸乙二酯纤维，聚醚酯纤维，含有二羧基苯磺酸钠的聚对苯二甲酸乙二酯纤维等。按照涤纶产品的长度，分为短纤维和长丝。短纤维的种类有棉型短纤维、中长型短纤维、毛型短纤维、毛条短纤维，其中毛条短纤维为线密度 3~9dtex 的单纤维。涤纶长丝品种有预取向丝（POY）、拉伸丝（DY）、拉伸变形丝（DTY）、空气变形丝（ATY）等。按照纤维的功能分为有色涤纶、阳离子可染纤维、抗起球纤维、抗静电纤维、高吸水纤维、高收缩纤维、阻燃纤维等。

2. 聚酯纤维的性能

涤纶的性能包括以下几个方面：

（1）外观　单纯的涤纶纤维一般为乳白色，生产过程中添加增白剂可制得纯白纤维，也可用染料染成各种不同的颜色制成有色纤维。随着消光剂二氧化钛加入量的不同，形成超有光纤维、有光纤维、半消光纤维、全消光纤维等。

（2）密度　随着聚酯纤维的结晶度和取向度的不同，涤纶纤维的密度也不同。一般涤纶的密度在1.38～1.40g/cm^3。在制备中空纤维时，密度可降低到0.6～1.2g/cm^3，比羊毛还轻，但是却很保暖。这种纤维可用于棉织物或棉被絮片，枕头、玩具的填充物。

（3）弹性　涤纶的弹性好，接近羊毛，而且耐皱性超过其他纤维，弹性模量比聚酰胺纤维高。

（4）强度　强度大是涤纶一大优点，在湿态下强度不变。它的冲击强度比聚酰胺纤维高4倍，比粘胶纤维高20倍。

（5）湿性　从表6-1可以看出，涤纶的回潮率很低，在相对湿度为65%时，吸湿率为0.4%～0.5%，即使相对湿度为100%时，吸湿率也仅为0.6%～0.8%，这也是涤纶织物易洗快干的特性。

（6）耐热性　涤纶纤维的软化点在230～240℃，熔点255～265℃，与其他纤维相比，涤纶纤维在受热条件下耐热性能较好。

（7）耐光性　涤纶纤维的耐光性高于锦纶，低于腈纶。它在波长315μm以下的紫外线照射下，会产生分子断裂现象，纤维强度下降。

（8）电性能　涤纶纤维在干燥状态下，具有良好的电绝缘性。但是作为服装在加工与穿着时，由于摩擦而容易产生静电，容易吸灰尘，这是涤纶纤维的缺点。

（9）化学性能　涤纶纤维在常温下，对酸、碱有一定的稳定性，但是随着温度的升高耐腐蚀性降低。对某些氧化剂具有较强的抗氧化能力。

（10）抗菌性　涤纶的纤维具有抗菌性，通常不会受微生物的侵蚀，因此作为织物不会被蛀虫破坏。

3. 聚酯纤维的用途

涤纶短纤维及毛条，可作为衣着用织物或装饰用织物的原料，也可以用于工业用毛毯及织造布原料；可用于纯纺，也可以与天然纤维、其他合成纤维混纺做成各种织物，用于生活、工业各个方面。涤纶长丝可供机织、针织等纺织加工的原料，主要用于衣着面料、装饰织物，还可以用作非织造布原料。涤纶纤维经过共聚、表面处理等化学改性及物理改性后，它的用途范围会发生很大变化，应用领域扩大到工业、农业及高科技行业，如：绳索、汽车安全带、轮胎子午线；还可以制成拒水性、吸水性或导水产品；制成抗静电、阻燃型、有色纤维。

二、聚丙烯腈纤维

聚丙烯腈纤维的中国商品名称是腈纶。是以丙烯腈为原料聚合成聚丙烯腈，再进行后纺制成的合成纤维。目前聚丙烯腈纤维在国内合成纤维的产量位居第二，居世界合成纤维产量第三位。

1. 聚丙烯腈纤维的品种

聚丙烯腈纤维包括丙烯腈均聚物及其共聚物，均聚物缩写为PNA，共聚是与MMA、亚甲基丁二酸等或与氯乙烯、偏二氯乙烯的反应。腈纶的品种可以按纤维的长度来划分为腈纶短纤维和腈纶长丝。腈纶短纤维又称切断纤维，是腈纶的主要品种。在短纤维中，又可依纤维的长度（切断或拉断）、纤度分为棉型和毛型两大类。腈纶长丝是指未经切断或拉断的腈纶丝束，由于用途所限，品种比较少。按照功能来划分，分为常规品种和差别化品种，常规品种有短纤维、长丝和毛条；差别化品种有异形、高收缩、复合、超细、阻燃、抗起球、亲水、有色、易染色、中空、混纤、导电、防污等腈纶纤维品种。目前大量生产的聚丙烯腈纤维，是由85%以上的丙烯腈和少量的其他单体的共聚物纺制而成的。单纯的丙烯腈均聚物，由于大分子链上的氰基极性大，大分子间作用力强、分子排列紧密，纺制出的的纤维硬脆，而且难于染色。为了改善这一缺点，常常加入第二单体进行共聚改性。第二单体一般为5%~10%的丙烯酸甲酯、乙酸乙烯酯，为改善染色性加入1%~2%的甲叉丁二酸、丙烯磺酸钠等。

2. 聚丙烯腈纤维的性能

腈纶的性能优良，无论是外观还是手感都类似于羊毛，因此有人造“合成羊毛”之称。而且一些指标已经超过羊毛，如：腈纶的强度比羊毛高1~2.5倍，密度小，保暖性及弹性好等。此外，腈纶还具有的耐光性、耐气候性，是天然纤维和化学纤维中最好的。有资料介绍，腈纶在室外曝晒，一年后强度仅仅降低20%，而聚酰胺纤维及粘胶纤维等完全破坏。腈纶的化学稳定性、对酸碱和氧化剂的稳定性也比较好。它的缺点是耐磨性、抗疲劳性差。

3. 聚丙烯腈纤维的用途

腈纶纤维大部分为民用，而且以腈纶短纤维作服装为主，可纯纺替代羊毛制成哔叽、华达呢、大衣呢、运动衫、针织衫、地毯、毛毯、人造毛皮、装饰织物等，也可混纺制成内衣、衬衫、服装及雨衣布等，与毛混纺制成围巾、手套、袜子、针织衫、毛毯等，与涤纶、粘胶纤维混纺制成薄呢、外套和衣料；在工业中主要制成帆布、过滤材料、保温材料、包装用布、医疗材料等；另外可制成军用帐篷、防火服等。

三、聚酰胺纤维

聚酰胺纤维是世界上最早投入工业化生产的合成纤维。它是由主链中含有酰胺键的一类高分子化合物为原料，经过熔融纺丝及后加工而制得的纤维。中国在1958年合成了聚己内酰胺，由锦西合成纤维厂纺丝成功，命名为锦纶，后规范为锦纶6。前苏联叫卡普纶，其他国家叫尼龙6，以后脂肪族聚酰胺纤维在中国的商品名称均称为锦纶，形成系统名称，国际上称为尼龙。

1. 聚酰胺纤维的品种

锦纶的品种比较多，一般可以分为两大类。一类是由二元酸和二元胺缩聚所得的聚合物为原料，可根据二元酸和二元胺的碳原子数目命名；另一大类是由氨基酸缩聚或由内酰胺开环聚合而得，可根据单体所含的碳原子数目来命名。按照这样的方式聚酰胺纤维可分为如下几个品种：锦纶4、锦纶6、锦纶7、锦纶8、锦纶9、锦纶11、锦纶12、锦纶66、锦纶46、锦纶610、锦纶1010、锦纶6T、锦纶412、锦纶612等十几个品种，其中锦纶1010是以蓖麻油为原料，是中国的特有品种，而锦纶6、锦纶66是最主要的、产量最大的品种，约占98%。聚酰胺纤维也可以分为锦纶短纤维和锦纶长丝。短纤维包括普通型：棉型、毛型、地毯型、短绒型，高强型；长丝包括普通丝：单丝、鬃丝、拉伸丝、工业丝，变形丝：加捻变形丝、空气变形丝。

2. 聚酰胺纤维的性能

锦纶的优异性能主要表现在以下几个方面：

（1）耐磨性好。锦纶的耐磨性强居于合成纤维之首。它的耐磨性比棉花高10倍，比羊毛高20倍，适合于做绳索、袜子等。

(2) 强度高。锦纶的强度高于天然纤维，比棉花高1~2倍，比羊毛高4~5倍，比较适合于轮胎帘子布等。

(3) 弹性好。锦纶的弹性高，耐多次变形和疲劳性接近涤纶，可经受数万次双曲挠，比棉花高7~8倍。

(4) 吸湿性良好。锦纶具有良好的吸湿性，染色性能好，可使用酸性染料、分散染料等。

(5) 密度小。除聚乙烯和聚丙烯纤维外，聚酰胺纤维是所有纤维中最轻的，相对密度只有1.041~1.14。

锦纶的缺点是弹性模量小，使用过程中容易变形，耐热性、耐光性较差，在日光中长期暴露，强度下降，纤维变黄。

3. 聚酰胺纤维的用途

锦纶的应用范围广泛。由于锦纶具有良好的弹性、强力、耐磨、易染色等性能，大量用于日常用品，如：服装、袜子、床上用品、箱包、袋、伞、绳等，另外，锦纶还可以制成阻燃、抗静电、抗菌等材料，也可加工簇绒地毯，比较美观、厚实、丰满、脚感舒适可与羊毛地毯媲美；在工业上，锦纶主要用于轮胎帘子线、传送带、安全带、造纸用毛毡、工业用呢毯，以及渔网、绳索等。

四、聚丙烯纤维

聚丙烯纤维是利用定向聚合得到的等规聚丙烯为原料，经熔融挤压法，进行纺丝而制成的合成纤维，也称为丙纶。因为原料来源丰富，生产工艺简单，产品价格相对比其他合成纤维低廉，近年来丙纶在合成纤维中发展的比较快，产量仅次于涤纶、锦纶、腈纶，是合成纤维的重要品种。

1. 聚丙烯纤维的品种

丙纶的品种有丙纶长丝(包括未变形长丝和膨体变形长丝)、丙纶短纤维、鬃丝、丙纶膜裂纤维、中空纤维、异形纤维、各种复合纤维和丙纶无纺织布(未经纺织成型的织物)等。

2. 聚丙烯纤维的性能

丙纶的性能主要表现为以下几个方面：

(1) 质轻。丙纶在合成纤维中最轻，密度只有$0.9 \sim 0.91 g/cm^3$，比涤纶轻30%，比锦纶轻20%。

(2) 强度高。丙纶纤维的强度高(短纤维相对强度为$4\times10^{-3} \sim 6\times10^{-3}$ N/tex，长丝为$5\times10^{-3} \sim 8\times10^{-3}$ N/tex)，湿强度和干强度基本相同，即润湿时强度也不下降。

(3) 耐磨、耐腐蚀性能好。丙纶纤维的耐磨性、回弹性好，抗微生物，不霉、不蛀，耐化学性优于其他纤维。

(4) 电绝缘性、保暖性优。丙纶纤维的电绝缘性和保暖性能优于其他纤维。

丙纶的缺点：耐热性、耐老化性、吸湿性、染色性差。

3. 聚丙烯纤维的用途

丙纶纤维的主要用途是制作地毯(包括地毯底布和绒面)、装饰布、家具布；此外在衣着方面应用也日趋广泛，可与多种纤维混纺制成不同类型的混纺织物，经过针织加工后可以制成衬衣、外衣、运动衣、袜子等，由丙纶中空纤维制成的絮被，质轻、保暖、弹性良好。工业用各种绳索、条带、渔网、吸油毡、包装材料和工业用布，如滤布、袋布等；丙纶纤维可制成土工布，用于建筑、水利工程等；丙纶纤维无纺布用于卫生制品、医用手术帽、床上用品等；丙纶纤维丝束可用于香烟滤嘴填料。

由于丙纶在大分子结构上不含有能与染料结合的化学基团，所以染色比较困难。通常采用熔体着色法，将颜料制剂和聚丙烯在螺杆挤压机中均匀地混和，经过熔融纺丝得到有色纤维，这样的纤维色牢度很高；另一种方法是与丙烯酸、丙烯腈、乙烯基吡啶等共聚或接枝共聚，使聚合物大分子上引入能与染料相结合的极性基团，再直接用常规方法染色。在丙纶生产的过程中常需要加入各种添加剂以改进染色性、耐光性和抗燃性。

五、聚乙烯醇纤维

聚乙烯醇纤维是把聚乙烯醇溶解于水中，经纺丝、甲醛处理制成的合成纤维，也称为聚乙烯醇缩甲醛纤维，中国的商品名为维纶，日本命名为维尼纶。

1. 聚乙烯醇纤维的品种

维纶的品种主要有短纤维和牵切纱。短纤维主要通过湿法纺丝得到的。除常规的各种毛型纤维外，还有粗毛型纤维、原色液染色纤维、水溶性纤维、改性纤维、高强纤维、高模量纤维等。

2. 聚乙烯醇纤维的性能

维纶纤维具有良好的强度、吸湿性、保暖性、耐磨蚀和耐日光性；主要缺点是耐热水性差，弹性不佳，染色性较差，高温下的力学性能低，在服饰方面远远不如涤纶、腈纶和锦纶等应用广泛。

3. 聚乙烯醇纤维的用途

维纶性质与棉花相似，强度和耐磨性优于棉花，因此维纶大量用以与棉、粘胶纤维或其他纤维混纺，也可纯纺，用于制做外衣、汗衫、棉毛衫裤和运动衫，以及工作服，维纶牵切纱长丝经WDS染整及织造可制成美丽绸；也可制作帆布、缆绳、渔网、包装材料和过滤材料；可以作为塑料、水泥、陶瓷的增强材料，也可作为石棉代用品制成石棉板。

六、聚氨酯纤维

聚氨酯纤维是当今最富弹性的一种合成纤维，也称为弹性纤维。它是以聚氨基甲酸酯为主要成分的一种嵌段共聚物制成的纤维。聚氨酯纤维的中国商品名为氨纶。氨纶可分为氨纶纱和氨纶织物两大类。

1. 聚氨酯纤维性能

氨纶因为是由柔性的聚醚或聚酯链段和刚性的芳香族二异氰酸酯链段组成的嵌段共聚物，又用脂肪族二胺进行了交联，因而获得了类似橡胶的高伸长性和回弹性。它具有高的延伸性（500%～700%）、低弹性模量（200%伸长，$0.04\times10^{-3}\sim0.12\times10^{-3}$ N/tex）和高弹性回复率（200%伸长，95%～99%）；强度高，是橡胶丝的3～5倍，其他物理机械性能与天然橡胶丝十分相似；氨纶耐汗、耐海水并耐各种干洗剂和大多数防晒油；长期暴露在日光下或在氯漂白剂中也会退色，但退色程度随氨纶的类型不同而不同，差异很大。

2. 聚氨酯纤维的用途

聚氨酯纤维一般不单独使用，而是少量地掺入织物中。这种纤维既具有橡胶性能又具有纤维的性能，易于纺制225～22500tex不同粗细的丝，因此广泛被用来制作弹性编织物，是比较理想的伸缩性衣料用纤维。由氨纶或其包芯纱经针织、机织制成游泳衣、弹力布、灯芯绒织物等；由经向弹力织物制成滑雪衣、紧身裤；由纬向弹力织物制作运动服；由氨纶直接制成针织内衣、衣物的领口、袖口、裤口、袜口及松紧带、腰带等；由氨纶直接制成医疗织物、军需装备、宇航服的弹性部分等。随着人们对织物提出新的要求，如质量轻、穿着舒适合身、质地柔软等，低纤度氨纶织物在合成纤维织物中所占的比例也越来越大。

七、聚氯乙烯纤维

聚氯乙烯纤维是将含氯量约 57% 的氯乙烯均聚物溶解在丙酮–二硫化碳或丙酮–苯等混合溶剂中经纺丝制成的合成纤维。聚氯乙烯纤维的中国商品名称为氯纶。此外还有聚偏氯乙烯纤维(偏二氯乙烯和氯乙烯共聚物)、过氯乙烯纤维等。

1. 聚氯乙烯纤维的品种和性能

氯纶原料易得，成本低廉。产品形式有复丝、短纤维和棕丝等。纤维密度约 1.4g/cm^3，相对强度约 3×10^{-3} N/tex，断裂延伸度 12%～28%。它的优点：具有难燃、耐酸碱、耐气候、抗微生物、耐磨，以及较好的保暖性和弹性等特点。缺点：经不起熨烫、不吸湿、静电效应显著，染色较困难。

2. 聚氯乙烯纤维的用途

聚氯乙烯纤维常用于制作防燃的沙发布、床垫布和其他室内装饰用布，耐化学药剂的工作服、过滤布、针织品以及保温絮棉衬料等。

第四节　其他品种纤维

一、天然纤维

1. 棉纤维

棉纤维的主要成分是纤维素，大概占 90%～94%，其次是水分、脂肪、蜡质及灰分等。棉纤维的截面是由许多同心层组成，外形层为纺锤形，纤维的长径比为 1000～3000。棉纤维的强度较低，湿度较高。

2. 麻纤维

麻纤维是从各种麻类植物取得的纤维，包括一年或多年生草本双子叶植物的韧皮纤维和单子叶植物的叶纤维。韧皮纤维作物主要有苎麻，还有黄麻、青麻、大麻、亚麻、罗布麻和槿麻等。麻纤维由胶质粘结成片，制取时须除去胶质，使纤维分离，称脱胶。麻和亚麻可分离成单纤维。黄麻纤维短，只能分离成适当大小的纤维束进行纺纱，这种纤维束称工艺纤维。在纺织用的麻纤维中，胶质和其他纤维素伴生物较多，精练后，麻纤维的纤维素含量仍比棉纤维低。麻纤维的纤维素含量和棉接近（在 95% 以上），亚麻纤维素含量比麻稍低，黄麻和叶纤维等纤维素含量只有 70% 左右或更少。麻和亚麻纤维胞壁中纤维素大分子的取向度比棉纤维大，结晶度也好，因而麻纤维的强度比棉纤维高，可达 6.5×10^{-3} N/tex；伸长率小，只有棉纤维的一半，约 3.5%，比棉纤维脆。麻和亚麻纤维表面平滑，较易吸附水分，水分向大气中散发的速度较快；纤维较为挺直，不易变形。亚麻纤维、罗布麻等胞壁不木质化，纤维的粗细长短同棉相近，可作纺织原料，织成各种凉爽的细麻布，也可与棉、毛、丝或化纤混纺。亚麻纤维的性能特点是干、湿强度均比较高，延伸率低，初始模量高，耐腐蚀性好。

3. 毛纤维

毛纤维是人类在纺织上最早利用的天然纤维之一。毛纤维以羊毛纤维为主。毛纤维的组成主要是蛋白质。毛纤维柔软而富有弹性，吸湿率较高，耐酸性好；弹性低，耐热、耐碱性差。可用于制做呢绒、绒线、毛毯、毡呢等生活用和工业用的纺织品。羊毛制品有手感丰满、保暖性好、穿着舒适等特点。绵羊毛在纺织原料中占有相当大的比重。绵羊毛按细度和长度分为细羊毛、半细毛、长羊毛、杂交种毛 、粗羊毛等5类 。中国绵羊毛品种有蒙羊毛、藏羊毛、哈萨克羊毛。评定羊毛品质的主要因素是细度、卷曲、色泽、强度以及草杂含量等。

4. 蚕丝

蚕丝是熟蚕结茧时所分泌丝液凝固而成的连续长纤维，也称天然丝。蚕有桑蚕、柞蚕、蓖麻蚕、木薯蚕、柳蚕和天蚕等。由单个蚕茧抽得的丝条称茧丝。它由两根单纤维借丝胶粘合包覆而成。缫丝时，把几个蚕茧的茧丝抽出，借丝胶粘合成丝条，统称蚕丝。除去丝胶的蚕丝，称精练丝。蚕丝中用量最大的是桑蚕丝，其次是柞蚕丝，其他蚕丝因数量有限未形成资源。蚕丝质轻而细长，织物光泽好，穿着舒适，手感滑爽丰满，导热差，吸湿透气，用于织制各种绸缎和针织品，并用于工业、国防和医药等领域。中国是主要产丝国。

二、人造纤维

将天然纤维素经反应制成可溶于稀碱溶液的纤维素酯，然后凝聚再生纺制而成的一类再生纤维素纤维，是人造纤维中历史最悠久、产量最大、品种繁多和应用广泛的大品种。按结构和性能不同，分为普通纤维(长丝、短纤维)、高湿模量纤维(如富强纤维、高卷曲纤维等)和强力与高强力纤维。普通纤维的吸湿、耐磨优于棉纤维，强度、延伸、耐光、耐化学性则较差。富强纤维与棉相似，改性后耐磨和延伸性均有较大提高，强力纤维的延伸和延伸性均优于棉纤维。

1. 粘胶纤维

粘胶纤维的原料是木材、棉短绒以及竹、芦苇、甘蔗渣、麦秆等各种植物纤维制成的高纤维素浆粕。纤维素先与碱液反应，生成碱纤维素，再与 CS_2 反应，生成黄酸纤维素钠，把它溶解于稀碱即为粘胶。粘胶经喷丝头成纤，在酸性溶液内凝固并接着拉伸而成。纤维截面可为圆形、椭圆形及锯齿形，纵向剖面呈圆柱形，或竹节、麦秆形。

粘胶纤维的化学成分与棉纤维基本相同，某些性质，如吸湿性、透气性、染色性及纺织加工性比较好。粘胶纤维的大分子链段聚合度比棉纤维低，分子取向度较小，分子链间排列不如棉纤维紧密，某些性能不如棉纤维。如棉纤维的湿态强度大于干态强度的2%~10%，而粘胶纤维的湿态强度只有干态强度的60%左右，缩水率较大，高达10%，同时吸水后膨化，使粘胶纤维织物在水中变硬。另外它的弹性、耐磨性、耐碱性差。

粘胶纤维可以纯纺，也可以与其他纤维混纺。粘胶纤维长丝又称人造丝，可织成各种平滑柔软的丝织品，毛型短纤维又称人造毛，是毛纺厂不可缺少的原料，棉型粘胶短纤维也称人造棉，比较适合做内衣、外衣及各种装饰织物。新型粘胶纤维，即高湿模量粘胶纤维，也称富强纤维，大分子取向度高，结构均匀，比较耐水洗、抗皱性强、形状稳定，性质比较接近棉纤维。

2. 醋酸纤维

醋酸纤维又称醋酸纤维素纤维，是以醋酸纤维素为原料纺丝而制得的人造纤维。

醋酸纤维素是以精致棉短绒为原料，与醋酐进行酯化反应得到三醋酸纤维素，将三醋酸纤维素用稀醋酸液进行部分水解，可得到二醋酸纤维素。因此醋酸纤维可按照酯化度的不同分为三醋酸纤维素(酯化度280~300)和二醋酸纤维素(酯化度200~260)两大类。通常所说的醋酸纤维是指二醋酸纤维。

3. 铜铵纤维

铜铵纤维是经提纯的纤维素溶解于铜铵溶液中，纺制而成的一种再生纤维素纤维。

它与粘胶纤维相同，一般采用经提纯的 α-纤维素含量高的“浆粕”作原料，溶于铜铵溶液中，制成浓度很高的纺丝液，采用溶液法纺丝。由喷丝头的细口压入纯水或稀酸的凝固浴中，在高度拉伸(约 400 倍)的同时，逐渐固化形成纤维，可制得极细的单丝。

铜铵纤维在外观、手感和柔软性方面与蚕丝很近似，它的柔韧性大，富有弹性和极好的悬垂性。其他性质和粘胶纤维相似。

一般铜铵纤维纺制成长纤维，特别适合于制造变形竹节丝，纺成很像蚕丝的粗节丝。铜铵纤维适于织成薄如蝉衣的织物和针织内衣，穿用舒适。

三、特种合成纤维

特种合成纤维具有独特的性能，产量较小，但起着重要的作用。它包括：耐高温纤维、耐腐蚀纤维、阻燃纤维、弹性纤维、吸湿性纤维等，前面介绍的聚氨酯纤维就是典型的弹性纤维。聚氯乙烯纤维是阻燃纤维，锦纶纤维由于含有酰胺键，故吸湿性比较好，特别是锦纶 4，与棉花相似。以下再介绍几种特殊的合成纤维。

1. 聚对苯二甲酸丁二酯纤维

聚对苯二甲酸丁二酯纤维是由对苯二甲酸二甲酯或精对苯二甲酸与丁二醇酯化及缩聚而生成的另一种聚酯纤维。这是一种新开发的弹性纤维。

聚对苯二甲酸丁二酯纤维主要品种有短纤维及长丝中的弹力丝和牵伸丝两大类。

聚对苯二甲酸丁二酯纤维具有良好的尺寸稳定性和较高的弹性，不受温度的影响。它的初丝低于涤纶、近似于锦纶，因此产品手感好，容易卷曲，具有极好的拉伸弹性和压缩弹性，并且受热时，弹性不发生变化。它的最大特点是弹性可与氨纶相比，但是制造成本低于氨纶，因此在弹性纤维中具有一定的竞争力。聚对苯二甲酸丁二酯纤维染色性优于涤纶，色泽鲜艳，染色牢度好；具有良好的耐热性、耐光性、耐腐蚀，在较高的温度和日光照晒下纤维强度变化很小。

聚对苯二甲酸丁二酯纤维弹性织物可制作游泳衣、体操服、网球服、弹力牛仔服等；短纤维可与其他纤维混纺做衣料；制作多孔保暖絮片，簇绒地毯；在工业上用于增强制品。

2. 芳纶

如果聚酰胺的原料改用对苯二甲酸和己二胺，生产的纤维叫尼龙 6T 或锦纶 6T。而全部改为芳香族酸(酰)和芳胺合成的原料生产的纤维则统称芳纶。国内著名的芳纶产品有芳纶 14。杜邦的产品叫凯芙娜 49(Kevlar 49)。

还有间苯二甲酰和间苯二胺缩聚纺丝得到的芳纶 1313；对苯二甲酰和对苯二胺缩聚纺丝得到的芳纶 1414；对苯二甲酰、间氨基苯甲酰、间苯二胺缩聚(三元)纺丝得到的纤维；对苯二甲酰、间氨基苯甲酰、对苯二胺缩聚(三元)纺丝得到的纤维等。

芳纶熔点高，都在 400℃以上，耐高温、耐射线辐射、阻燃，分解温度 500℃左右，在 β 射线照射下，剂量 5.6×10^{10} 单位时，尼龙 66 的剩余强度已为 0，而芳纶 1313 还有 80%左右，芳纶 14 更好。在 γ 射线下 9×10^{10} 单位，或在 X 射线下 50h，尼龙 66 已经分解，而芳纶的剩余强度还有 60%~85%。

芳纶纤维在长期高温下，其强度并不降低，而且尺寸稳定性好，因热处理甚至可以完全消除其收缩性。其耐酸、碱，而且耐氟化物、苯酚、甲醇、甲酸等烈溶剂，用作飞机、高速汽车轮胎的帘子线、航空航天减速器，用作宇航服和航空航天军工用品，是许多材料无法替代的。

3. 特种耐高温纤维

聚四氟乙烯纤维称氟纶，国外叫特氟隆。其耐热性(200℃)，虽然不如许多耐热纤维，但由于它耐酸、碱性能特别优越，在许多工业部门仍有不可取代的作用。用作高温过滤材料，可经受不同物料的腐蚀。

聚酰亚胺纤维有优良的耐热性和电绝缘性，抗蠕变，耐酸碱(浓 H_2SO_4 和发烟硝酸除外)和蒸汽，耐磨，而且尺寸稳定，在 300℃时不收缩，400℃时收缩 2%，可长期在-150~340℃使用，在火中不燃，软化点在700℃以上。而且耐辐射，在 γ 射线 10^{12} 单位剂量，照射 8000 次仍保持机械性能和电性能。用于航空航天和核工业。

聚苯并咪唑纤维，分解温度达 660℃，在空气中不燃，用于航天航空和宇宙飞船返还舱等方面，作宇航服和有关装置的装备。

4. 碳纤维

碳纤维是主要的耐高温纤维。碳纤维可分别用聚内烯腈纤维、沥青纤维、粘胶丝或酚醛纤维经碳化制得，含碳量为 80%~95%称为碳素纤维，含碳量高于 99%的称石墨纤维。碳素纤维可耐 1000℃高温，石墨纤维可耐 3000℃，并具有高强度、高模量、高温下不变形，高的化学稳定性，良好的导电性、导热性。

碳纤维按状态分为长丝、短纤维和短切纤维；按力学性能分为通用型和高性能型。通用型碳纤维强度为 1000MPa、模量为 100GPa 左右。高性能型碳纤维又分为高强型(强度 2000MPa 、模量 250GPa)和高模型(模量 300GPa 以上)。强度大于 4000MPa 的又称为超高强型；模量大于 450GPa 的称为超高模型。随着航天和航空工业的发展，还出现了高强高伸型碳纤维，其延伸率大于 2%。用量最大的是聚丙烯腈基碳纤维。碳纤维可加工成织物、毡、席、带、纸及其他材料。碳纤维除用作绝热保温材料外，一般不单独使用，多作为增强材料加入到树脂、金属、陶瓷、混凝土等材料中，构成复合材料。碳纤维增强的复合材料可用作飞机结构材料、电磁屏蔽除电材料、人工韧带等身体代用材料，用于制造火箭外壳、机动船、工业机器人、汽车板簧和驱动轴等。

第六章 涂料和胶黏剂

第一节 涂 料

一、概述

涂料是指用于涂覆在物体表面起保护、装饰作用或赋予某些特殊功能的材料。涂料俗名油漆，因为中国古代用漆树的树脂作涂覆层用于涂覆木制家具和其他器物上，称为漆或大漆或叫生漆，有底漆、面漆和髹层等名目。后来用合成树脂和干性油、半干性油熬制成涂料可代替中国漆使用，把这种合成的涂料称为油漆，习惯使然至今许多人仍改不过口来。涂料操作时，底涂层、面涂层很少称涂料，还是叫底漆、面漆。

涂料应用的场合很多，被涂覆的表面材料常称基材，基材有金属和非金属，以及其他材料，如钢铁、铝、合金、木材、混凝土、砖石、塑料、皮革、纸张等。

涂料涂覆在物体表面，形成一层涂膜，涂膜和它的组成不同，就有不同的作用。一般说来，涂料或涂膜、涂层的作用主要是起保护作用和某些功能作用。

涂料涂层的保护作用是不言而喻的，由于涂层膜的隔绝，使大气中的氧、水气、CO_2、微生物、盐雾、污垢物以及紫外线、昆虫等不能直接接触到被涂覆的竹、木、纸、皮革、金属、砖石等，从而起保护作用或者起到防腐作用，这在工业上的应用是屡见不鲜的。有些场合就称防锈漆、防腐漆等等。涂料的功能作用可分为装饰性、标志性和特殊功能性三种。装饰性是人类运用得较早的一种功能；许多涂层也许初期出于装饰的想法，后来“意外”地发现它们还有其他作用，因此，涂料从一开始就注意颜色和颜料的运用。随着人们对生活质量的注重，对美化工作环境、生活环境的涂料提出了高的要求，既要求绚丽多彩的外观，又要求无毒、不脱落等等。这些都有赖于彩色涂料来实施。至于标志的作用，已广泛用于道路、路标、警示牌、信号牌等，而化工产品的包装和管道、容器，甚至都有标准规定的色彩标志，如氧气钢瓶涂上天蓝色，氯气钢瓶为墨绿色，危险物管道涂上红色，氢气钢瓶要涂有红色条杠等等。现在，功能涂料已层出不穷，如迷彩涂料、伪装涂料、防辐射涂料、防火涂料、防水涂料、耐高温涂料、导电涂料、防污涂料、防结露涂料、静电屏蔽涂料、发射红外线的涂料、干扰红外线的涂料、干扰电磁波的涂料、示温涂料等等，不一而足。涂料的运用与环境协调的问题已引起人们的重视。许多“绿色”的或者水基性涂料纷纷开发应用，对涂料的基础研究还在深入。

涂料的命名一直较为混乱。从高分子学科的角度去研究涂料，一般都是以涂料当中的高分子树脂来命名或加以研究。涂料当中的高分子树脂，可能是天然的，也可能是人工合成的，或天然树脂改性的。涂料的一般组成示意如下：

- 成膜物质
  - 天然物质
    - 树脂(包括沥青之类)
    - 干性油、半干性油
  - 人工合成物质
    - 树脂预聚物
      - 热塑性
      - 热固性
    - 低分子预聚体
      - 含双键单体
      - 反应低聚体
- 挥发分(溶剂)
  - 有机溶剂
    - 不参加反应
    - 参加反应成膜
  - 水
- 颜料和填料
  - 着色料
    - 有机颜料
    - 无机颜料
  - 体质料
    - 无机颜料—补强和辅助成膜
    - 填料
      - 增加体积—也有补强耐磨功能
      - 增加功能、增稠、增黏等
  - 功能填料—功能涂料
- 添加剂、助剂
  - 生产过程中
    - 消泡剂
    - 分散剂
    - 乳化剂
    - 润湿剂
  - 贮存性能
    - 稳定剂、防沉剂
    - 防结皮剂
  - 施工性能
    - 流平剂
    - 增稠剂
    - 光引发剂
    - 催干剂
    - 固化剂(架桥剂)
    - 防流挂剂
    - 消光剂与膜助剂
  - 改善功能
    - 阻燃剂
    - 防霉剂
    - 防老剂
    - 室外光吸收剂
    - 抗氧化剂
    - 防静电剂
    - 毒饵等

按涂料的功用可分为：

- 通用涂料——主要用于防护，形成保护膜
- 装饰涂料——主要用于装饰外表，不同颜色、图案
- 特种涂料——除上述两项功能之外有特殊应用的功能

按涂料使用形态分：

- 水性涂料（以水为分散剂）
  - 水溶液
  - 水乳液
- 非水涂料
  - 溶剂涂料
    - 普通溶剂涂料
    - 高固体涂料
  - 无溶剂涂料
    - 液相无溶剂涂料（溶剂聚合）
    - 粉末涂料

目前国外厂家常把涂料按用途来分，如建筑涂料、汽车涂料、桥梁涂料、排风管涂料、飞机涂料、船舶涂料、家电涂料、机床涂料、塑料涂料、罐头涂料、彩钢涂料、蒙皮涂料、伪装涂料、抗干扰涂料、木器涂料、家具涂料、地板涂料、仿瓷涂料、外墙涂料、内墙涂料、玩具涂料、纸张涂料、喷塑涂料、道路涂料等等。

而涂料研究者又喜欢按功能划分为各种特种涂料。施工者喜欢叫喷涂漆、辊涂漆、烘漆、调和漆、清漆、浸渍漆、电泳漆等等；合成涂料的研究者、高等院校、研究所喜欢按涂料的树脂成分来划分和称呼，如，酚醛涂料、聚氨酯涂料、醇酸树脂涂料、聚酯涂料、环氧涂料、不饱和聚酯涂料、丙烯酸涂料、有机硅涂料、硅-丙涂料、苯-丙涂料、氨基涂料、沥青涂料等等。

色漆涂料生产的基本工艺模式，本质上是合成聚合物树脂和把颜料高度分散在高分子浓溶液中。常用高速分散机、砂磨机、球磨机、三辊机等将颜料研磨，研磨过程中，配有适当的添加剂和适量的树脂、溶剂等，研磨成单一颜色的色浆，然后再配色、调配获得涂料产品。不加颜料的涂料习称清漆，实际上就是树脂和添加剂的混合产品。

二、主要的涂料用树脂

前面章节介绍概念时，已涉及“树脂”这个词。在高分子术语中，树脂往往是和塑料相关联的词，凡合成的高分子物，早期都叫树脂，不论线型的聚乙烯、聚氯乙烯还是交联型的酚醛树脂、醇酸树脂甚至尼龙都这么叫。把树脂加入填料添加剂则可加工为塑料。而涂料中用的树脂显然比塑料中用的“树脂”范围要窄，涂料因为最终要成为一个不溶的膜，成膜过程又叫固化过程，高分子物质在交联甚至于高度交联，因此，涂料用树脂必须是体型聚合物凝胶化之前的准线型预聚体或留有可交联的基团的预聚体，分子量一般不很大。

1. 醇酸树脂和聚酯树脂

这是最早用于涂料的品种之一，由多元酸和多元醇聚合而成，聚合条件一般不苛刻。

早期的醇酸树脂合成中要加入植物油或椰子油、亚麻油、梓油、脱水蓖麻油、棉籽油等，有含双链的，有单官能团的，有多官能团的。从早期一直沿袭至今，变化不大。这类醇酸树脂，有一部分依赖天然产物，称含油醇酸树脂。

现在有许多合成的醇酸树脂，不加油脂，而全部用二元酸和多元醇反应，称为无油醇酸树脂。合成醇酸树脂用的二元酸一般是2~10个碳的二元酸，常用的多元醇则有乙二醇、丙二醇、丁二醇、辛二醇、己二醇、新戊二醇、丙三醇、季戊四醇、三甲醇丙烷（三羟甲基丙烷）等多元醇。多元醇的伯、仲、叔碳上羟基活性不同，利用这个原理，可以在投料配比上控制生产出基本上是线型的预聚体。

醇酸反应生成聚酯，但人们习惯上不称它为聚酯，而把那些使用芳香族二酸的，如邻苯二甲酸酐、对苯二甲酸与多元醇“醇酸”聚合的高分子称为聚酯。如果聚酯预聚物中没有双键，称为饱和聚酯，预聚物中含有双键的称不饱和聚酯。

用作醇酸或聚酯涂料的树脂，往往不是使用单一的多元醇，而是二元醇和多元醇混用。

长链、短链的醇混用，可以调整高分子链条的刚性柔性，使涂料最终形成的高分子膜具有各种特性，或韧或刚或硬或软或强或柔。

醇酸树脂原料易得，制造工艺简便，综合性能好，用量一直居于涂料中的树脂首位。醇酸树脂含有大量酯基，因而耐水性、耐碱、耐化学药品性要略逊一些，但这种高分子链中有羟基、羧基、酯基，有些还有双键、苯环，所以改性的路子很宽，也收到较好的效果。例如用氨基树脂、环氧树脂、异氰酸酯或聚氨酯、氯化橡胶、丙烯酸酯、有机硅树脂改性等等。用聚酰胺改性醇酸树脂，可用来制取触变性涂料。其在静止状态时呈冻胶状，而当受到剪切力作用，如在搅拌或在刷涂时，就会变成低黏度的液体，便于施工，剪切力停止，逐步恢复冻胶状。

用芳香二酸合成的聚酯树脂，其耐候性和韧性优于醇酸树脂，常用的有单组分和双组分两类，前者加热自交联，后者要添加催化剂和交联剂(另一组分)。

2. 酚醛树脂和其他甲醛类树脂

苯酚和甲醛在酸催化作用下，生成基本上是线型的树脂，固化时要加入交联剂，最常见的是六亚甲基四胺。碱催化的酚醛树脂是预交联体，在反应的第一阶段终止，交联未形成，而是一些多官能度预聚物，一般加热130~180℃固化交联，或在室温下强酸作用也可固化，固化后为不熔不溶的热固性树脂。

酚醛树脂粘附力强，固化后有极好的耐热、耐候、耐化学腐蚀性和好的绝缘性能。广泛用于木器、家具、建筑、机械、船舶、电气及防腐涂料。但酚醛树脂色深，不宜配成浅色涂料。

脲(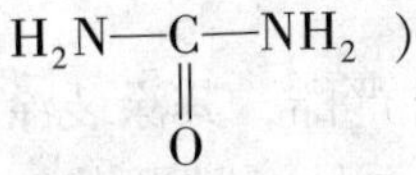)和甲醛生成脲树脂，三聚氰胺 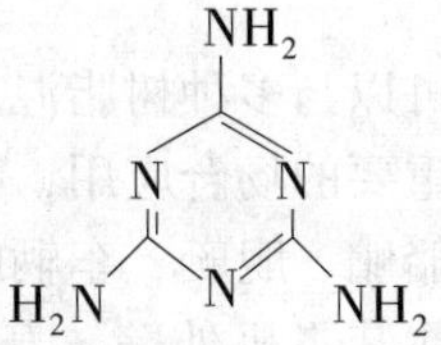 和甲醛反应生成三聚氰胺甲醛树脂，这两种有时候统称为氨基树脂。氨基树脂固化时变硬变脆，一般不单独作涂料用，常作为“交联剂”用于含羟、羧、酰胺基的其他树脂。

3. 环氧树脂

环氧树脂中仅有羟基和醚链，没有酯基，因而耐水、耐碱性很好。它有极好的粘附力，收缩率低(不到2%)，不如不饱和树脂收缩率高(达10%以上)，韧性优于酚醛树脂，又能和多种树脂相容，可以拼混和改性，而且常温下为固体的适于作粉末涂料。

环氧树脂要加固化剂才能交联固化，通常用多胺固化，所以环氧涂料多为双组分。固化剂有多元酸、多元酐、氨基树脂、酚醛树脂、多元硫醇等。环氧树脂与一种称为潜在型固化剂配合，可以作成单组分涂料，这种固化剂在室温下稳定，一旦高温，即起交联作用。

由于环氧树脂可以室温固化，常用作防腐涂料尤其用作大型构件如船舶、建筑物、桥梁等的防护涂料。环氧树脂可以一次涂刷较厚，作容器涂料又有很强的粘着力，可作电绝缘漆和化工设备防腐底漆。

4. 聚氨酯涂料

涂料主要由成膜树脂(物质)、颜料和溶液三大组分组成，涂料的各种助剂基本是围绕成膜和颜色的问题，应运而生的。以聚氨酯树脂为主要成膜物质的涂料就是聚氨酯涂料。1955年研究成功TDI和三羟甲基丙烷的加成物作为多异氰酸酯的一个组分，促进了聚氨酯涂料的发展。聚氨酯涂料综合性能好，一时声誉鹊起，各种炫人眼目的名称接踵而来，如水晶王、涂料王、仿瓷、仿釉等不一而足，但用它作耐候涂料则不足，在阳光下会变黄。用

HDI可以制成不变黄的涂料，作室内外装饰涂料，扩大了应用范围。其涂料品种很多，可根据不同标准来分类。现在一般采用美国材料试验协会(ASTM)的分类方法。分为三大类。

- 单组分
  - 氨酯油，氧化聚合固化，用作一般防护，室内装饰
  - 封闭型，加热固化，作烘烤涂料
  - 湿固化，空气中湿气固化，作防腐涂料
- 双组分
  - 催化固化型，催化剂加预聚体固化，作耐磨涂料，皮革橡胶用
  - 多羟组分固化型，多羟组分加—NCO基固化，用途广泛
- 其他形式
  - 聚氨酯沥青涂料——聚氨酯与煤焦油沥青混合
  - 弹性涂料——长链预聚体
  - 粉末涂料——固相粉碎
  - 水性涂料

聚氨酯涂料粘附力特别好，耐磨性特优，通常涂膜坚硬，光亮，柔韧，而且耐油、耐酸、碱、盐和一些化学药品，广泛应用于地板、甲板以及金属、水泥、橡胶塑料的涂装。

聚氨酯涂料可以调整的配方十分丰富，可获得所要求的性能，从坚硬的到柔韧的，光亮的，消光的，尤其是涂膜有一定弹性、韧性，是其他涂料不能相比的。

聚氨酯涂料具有很好的耐气候性、耐低温性，可耐-40℃，耐热性好，有些高温绝缘性能接近聚酰亚胺，有优良的电气性能，浸渍漆包线可以自焊自粘。聚氨酯涂料施工范围广泛，能在室温固化，也能加热固化，施工性能好，对于大型物件的涂料施工，不受季节影响。

聚氨酯涂料可以与多种树脂混用，出现许多新的品种。尽管这种涂料较贵，但由于其性能优异，因此在重要的场合应用，有不可替代的作用。

用于飞机、船舶、舰艇、车辆的涂装，这些场合一般环境条件严酷，其涂装涂料要求特别高，用聚氨酯涂装飞机外壁，寿命可延长50%，可使用5年，而且涂膜平滑，飞行阻力小，又特别耐磨，飞过冰雹层，也能不受伤害。聚氨酯粘附力很强，用于船舰金属底漆，与金属和面漆结合良好，是任何水下用涂料不可比的。用于船舰的水上部分涂装和油箱包的防腐，可以耐盐蚀、油蚀，五六年不被损坏。用于车辆装涂，可防晒、防磨，耐洗刷。

聚氨酯涂料用于建筑物涂装，从室内到室外，涂层耐磨，光亮丰满。用于木材表面涂装、塑料、金属、橡胶、皮革、化工设备、油品贮运设备、机床、电线涂覆，各具特色。

5. 聚丙烯酸酯

聚丙烯酸酯是丙烯酸类单体，如丙烯酸甲酯、乙酯、丁酯、羟基乙酯、羟基丙酯、甲基丙烯酸甲酯的均聚物、共聚物以及与其他烯烃的共聚树脂等。聚丙烯酸酯耐光、耐候、耐户外阳光曝晒、耐紫外光、耐热性好，在170℃不分解，更高的温度如230℃可以不变色，耐酸、碱、洗涤剂，耐化学腐蚀，在汽车、家具、家电、仪表、建筑等行业得到广泛应用。

各种单体侧基的长短，与分子柔性有关，调整投料比例可以得到许多种热塑性和热固性树脂。热固性树脂是利用含有羟乙酯、羟丙酯的单体，或含羧基的丙烯酸，含氨基、酰胺基的单体共聚合以后，在大分子链中有许多活性官能团，用环氧、聚氨酯(二异氰酸酯)、三聚氰胺甲醛树脂等进行固化。

丙烯酸树脂的性能与合成它们的单体有较大关系，随着聚合物侧链长度的增大，拉伸强度和硬度减少，而柔韧性和防开裂性则增加，耐寒性变得很好。丙烯酸树脂与许多树脂的相容性较好，可以很好地共混改性。由于它在合成中可能引入反应性基因，因此适用于与多种树脂化学改性，变得多种多样。

热塑性丙烯酸酯涂料主要用作汽车面漆和修补漆，金属涂层的底漆，地板涂层等等。热固性聚丙烯酸酯涂料用作家电涂料最为广泛，用环氧树脂固化，其粘附力优良，又耐污，无需底漆，施工简便。用氨基树脂固化或与多种树脂改性，用作汽车漆获得多种性能，应用最广。此外还用作各种金属材料、板材、卷材的涂层。

6. 乙烯基树脂及其他

乙烯类树脂主要是聚氯乙烯、氯乙烯和乙酸乙烯的共聚物。与其他树脂不甚相同的是，它通常采用悬浮聚合法获得高分子，不像醇酸树脂、环氧树脂、聚氨酯、聚丙烯酸酯那样采取溶液聚合或本体聚合的方法。悬浮法制得的树脂为球粒状固体，再将它们制成溶液或溶胶，可作化工防腐涂料、船底涂料、海上钻井平台涂料、海洋水下设施涂料等。

聚乙烯醇缩醛树脂的缩醛主要是缩甲醛和缩丁醛，也是乙烯基树脂中的重要成员。聚乙烯醇缩甲醛涂料主要与封闭型聚氨酯配合，用作漆包线漆和线缆，耐腐蚀、耐刮削、挠曲性好，防潮，耐溶剂。聚乙烯醇缩丁醛常与酚醛树脂配合，作木器漆以及金属的底漆等。

此外，有机硅树脂、有机氟树脂作涂料，性能独特优异，另有专章述及。氯化聚氯乙烯、氯化橡胶、氯磺化聚乙烯、氟化环氧树脂、氟化丙烯酸酯等，也是涂料中的重要品种。

三、高性能树脂和特种涂料

许多功能性涂料要求高性能树脂，除了有机氟、有机硅、聚氨酯树脂之外，诸如聚酰亚胺、聚酰脲、聚苯醚、聚苯并咪唑吡咯酮、聚苯并二唑等高性能树脂相继进入涂料行列。

大多数特种涂料获得的功能来自添加剂。例如加入玻璃微珠，制成回归反射涂料，可作道路标志漆；加入荧光染料或荧光染料与高分子接枝物，制成荧光涂料；加入磁粉组成磁性涂料；用导电性石墨、铜粉制成导电涂料；加入有机锡毒料、有机铜毒料等可以制成防污涂料，防止舰船底部海洋生物的附着，有些高分子材料接枝毒饵功能基，成为毒饵高分子，作防污涂料，功能胜过前者；添加感温颜料或感温高分子材料，制成示温涂料；添加一些硼化物、碳化物、氮化物、硝化物等特殊材料制成红外辐射涂料等等。至于耐高温涂料、耐烧蚀涂料都与有机硅树脂、有机氟材料和填料有关。有的将耐高温工程塑料的高分子树脂，用于高温绝缘涂料，也收到预想的效果。

四、粉末涂料

粉末涂料由高分子树脂、颜料、固化剂、填料和各种助剂组成。与上述溶剂漆相比，只是少了一份溶剂而已。它的生产方式不同，颜料的研磨也是必经之途，与树脂配合，不是在溶剂中搅混，而是像塑料加工一样，将树脂、颜料、添加剂、填料搅混捏合送入螺杆挤出机和熔融挤出，冷却以后加以粉碎筛分。

粉末涂料不含有机溶剂，毒性低，运输的安全性要好，生产环境几乎无污染，树脂利用率高，筛余和喷溢的粉末可以回收。此外粉末涂料施工安全，卫生，涂膜厚度可控，一次涂装厚度相当于溶剂型的喷涂若干遍，易于自动化，提高了劳动生产率。其主要缺点是烘烤或成型温度高，厚涂容易薄涂难。

适合于制造粉末涂料的树脂必须考虑熔融温度不宜太高，更不能接近分解温度，室温下为玻璃态或晶态，稳定性好，附着力强，易于被粉碎，有要求的性能(如电绝缘性、耐腐蚀性等等)。

热塑性的粉末涂料有 PVC、PE、PA、氟树脂、醋酸纤维素等，要低温粉碎，甚至要冷冻下破碎，而热固性粉末涂料常常加入固化剂，固化剂要高温固化，在熔融粉碎时，不与树脂反应。此外流平剂、消光剂等施工性能的添加剂亦不可少。例如环氧树脂粉末涂料，选用软化点 70℃以上的牌号的固化剂，如 160℃反应的双氰胺，180℃反应的酸酐等，加入流平剂、颜料，在略高于软化点温度上挤压，挤压料冷却破碎。粉末涂料用静电喷涂施工。150～180℃15min 即可固化为坚韧涂层。

除了环氧粉末涂料外还有聚酯/环氧、聚酯、聚氨酯、聚丙烯酸酯、丙烯酸/聚酯粉末涂料以及它们的各种拼混产物。

五、水性涂料

水性涂料可按如下分类：

- 水性涂料
  - 水溶性
    - 无机高分子或无机成膜物
    - 有机树脂
      - 自干
      - 烘干
      - 沉析
  - 水分散性
    - 水乳液
    - 水乳胶
    - 水分散粉末涂料
    - 有机无机复合涂料

水性涂料又叫水基性涂料，主要是合成水溶性或可水乳化型的高分子材料。一般在高分子聚合中，要引入亲水基团，或引入成盐基团。如高分子中含较多的羟基，亲水性能较好，含有羧基，可以用氨或碱，使之成为可电解的高分子电解质。用以引入亲水基团的有如聚醚多元醇、聚乙烯醇、顺丁烯二酸酐、蓖麻油、草酸、山梨醇等等多元酸和多元醇等。

除了合成水溶性高分子材料之外，许多高分子可以用乳液聚合的方法制成乳液，乳液作为水性涂料的使用也是最常见的。如聚丙烯酸酯乳液、聚丙烯酸酯/苯乙烯乳液、有机硅/丙烯酸酯乳液等。

聚合物的水分散体系与颜料的水分散体系的混合物在增稠剂、表面活性剂和稳定剂的参与之下，形成乳胶涂料(乳胶漆)，本质上也是水性涂料。

六、紫外线固化涂料(UV 涂料)

这是一种无溶剂涂料，又称光固化涂料。其聚合机理是在光或辐射射线照射下，自由基引发聚合，一般是涂料树脂中含有未聚合的双键或者以苯乙烯为溶剂，涂料树脂含有不饱和双键，在光引发剂(常用二苯甲酮或安息香醚)作用之下很快聚合，表现形式是没有溶剂挥发(苯乙烯作为溶剂于预聚合过程中，但在光引发下，参与聚合)。在无溶剂涂料体系中，上述溶剂苯乙烯之类被称为“稀释剂”。用作含有可聚合双键或可交联的高分子的，有不饱和聚酯、聚丙烯酸酯或氨基丙烯酸酯、环氧或其他多元醇丙烯酸酯聚合物，稀释剂最常用价格低廉的苯乙烯，还有丙烯酸羟丙酯、二丙烯酸酯等等。

七、防火涂料

防火涂料又叫耐烧蚀涂料，使用的成膜材料有三种类型。一种类型是材料本身有阻燃性、自熄性或者能耐受火焰温度，一般是含有卤素的高分子以及含有硼、硅的半无机高分子，都有这种性能。第二种类型是一些高分子材料与无机材料接枝或改性的产物，或者是无机高分子材料直接和有机高分子相混，如用水玻璃等。第三种类型是低密度的或发泡的材料，当温度达到某个数值(比如300℃)之后，这些材料就发泡，泡中含有大量的 CO_2 或其他不可燃气体，隔绝了氧，同时由于低密度材料形成多孔碳化层，阻滞高温传导。比如密度仅为 0.054g/cm^3 的 PU 材料，曾充当阿波罗飞船船尾耐烧蚀涂料。

防火涂料的填料一般是铝粉、滑石、玻璃、陶瓷和 SiO_2 等。有的添加剂本身是发泡剂，如磷酸盐、无水亚硫酸钠、中空的 SiO_2 微球、含有 CO_2 气体的泡沫材料等。

第二节　胶　黏　剂

一、概述

能把同一种或不同种材料的固体物质表面连接在一起的媒介物质，统称为胶黏剂，也叫胶黏剂。

胶黏剂的组成可简单、可复杂，简单的就只有黏料，复杂的则有如下组成：

胶黏剂组成
- 黏料：又叫主料、基料，胶黏剂中起胶黏作用的
- 固化剂：使黏料固化成型
- 固化促进剂：有时又叫催化剂
- 填料：改善黏料机械性能或其他功能
- 稀释剂：一种是溶剂，另一种是参与固化反应的又叫活性稀释剂
- 其他助剂：如增塑剂、增稠剂、耐氧化剂、防光剂、防霉剂等

从理论上讲分子量不很大的高分子都可以作胶黏剂。用作胶黏剂的树脂类高分子材料常有聚乙烯醇、聚乙烯醇缩醛(甲醛、丁醛)类、聚乙酸乙烯、聚丙烯酸酯类、聚氨酯类、饱和聚酯类、聚乙烯类、聚氯乙烯类、聚酰胺、纤维素衍生物类，这些是属于热塑性树脂。还有酚醛树脂、线型酚醛树脂、环氧树脂、不饱和聚酯、聚酰亚胺等属于热固性树脂。热固性胶黏剂要加固化剂或者做成双组分。橡胶类型的胶黏剂常用的有氯丁橡胶、丁腈橡胶、丁苯橡胶、丁基橡胶、硅橡胶、聚硫橡胶和热塑性弹性体，以及将这些胶黏剂共混的复合型胶黏剂。

胶黏剂按应用施工方法分为：

- 室温固化型
  - 溶剂挥发
  - 湿气固化
  - 添加固化剂型(双组分)
  - 厌氧胶
- 加热型
  - 热熔胶
  - 热固型胶
- 压敏型
  - 压敏胶、不干胶
  - 热压
  - 冷压
- 再湿型
  - 水基型
  - 溶剂型

按使用形式分：

- 单组分胶黏剂
- 双组分胶黏剂

按使用场合分：

- 结构型胶黏剂：用于有长期负荷处
- 非结构型胶黏剂：有一定胶黏强度
- 特种胶黏剂：如高温低温、导电、水下等

按胶黏剂形态分：

- 水性胶
  - 水溶液：如聚乙烯醇、酚醛
  - 水乳型：如乳胶、聚丙烯酸酯
- 溶剂型胶：如氯丁橡胶、天然橡胶
- 无溶剂胶
  - 液态胶：如聚氰基丙烯酸酯、聚氨酯
  - 黏流性胶：如环氧树脂
- 膏状物
  - 膏状胶
  - 腻子：如嵌缝胶等
- 固态形状：如热熔胶
- 其他形状：如不干胶带、热封胶等

二、热塑性高分子胶黏剂

热塑性高分子胶黏剂黏料由线型高分子组成，分子量比较大，容易配成溶液或加热成熔融状态，容易在液态状态下使用和施工，使用方便。一般这类胶黏剂由于分子量足够大，因此起始粘附力(初粘力)比较好。其具有一定的柔韧性，耐冲击性好，耐气候性良好等优点，但相对来说，最终胶黏强度较低，不大耐高温，不大耐溶剂。常见的有：

(1) 聚乙酸乙烯溶液胶黏剂　由乙酸乙烯溶液聚合成树脂，溶解于丙酮、乙酸乙酯、甲苯或无水乙醇中，一般配成浓度30%~35%(可高达70%)。对于非极性材料有较好的粘接性，用于木材、织物、皮革等。

(2) 聚丙烯酸酯胶黏剂　常用丙烯酸的甲酯、乙酯、丁酯、异辛酯等，有溶液型和乳液型，后者常用。用于粘接有机玻璃、无纺布织物等。

(3) 聚乙烯醇　水溶液就是胶水的主要成分，而聚乙烯醇缩醛类胶黏剂常作为建筑装修的主要胶黏材料。

三、热固性高分子胶黏剂

热固性高分子胶黏剂分子中含有反应性基团，分子量不大，通过加热、加压或加固化剂结合成不溶不熔的交联高分子，粘接物体界面。由于分子量小，初始粘力较低，固化易收缩或有应力，易在固化过程中变形，但固化后的粘结层耐热性较高，抗蠕变，常见的有：

(1) 氨基树脂胶黏剂　包括脲醛树脂、三聚氰胺甲醛树脂等，加入固化剂或加热加压。主要用于制造层压板、人造板、碎木板等。用于制造胶合板、人造板材料的还有酚醛树脂胶黏剂。以酚醛树脂为主体的胶黏剂品种很多，有碱催化反应的预交联的酚醛树脂醇溶液，加热可以固化；有酸催化的线型树脂，要加固化剂才能固化等，大多用于人造板。

(2) 环氧树脂胶黏剂　又叫“万能胶”，对各种金属和大多数非金属都有粘接功能，在国防军工、汽车、建筑、电子电器、机械和日常生活中应用广泛，用于粘接陶瓷、金属、硬软材料等。一般都是双组分，其中一组分是固化剂。常用固化剂为胺类，如乙二胺、二亚乙基三胺、三亚乙基四胺、苯二甲胺、β-羟乙基乙二胺，低分子聚酰胺等，这些固化剂室温下即可以固化。还有许多固化剂是在高温下固化的，如间苯二胺、顺酐、双氰胺、癸二酸二

酰肼等，要到160℃以上才固化。有一些固化剂在室温下是稳定的，非要在高温下才与环氧树脂反应，因此，在环氧树脂胶黏剂中可以把这种固化剂分散进去。它在室温下是稳定的，加热至160~180℃以上很快就固化，这种胶黏剂不必把固化剂单独包装，所以就成了"单组分"环氧树脂胶黏剂，使用有方便的一面，但固化非得高温不可。那些高温才发生固化反应的固化剂被叫成潜伏性固化剂。

(3) 不饱和聚酯胶黏剂　一般是由饱和的与不饱和的二元酸和二醇反应的预聚物，溶于苯乙烯中，加入固化剂(实际上是双键聚合的引发剂)。固化剂常用过氧化物，分为常温固化与高温固化两种。适用于玻璃钢生产和粘接金属、混凝土和陶瓷等。

(4) 聚丙烯酸酯类　是聚丙烯酸酯或其共聚物大分子中有活性基团，如有羟基、环氧、羧基等，在固化剂作用下交联固化或在催化剂作用下自交联固化，具有耐热、耐洗涤和耐化学药品性，适用于作无纺布胶黏剂。

四、聚氨酯胶黏剂

聚氨酯胶黏剂与表面含有活泼H的材料有优良的化学粘附力，聚氨酯与被粘物表面有物理粘附力和氢键力，分子间作用力很强，粘合牢固，可粘接泡沫塑料、木材、金属、陶瓷、皮革、织物、纸张、多孔材料、橡胶、塑料、玻璃等，几乎什么都可粘接。

调节配方可制成软硬弹性等性能不同的材料，粘合层从柔性到刚硬可以调节。而且胶黏剂可室温固化，也可以高温固化，简便易行，操作技巧不大。

聚氨酯胶黏剂的低温性能和超低温性能大大超过其他胶黏剂。其粘合层可以在液氮(−196℃)和液氢(−253℃)中使用，且耐磨耐油、耐溶剂、耐臭氧、耐霉菌性能都很好。

1. 多异氰酸酯胶黏剂

由多异氰酸酯单体或衍生物组成。早期作胶黏剂，现常用作PU交联剂。

2. 双组分聚氨酯胶黏剂

这是最大量的一类——一组分是溶液聚合的聚氨酯树脂，一般是羟基封头的；另一组分一般是三羟甲基丙烷的TDI加成物作固化剂。品种很多，主要有包装薄膜、复合薄膜的各种牌号和鞋用胶黏剂、纸塑复合用胶黏剂等多种牌号。

3. 单组分聚氨酯胶黏剂

(1) 以—NCO封端的预聚体，为湿固化型胶黏剂。

(2) 以—NCO封端的预聚体和多元醇(如甘油)的混合物，除了不要计量、混合等操作之外，粘接质量稳定，加热固化，具有反应型聚氨酯的特性。

(3) 以聚氨酯树脂中引入丙烯酸酯单体，用射线、光能固化。

(4) 热熔性聚氨酯胶黏剂，一种是热塑性弹性体热熔胶，常温下固化；一种是反应型热熔胶。

(5) 压敏型聚氨酯胶黏剂，由端羟基聚丁二烯与异氰酸酯三聚体制成。

(6) 发泡型单组分聚氨酯。

4. 聚氨酯结构胶黏剂

人们对这种结构胶黏剂是逐步认识的。通常认为聚氨酯胶黏剂是一种弹性体或橡塑体。实际上，由于聚氨酯软段硬段的可调节性，现在，已经可以获得强度、硬度和刚性符合要求的结构胶黏剂，可以粘合许多充当结构、承受拉伸和其他载荷的材料，用于受力场合。

目前，聚氨酯结构胶黏剂主要还是接枝或共混改性而成，通过环氧树脂或胺类固化。大多数是与酚醛树脂、环氧树脂接枝，或本身是聚氨酯和聚脲混合物，可以用来粘接汽车部件、某些机床机件等。

特殊的聚氨酯胶黏剂，还有许多应用场合，如：磁性材料胶黏剂，以聚氨酯树脂为主体。

聚氨酯油墨胶黏剂，油墨的组成接近于涂料，也有三大成分组成，但油墨以颜料为主体，涂料以成膜物质为主体，油墨中的高分子不是作成膜物质（尽管也成膜）而是作为颜料的胶黏剂使用的。

聚氨酯-酚醛型砂胶黏剂，由多异氰酸酯与含羟基的酚醛树脂组成。

五、橡胶型胶黏剂

橡胶型胶黏剂适合于粘合柔软的或热膨胀系数相差较大的物件，如橡胶与橡胶，橡胶与金属、塑料、皮革、织物、木材，以及它们相互之间的粘接。广泛应用于飞机、汽车、建筑、橡胶、塑料加工及制品、轻工、用具等方面，据统计5%~7%的橡胶被用作胶黏剂，主要有：

（1）氯丁橡胶胶黏剂　具有耐臭氧、耐水、耐化学试剂、耐油和耐老化性能，是用氯丁橡胶塑炼，加入各种添加剂混炼后溶解于溶剂中。这种胶黏剂改进的配方很多，有单组分和双组分两类。单组分胶黏剂添加有预反应树脂，它已成为重要品种；双组分常用交联剂一般是异氰酸酯。目前已广泛应用于电子、轻工、建筑等部门。

（2）丁腈橡胶　对极性表面的粘附性特别好，分为溶剂型与胶乳型两种，主要用于橡胶与橡胶、橡胶与金属、橡胶与织物等的粘接。此外由于橡胶的特点，可作为酚醛树脂、环氧树脂胶黏剂的增韧改性的结构胶黏剂。

（3）氯化天然橡胶　具有优良的耐化学腐蚀性，有良好的粘附性和稳定性，除了自身作胶黏剂之外，常用于改性氯丁橡胶、丁腈橡胶的胶黏剂，可提高胶黏剂的胶接强度、耐高温蠕变和其他性能。

（4）氯磺化聚乙烯　耐臭氧、耐热老化好，脆性温度可到-62℃，它用于除硅橡胶、氟橡胶之外，几乎所有的橡胶之间的粘合以及这些橡胶与金属的粘合。

（5）硅橡胶　用作胶黏剂使用的形式有单组分、双组分和硅凝胶。单组分和双组分室温硫化硅橡胶胶黏剂用作建筑物胶黏剂和密封门窗玻璃，以及许多耐温耐水的场合，如地下室、地道、地铁、隧道的粘贴物件；硅凝胶用于航天、航空和特殊场合以及作医用胶黏剂。其粘合性能在汽车工业、太阳能电池、船舶、潜艇等许多部门都有独特意义。

六、结构胶黏剂和耐热胶黏剂

习惯上把承受比较强力的部位的那些构件粘接起来的胶黏剂称为结构胶黏剂。有人主张结构胶黏剂按耐热性来分类，又有人主张按机械强度分类。许多结构胶黏剂用于航空和航天、建筑、桥梁一些受力部件的胶接。

许多热交联固化的胶黏剂，固化时剪切强度增大，剥离力反而显著下降；相反，热塑性聚合物或橡胶弹性体胶黏剂剥离强度高，剪切强度变低，因而许多复合型的胶黏剂成为结构胶黏剂的主要成员。比较典型的有，环氧-丁腈型、环氧-尼龙型、环氧-酚醛型、环氧-羧丁（羧基丁腈胺）型、酚醛-丁腈型、酚醛-聚乙烯醇缩醛型等。聚氨酯不算复合型，但它具有复合胶黏剂硬-软段相结合的性能，所以聚氨酯也是一种结构胶黏剂。

复合型结构胶黏剂随着各组分的变化，性能就会出现差异，应用在不同的场合和不同的胶接部件时，所使用的比例不尽相同。从某些意义上说，这些也是专用胶黏剂或特种胶黏剂。

耐热胶黏剂的评价标准一时尚无定论，但一般都认同在某个温度下长期使用，热老化后的强度保持率为评价要点。有人主张把260℃以上使用200h以上或150℃以上长期使用的胶黏剂称为耐热胶黏剂，这些耐热胶黏剂在航天航空业有特殊的价值。上述许多复合型胶黏剂如环氧-酚醛、环氧-尼龙都算耐热胶黏剂，比较典型的是有机硅胶黏剂与杂环聚合物胶黏剂，如聚酰亚胺、环氧-聚砜、聚苯并咪唑、聚喹噁啉胶黏剂等。无机胶黏剂的耐热性能优于有机胶黏剂，因此不少人研究将硼、硅、氮等引入大分子主链，或有耐热的无机填料或活性无机填料与一些本身就耐热的高分子胶黏剂共混炼，也收到一定的效果。

七、热熔胶黏剂

这种胶黏剂的特点是常温下为固态，加热熔融成黏流态，涂布润湿被粘合物，加压结合，冷却几秒钟内即完成粘接。特点是固化快，使用方便，无污染，无溶剂，广泛应用于书籍装订、胶合板、建筑、家具、木工等行业。例如用于电视机、音响、缝纫机的机壳、外部件，汽车的车灯、尾灯、灯罩、透镜、门镶板等以及地毯铺设、接缝，铭牌粘贴，陶瓷文物修复和建筑物护墙板、天花板、隔音板的粘接等等。

常用的热熔胶有聚酯、聚酰胺、无规聚丙烯、乙烯-乙酸乙烯共聚物、乙烯-丙烯酸乙酯共聚物。高分子是胶接的主要成分，但热熔胶常添加增黏剂、降熔黏剂、增塑剂等。例如最常用的是加入松香和松香衍生物作增黏剂，可以使初始粘力增大。蜡和氯化石蜡可以降低熔融黏度，便于施工。

八、压敏胶

压敏胶指无溶剂、不加热、只要轻轻加压就能粘合的胶黏剂。通常是用长链线型高分子，加入增黏树脂和软化剂混炼即得到。

常用长链线型聚合物有各类橡胶、聚乙烯醚、聚丙烯酸酯、丙烯酸酯共聚物、SBS等。增黏树脂如羊毛酯、液体聚丁烯、液体态的聚丙烯酸酯等。

聚丙烯酸酯压敏胶现在是主要的产品，用各种丙烯酸酯单体共聚或与少量乙烯基其他单体共聚。这种压敏胶不必加入防老剂，耐油，不迁移，对绝大多数人不过敏(许多人对橡皮膏过敏)，对皮肤无刺激(几乎无添加剂低分子)。

压敏胶带除了用溶剂型压敏胶生产外，现在常用乳液型压敏胶，烘干制成胶带，无污染，操作成熟。制压敏胶带可以一面涂层，也可以双面涂层变成双面胶，双面胶两面都要用有机硅防粘纸加以保护。也可以将压敏胶涂于有机硅防粘纸上，再转移到胶带上。现在压敏胶和压敏胶带已在医药、日常生活、绝缘、包装、标志等方面得到应用。

九、水基胶黏剂(水性胶黏剂)

溶于水的高分子，是组成水基胶黏剂的主体，除了水溶液之外，大多数为水乳液。

水基胶黏剂常用的胶水，主要成分是聚乙烯醇，以前还用过动物胶、明胶等，现在已被聚乙烯醇取代。除了胶水之外，水溶性高分子还有异丁烯-顺酐共聚物、聚丙烯酰胺、聚醚(聚环氧乙烯)、聚乙烯吡咯烷酮等。

乳液型胶黏剂是高分子乳液聚合的产物，最常用的胶黏剂有聚丙烯酸乳液、聚氨酯乳液、聚乙酸乙烯乳液(乳胶)和一些合成橡胶的胶乳。

十、其他胶黏剂

(1) 厌氧胶　是一种单组分胶黏剂，在空气中氧作为阻聚剂存在。它以液体状态较长期稳定，隔绝空气后，尤其是涂在被粘接物表面后，在绝氧情况下，表面离子或基团引发聚合，变成不熔不溶的固体。

厌氧胶是一个复杂的平衡体系，主要高分子物质是以甲基丙烯酸酯类等为主体，加上引发剂、阻聚剂、增稠剂等组成。常用的单体有甲基丙烯酸羟乙酯、羟丙酯、环氧树脂、甲基丙烯酸酯、多缩乙二醇二甲基丙烯酸酯(甲基丙烯酸多缩乙二醇酯)、甲基丙烯酸与多元酸(如季戊四醇、三羟甲基丙烷)酯、低聚物聚氨酯等。引发剂一般为异丙苯过氧化氢组成的氧化还原体系(叔胺等)，还在体系中加入一定的阻聚剂。

厌氧胶操作方便，室温固化，无溶剂，用于机械装配维修十分受欢迎。

(2) 快干胶　以 α-氰基丙烯酸酯为单体，加入增塑剂、稳定剂、增稠剂等配成，胶接作用快速，人称瞬间胶。单体黏度极低，常用预聚的PMMA、聚丙烯酸酯、聚氰基丙烯酸酯等作为增黏剂。用这种胶黏剂胶接橡胶-橡胶、橡胶-金属、塑料-塑料、塑料-橡胶、致密性陶瓷、石料等，在-80~+80℃冷热冲击下强度不变。

(3) 液体高分子胶黏剂　这种常常是低分子预聚物，有的是低聚侧基官能团高分子，但大多数是具有端活性基团的遥爪聚合物。

此外还有许多特殊功能的胶黏剂。

第三节　印刷油墨

与涂料类似，印刷油墨的主要组成部分也是高分子物质、颜料、溶剂和助剂。不过在涂料中，高分子材料是主体，是成膜物质，形成一个连续的膜，颜料则是高度分散在成膜物质中的，起着色、补强、辅助成膜等作用。涂料中可以没有颜料，也可以没有溶剂，但不能没有高分子树脂。印刷油墨则相反，不可能没有颜料。

高分子树脂在印刷油墨中，不叫成膜物质，因为它似乎不必要成膜，只需要把颜料固定在印刷物上。固定颜料的则常用高分子材料，在这里被称为“连结剂”、“连结料”或粘结剂、粘结料。

几乎涂料中使用的高分子成膜物质都可以在印刷油墨中成为连结剂。如改性的天然树脂、改性的橡胶、酚醛树脂和它的改性树脂、醇酸树脂、氨基树脂、聚丙烯酸树脂、聚氨酯、环氧树脂、氯化聚乙烯、聚氯乙烯、聚苯乙烯、聚乙烯醇缩醛树脂等。

印刷方法不同，所用油墨不同，分为平版印刷油墨、凸版印刷油墨、凹版印刷油墨、柔性版印刷油墨和孔版印刷油墨。不同的印刷材料，如纸张、玻璃、金属、塑料、陶瓷对油墨要求不同，相应的高分子连结剂与油墨的干燥方式有所不同，如氧化结膜干燥型、渗透干燥型、挥发干燥型、光固化或辐射干燥型、双组分反应干燥型等。所谓“干燥”，实质上就是溶剂挥发和高分子材料的固化、交联以及进入玻璃态，成为固体形态，从而固着颜料。

第七章　功能高分子材料

第一节　概　述

什么是功能高分子材料？因为它是一直到20世纪70年代才形成的一个分支，对于它的确切定义一时还难于表述清楚。有人主张，功能高分子是性能“与众不同”的一类高分子。要问与“众”不同的这个“众”，指什么呢？回答说是指那些常规高分子，再问什么是常规高分子，则有人说绝大多数高分子材料是常规高分子，有人说常见的为常规高分子，有人说性能从众的随大流的叫常规高分子，还有人说塑料、橡胶、合成纤维、胶黏剂和涂料叫常规高分子。不属于常规高分子的就是功能高分子。也有人注意到功能高分子是高分子中那些有特别用途的精细高分子，相当于化工产品中的精细化工产品(有人叫精细化学品)。

可能为大家基本接受的功能高分子的概念是研究高分子的性能、特性和功能之间的关系，或者寻找性能、特性和功能的区别。国外一些学者在七八十年代就去追究这个区别。实际上，世界上同一类型事物或材料中天壤之区别的并不多，因此，首先要弄清楚性能和功能的区别。通行的说法是，“性能”指材料对外部刺激的抵抗，所谓外部刺激指外力、光、热、电、磁等物理刺激，以及水、溶剂、药品、化学品等的化学刺激。这样强度、透明性、耐热性、耐化学腐蚀性等属于“性能”这个范畴。“功能”则指的是对某物质(材料)“输入”信号时，物质因发生质和量的变化(或其中任何一种变化)而产生的“输出”作用，根据这个定义，则分离、吸附、离子交换、氧化还原以及能量转换等机械能转换成其他能、压电、热电等都属于功能。我们认为功能高分子本身是一个模糊的概念，不必去下严格定义。下面罗列了各种材料的功能。

化学功能：主要指离子交换、催化、氧化还原、光聚合、光交联、光分解、降解、固体电解质、微生物分解等。

物理功能：主要指导电、热电、压电、焦电、电磁波透过吸收、热电子放射、超导、形状记忆、超塑性、低温韧性、磁化、透磁、电磁屏蔽、磁记录、光致变色、偏光性、光传导、光磁效应、光弹性、耐放射线、X射线透过、X射线吸收等。

介于化学和物理之间的功能：主要指吸附、膜分离、高吸水、表面活性等。

生物或生理功能：主要指组织适应性、血液适应性、生物体内分解非抽出性、非吸附性等。

如果不泛指材料，而讲到高分子材料，以目前已经出现的高分子材料而论，按上述四个方面的功能之说，则出现的主要材料有如下类别：

属于化学功能的功能高分子材料有：感光高分子、氧化还原树脂、离子交换树脂、高分子催化剂、高分子试剂、光降解塑料、固体电介质等。

属于物理功能为主的功能高分子材料有：导电高分子、压电高分子、高分子极驻体、旋光性高分子、高分子载体、磁记录高分子、高分子颜料及荧光体，高分子发光体等。

属于化学、物理之间的复合的功能高分子材料有：高分子吸附剂、絮凝剂、表面活性剂、染料、功能膜、稳定剂、高吸水材料等。

属于生物生理功能的功能高分子材料有：医用高分子、高分子医药、高分子农药、生物降解性塑料。

也有人将功能高分子按照性质和功能划分，划分为六种类型：反应型高分子，包括高分子试剂和高分子催化剂；光敏型高分子，包括各种光稳定剂、光刻胶、感光材料和光致变色材料等；电活性高分子材料，包括导电聚合物、能量转换型聚合物和其他电敏材料；膜型高分子材料，包括各种分离膜、缓释膜和其他半透性膜材料；吸附型高分子材料，包括高分子吸附性树脂、高分子絮凝剂和吸水性高分子吸附剂等。以及其他未能包括在上述各类中的功能高分子材料。

第二节　功能高分子的获得途径

一、功能高分子结构与性能的特点

功能高分子材料之所以能够在应用中表现出许多独特的性质，主要与其结构中的两方面性质有关。一是分子中对表现出的特殊性质起关键作用的官能团的性质，如高分子化学反应试剂中的反应活性点的反应性质。二是连接并承载这些官能团的聚合物骨架的性质，如溶胀性或润湿性等。两者的结合构成功能高分子的构效关系。

1. 官能团为性能主体

当官能团的性质对材料的功能起主要作用时，高分子骨架仅仅起支撑、分隔、固定和降低溶解度等辅助作用。比如高分子氧化剂中的过氧羧基，具有电显示功能的 *N*，*N*-二取代联吡啶结构，侧链聚合物液晶中的刚性侧链，离子交换树脂中的季铵基和磺酸基等就属于这一类型官能团。它们常常在小分子中就能够表现出类似作用。高分子化过程往往使上述的这些性能得到改善和提高。在高分子过氧酸中过氧羧基是氧化反应的活性官能团，聚苯乙烯高分子骨架在试剂中仅仅起提高试剂的稳定性和降低溶解性的作用。电活性聚合物中 *N*，*N*-二取代联吡啶结构是氧化还原中心，对氧化还原变色行为起主要作用。

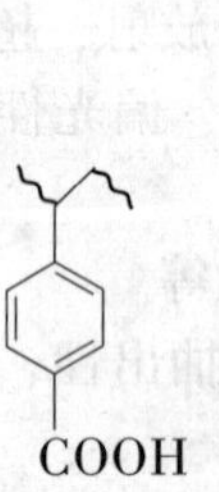

高分子过氧酸

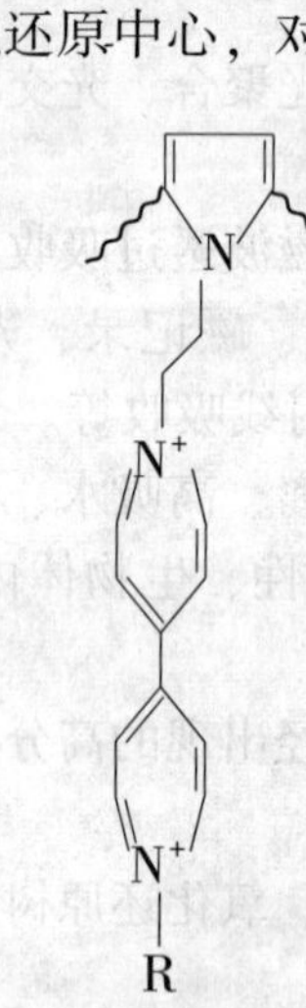

电活性聚合物

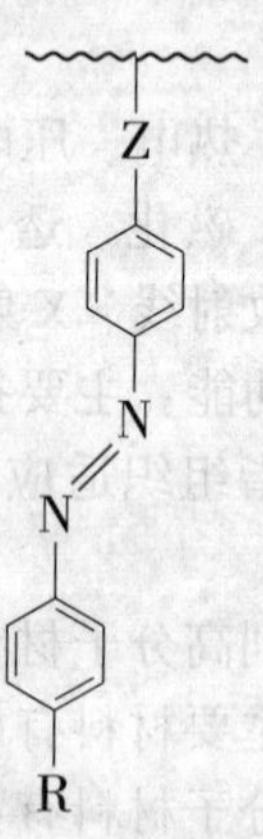

侧链聚合物液晶

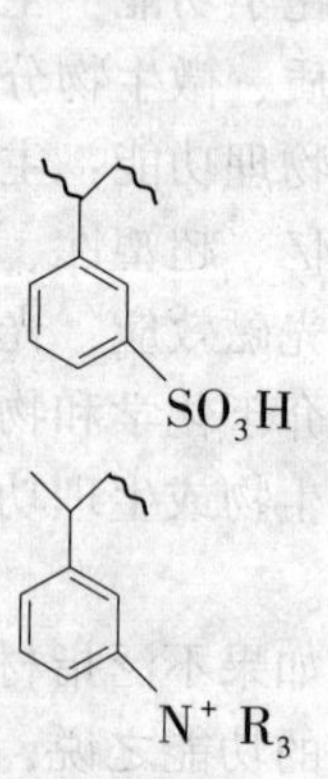

离子交换树脂

也有以聚合物骨架为功能的主效应，而官能团为辅助效应的。如利用引入官能团改善溶解性能、降低玻璃化温度、改变润湿性和提高机械强度等作用；如在主链型液晶聚合物的芳香环上引入一定体积的取代基可以降低其玻璃化温度，从而降低使用温度。在高分子膜材料中引入极性基团可以改变润湿性。在这种情况下，这类官能团仍是很重要的，没有它们休说功能，但是它们对功能的贡献是辅助结构。

2. 聚合物骨架为功能主体

官能团与聚合物骨架在形态上不能区分，也就是说官能团是聚合物骨架的一部分，或者说聚合物骨架本身起着官能团的作用。这方面的例子包括主链型聚合物液晶和导电聚合物。电子导电型聚合物是由具有线型共轭结构的大分子构成，如聚乙炔、芳香烃以及芳香杂环聚合物。线型共轭结构是高分子骨架，同时它们对导电过程起主要作用。主链型聚合物液晶也有类似的情况。

3. 功能材料中聚合物骨架的高分子效应

不难发现，带有同样功能官能团的高分子化合物与类似的低分子化合物，其化学和物理性质不尽相同。这是高分子骨架产生的高分子效应。这种效应表现在许多方面，有物理性质方面的，也有化学性质方面的。

（1）高分子骨架的物理效应　高分子骨架的引入，最直接的作用是使小分子功能材料的挥发性和溶解性均大大下降，特别是引入交联型聚合物，使其在溶剂中只能溶胀，而不能溶解。可以提高功能材料的稳定性，同时有利于消除或降低某些材料的不良气味和毒性。使固相的功能材料易于与液相分离，使高分子试剂容易回收再生，高分子催化剂可以反复多次使用。重要的是使固相合成成为现实。将某些性能优异的络合剂、萃取剂等通过高分子化过程，可以制成用途广泛的络合树脂和吸附性树脂。利用其不溶性质在水处理、环境保护、化学分析等方面得到广泛应用。

（2）高分子骨架的机械支撑作用　由于大部分功能高分子材料中的功能基团是连接到高分子骨架上的，因此起支撑作用的高分子骨架对功能基的性质和功能产生许多重要影响。比如，在相对刚性的聚合物骨架上稀疏地连接功能基，制成的高分子试剂具有类似合成反应中的“稀释”作用，各功能基团之间减少相互干扰。同样在聚合物骨架上相对密集地连接功能基团，可以得到由官能团相互作用而产生的“浓缩”状态。

（3）高分子骨架的邻位效应　在功能高分子材料中，高分子骨架上邻近功能基团的一些结构和基团对功能基具有影响，比如在离子交换树脂中离子交换基团附近，如果有一个氧化还原基团，通过控制该基团的带电状态，将直接控制离子交换树脂的离子交换能力。

（4）高分子骨架的“模板效应”　“模板效应”是指利用高分子骨架的空间结构，包括高分子构型和构象，在其周围建立起特殊的局部空间环境，在应用时提供一个场所或场，形如浇铸过程中使用的模板。这种作用与酶催化反应有相近的效应，特别有利于立体选择性合成，甚至光学异构体的合成。

（5）聚合物的半透性和包络作用　多数聚合物都具有一定的半透性，即对某些气体或液体有一定透过性，而对另外一些物质没有透过性，或者透过性很小。交联聚合物在溶胀状态下形成的大网状结构，也为物质分子透过提供了条件。这种透过性在发挥功能材料的作用上有着重要意义。用物理法制备的固化酶正是利用了这种效应，使小分子得以透过聚合物与酶接触反应，而酶本身则被该聚合物包络固化。高分子缓释药物的缓释作用，聚合物修饰电极中聚合物修饰层的选择性都是依靠聚合物的半透性和包络作用。

二、功能高分子的分子设计

1. 依据已知功能的低分子为设计基础，引入到大分子骨架上

如果已知功能的低分子材料具备我们所需要的部分主要功能，将小分子材料的功能与高分子骨架的性能相结合，即有可能开发出新的功能高分子材料。比如，小分子过氧酸是常用的强氧化剂，在有机合成中是重要的试剂。但是，这种小分子过氧酸的主要缺点在于稳定性不好，容易发生爆炸和失效，不便于储存，反应后产生的羧酸也不容易除掉，经常影响产品的纯度。而上述缺点可以利用将其引入高分子骨架后，挥发性和溶解性下降，稳定性提高的特性得以解决。又如小分子液晶是早已经发现，并得到广泛使用的小分子功能材料，但是其流动性强、不易加工处理的弱点限制了在某些领域中的使用。利用高分子链将其连接起来，成为高分子液晶，在很大程度上可以克服上述不足。此外，某些小分子氧化还原物质，如 *N*,*N′*-二甲基联吡啶，人们早就知道其在不同氧化还原态具有不同颜色，经常作为显色剂在溶液中使用。经过高分子化后，将其修饰固定到电极表面，即可以成为固体显色剂和新型电显示装置。

根据已知功能的小分子为基础设计功能高分子，要注意引入高分子骨架后，应有利于小分子原有功能的发挥，并能弥补其不足，取决于小分子结构特征和选取的高分子骨架的结构类型以及高分子化的方法。

功能高分子材料的许多功能是小分子官能团与大分子骨架协同作用的效果。因此在功能高分子设计上，要在引入官能团的同时，考虑和研究高分子效应，如空间位置、空间位阻、邻位基团的作用等等，虽然高分子效应的结果我们已经明白，但仍有许多机理尚有待探讨，高分子效应还有待于实验结果来检验和验证。比较成功的例子如利用空间位阻设计立体选择性的高分子试剂、催化剂等，高分子骨架与某官能团连接后，在某个方向上形成立体屏障，可以制造不对称试剂。

2. 拓展已有高分子材料的功能

已有的功能高分子材料，对其功能进行扩大和拓展也是设计和发展新型功能高分子材料的一种方法，如许多高分子膜具有一定半透性，允许一些小分子或者离子透过。将这种作用加以扩大和拓展就可以制备具有类似透过作用，但是应用范围更广、效果更好的半透膜。比如气体分离膜、反渗膜、超滤膜等都可以通过改变聚合物结构组成、结晶状态和微多孔化等措施，使其成为重要的功能高分子材料类别之一。

三、功能高分子材料的获得(合成)

1. 功能型小分子材料的高分子化

这种方法是利用聚合反应将功能型小分子高分子化，使制备得到的功能材料同时具有聚合物和小分子的共同性质。功能型小分子与聚合物骨架的连接，有通过化学键连接的化学方法，如共聚、均聚等聚合反应；也可以通过物理作用力连接，比如通过形成聚合物时对功能小分子产生包埋作用。功能型小分子材料的高分子化主要可以分成以下两种类型。

(1) 功能型可聚合单体的聚合　主要包括下述两个步骤，其关键步骤是合成可聚合的功能型单体，有了单体进行聚合，并不难生成功能聚合物。合成可聚合的功能型单体的关键是在小分子功能化合物上引入可聚合基团，如端双键、吡咯基或噻吩等基团。

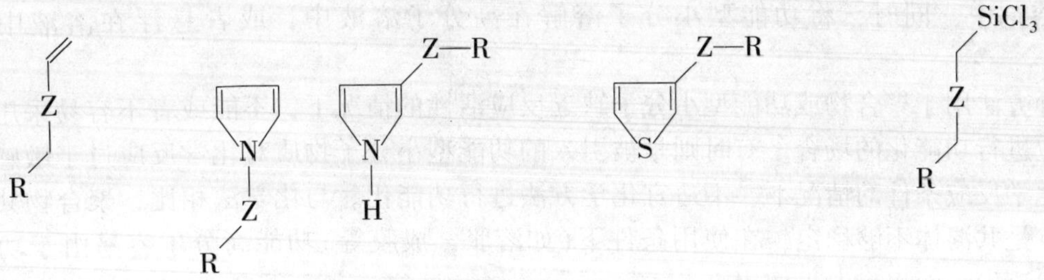

乙烯基　　N 和 3 位取代吡咯　　3 位取代噻吩　　取代三氯硅烷

（R 表示功能小分子，Z 表示过渡结构）

单体除了实行均聚合之外，采用多种单体进行共聚也是一种常见的方法。特别是当需要控制含功能基的单体在生成聚合物内分布的密度时，或者需要调节生成聚合物的物理化学性质时，共聚是可行办法。在共聚反应中借助于改变单体的种类和两种单体的相对量，可以得到多种不同性质的聚合物，功能和性能得到改善。

（2）聚合物包埋法　在单体溶液中加入小分子功能化合物，在聚合过程中小分子被生成的聚合物所包埋。聚合物骨架与小分子功能化物之间没有化学键连接，固化作用通过聚合物的包络作用来完成。这种方法制备的功能高分子类似于用共混方法制备的产物，但是均匀性更好。另外一个优点是方法简便，功能小分子的性质不受聚合物性质的影响。

通过聚合法制备功能高分子材料的主要优点是功能基分布均匀，产物的稳定性较好，因此获得了较为广泛的应用。但在功能型小分子引入可聚合结构时，常常需要复杂的合成反应，要求在反应中不破坏原有结构和功能。

2. 高分子材料的功能化

通过化学或物理方法对已有聚合物进行功能化，使常见的高分子材料具备特定功能，成为功能高分子材料。这种方法的好处是可以利用通用高分子材料，得到功能材料。通过高分子材料的功能化获得功能高分子材料，包括化学改性和物理共混两种方法。

（1）高分子材料的化学方法功能化　这种方法主要是利用接枝反应在聚合物骨架上引入活性功能基，从而改变聚合物性质，赋予其新的功能。能够用于这种接枝反应的高分子材料都用通用高分子可以便宜地获得。常见的品种包括聚苯乙烯、聚乙烯醇、聚丙烯酸衍生物、聚丙烯酰胺、聚乙烯亚胺、纤维素、聚酯、聚酰胺、聚环氧化合物、聚苯醚、聚氨酯、有机硅和一些无机高分子。

（2）高分子材料的物理方法功能化　有一部分功能高分子材料是通过对聚合物采用物理功能化的方法获得的。其主要原因是物理方法比较简便、快速，多数情况不受场地和设备的限制，特别是不受聚合物和功能型小分子官能团反应活性的影响，适用范围宽。可以有更多的聚合物和小分子功能化合物供选择。得到的功能高分子其功能基的分布比较均匀。

高分子的物理功能化方法主要是通过小分子功能化合物与高分子的共混来实现。共混方法主要有熔融态共混和溶液共混。熔融态共混与两种高分子共混相似，是将聚合物熔融，在熔融态加入功能型小分子，小分子如果能够在聚合物中溶解，将形成分子分散相，获得均相物。溶解性能直接影响得到共混物的相态结构。溶液共混是将高分子溶解在一定溶剂中，同时，将功能型小分子溶解在高分子溶液中，或者悬浮在溶液中成混悬体。

这种方法用于聚合物或功能型小分子缺乏反应活性的情况下，不能或者不容易采用化学接枝反应进行功能化的场合。有时则是被引入的功能型小分子物质对化学反应过于敏感，不能承受化学反应条件的情况下，不适宜化学方法进行功能化。与化学法相比，聚合物共混的主要缺点是共混体不够稳定，在使用条件下(如溶胀，成膜等)功能高分子容易由于功能型小分子的流失，而逐步失去作用。

3. 功能高分子材料的多功能复合与功能扩大

(1) 多功能复合　有时一种高分子功能材料难以满足某种特定需要，如单向导电高分子，必须要采用两种以上的功能材料加以复合才能实现。又如，聚合物型光电池中光电转换材料不仅需要光吸收和光电子激发功能，为了形成电池电势，还要具有电荷分离功能。这时也必须要有多种功能材料复合才能完成。有时为了满足某种需求，需要在同一分子中引入两种以上的功能基。如在聚合物中引入电子给予体和电子接受体，使光电子转移过程在分子内完成。此外，某些功能高分子的功能单一，作用程度不够，也需要对其用化学的或物理的方法进行二次加工。这称为功能高分子材料的多功能复合。

(2) 在同一分子中引入多种功能基　在同一种功能材料中，甚至在同一个分子中引入两种以上的功能基团，也是制备新型功能高分子的一种方法。以这种方法制备的功能高分子，或者集多种功能于一身，或者两种功能协同，创造出新的功能。

例如在离子交换树脂中，离子取代基邻位引入氧化还原基团，如二茂铁基团，以该法制成的功能材料对电极表面进行修饰，修饰后的电极对测定离子的选择能力受电极电势的控制。当电极电势升到二茂铁氧化电位以上时，二茂铁被氧化，带有正电荷，吸引带有负电荷的离子交换基团，构成稳定的正负离子对，使其失去离子交换能力。

(3) 原有功能高分子材料功能的拓展与扩大　采用的方法多种多样，但是总体来说主要包括物理方法和化学方法两种。物理方法就是对功能高分子材料进行机械处理和加工，改变其宏观结构形态，使其具有新的功能。比如，离子交换树脂的成膜化，赋予其分离膜的性质，形成离子交换膜。将吸附性树脂微孔化，增加比表面积，用于微量成分的富集等均属于物理拓展功能法。用化学方法拓展已有的功能，例如将离子交换树脂变成螯合树脂，成为了固体酸或固体碱，除了作离子交换之外，还用于催化、医药、色谱等行业。

第三节　重要的功能高分子述略

一、医用高分子

医用高分子是指可以应用于医药的人工合成(包括改性)的高分子材料，不包括天然高分子材料、生物高分子材料、无机(高分子)材料等在内。实际上，医用高分子材料，也可以叫高分子医用材料，有两层含义：一层是医用生物材料，或者叫合成高分子医用生物材料，定义比较狭窄，指应用于生物体内的包括药物在内的材料；另一层含义是在医疗行业或在医药领域内被使用的人工合成的高分子材料，显然后者可能还包括一些药用包装材料等。我们现在讲的医用高分子往往指后一层含义，即广泛的医用高分子材料的含义，但研究或讨论的重点，又往往是第一层含义，即指那些医用生物材料，作用或应用于人体，起组织、药用、替代、修复、增强、治疗、处理、护理等作用的合成高分子材料。

医学是生命科学研究的一个领域，又是研究生物体组织结构、结构与功能关系以及治疗、修复整理的一门技术学科或工程学科。生命科学探索生命的奥秘，研究生命的起源、成长、发展，生命体组织和各器官的功能及化学、物理组成，探索其相互关系的消长原理和奥秘，研究新陈代谢、遗传、病变等机制的物质基础和原理等科学范畴。近十多年，新兴起来的生物医学工程是将生命科学与工程学结合起来的交叉学科，应用生命科学的原理与方法，应用工程学科工程技术的原理和手段，了解正常的和病理的(哺乳类生物)组织结构与功能关系，研制生物代用品或仿制生物品以恢复、维持、改善功能的学科。生物医用材料学科是生物医学工程的重要研究门类和重要的分支，生物相容性材料的开发研究是生物医学材料研究的核心技术之一。

1. 医用高分子分类

生物医学材料可以包括许多种类，其中有人工合成或改性的高分子材料，从高分子材料角度来分类有：

- 医用塑料材料
  - 硬质塑料材料
  - 中软质材料
  - 膜、片质材料
- 医用弹性体
  - 已硫化弹性体
  - 后硫化弹性体
  - 多孔弹性体
- 医用纤维材料
- 医用胶黏剂

从医疗和医学角度来分，有：

- 生物医学材料
  - 人造器官
  - 人造血液
  - 外科材料
  - 药物释放媒介材料
- 医疗器械和其他材料
  - 医疗器械
    - 诊断器械
    - 检验器械
    - 治疗器械
  - 其他
    - 包装材料
    - 卫生消毒材料

从医学工程的应用领域又可以分为：

- 与血液接触的高分子材料
  - 血管
  - 心脏瓣膜
  - 血囊
  - 人工肺
  - 其他
- 用于组织工程的高分子材料
  - 组织再生支架
  - 调节细胞功能材料
  - 免疫保护材料
  - 其他
- 药用高分子材料
  - 药物
  - 外用药物
  - 降解药物
  - 缓释药物材料
  - 其他
- 医疗器械
  - 外科材料
  - 牙科材料
  - 眼科材料
  - 治疗器械
    - 输液
    - 注射
    - 其他
  - 检查化验器材
  - 手术用具和材料(如缝合线)
  - 麻醉材料等
  - 其他
- 包装材料及其他材料

当然也有人更简略概括地划分为：

- 人工器官(包括血液)
- 医疗器具
- 其他

上述分类方法中的“生物医学材料”按医学上使用要求来划分，则是：

- 非植入性材料和制品
- 植入性材料和制品
- 血液接触性材料
- 降解和吸收性材料
- 其他

“生物医学材料”按医用材料在人体应用部位来划分，有：

- 硬组织材料
  - 骨科
  - 齿科
  - 其他
- 软组织材料
  - 填充、整复材料
  - 其他
- 心血管材料
  - 心血管
  - 导管
  - 其他
- 血液代用材料
  - 血浆
  - 血球
- 分离、过滤、透析膜材料
- 其他

如果我们按那种比较粗略的划分法来讨论，医疗器械的进步主要是材料和它们的代用品，而人工器官的进展是近几十年乃至近十多年来令人刮目相看的事。人工器官的进步有赖于材料尤其是高分子材料的进展。换一角度来说，医疗器械是人类在医疗工作中积累了丰富的经验和技术，逐步发展和完善起来的器械和器具。高分子材料的出现则是代替了一些传统的材料，或者更轻便，或者更耐久，或者更便宜，或者加工很方便，或者可以一次性使用、更加安全卫生，或者是某些功能优于以往的器械等等，很少因为高分子材料的出现而出现了新型器械或器械的革命。而人工器官则不然，一旦出现了医用高分子材料，随着材料合成和加工技术进步到一定的程度，才能实现人类几代人甚至几千年的梦想。大约五千多年前，据说埃及人已用棉花或马鬃缝合伤口，中国人用羊肠缝堵伤口，用狗皮贴伤。古老的印第安人，使用木片修补过受伤的颅骨。四千多年前中国、埃及的一些墓葬中发现过假牙(义齿)、假耳。无论是修补、缝合，都要用材料，不过应用的是天然高分子材料。

直到20世纪30年代之后，人工合成的高分子材料登上了历史舞台。医学家和材料学家合作把一些材料用作人工器官，1940年，人工骨首先于临床使用。到40年代末50年代初，人工器官应用成了热门，人工肾于1943年，人工气管于1948年，人工尿道于1950年，人工血管于1951年，人工食道于1951年，人工心瓣膜于1952年，人工肺于1953年，人工关节于1954年等出现了临床的首例应用。以后，随着材料技术的发展与进步，人工器官应用越来越广泛，现在诸如像人工关节、植入牙这些成了似乎常规的外科手术器官。而人工肾、心瓣膜、起搏器的应用不知道拯救了多少垂危的生命。整形外科诸如耳、鼻、乳房的整形和人造，使许多因伤、病或其他原因造成的缺失而得到修复，从生理上和心理上使许多人走向了健康。目前，人工器官的成就使人体从天灵盖到脚趾骨，从内脏到皮肤，从血液到五官、体征器官，几乎是除了大脑和多数内分泌器官之外，大多数都有了代用的人工器官。其中，相当一部分还是探索性的，甚至于还是有争论的。主要是材料的性能、应用的可靠性、医学特性对人体的负面作用等还有争论或尚有不尽如人意处，或者还有许多未知的领域，但随着科技的发展，特别是医用高分子生物医学材料的进步将逐步走向完善。

国外一些毒理学专家的分类则另有说法，列如表7-1。

表7-1 医用材料与制品分类表

类别			定义	举例
材料及制品在体外	非接触		材料与制品不直接不间接接触患者	细胞分离用磁性高分子微球、凝集试验用聚苯乙烯乳液、一次性使用的医用器皿
	与体表接触	A B C	材料与制品仅接触体表	体外修复物、创口贴、监护仪导电膏、超声传导凝胶
	与损伤或破损体接触	A B C	材料与制品和损伤或已破坏的体表接触	与溃疡、烧伤和肉芽组织接触的各类绷带或装置、敷料
材料及制品在体外与体内接触	与体腔接触	A B C	材料和制品与体腔相通	接触眼镜、导尿管、气管内导管、支气管镜套
	与血液间接接触	A B C	材料与制品在人体某一部位和血液接触或通过装置将液体、血液输入血管体系	输血器、输液器、静脉高营养、留置导管、注射器

续表

类别			定义	举例
材料及制品在体外与体内接触	与血液直接接触	A B C	材料与制品和循环血液接触	静脉内插管、氧合袋、体外氧合器和附件、透析器、血浆分离器、透析器管道与附件
材料及制品植入体内	与骨接触	A B C	材料与制品主要和骨接触	矫形钉、矫形板、人工关节、人工骨、骨水泥
	与组织和组织液接触	A B C	材料与制品主要与组织和组织液接触，或与肌肉膜接触	药物释放装置、人工肌健、人工乳房、人工喉、女性节育装置和宫内节育器、脑积水引流器
	与血液接触	A B C	材料与制品主要与血液接触	人工血管、人工心脏瓣膜、动静脉瘘管、左心辅助泵、反搏气囊、静脉内药物释放装置

注：A—暂时（<5 分钟）；B—短期（5 分钟~19 天）；C—长期（超过 30 天）。

目前医用高分子材料应用领域可列举为表 7-2。

表 7-2 人工器官和医疗器具中使用的高分子材料

用途	功能	主要使用的高分子材料
人工血管	置换病变血管或进行搭桥手术	聚酯纤维、真丝、膨体聚四氟乙烯、聚氨酯
人工瓣膜	置换病变的瓣膜	聚氨酯、硅橡胶、聚四氟乙烯、聚酯纤维
人工心脏及心脏辅助装置	置换心脏或加强病变心脏功能	聚氨酯、聚氯乙烯、硅橡胶、天然橡胶
心脏补片	心脏修复手术	聚四氟乙烯、聚酯纤维
人工血浆	代替血浆、血液增容	葡聚糖（右旋糖酐）、羟乙基淀粉、聚乙烯基吡咯烷酮、聚*N*-羟丙基丙烯酰胺
人工血红蛋白	代替红血球输运氧气	全氟三丁胺、全氟三丙胺、环氧乙烷与环氧丙烷共聚物乳液
人工玻璃体	填充眼球玻璃体腔	硅橡胶海绵、聚四氟乙烯海绵、骨胶原
人工晶状体	矫治白内障	甲基丙烯酸甲酯、甲基丙烯酸羟乙酯共聚物、聚丙烯、聚有机硅氧烷凝胶
人工角膜	提供光线传递到视网膜的途径	甲基丙烯酸酯类共聚物水凝胶、共聚涤纶、硅橡胶
人工泪管	矫治泪道慢性阻塞	硅橡胶、聚甲基丙烯酸酯
隐形眼镜	矫正视力，治疗角膜疾患	聚甲基丙烯酸羟乙酯及其与乙烯基吡咯烷酮的共聚物、硅橡胶、聚氨基酸、甲壳素衍生物
人工中耳骨	替代病变中耳骨，康复听力	聚四氟乙烯与碳纤维复合物 Froplest、聚甲基丙烯酸羟乙酯与羟基磷灰石共混物 Ceravial、甲基丙烯酸甲酯与苯乙烯共聚多孔骨水泥、聚乙烯
耳鼓膜	康复听力	硅橡胶
人工食道	食道根除术后重建食道	硅橡胶涤纶复合物、聚乙烯、聚四氟乙烯、天然橡胶
人工皮	保护创伤面，防感染，透气，有助于新皮生长	硅橡胶骨胶原无纺布、离子型聚酯复合物、聚氨基酸、聚甲基丙烯酸羟乙酯

续表

用　途	功　能	主要使用的高分子材料
人工骨	骨替代	羟基磷灰石、多孔聚四氟乙烯、超高分子量聚乙烯、聚砜碳纤维复合物
人工颅骨	颅骨替代	聚甲基丙烯酸甲酯、甲基丙烯酸甲酯与苯乙烯共聚物、聚碳酸酯
人工关节	置换变病及损伤的关节	钛-钴-钼-镍合金和高分子量高密度聚乙烯、甲基丙烯酸甲酯与苯乙烯共聚物、多孔聚四氟乙烯、聚甲基丙烯酸甲酯碳纤维复合物
骨板、骨钉、脊椎钉 Harrington 杆	骨折修复，排列错位校正，矫正慢性脊柱弯曲	聚砜碳纤维复合材料、聚乳酸、聚乙烯醇复合材料
齿料材料	齿修补、替代	尼龙、聚甲基丙烯酸甲酯、聚碳酸酯、氯乙烯与乙酸乙烯共聚物、硅橡胶、环氧树脂、聚苯乙烯、聚砜、吸水树脂
人工喉	喉头切除后发音功能恢复	硅橡胶涤纶织物复合物、膨体聚四氟乙烯、聚氨酯、聚乙烯、尼龙、聚甲基丙烯酸甲酯
人工肾	肾功能衰竭患者肾功能的替代	醋酸纤维素、铜氨纤维素、聚丙烯腈、聚甲基丙烯酸甲酯、聚乙烯醇、乙烯-乙烯醇共聚物、聚砜、聚碳酸酯、丙烯腈苯乙烯共聚物、聚氨酯、聚四氟乙烯、聚氯乙烯、硅橡胶、吸附树脂、炭化树脂、火棉胶、聚甲基丙烯酸甲酯
人工肝	急性肝功能衰竭治疗，血液解毒净化	活性炭、炭化树脂、吸附树脂、聚丙烯酰胺、环氧氯丙烷交联琼脂糖、火棉胶、白蛋白、硅橡胶、聚氨酯、聚四氟乙烯、聚丙烯
人工肺	替代肺进行血液气体交换	聚氯乙烯、硅橡胶、聚丙烯空心纤维、聚砜空心纤维
人工胰	替代胰脏功能，释放胰岛素，控制血糖水平	海藻酸、聚丙烯腈、聚氨基酸
人工胆道	替代摘除的胆道	聚氨酯、硅橡胶
人工输尿管	替代摘除输尿管	聚氨酯、硅橡胶、涤纶织物、毡、聚甲基丙烯酸羟乙酯涂料
人工膀胱	膀胱全切后，替代膀胱集尿、排尿功能	硅橡胶、聚氨酯、天然橡胶乳液、涤纶织物、毡、聚丙烯
人工括约肌	控制排尿	硅橡胶
人工乳房	乳房修复、整容	硅橡胶、硅凝胶、氟硅橡胶
人工睾丸	睾丸修复	硅橡胶
人工阴茎	治疗器质阳痿	硅橡胶、聚氨酯、聚甲基丙烯酸酯
人工脑硬膜	脑手术	硅橡胶、聚四氟乙烯
人工腹膜	代　替	聚乙烯、聚四氟乙烯、硅橡胶、血纤维蛋白、涤纶、PVC
疝增补材料	修　补	聚乙烯醇、涤纶、尼龙、聚四氟乙烯、聚乙烯
人工指	修　复	硅橡胶、聚丙烯、超高分子量聚乙烯
人工角膜	替　代	硅橡胶、聚甲基丙烯酸甲酯
人工眼珠	替　代	硅橡胶
人工玻璃体	替　代	液状有机硅、骨胶原、聚乙烯醇水凝胶
人工输卵管	修补、替代	硅橡胶

续表

用　途	功　能	主要使用的高分子材料
各种医用插管	治疗过程中引流、输液检查	聚乙烯、聚氯乙烯、硅橡胶、天然橡胶、聚氨酯、聚四氟乙烯
注射器	向人体输送液体、药物	聚丙烯、聚乙烯、聚苯乙烯、聚氯乙烯、天然橡胶、泡沫聚苯乙烯、氨纶弹力丝织带
输液输血袋、输液输血器	向人体输液、输血	聚氯乙烯、聚丙烯、聚乙烯、ABS树脂、尼龙
医用手套、指套	检查疾患、手术时医生使用	天然胶乳
避孕套	避　孕	天然胶乳、聚氨酯
宫内节育器	妨碍受精卵着床	硅橡胶环、聚乙烯
长效避孕药具	缓释避孕药	硅橡胶、聚乳酸
绷　带	固定、包扎伤口	反式聚异戊二烯、水固化聚氨酯、泡沫聚苯乙烯、氨纶弹力丝织带
手术覆盖膜	代替手术圆孔巾、防止汗液感染	聚乙烯膜、聚甲基丙烯酸酯压敏胶、有机硅处理的尼龙布
止血海绵	伤口及刀口止血	聚乙烯醇、明胶
组织胶黏剂	用粘合代替缝合	α-氰基丙烯酸丁酯、亚甲基丙二酸酯类、聚氨酯预聚物、GRF胶(由明胶、间苯二酚、甲醛组成)、环氧树脂
血液消泡剂	输血消炎	硅　油
手术衣		无纺布(聚酯、尼龙)等
各种手术器具		聚乙烯、增强塑料
消毒罐		工程塑料

据统计，世界上应用医用高分子有近百个品种，近两千种制品，大约消耗高分子材料的10%~15%，并且每年以8%~12%的速度在增长。

我国从20世纪50年代中期开始人工血管等研制，起步较晚，到60年代开始全面研制医用高分子材料及其制品，目前发展较快。

2. 医用高分子材料的基本要求

人体是一个极其复杂的生理环境，存在着影响材料性能的许多因素。材料本身的性能或隐藏的问题如材料中的端基功能，低聚物和单体的存在，添加剂和加工过程中混入的杂质，如稳定剂、增塑剂、填料、交联剂、催化剂，包括有机杂质和无机物杂质，可能与人体组织接触时发生多种反应；同时人体对材料也会产生多种影响；这种影响诸如可使高分子降解或歧化，反过来又会产生新的生物反应。

生物体的结构层次，可示意如下：

个体⟺器官(系统)⟺组织⟺细胞⟺分子

分子包括水、无机物离子、蛋白质、核酸、酯类、氨基酸类等等。

高分子材料结构层次可示意为：

制品⟺高分子物⟺三次结构和高次结构⟺二次结构⟺一次结构(单体结构)

它们之间的相互影响的微观变化很难说清，我们只能从半微观(可观察到的微观形态)和宏观上看到这些相互作用示意如下：

- 生物反应
  - 血液反应
    - 血栓
    - 凝血、溶血
    - 白血球减少
    - ……
  - 免疫反应
    - ……
    - 抗原抗体反应……
    - ……
  - 组织反应
    - 炎症、粘附等
    - 细胞增强
    - 伪内膜
    - 细胞质转变等等
- 材料反应
  - 物理性能变化
  - 化学性能变化

作为医用高分子，必须具有下列基本要求。

1）组织相容性

机体对外来物的反应即“排异”性，是生物的自然保护功能。哪怕无毒的高分子进入机体，也必然会受到排斥，引起程度不同、持续时间不同的反应。最终能否在机体中存在下来，主要在于材料自身的化学稳定性以及材料与机体组织的亲和性或者说成是容忍性。纯的合成材料，目前要完全达到高度的生物功能和组织相容性还比较难，只能说有些材料相对较好或好得多。

组织相容性的另一方面是外来物对机体的影响，包括是否与机体反应，是否引起炎症、过敏或癌变等，通常绝大多数纯的聚合物负面影响较小，而它的低聚物未反应的单体或添加剂杂质的毒性影响较大。

此外，高分子材料对机体的相容性还与它们在体内的存在方式以及与它们的外观形态有关。比如有人研究同一种材料，发现片状的要比粉末状和纤维状更容易引发肿瘤，连续放置也比开孔放置的更易引发恶性肿癌。

2）酶生物老化性

人体环境甚至比自然环境要复杂得多。高分子材料在人体内不同部位又有不同的介质，如胸腔碱性，胃液酸性，肠是碱性的，血液和体液有各种离子、蛋白和大量脂类物质、酶和一些代谢产物、胺、醇之类等。

“体内老化”主要因素可能是：体液引起高分子降解、交联、相变或溶胀；自由基引起的氧化、过氧化降解或交联；酶的作用引起分解等。

3）血液适应性

血液适应性包括不凝血、不溶血、不改变血液中的蛋白、不破坏血小板等，不在材料的表面引发凝血、有抗血栓形成。一般认为材料表面与血液接触后，蛋白质和脂质吸附于材料表面，材料发生构象变化，有些则导致血液中各有关成分发生相互作用，有的凝血，有的溶血反应，最终形成血栓。各国科学家都从分子和细胞水平上研究了血栓形成的基本过程以及高分子材料的影响。有的提出从高分子结构的变化入手，形成具有微相分离结构的材料，以改进血液的适应性；有的提出用生物化学的方法，引进生物活性物质来改善高分子材料的血液适应性等。

作为医用高分子材料要求材料本身的溶出物和可渗出物含量低；有适用的物理机械性

能；有较好的或说有满意的成型加工性能；还要有良好的灭菌操作性能。

另外，所谓生物相容性是一个统计学的概念，在做动物实验和临床实验时，更要注意组织反应的个体差异，在使用材料时，要注意跟踪研究和观察。

3. 高分子材料的生物相容性

1）高分子材料的组织相容性

高分子材料植入人体后，对组织反应的影响因素包括材料本身的结构和性质（如微相结构、亲水性、疏水性、电荷等）、材料中可渗出的化学成分（如残留单体、杂质、低聚物、添加剂等）、降解或代谢产物等。此外，植入材料的几何形状也可能引起组织反应。

2）高分子材料的血液相容性

判断高分子材料的血液相容性，主要研究其抗凝血能力和不损伤血液成分功能的问题，即研究材料表面抑制血管内血液形成血栓的能力，以及研究材料对血液的溶血现象和血小板机能降低的问题，研究不改变血液中电解质浓度，不引起有害免疫反应诸问题。

在深入研究高分子材料结构和抗凝血关系的基础上，许多学者提出了种种血液相容性高分子材料的表面假说。在此基础上，提出了各种高分子设计理论，得到了较好的抗凝血性能的高分子材料。实际上，一种好的抗凝血材料要兼具上述几种性能，才能成为好的血液相容性材料。现在对材料的研究有如下进步：

（1）引入高含水的扩散表面　如用聚乙烯醇、聚乙二醇、葡聚糖、丙烯酰胺等接枝到聚合物表面上。最简单方法是将含羟基的水溶性聚合物涂布于聚合物表面，并适度交联。

（2）形成微相分离结构　其中研究最多的是嵌段聚氨酯，亲水链多用聚羟基四亚甲基乙二醇、聚丙二醇、聚乙二醇与二异氰酸酯聚合、扩链，变成微相分离的嵌段聚氨酯（SPU），还有苯乙烯-丁二烯共聚弹性体等。

（3）形成活性药物表面　聚氨酯-肝素复合物具有良好的生物相容性和血液相容性。在聚苯乙烯、聚乙烯、聚丙烯、聚碳酸酯、硅橡胶表面进行肝素化处理，均获得良好的相容性。

（4）形成伪内膜表面　在试验中发现在体内的高分子材料内壁形成一种结构与血管壁类同的稳定的内膜，称为伪内膜，在其上面不再产生凝血。许多研究者提出高分子的设计设想，研制成一种多孔高分子材料，在上面形成新的内皮细胞层，临床用于人工血管和人工心瓣，如编织涤纶人工血管、针织涤纶人工血管、膨体聚四氟乙烯等。

4. 人工器官和应用的高分子材料

1）人工心脏血泵

人工心脏的关键组成是血泵。泵体材料，有加成型硅橡胶、甲基硅橡胶、聚氨酯、聚醚聚氨酯、聚四氟乙烯织物、聚酯织物、聚硅氧烷和聚氨酯的嵌段共聚物等。临床上认为最好的应当是具有微相分离结构的聚氨酯嵌段共聚物，以及引入亲水聚合物的微相亲水疏水分离的聚氨酯嵌段共聚物。但聚氨酯长期植入后会引起血液中钙沉积，钙化易引起泵体损伤的问题，并未彻底解决。

2）人工心脏瓣膜

人工心脏瓣膜指能使心脏血液单向流动而不返流，具有人体心脏瓣膜功能的人工器官。一般由支持框架、底部转轮圈和活门三个主要部件组成。支持框和底部转轮圈要求一定的强度，一般用金属制造，但必须覆盖高分子抗凝血材料，即用形成伪内膜的涤纶或聚四氟乙烯织物包覆金属才可能实现。活门材料要求有相当好的耐磨性和抗老化性能，而且由于不断开合要求尽可能轻，聚四氟乙烯和硅橡胶是较合适的材料。

3）人工肺

人工肺有四种形式，静立垂屏式人工肺、转碟式人工肺、鼓泡式人工肺和膜式人工肺。前两种已很少使用。由于膜式人工肺的特点是由膜将血液与气体分开，避免了由血、气直接接触引起的血细胞破坏和蛋白变性，可安全地应用于长期体外循环。

膜式人工肺使用的高分子材料主要是：

（1）无孔薄膜：以硅橡胶为代表，气体扩散性能好。硅橡胶包括二甲基硅橡胶、含苯基硅橡胶和氟硅橡胶，用于无孔薄膜的还有聚烷基砜。

（2）微孔薄膜：血、气交换功能良好。常用聚丙烯微孔薄膜，聚丙烯空心纤维是首选材料，也可用聚四氟乙烯、聚砜等材料。

（3）复合膜：可以克服微孔薄膜水渗出和无孔薄膜硅橡胶强度不够的缺点，用滤纸双面涂硅橡胶，微孔聚丙烯涂硅橡胶，聚酯纤维织物涂硅橡胶，有机硅和聚碳酸酯共聚物，烷基聚砜以微孔聚丙烯增强等等。

4）人工肾

所谓人工肾就是利用高分子材料或生物活性物质承担透析过滤和解毒作用，代替肾脏使血液中代谢的有毒物质排出体外或转化为无毒物质。近年人工肾的基础研究取得进展，推动了新材料、新器具、新装置的出现。

（1）血液透析器　又叫透析型人工肾。临床上透析器有平板型、盘管型和中空纤维型，目前基本上使用中空纤维型，一般由外壳、透析膜、支承片组成，外壳和支承片材料要有一定强度，常用ABS或尼龙、聚乙烯或AS共聚物注射成型，空心纤维透析膜与外壳之间，用聚氨酯密封，用作透析膜的主要材料有铜氨人造纤维（再生纤维）、醋酸纤维素、聚丙烯腈、聚碳酸酯、聚砜、聚甲基丙烯酸甲酯以及聚乙烯和聚乙烯醇（聚醋酸乙烯）共聚物等。纤维素衍生物原料易得，价格低廉，常常使用。

近年对材料的开发有较大进展，用丙烯酸改性PAN提高了其亲水性能，有人合成了全同立构的聚甲基丙烯酸-β-羟乙酯并用HDI适度交联。不同立构的膜对一些物质的扩散顺序不同，比如交联度高的全同立构膜，扩散顺序为尿素>氯化钠>乙酰胺，而间同立构则为氯化钠>尿素>乙酰胺。据报道聚乙烯和乙烯醇共聚物（聚乙烯和乙酸乙烯共聚后水解）中，疏水性亚乙基链占30%时，膜的血液相容性、透析性、机械强度和安全性均令人较为满意。由甲壳类转化的壳聚糖制成的膜已受到人们重视。

（2）血液过滤膜　膜材料包括聚砜、PMMA、三醋酸纤维素、丙烯腈-甲基丙烯磺酸钠共聚物、聚酰胺等。

（3）血液灌流　利用吸附法把血液中代谢物去除。活性炭虽然有优良的吸附性能，但强度低。用合成离子交换树脂的苯乙烯-二乙烯苯共聚的球形树脂（白球），经浓H_2SO_4处理后，裂解碳化得到球形炭化树脂。其对尿酸吸附率达98%，对肌酐达99%以上，还能吸附活性炭不能吸附的血清胆红素。

（4）生物活性物质处理高分子膜　要使人工肾作为人体器官，还有很长的路要走，利用生物活性物质和高分子材料相结合的方法制得的材料，已经在某些功能上取得好的效果，如报道聚丙烯酰胺-尿酶凝胶球，对氨转变为谷氨酸有很好的效果。

5）人工膀胱

人工膀胱除生物相容性之外，机械强度、弹性和经受尿液的腐蚀性尤为重要。此外人工膀胱还要密封良好，与尿道、输尿管易于缝合，不产生漏尿，易于手术和消毒等。

人工膀胱的类型有体外留置型、再生型、全置换体内移植型。

体外留置型用硅橡胶作引流管，用一次性使用的集尿袋，使组织反应大为减少。用橡胶、PE、PP 等制作集尿袋。

再生型是在膀胱切除后，体内留膀胱支架，使残留的膀胱和尿道再生一个膀胱，最后去除支架。支架材料有两类，一类如 PE，用后取出，另一种是生物降解材料制成。

全置换膀胱用材料有硅橡胶、聚四氟乙烯、涤纶、聚丙烯、聚氨酯、聚乙烯海绵等，目前还在试验。

6) 人工皮肤

人工皮肤的主要作用是防止水分和体液从创面蒸发或流失，预防感染和使肉芽上皮细胞逐步成长，促进治愈。因此对人工皮肤主要要求是：有类似皮肤的柔软性、润滑性、透湿性；与创面组织能贴紧，具有相容性，但治愈后又易脱落，防止创面水分和体液损失，并具吸收渗出液的特性，无毒，无刺激，不引起免疫反应，易于消毒和保存。

临床常用两种形式：一种是织物，一种是薄膜。织物大多采用尼龙、聚酯、聚丙烯纤维织成丝绒状，织物的基底层涂布硅橡胶或聚氨基酸，特别是氧化聚蛋白酸。薄膜材料一般是聚乙烯醇、聚氨酯、硅橡胶、聚乙烯、聚四氟乙烯多孔膜等。由硅橡胶和尼龙纤维复合人工皮，用于三度烧伤已较成功。在硅橡胶或复合硅橡胶膜上加上多孔胶原软骨素，或微孔甲壳素复合膜、多肽膜与尼龙丝绒复合膜等，均具有许多优点，超过单纯的高分子材料。

7) 人工血液类

(1) 人工血浆　包括具有血浆蛋白渗透压的物质和营养液，一般主要指前者，曾用聚乙烯吡咯烷酮，现已被右旋糖酐(葡聚糖)、羟乙基淀粉等取代。

(2) 人工红细胞　其主要成分为血红蛋白，主要功能是完成氧和 CO_2 的交换，因此开发高度气体交换的功能材料就是合成人工红细胞的主要目标。现在大多使用氟碳化合物，如全氟萘烷和全氟萘烷加全氟三丙胺等，近年来用天然血红蛋白与高分子材料结合的“杂化”型人工血红细胞取得了新的进展。

8) 其他人工器官或组织

(1) 人工血管　使用材料有聚乙烯醇、PAN、PET、PP、PA、PE、PUR、PS、PTFE 及 PVC、醋酸纤维素等。

(2) 人工骨组织　常用 PC、硅橡胶、PMMA 等作骨材料和接骨材料。人工关节比较复杂，腕关节常用聚酯，指、趾则用聚丙烯和硅橡胶，尤其硅橡胶有很好的抗老化性能，伸张-弯曲抗疲劳寿命超过 6 亿次。

(3) 整形材料　体表装修和体内填充修补材料一般用硅橡胶，如用液体硅橡胶，室温固化矫正塌鼻或损伤，或用硅橡胶修补眼、耳、鼻等。高抗撕硅橡胶胶囊内填充半流动硅凝胶作人工乳房植入，生成的组织将它会固定在胸壁，其外形颤动和手感逼真，但对其毒理尚有争议，而多数倾向于无毒之说。硅橡胶用于治疗外耳的缺损，修补下颏、颚、颈等，均取得很好的效果。

(4) 眼科材料和牙齿材料　用于角膜接触镜的材料有 PMMA、聚甲基丙烯酸硅氧烷酯、硅橡胶、聚甲基丙烯酸羟乙酯等。

人工晶状体采用透明硅橡胶，加成型透明硅橡胶，透光率达 92%~93%。

用聚乙烯醇水凝胶作人工玻璃体性能良好，与人的玻璃体物理常数十分接近。

高抗冲的聚砜作为种植假牙材料使用，比PMMA还要适用，但PMMA一直在牙托材料、人工齿冠方面占统治地位。在牙托基表面涂上硅橡胶成为吻合的软衬垫，不仅增加了舒适感而且提高了咀嚼能力。

5. 高分子药物、药物释放媒介

天然高分子用作药物已有不短的历史。如淀粉、纤维素的应用，酶和酶制剂，用作药物的激素等。而人工合成的高分子或人工改造的高分子应用于药物上是近几十年的事情，一般分为：

- 高分子本身就成为药物
  - 本体
  - 络合物
- 以高分子为骨架的药物
  - 侧基接枝
  - 离子交换
- 高分子为药物媒介的
  - 包衣和胶囊
  - 释放媒介体系
    - 缓释药物
    - 靶向药物
    - 传递药物

1）药理活性的高分子

这部分本身具有药理活性的高分子较少。例如实验证明癌细胞负电荷高于正常细胞，利用正离子型聚合物中和负电荷，对癌有阻止作用，聚氨基酸、聚亚乙基亚胺、聚亚丙基亚胺、聚乙烯基胺、聚乙烯基-*N*-羟基吡啶等，有利于进入癌组织，但有毒性和致过敏等副作用。

负离子聚合物中，乙烯基醚-顺酐共聚合得到的吡喃聚合物能抑制许多病毒，有持续的抗肿瘤活性，许多顺酐的共聚物，水解后成为聚电解质，具有良好的抗病毒性。

有人用聚丙烯酰胺低浓度注入血管，可维持血管弹性。合成肝素是一种聚多糖，用作抗凝血剂。聚乙烯基咪唑是模拟天然酶的聚合物。还有聚丙烯酰咪唑等，其与乙酸乙烯酯、甲基丙烯酸、丙烯酰胺等的共聚物，也有良好的水解能力。

二甲基硅油(有机硅油)用作消泡剂，治疗肺水肿、肺气肿疗效显著。肠胃功能紊乱而出现的大量泡沫能引起胀痛和吸呼困难等，口服硅油，可以有确定的疗效。硅油已被载入药典。此外硅油还用于手术防粘连、烧伤涂敷创面防止感染，有利于机体新生，硅油还用作皮肤某些疾患的辅助疗剂。

2）与高分子链接枝的低分子药物

酶用于治病，功能自显。但由于它的水溶性，使酶不稳定，很易于失去活性。用高分子材料将之接枝到侧链上，形成固定化酶，保持活性收到很好效果。用于固定化的有聚丙烯酸、聚丙烯酰胺、聚丙烯酸酯、聚甲基丙烯酸甲酯。这个方法现在扩而大之，可以固定化激素，固定化的激素在药效上有缓释长效的结果。

将传统的抗结核药物对氨基水杨酸与聚乙烯醇反应，在侧基上发生酯化反应，成为聚对氨基水杨酸乙烯酯，仍然是一种长效抗结核药物。高分子表达式为

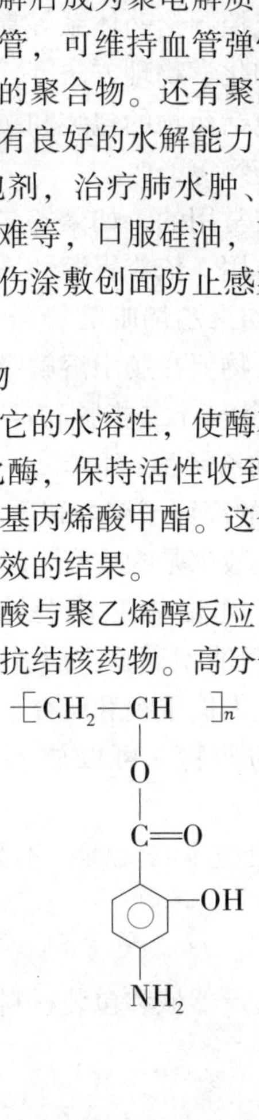

有些药物和高分子接枝后，可降低毒性，或者制成水溶性药物，或者可以提高药效。例如，水杨酸酯类有良好的抗紫外线性能，但毒性较大。当它和聚乙烯接枝，变成

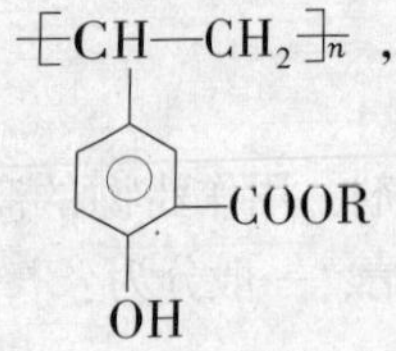

，毒性则大大下降。

3）高分子材料作为药物释放的媒介

化学药物一般都具有毒副作用。况且，许多化学药物作用激烈，很容易破坏人体的各种平衡，例如糖尿病患者血液中糖（葡萄糖）浓度甚高，如以胰岛素促进组织吸收血糖，可使血糖降低，但血糖过低又会危及生命。有人提出一种“智能用药”的实验，设想有一种智能性的材料可以感知需要药的用量和需要与否，它以感知疾病引起的化学物理变化为信号，反馈药物的释放、释放量和终止释放。例如胰岛素的释放与糖浓度有关，采用多孔的聚甲基丙烯酸羟乙酯、聚碳酸酯、再生纤维素或聚偏氟乙烯膜，似乎可以起到调节作用。最近有人用氨端基的聚醚（PEO）为分散剂，将含胰岛素的刀豆球蛋白水溶液的已二胺油包水体系，与癸二酰氯的环已烷氯仿溶液进行界面缩聚，得到含胰岛素尼龙微胶囊（70μm）封闭用偏氟乙烯膜。胰岛素从这些微胶囊中释放迅速，糖浓度升高10倍时，胰岛素释放，迟延时间小于10min，而当糖浓度正常时，释放速率立即减小而且无迟延。这种自动调节的释放药物装置还在研究。

此外，靶向给药体系，利用电流控制给药体系等都要应用药物形成高分子的微胶囊。微胶囊的制备有物理方法、化学方法和化学物理方法等。

高分子材料作为药物的载体，包括药物的包装和缓释包衣，粘贴性药物、凝胶吸附药物和上述的微胶囊药物或智能微胶囊药物等。

水溶性高分子作为药物包衣是最常用的，如聚乙二醇、聚乙烯醇、羧甲基纤维素、羧丙基纤维素等，有些药物要在胃中起作用，依靠胃溶性高分子作包衣和缓释包衣。需要在酸中（胃酸 pH=1~2.5）缓解的聚合物，如聚乙烯吡啶、羟氨基烃基纤维素、聚甲基丙烯酸氨基酯、聚氨基甲基苯乙烯等等。有些药物要在肠中溶解吸收，如在胃中可能刺激、恶心，因此要有在胃酸环境中不溶解而到肠道环境（十二指肠 pH=5~7、回肠 pH=8）中溶解的高分子作包衣，如乙酸乙烯琥珀酸酯、聚乙酸乙烯酯-邻苯二甲酸和顺酐共聚物、丙烯酸酯共聚物、苯乙烯-顺酐共聚物等等，含有羟基的高分子聚电解质。

中国的的膏药沿用已久。西药一般都是橡皮膏，易引起过敏，现在可用聚丙烯酸、聚乙烯醇等高分子材料与药物制成膜剂，作粘贴性缓释药物，亦有独到之处。用凝胶制成能够“感知”外界变化（物理变化）的一些智能型药物，同智能型胶囊、靶向给药、植入微胶囊药物、靶向移植药物系统一样，正在被人们重视和研究，其中一些很特别的高分子材料将起着特殊的作用。例如用硅橡胶包封的药物，可以放入体内，已用于女性避孕，也用于治疗肿瘤。

作为药物应用的高分子材料一般应本身无毒，不会引起组织反应，不会导致炎症、肿瘤，一般能溶于水，能到达病灶。

6. 医疗器械和包装材料

医用高分子材料的主要用途是医疗器械和包装材料。

医疗器械
- 一次性医疗用品（如注射器、输液器、麻醉和某些检查器具）
- 粘合剂、缝合线
- 检查和检验用品（听诊、检查、化验等）
- 囊袋用品（血袋、尿袋等）
- 手术工具，包括担架、手术台等等
- 消毒器具
- 外科、伤科材料，器具、机械、零件
- 其他

包装材料分为硬性材料和软性材料两类，要求强度高，尺寸稳定，尽量透明，气密性好。

医疗器械和包装材料，仍然要求无毒，溶出物极少，溶出物无毒，无组织反应等。常用工程塑料、PE、PP、聚酯、聚氨酯、聚乙烯醇、硅橡胶等。过去许多地方用聚氯乙烯（PVC），由于其单体氯乙烯强烈的致癌，且软 PVC 必须添加增塑剂，通常有毒有害。今后应逐步使 PVC 退出医用材料行列。现在相似的高分子很多，不必拘泥于成规和成法。

7. 医用硅橡胶和医用聚氨酯简述

医用高分子材料很多种，常用的也有一二十种。这些材料中应用的面较广，而且生物相容性较好的是有机硅和聚氨酯。尤其是聚氨酯，它的软段硬段两相分离组成千变万化，有很好的前景。这两种材料有专章论及，这里只就其医用功能引述如下。

1）硅橡胶在医疗卫生、生物医学工程领域中的应用

作为医用高分子材料，硅橡胶的应用领域包括以下几方面：

（1）长期留置于人体内，作为器官或组织的代用品。

这些产品包括脑积水引流装置、人工肺、视网膜植入物、人工脑膜、喉头、人工手指、手掌关节、人造鼓膜、牙齿印模及托牙软衬垫、人工肌腱、人工心脏瓣膜附件等。有些要生物处理。

（2）短期留置体内，起到补液、抢救、引流注入、防粘连或消泡作用。

这些产品包括静脉插管、导尿管、动静脉外瘘管、腹膜透析管、胸腔引流管、输血管、泄压管、胃镜套管、中耳炎通气管、导液管、鼻插管、接触眼镜等。

（3）作为医疗机械上关键性组成部件之一。

这些产品包括人工心肺机输血泵管、膜式人工心肺机、胎儿吸引器和人工血液循环装置等。

（4）硅橡胶在整容和修复术方面的应用。

例如，用硅橡胶可制成一系列关节植入物和填复物来修补面容和身体、四肢的缺陷，修补前额、鼻子、下颏、颚、脖颈等，治疗外耳的缺损，用来进行颅骨和胸部的整容手术以及修补内脏四肢等。

用硅橡胶的胶囊植入病变周围皮下，注入生理盐水使皮肤不断增大，然后切除病变，接着用扩张的皮肤缝合，这是一种新的整容法。

（5）硅橡胶在药物缓释体系的应用。

延长药物疗效的持续性，提高药物作用的专一性和安全性，是药学研究中的一项重要课题。

1957 年人们开始把硅橡胶材料作为控制释放药物的包裹材料。1964 年 Folkman 和 Long

首先证明了封闭的硅橡胶管内药物可以缓慢释放出来，在相当长的时间里，在体内维持一定的药物浓度。随着科研人员的不断研究与探索，人们发现硅橡胶具有良好的渗透及透过性，使之成为理想的药物缓释材料。药物就可以利用硅橡胶的这种特性，透过硅橡胶进行有效地控制释放和缓慢释放。

利用硅橡胶来控制药物释放的方式主要有两种：一是包封型，即以药物作核心，外用硅橡胶薄膜包封。这种载药方式相当于把高分子膜囊作为药物的“仓库”，因此也称储库剂或膜制剂。二是微粒分散型，即药物以微粒分散在硅橡胶的基质中，随着药物释放的速度和释放时间的增大而变小，但它的制造比较简单，只要把药物和硅橡胶混匀、成型即可。

在这两种释药方式中，只有包封型才能把药物以稳定而适宜的速度释放出来。现在，利用硅橡胶生物材料为基质的缓释供药已应用于避孕药和抗癌药中，并已取得良好的效果。该释放系统也可用于其他许多药物在动物体内的控制释放。

以硅橡胶为药物缓释体系中的主要载体应用产品有：

硅橡胶制成胶囊，通过这种胶囊壁膜能将药物(如各种甾族化合物、前列腺素、抗生素、镇静剂、安眠药、抗癌药、麻醉剂等)缓慢地扩散到体内。例如，将治疗青光眼的毛果兰香碱或治疗运动呕吐的莨菪胺包在胶囊中，贴在皮肤上，药物通过此胶囊缓慢释放，达到治疗的目的。

硅橡胶长效避孕药具，是以硅橡胶为载体的埋植剂，能缓慢、恒定地释放内含的甾体药物。经过几十年的研究表明，皮下埋植剂是适宜的长效避孕药具。

硅橡胶作为药物释放基质，而制成的基质型药物缓释制剂。如：促进牛生长的荷尔蒙激素制剂。

硅橡胶应用于皮肤吸收型的制剂，如：作为冠心病预防药硝化甘油的TTS产品。

硅橡胶活性的释药阴道环及宫内节育器应用效果好而长效。以医用硅橡胶为原料的惰性的节育器几乎全部为这种活性的节育器所取代，这类阴道环所释药物有孕激素、雌孕合剂、雌激素、铜离子等。

(6) 硅橡胶用作体外用品。

由于硅橡胶薄膜具有良好的透氧、透二氧化碳的特性，具有与人体皮肤水分蒸发量相近的透湿性，对人体无毒、无害、无过敏、不易引起异物反应或排斥反应等优点，在用尼龙、聚酯纤维等增强后可用作人工皮膜。烧伤后的皮肤修复用硅橡胶贴片，可获得好的效果。

此外，加成型硅橡胶可用于非手术的女性输卵管粘堵绝育，硫化后，硅橡胶硬度适中，似软骨，具有伸展性，对周围组织无刺激作用，不会引起炎症和异物反应。

在许多医疗领域都采用了医用硅橡胶管，它是硅橡胶制品中发展最快、用途最广的产品。用于人体的医用硅胶管的发展趋势是微型化、薄壁、多腔、多种功能，如既能抽样检测，又能灌洗、输液等。

(7) 其他应用。

医用硅橡胶可制备医用富氧膜。利用硅橡胶进入体内固化的特点，用于作肿瘤的动脉栓塞促使肿瘤失去活性也很有前途。

医用硅橡胶除了上述几方面的应用外，还能应用于生物医学工程领域，其产品主要包括医疗用装置、医用电极、生物植入传感器的外包装材料。

例如，腹腔内化疗输药装置是一种全硅橡胶植入式腹腔内化疗导管系统。该系统以医用硅橡胶为原料，由储药盒和导管组成。该系统的特点是放置、使用简单易学，手术时无需增加器械设备，便于普及，有利于卵巢恶性肿瘤病人的治疗。

医用电极(板)：由于电极(板)与人体接触，因此要求材料柔软、舒适、呈生理惰性、对人体无毒、对皮肤无刺激、透气性能好。在使用过程中还要承受高温高压、有关溶剂的消毒，而性能不受影响。根据上述要求，选用硅橡胶作为基材较为合适。

生物传感器是目前生物电子学研究与开发的主要课题之一。它应用广泛，不仅在基础研究、临床医学、食品发酵、环境保护等方面显示了美好的前景，而且在活体应用方面也已变成了可能。其中，两种生物传感器——生物医学电极和植入传感器是活体应用的较为典型的例子。供移植使用的生物传感器外面通常需要一层包装材料，用来隔开周围的生理环境，因此，作活体应用尤其是植入人体的生物医学设备对材料的可靠性、耐久性、生物相容性等提出了更高的要求。而硅橡胶具有弹性好、良好的生物相容性，因此在电极外的硅橡胶层可以很薄，水和其他小分子可以自由通过。这种硅橡胶可以作为一种葡萄糖敏感电极的外包装，用来监控和调节糖尿病人血液中的葡萄糖水平。

硅橡胶在医用领域已占据了相当重要的地位，但若要有更大发展，仍需解决有关技术问题。

由于硅橡胶的疏水性，使其制品植入人体后仍有轻微的异物感。要解决这问题，可采用表面改性，如在硅橡胶制品表面涂敷亲水性物质，或用辐射法使硅橡胶表面接枝，或用等离子体处理或通过共混改性，都可提高其亲水性。

随着生物医学工程、组织工程的发展，对材料的技术和性能要求日益提高。就硅橡胶而言，如何使其充分应用于生物工程与组织工程是今后研究工作的主要方向。如：生物传感器是当今引人注目的一项生物技术。生物传感器的微型化，与生物体的适应性等，将成为与人工脏器相关的重要课题。

总之，医用硅橡胶在生命科学、医疗器械、药物等领域中已得到广泛而重要的应用，但还有巨大潜力可挖，随着生命科学的发展及生物材料的研究，它将为人类社会做出更大的贡献。

2）聚氨酯(PU)

聚氨酯弹性体是由软链段和硬链段交替组成的，含有许多—NHCOO—基团的极性高聚物，通过选择适当的软、硬链段结构及其比例，就可合成出具有良好的物理机械性能，同时具有血液相容性和生物相容性的医用高分子材料。聚氨酯弹性体具有优异性能，具有优良的抗凝血性能；毒性试验符合医用要求；临床应用中生物相容性好，无致畸变作用，无过敏反应；可解决天然胶乳医用制品存在的“蛋白质过敏”和“致癌物亚硝胺析出”两个问题，从而成为许多天然胶乳医用制品的更新换代产品；具有优良的韧性和弹性，加工性能好，加工方式多样，是制作各类医用弹性体制品的首选材料；具有优异的耐磨性能、软触感、耐湿气性、耐多种化学品性能；能采用通常的方法灭菌，暴露在 γ 射线下而性能不变，可以适合于所需的医疗环境。

(1) PU 弹性体的应用领域。

PU 弹性体广泛用于生物医学和医疗卫生领域，是重要的医用高分子材料，参见表 7-3。

表 7-3　PU 弹性体的应用领域

普通外科	导管，气管套管，胃镜软管，医用连接管，血管手术缝合修补的外涂层，导液管等
整形外科	人工关节，人工骨，骨胶合剂，固定用敷料，弹性绷带，软骨等

续表

成型外科	创伤被敷材料，人造皮肤
心血管外科	人工血管，人工心脏材料，人工瓣膜，血泵，分流泵泵腔，内反搏气囊和助搏气囊等
眼　科	隐形眼镜
泌尿科	人工尿管，男性输精管
其　他	医用手套，无粉手套
	计划生育用品如可逆式输精管用聚氨酯栓堵剂，避孕套
	齿科材料如制造假牙，修补假牙
	缓释药物胶囊

（2）聚氨酯弹性体的发展方向。

随着聚氨酯在医学生物领域中用途的不断拓宽，开发可生物降解的聚氨酯材料成为理想途径之一。如低聚糖衍生聚氨酯；木质素、单宁及衬皮衍生聚氨酯；纤维素衍生聚氨酯；淀粉衍生聚氨酯；其他类型的可生物降解聚氨酯。可生物降解的聚氨酯在生物医学领域具有巨大的发展潜力。

具形状记忆功能的聚氨酯称为室温形状记忆聚氨酯。其工作原理是利用了硬段和软段二相之间的玻璃化温度的差别来实现形状记忆过程。它可用于制作各种矫形、保形用品，如牙科矫形器、骨科矫形器、绷带、乳罩、腹带等，可以先做成所希望的形状，然后二次成型为易于使用的形状，在使用时再加热使其恢复原形，从而达到预期的效果。形状记忆聚氨酯的应用前景广阔，改善其恢复温度的精确性为研究的重点。

目前，PU 在医疗卫生领域的开发，正向生物工程、细胞工程、免疫工程等方面迅速发展。从长远看，组织工程是生物医学工程领域中一个快速发展的新方向。这门交叉学科的核心是应用生物学和工程学的原理和方法来发展具有生物活性的人工替代品，用以维持、恢复或提高人体组织的功能。由于临床治疗的需要，应用于输血、烧伤、糖尿病、心血管等方面的组织工程技术得以优先发展。

PU 血液相容性较优，在提高其血液相容性的同时，开发在身体和材料之间，具有物理、机械特性的适应性更好的聚氨酯材料将有很好的前景。

8. 医用高分子的发展方向

医用高分子的发展已有 50 多年的历史，其应用领域已渗透到整个医学领域，取得的成果是十分显赫的。但距离随心所欲地使用高分子材料及其人工脏器来植换人体的病变脏器尚很远很远，因此尚需作深入的研究探索。就目前来说，医用高分子将在以下几个方面进行深入的研究。

（1）人工脏器的生物功能化、小型化、体植化。目前使用的人工脏器，大多数只有“效应器”的功能，即人工脏器必须与有功能缺陷的生物体共同协作，才能保持体内平衡。研究的方向是使人工脏器永久性地植入体内，完全取代病变的脏器。这就要求高分子材料本身具有生物功能。

（2）高抗血栓性材料的研制。至今尚无一种医用高分子材料具有完全抗血栓的性能。许多人工脏器的植换手术就是因为无法解决凝血问题而归于失败。因此，尽快解决医用高分子材料的抗血栓性问题，已成为医用高分子材料发展的一个关键性问题，受到各国科学家的重视。

(3) 发展新型医用高分子材料。目前医用高分子所涉及的材料大部分限于已工业化的高分子材料，这显然不能适应和满足十分复杂的人体各器官的功能。因此发展适合医学领域特殊要求的新型、专用高分子材料，已成为广大化学家和医学专家的共识。目前研究开发混合型人工脏器，即将生物酶和生物细胞固定在合成高分子材料上，制取有生物活性的人工脏器的工作，已经取得了相当大的成就。

(4) 推广医用高分子的临床应用。高分子材料在医学领域的应用虽已取得了很大的成就，但很多尚处于试验阶段。如何将已取得的成果迅速推广到临床医学应用，以拯救更多患者的生命，需要高分子材料界与医学界的通力协作。

二、离子交换树脂

离子交换树脂是一种可以与接触的介质进行离子交换的高分子，它本身不溶解于介质中，只有相关的离子与介质交换。其组成和分类可示意为

- 离子交换树脂
  - 高分子骨架
    - 凝胶型树脂
      - 低交联度(<8)
      - 标准交联度(8)
      - 高交联度(>8)
    - 大孔型树脂
      - 大孔型
      - 高大孔型
  - 功能基团
    - 阳离子
      - 强酸性
      - 中强酸性
      - 弱酸性
    - 阴离子
      - 弱碱
      - 强碱
        - 强碱Ⅰ型[$N^+(CH_3)_3Cl$]
        - 强碱Ⅱ型[$N^+(CH_3)_2CH_2CH_2OH$]
    - 两性
      - 强碱-弱酸
      - 弱碱-弱酸
    - 氧化还原
    - 螯合
  - 可交换离子-与功能基团相反电荷的离子

1. 离子交换树脂的高分子骨架

大多数情况下，用悬浮聚合方法制成一定粒度的高分子珠球。

(1) 凝胶型树脂

聚苯乙烯型树脂　用苯乙烯和二乙烯苯悬浮共聚合而得。

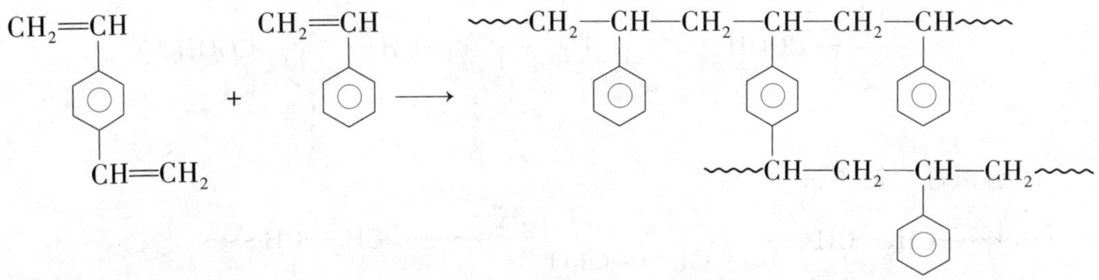

二乙烯苯的反应活性高于苯乙烯，因此可以想见早期共聚交联密度高，后期交联密度

低，交联点分布不均，影响渗透性能和离子交换速度。这是目前使用最多的树脂。

聚丙烯酸型树脂　用丙烯酸甲酯或甲基丙烯酸甲酯同二乙烯苯、二甲基丙烯酸乙二醇酯、甲基丙烯酸烯丙酯、三聚异氰酸三烯丙酯等作交联剂悬浮共聚，如将二乙烯苯与另外几种交联剂混用，收效略好。

缩聚树脂　主要是各种酚醛类树脂。

(2) 大孔树脂　树脂本体仍如凝胶树脂，只是在其聚合过程中加入"致孔剂"，一般是加入的不良溶剂，也可以是较良溶剂或混合溶剂，在共聚合过程中被包容进入高分子珠球体中，再将致孔剂萃取提出，形成大孔树脂。

2. 功能基团进入高分子骨架材料

(1) 强酸性交换树脂

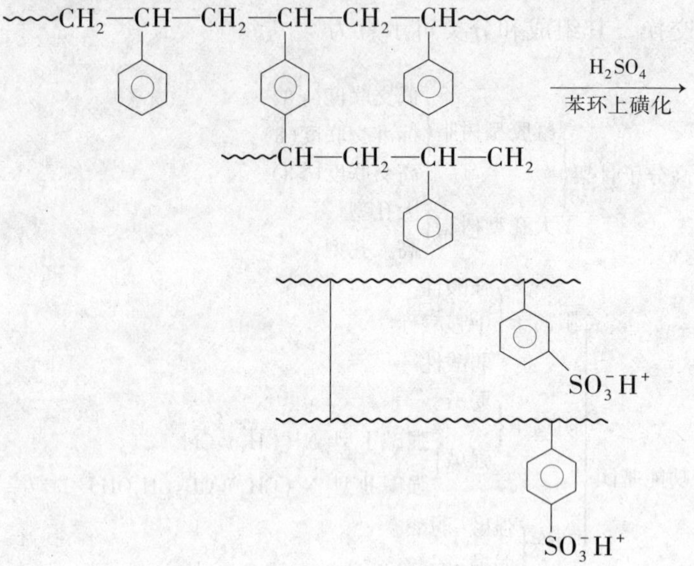

(2) 弱酸性阳离子交换树脂

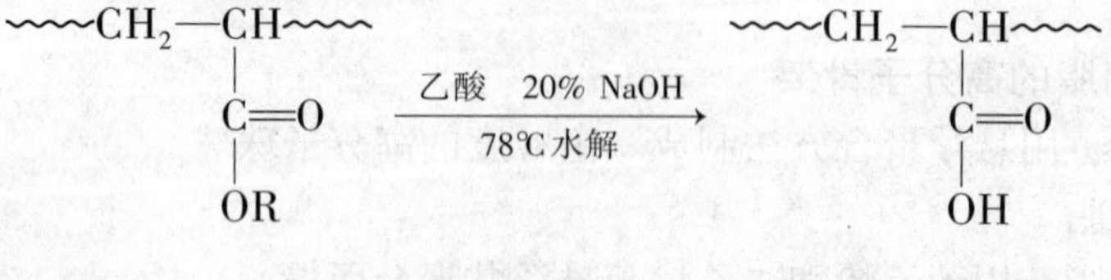

或者

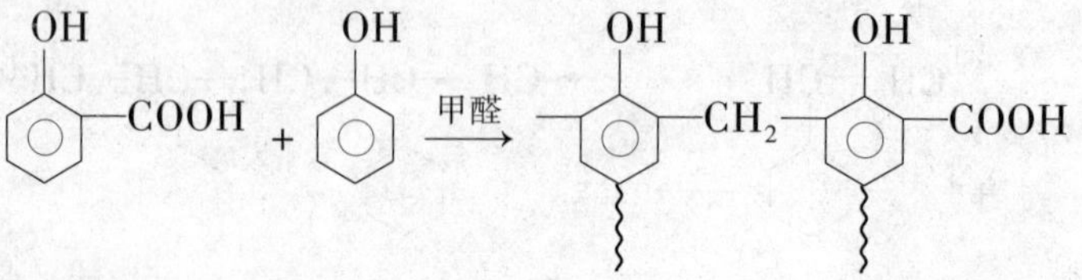

(3) 强碱性交换树脂

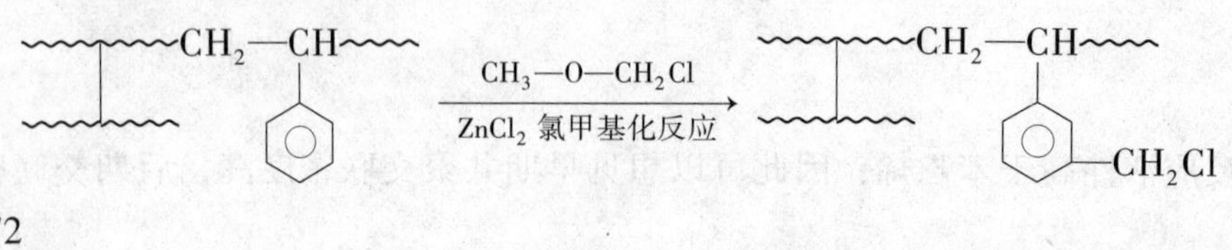

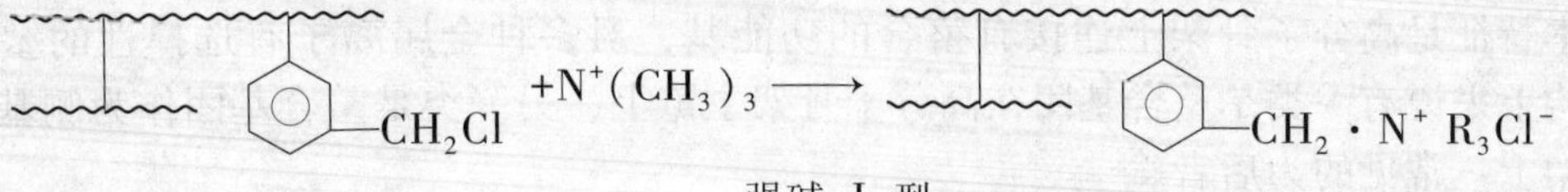

强碱 Ⅰ 型

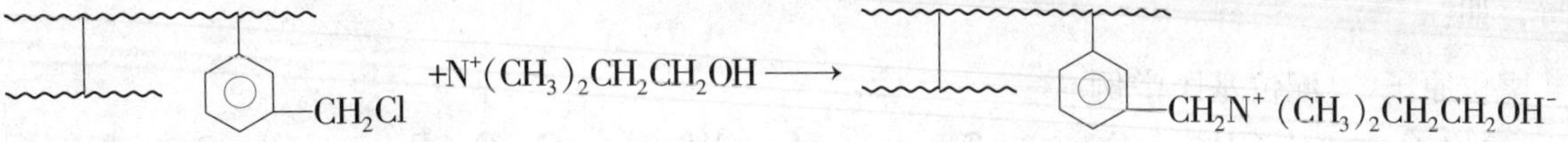

强碱Ⅱ型

(4) 弱碱型交换树脂

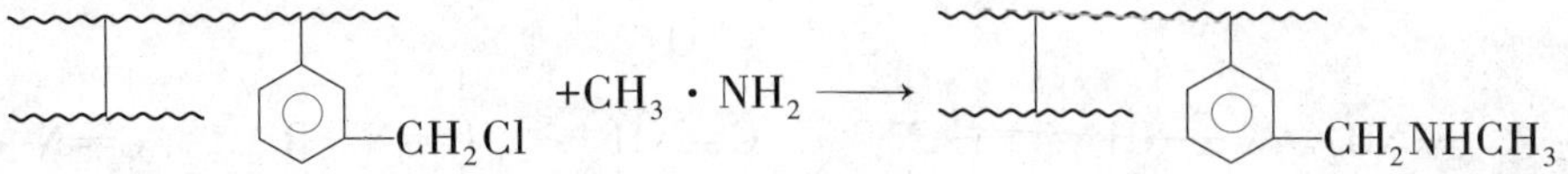

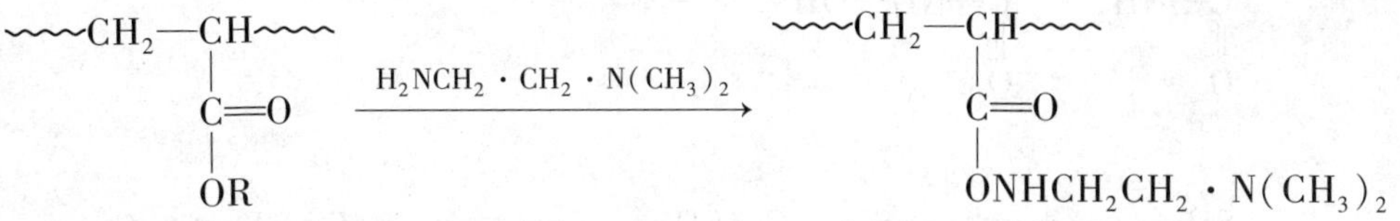

3. 离子交换膜

离子交换膜的化学组成与离子交换树脂相同，只形状不同而已。膜分为异相膜、半均相膜和均相膜。所用膜的基材大多数是苯乙烯交联共聚物，也有 PE、PVC、PP 等。用于阳离子交换膜的主要是磺酸基树脂，用于阴离子的主要是季铵基树脂。生产异相离子膜的工艺简单，只要将离子交换树脂粉碎，然后用 PE 等混炼后热压，成膜即可。而半均相膜则用 PE 或 PVC 膜浸含苯乙烯和二乙烯苯单体后聚合，再引入功能性磺酸基或季铵基即可制成半均相离子膜。均相膜则是离子交换基团在高分子基上分布均匀，宏观上和微观上都具有均一结构。

4. 离子交换树脂应用

离子交换树脂和离子交换膜在水处理上是应用最多的市场，水处理可分为软水、脱盐水、去离子水和超纯水四个层次。脱盐水电阻$(0.1\sim1)\times10^6\Omega\cdot cm$，含盐量 $0.5\sim5mg/L$，是工业上常用的纯水，又叫初级纯水；去离子水电阻 $1\times10^6\Omega\cdot cm$，含盐 $0.5\sim0.05mg/L$；超纯水电阻 $10\times10^6\Omega\cdot cm$ 以上，含盐小于 $0.05mg/L$。

离子交换树脂常用于处理工业废水，可以从废水中富集和回收金属，以及丙酮、乙醇等溶剂。如从照相废液中回收银，从化纤废水中回收铜，从电镀废水中回收铬等。对于抗菌素的提取，阳离子交联树脂能收到奇效。在国防军工和核工业上有独特的作用，如阳离子树脂用于核燃料放射性元素的回收，可将^{235}U 和$^{99}T_C$ 富集、浓缩、回收可以达到很好的净化效果。在处理氯碱工业废水废液、海水淡化等方面也有广泛的应用。

离子交换树脂可以作为高分子酸性和碱性催化剂，广泛应用于基本有机合成工业，如用离子交换树脂法合成双酚-A，代替古老的 H_2SO_4 法，方法简便、收率高、成本低，可以连续化生产，产物极易分离和提纯。

5. 螯合树脂(高分子螯合剂)

其基本特征是高分子骨架上连接有螯合的功能基，对多种金属离子有选择性的螯合作用。从结构上来说有一类是螯合基团在高分子骨架主链上，另一类是螯合基团作为侧基连于高分子骨架上。常见的为后者。

螯合基团是含有多个配位原子的功能基团，目前常见的配位原子有 O、P、S、N、Se 等，如：

配位原子　配位基团举例

氧原子

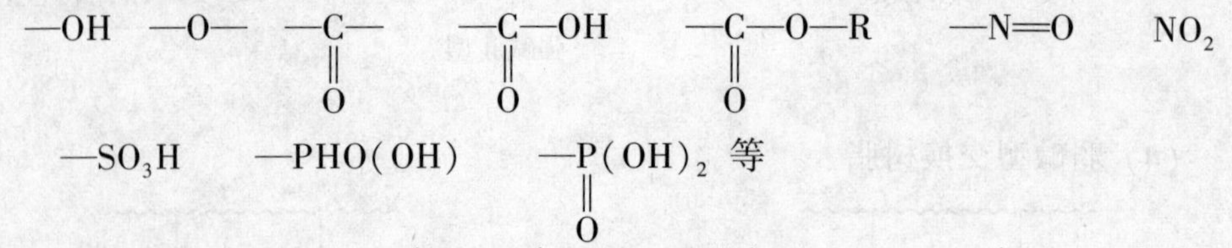

氮原子

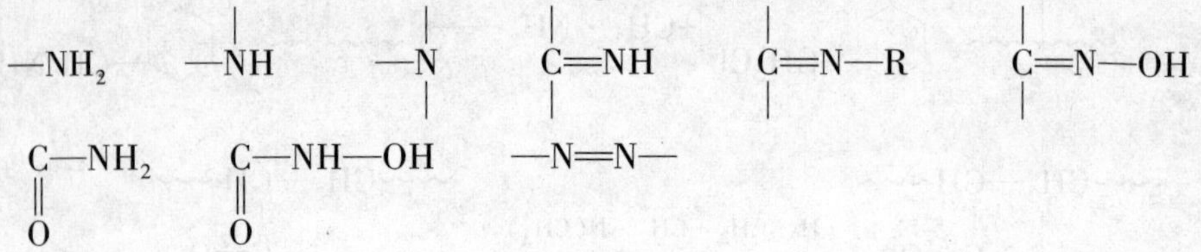

硫原子

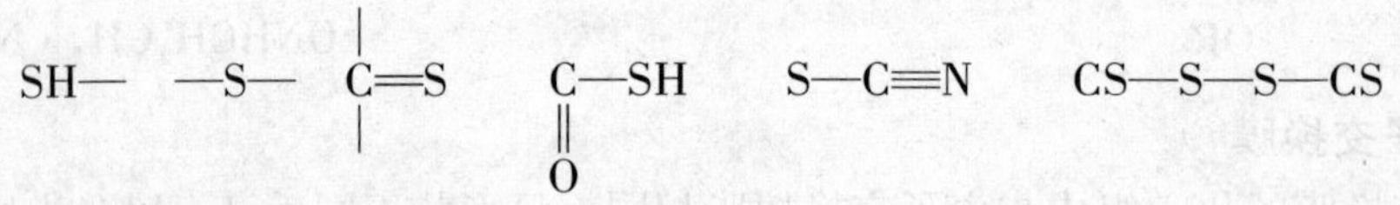

(1) 氧为配位原子的高分子螯合剂

氧配位原子
- 醇类螯合树脂　如聚乙烯醇
- β-二酮类　如聚甲基丙烯酰丙酮或与苯乙烯、MMA 共聚物
- β 酮酸酯类
- 酚类　含酚羟基的聚苯乙烯
- 羧酸型　聚甲基丙烯酸、聚丙烯酸、聚顺丁烯二酸
- 冠醚型

如把聚乙烯醇薄膜放入含有 $Cu_3(PO_4)_2$ 的水溶液中，薄膜会收缩，甚至可将重物提起。而它对一价铜络合作用弱，当把络合的二价铜还原为一价铜时，聚乙烯醇会吐出一价铜，体积重新膨胀，收缩率可达 30%。又如 β 酮酸酯类、酚类螯合树脂，可与三价铁络合，变成红色和红棕色络合物。

(2) 氮为配位原子的高分子螯合剂

氮配位原子
- 含胺基的螯合剂　如乙酰胺基乙烯聚合水解得到聚乙烯骨架的脂肪胺
- 含有肟结构
- 含席夫碱(C—N—R)结构螯合剂
- 含羟肟酸结构
- 氨基酸和氨基多酸类螯合剂
- 高分子偶氮化合物
- 含氮杂环的螯合剂

许多脂肪胺基螯合树脂，对海水中重金属离子的富集作用很好，而芳香胺螯合剂对金、铜、汞、镍、锌等有较强的络合作用。高分子偶氮化合物，常用于稀土元素的富集和浓缩等等。

螯合树脂对不同离子有不同的络合能力，在许多重要部门得到奇特的应用。

三、高分子吸附剂和吸附树脂

吸附树脂同离子交换树脂类似，甚至于有人把二者统称为“吸附树脂”。只是我们这里说的“吸附树脂”是分子型吸附树脂，而离子交换树脂有人会说成是离子型吸附树脂。

吸附树脂不同于离子交换，它是靠分子间的微孔来起吸附作用的。现在对于吸水性能好的吸附树脂又单独称为高吸水树脂，某些特别的凝胶型的高分子吸附剂又被称为凝胶分子筛，因此，总的类型上可分为

吸附树脂
- 大孔微孔交联高分子
  - 苯乙烯体系
  - 聚丙烯酸酯体系
  - 其他体系
- 凝胶分子筛
- 吸水性树脂

1. 聚苯乙烯型吸附树脂

苯乙烯和二乙烯苯共聚物为骨架，不同的高联度有不同的微观结构。使用不同的致孔剂和不同量的致孔剂，可以严格控制树脂中微孔的粒径。在宏观上，实际商品对树脂的粒径和形状也有一定的要求，例如用作色谱固定相的树脂要有微球形状和小的粒径。

聚苯乙烯型树脂如在苯环上引入基团，可制成极性不等的树脂，目前已生产了大量不同极性、不同用途的商品。虽然商品名称不同，但其结构和性能仍然很类似。比表面积一般在 $300\sim500m^2/g$ 之间，少数有高达 $800m^2/g$，也有小至 $100m^2/g$ 以下的。平均孔径一般在 30nm 以下，小的孔径 4.4nm，更大的孔径的商品也有，有大至 90、100、几百甚至 1000nm 的，同沸石分子筛有些相似。

2. 聚丙烯酸骨架和其他类型树脂

聚甲基丙烯酸酯与双甲基丙烯酸乙二酯共聚物是仅次于聚苯乙烯体系最常用的树脂。具有中等极性，较好的耐热性。其他类型的树脂有丙烯腈-二乙烯苯共聚物，是极性很强的树脂，还有聚乙烯醇、聚酰胺、纤维素衍生物等。

3. 凝胶分子筛

聚丙烯酰胺凝胶俗名生物凝胶，化学稳定性好，可在很宽的 pH 值范围内使用，机械强度好，中性，无离子交换，不为微生物利用。它有许多牌号，可以分离分子量从 100 到 60 万甚至 200 万的，用于凝胶色谱。

4. 高分子吸水树脂

与水接触后，能迅速吸水的高分子材料，有的吸水率高达几十倍，称为高吸水性树脂。从结构上说应是具有大量亲水基团的交联高分子，不溶但吸水后能迅速溶胀，具有一定的强度的立体结构，分子量极高。

常见的吸水树脂和高吸水树脂可分为

- 淀粉型——
  - 淀粉
  - 改性淀粉—
    - 丙烯酸接枝
    - 丙烯腈接枝
    - 其他
  - 纤维素类—
    - 羧甲基化、乙基化
    - 羟乙基化羟丙基化
- 聚丙烯酸型及共聚物
- 聚乙烯醇型及共聚物
  - 聚乙烯醇–聚丙烯酸交联
  - 聚乙醇醇–甲基丙烯酸甲酯共聚
  - 聚乙烯醇–顺酐共聚

5. 吸附树脂的应用

在废水的处理上，吸附树脂相当于高分子分子筛。处理含酸废水，农药废水，含有机酸、有机溶剂、表面活性剂的废水，以及用于脱色。被富集的杂质，可以浓缩收集。用于富集回收有机物，提取香料、油脂、某些生物质的分离和吸附提取等。用它来分离复杂的混合物可以有选择性地吸收。吸附树脂分离和再生极容易，用于蛋白质、酶的分离不要加热，不要溶剂，收到特别的效果。

高吸水树脂不仅在卫生材料如尿布、垫布、卫生巾、手术床垫等应用广泛，而且在无土栽培、农田保墒、保水、大棚栽培、污泥凝固等有重要的应用。一些国家在沙漠中用于沙漠农业，作根底层保水剂。

四、光敏性高分子

光敏性高分子大体分类为

- 感光高分子　光刻胶
- 光聚合或光交联　光敏涂料，光聚合树脂
- 光能转换（光电材料）
  - 太阳能转换材料
  - 高分子光导材料
  - 高分子光稳定剂
- 光变色材料
- 发光高分子
  - 高分子荧光剂
  - 高分子夜光剂

1. 光刻胶和感光树脂

（1）光致抗蚀剂　在集成电路制造中，半导体表面氧化层许多地方要除去，一些地方则要保留。除去氧化层的方法主要用化学腐蚀溶洗法。为了使需要保留的地方不受影响，就要用涂料保护起来。在集成电路制造中，利用一种感光性树脂涂在氧化层上，在紫外光或其他可控光源的照射下，材料在短时间内就会发生变化，使材料在光照下，溶解能力、熔融性能和附着力都发生变化。只要用一个事先设计好的图案，掩蒙在表面上，进行像照相一样的用光源曝光，被光照的就可以用溶剂洗去可溶部分，也叫显影，同照相的术语一样。这种性能的感光性树脂叫光刻树脂、光刻胶或叫光致抗蚀剂等等。

光刻胶分为正型和负型，正型是紫外光照射部分溶解，负型是紫外光照射部分不溶解。负型为常用，所以光刻胶又叫光抗蚀剂，即光照射下变得能抗腐蚀了，一般就是在聚合物中加有光交联剂可以达到。它又有水溶性和液态两种，水溶性性能特殊，液态附着力和稳定性好。

根据光源不同，又分为紫外线、远紫外线、电子束、X 射线、离子束光致抗蚀剂等几种。

光刻胶的组成一般是聚合物加感光剂，例如线型酚醛树脂-α 萘醌二重氮化合物(正胶)、聚异戊二烯橡胶-双重氮化合物(负胶)、聚乙烯醇-重氮化合物等等。

(2) 印刷用感光树脂版　平版印刷(胶印)有 PS 版，常用铝板上涂有感光树脂。树脂常是线型酚醛树脂，接有官能团，官能团常常是叠氮化合物(负胶)。

凸版印刷则采用光聚合型感光树脂，经光固化聚合成型，显影后荧光部分变成不溶的高分子，不受光部分可以洗去，制成凸版印刷材料。主要感光树脂成分如：不饱和聚酯/丙烯酸单体、丙烯酸聚酯/丙烯酸单体、纤维素/聚乙烯醇、尼龙/丙烯酸单体、聚乙烯醇/丙烯酰胺。

丝网印刷制版用 PVA 或 PVAC，以重氮化合物为感光剂。

2. 光敏涂料、光聚合树脂

光聚合树脂实际上是在光引发剂作用之下，引发聚合或者交联而达到固化。一般都是含有一定的不饱和双键的预聚物或聚合物，如不饱和聚酯、低聚环氧树脂、不饱和的聚氨酯、聚醚等。

除了预聚物之外，光敏涂料中有时还要加入称为“稀释剂”的物质，实际上是可以在光的作用下产生自由基，进行交联的低分子物或低分子预聚物，如苯乙烯、丙烯酸等。

3. 光变色聚合物

小分子光变色物质早为人知，如偶氮苯在光作用下，由反式变成顺式，吸收波长变化改变了颜色。光变色高分子的常用合成方法是将高分子和变色低分子共混，方法简便；另一种方法是把光变色基团接枝到高分子侧基上。

五、磁性高分子

在人类的材料发展史上，磁性材料领域曾长期为含铁或稀土金属元素的合金和氧化物等无机磁性材料所独占。但由于传统磁性材料必须经过高温冶炼才能得到应用，而且密度大，精密加工成型很困难，加工过程中的磁损耗很大等原因，使得传统磁性材料在高新技术和尖端科技应用方面受到很大限制。20 世纪 80 年代中期出现了新的交叉学科——有机和高分子磁学。前苏联的科学家 Ovchinnikov，西班牙的 F. Palacio，日本的 T. Sugano，法国的 Kahn 等为此作出了巨大的贡献。高分子磁性材料因为其结构种类呈现多样性，较适合通过化学方法合成得到磁性能与力学性能、光性能、电性能均较好的综合性能。这类磁性材料还具有磁损耗小和特轻质磁性等特点，很适合应用在超高频装置，超高密度存贮材料，吸波材料，微电子工业和宇航等领域。随着社会发展和科技进步，磁性高分子材料的合成和应用研究成果层出不穷，已成为当今功能高分子材料研究领域中的热点之一。

1. 磁性功能高分子材料的分类

磁性高分子材料主要分为复合型和结构型两大类。复合型磁性高分子材料是指以高分子材料与各种无机磁性材料通过混合粘结、填充复合、表面复合、层积复合等方式加工制得的磁性体，从复合材料概念出发，通称为磁性树脂基复合材料。结构型磁性高分子材料是指分子本身具有强磁性的聚合物，如聚双炔和聚炔类聚合物，含氮基团取代苯衍生物，聚丙烯热解产物等。

2. 复合型磁性高分子材料

复合型磁性高分子材料是已实现商品化生产的重要磁性高分子材料，可分为树脂基铁氧体类高分子共混磁性材料和树脂基稀土填充类高分子共混磁性材料两类，简称为铁氧体类高分子磁性材料和稀土类高分子磁性材料。目前以铁氧体类高分子磁性材料为主。

复合型高分子磁性材料具有质轻、价廉、容易成型加工等特点，可以制成尺寸精度很高而且形状很复杂的元件，可广泛应用在试验仪器、电子产品、日用家电、办公自动化设施、计量、通讯、控制装置等领域，还可制成用于细胞分离、固定酶、免疫因子测定等领域的磁性聚合物微球和生物导弹，甚至还能广泛用于DNA分离及核酸杂交等领域。

3. 结构型磁性高分子材料

从对传统磁体的研究中可以得知，在显示出顺磁性或磁性的物质中，原子或分子必须具有稳定的固有磁矩，即这些原子，离子和分子的电子壳层中必须具有未成对电子，以使体系电子保持总自旋不为零。传统的磁体通常是由带有未成对d层或f层电子的过渡金属及其氧化物或稀土元素组成。通常的高分子材料是共价键结合，并不具有未成对电子，因此不具有顺磁性或铁磁性，但某些芳香族自由基和烯烃自由基具有大的正原子或负原子自旋密度，通过分子自旋离域和自旋极化，这些自由基在晶体中形成正反自旋区域相间分布，当正自旋密度远大于负自旋密度就可出现铁磁耦合而显示出磁性。

目前，大多数结构型高分子磁性材料只有在低温下才具有铁磁性，这类材料目前尚处于理论研究阶段。

4. 磁性功能高分子材料研究的新热点

1）磁性离子交换树脂

磁性离子交换树脂是一种新型的离子交换树脂，也是一种新型的树脂基复合材料，它是用聚合物黏稠溶液与极细的磁性材料混合，在选定的介质中经过机械分散，悬浮交联形成的微小的球状磁体。如用离子交换的方法合成聚苯乙烯树脂基铁氧体和铁钴氧体的磁体，提供了一个用化学合成的方法来控制制件的大小和分布的好方法。磁性离子交换树脂的最大优点是可以用于大面积动态交换与吸附，可以处理各种含有固态物质的液体，使矿场废水中微量贵金属的富集、生活和工业污水的分离净化等得到实现。提高磁粉与树脂基体的亲和力，改善树脂的耐酸碱性，开发高吸附容量磁性树脂，将有助于最终实现这类新型离子交换与吸附树脂的实际应用。

2）具有磁性和超导性能的有机塑料

由美国林肯内布拉斯卡大学的化学教授安德列兹·拉杰卡领导的研究小组在2004年在塑料研究方面获得了重要突破：他们研制出同时具有磁性和超导性能的有机塑料聚合物。科学家们认为，这一成果有利于研制量子计算机和超导电子所需要的廉价而又灵活的元器件。这种有机塑料磁体，与目前广泛使用的金属磁体比较起来，具有以下的优点：它比金属磁体重量轻，成本低，而且这种有机塑料还容易加工成各种形体的材料，比如塑料薄膜和涂料等。此外，科学家们还可以很容易地把聚合物的其他性能也掺杂到这种有机塑料里，这样就可以制造出能够对微小磁场产生反应比如改变自己形状的材料。

3）其他

高储存信息的新一代记忆材料：利用磁性高分子有可能成膜等特点，在亚分子水平上形成均质的高分子磁膜，可大大提高磁记录的密度，以开发高存信息的光盘和磁带等功能记忆材料。

轻质、宽带微波吸收剂：磁性高分子与导电材料复合可制成电、磁双损型轻质，宽带微波吸收剂，这在航天、电磁屏蔽和隐身材料等方面获得重要用途。

磁控传感器的开发：利用磁场变化控制温度，溶剂和气体等的传感器件以及受光、热控制的新型电磁流体的开发是磁性高分子重要的应用方向。

生物体中的药物定向输送：低密度可任意加工的磁性高分子的诞生，可实现生物体中的药物定向输送和大大提高疗效，并有可能引起医疗事业的一场变革。

低磁损高频、微波通讯器件的开发：近年来，低磁的高频、微波通讯电子器件的开发已为世人瞩目。

5. 磁性功能高分子材料的发展前景

在磁性功能高分子材料领域中，真正已实用的主要是复合型高分子磁性材料，结构型高分子磁性材料还处于研究探索阶段。

对于复合型高分子磁性材料领域，铁氧体塑料磁性体主要用于家用电器和日用品以及磁疗等领域；稀土类塑料磁性体，可应用于小型精密机电领域。近年来，国内外都有研究者将导电聚合物(聚苯胺，聚噻吩等)与磁性氧化铁复合，这样制得的复合材料具有明显的磁性和导电性双重特征，因而在微波、电磁屏蔽方面具有广阔的应用前景。在复合型磁性高分子材料领域中关于新材料、新方法、新性能的研究已取得不少成果，但仍有许多问题需要深入探讨，例如改进合成方法控制材料的结构和性质，使电、磁性匹配达到最优，磁性粒子和导电聚合物之间存在的相互作用，都是有待探讨的问题。

对于结构型高分子磁性材料领域，在理论研究方面，正从静态铁磁学向动态铁磁学转移。在合成制备方面，倾向于更合理的分子设计和更有效的合成路线研究。在应用研究方面，由于结构型高分子磁性材料的密度小、易成型，故可在航空航天等有特殊要求的磁性器件中取得应用；又由于结构型高分子磁性材料绝缘性好，不存在涡流，故在微波通讯及电子对抗方面的各类磁发生材料中可获得应用；还由于结构型高分子磁性材料的磁性表现在分子水平上，如果用于磁存储单元，将可极大地提高存储密度，再与有机分子导体、有机分子逻辑元件及开关元件配合，则可组成完整的有机分子功能块，使计算机技术大为改观。这些诱人的应用前景，使得人们对结构型高分子磁性材料的研究方兴未艾。

六、高分子试剂

聚合物主链或侧链上连接有具有反应活性的功能基团，或以聚合物作为载体负载有低分子试剂，于适当的溶剂中能与可溶性试剂进行化学反应的一类高分子化合物称为高分子试剂。这类化合物多数具有交联结构，是不溶性的。因此，利用高分子试剂进行的化学合成在非均相体系中进行，一般称为固相合成。

高分子试剂的应用溯源于 20 世纪 30 年代中期，以缩聚法制得离子交换树脂为起点。1944 年又制得以苯乙烯-二乙烯基苯为母体的离子交换树脂和电子交换树脂，但直到 1963 年 R·B·梅里菲尔德和 R·L·莱特辛格分别成功地在高分子载体上进行了肽的固相合成之后，聚合物负载反应的优点才被充分认识，对高分子试剂的研究随之也得到重视，相继合成了各类高分子试剂，有效地应用在有机合成、多肽合成、寡核苷酸和低聚糖的合成、特效分离、分析和临床化验、湿法冶金及生物医学等方面。

1. 高分子试剂的制备

可以有两条途径：一是将低分子试剂通过功能基反应以共价键结合到预先选定的聚合物上，或通过物理吸附、包埋等方式固定在聚合物的网状结构内；二是由带有特定功能基的单体聚合而成。

2. 高分子试剂的特点

高分子试剂用于有机或高分子合成上，有几个突出的优点：

(1) 容易分离。高分子试剂一般是不溶性的，所以它和低分子化合物反应后，只要经简单过滤或离心就可分离；可溶性的高分子试剂在反应后，可借助选择沉淀或超滤法分离出来。

(2) 可以投放过量的试剂，以提高产率，过量的试剂可以回收再用。高分子试剂还可以装在反应柱中进行连续循环操作。

(3) 容易避免副反应，选择性高。由于反应物固定在高分子主链上，反应基团在聚合物上所处的局部环境与游离在溶液中的环境截然不同。在具有刚性高分子链的情况下，既可以满足避免相同分子间相互反应的条件，又可以形成促使不同分子间反应的微环境。

(4) 对于多官能团化合物，高分子试剂可以选择性地保护某些官能团。高分子试剂的缺点是有时制备比较繁琐，有些高分子试剂参与的反应的速率较慢。

3. 高分子试剂的应用

(1) 对称双官能团化合物的选择单官能团反应，双官能团化合物如在均相体系进行选择单官能团的反应，收率是很低的。利用高分子试剂反应可以得到高产率和纯净的产品。如选择性地保护对称二醇中的一个羟基，制得一系列昆虫性诱剂，以及对一些二醛基化合物或带羧基的化合物，都可采用保护的方法使反应顺利进行。

(2) 在高分子载体上进行的不对称合成，如苯基乳酸利用聚合物作载体进行不对称合成时，化学纯度为77%，光学纯度为65%；若不利用聚合物，化学纯度为68%，光学纯度为53%。

(3) 在高分子载体上进行的分子内环化反应及分子间的反应，要进行分子内环化反应，必须控制分子内与分子间两个竞争反应的相对速率，也就是分子内的反应速率必须比分子间的反应快。在经典反应中，是通过将化合物溶于很大体积的溶剂中来实现的。采用高分子载体将反应分子键合上去，并使它们彼此距离足够远，使分子间不能进行反应，与经典方法中将化合物高度稀释取得的效果一样，已成功地实现了二羧酸混合酯的迪克曼环化和肽的环化反应。

4. 高分子试剂的分类

1）高分子酰化剂

聚4-羟基-3-硝基苯乙烯与苯甲酰氯（或乙酸）的酯化物已用于胺的酰基化，利用它合成运动徐缓素肽，总收率达到39%。带*N*-羟基苯并三唑的聚合物及含8-羟基喹啉基团的聚合物也能用于活性酯的制备，并可用于肽合成。此外如：对，对-二羟基二苯砜聚合物，*N*-羟基马来酰亚胺聚合物，含*N*-羟基琥珀酰亚胺与羟肟酸的聚合物，及含亚硝基氨基吡唑的高分子活性酯，均可用于肽的合成。高分子混合酸酐如高分子混合磺酸-乙酸酐也是一类有效的酰化剂。

2）高分子卤化剂

交联的聚苯乙烯基吡啶溴的络合物，是一种温和的溴化剂，用于双键加溴反应。由聚对碘代苯乙烯和氯气反应制得的聚（对乙烯基碘-氯化物）可成功地将环己烯氯化为反式二氯代环己烷。可溶性的或交联的聚对乙烯基苯甲酰氯可将羧基转化为酰氯，收率为50%~90%。现在也已制得用于双键加成的高分子氟化剂。高分子*N*-溴代和*N*-氯代琥珀酰亚胺以及含*N*-氯代苯并三唑基聚合物也都是常用的高分子卤化试剂。

3）高分子氧化还原试剂

这类试剂应用较早，一般以醌-氢醌体系为主。取代的吡唑啉醌也是一类很稳定的氧化还原树脂。3-(2,5-二甲氧基-3,4,6-三甲基苯基)丙基三氯硅烷可以与多孔玻璃或硅胶反应，随后裂解甲氧醚键得到附于无机材料上的氧化还原聚合物，这种聚合物具有相当好的稳定性和氧化还原性能。含过酸基的聚合物可用于使烯烃转化为二醇，或将烯烃氧化成环氧化物。键合在纤维素、交联葡聚糖及聚丙烯酰胺上的含硫醇还原性聚合物可用来定量地还原肽和蛋白质中的二硫键，其本身可以很容易地被硼氢化钠定量地再生。其他附着在高分子上的还原剂尚有多种，一类是连在高分子上的金属原子簇，如铑原子簇。还有有机锡、有机硒高分子试剂及高分子二茂钛等都是有效的还原剂。

4）高分子维蒂希试剂

高分子次烷基转移试剂用于维蒂希反应有两个优点：一是苯基膦的氧化物结合在聚合物上，容易分离；二是可以控制产品烯烃的空间结构，得到高产率的顺式烯烃。

5）高分子缩合剂

在寡核苷酸的合成中，可应用高分子磺酰氯作为缩合剂。在肽合成上可应用高分子碳化二亚胺及结合有 *N*-乙酯基-2-乙氧基-1,2-二氢喹啉的聚合物，以方便分离和提高产品纯度。其他的高分子缩合剂还有锍炔高分子、聚对锂代苯乙烯和聚对-4-锂代丁基苯乙烯、高分子吉腊德试剂以及含冠醚的聚合物等。

6）高分子捕集剂

利用高分子的不溶性，可以从复杂的反应混合物中选择地分离出单一化合物。这种试剂已成功地用于一种新的大环及套环化合物的合成中。此外还可借此高分子试剂研究反应机理，如研究硝基酚酯的氨解被咪唑所催化的反应，以及证明在高分子铁菲罗啉衍生物的氧化反应过程中生成环丁二烯。

随着高分子试剂应用范围的日益扩大，对高分子试剂反应动力学的研究，以及对作为母体的聚合物结构的研究都在深入进行。

七、高分子催化剂

将具有反应活性或催化活性的功能基通过适当的方法引入高分子骨架就可得到高分子催化剂。

活性功能基的引入可有三种基本方法：含功能基单体的聚合；对聚合物载体进行功能化改性；前两种方法的结合，即通过含功能基单体的聚合引入某种功能基，再通过化学改性将之转化为另一种功能基。

1. 高分子催化剂的优点

（1）稳定性和安全性：高分子骨架的引入对功能基具有一定的屏蔽作用，可大大提高其稳定性；其次高分子化后可大大减小试剂的挥发性，提高安全性。

（2）易回收、再生和重复使用：可降低成本和减少环境污染。

（3）化学反应的选择性更高：利用高分子载体的空间立体效应，可实现立体选择合成及分离。

（4）后处理较简单：在反应完成后可方便地借助固-液分离方法将高分子试剂或高分子催化剂与反应体系中其他组分相互分离。

（5）可使用过量试剂使反应完全，同时不会使后处理变复杂。

（6）可应用于组合化学合成，实现化学反应的自动化。

2. 高分子催化剂的种类

1）高分子固定化酶

该类催化剂是把酶连结在高分子上，生成了固定化酶。

在生物体内所进行的化学反应，几乎全部是用酶做催化剂的，酶是由各种氨基酸连接组成的高分子化合物，有的还含有金属离子。酶的特点是在常温常压下就具有很高的催化活性和选择性，发酵工业就是用酶做催化剂的。

用酶做工业催化剂存在的最大缺点是，酶本身是可溶于水的，使用以后就不能再回收，成为一次性的催化剂。为了克服这一缺点，高分子化学家才想到把酶连接在高分子上，使它成为不溶于水的催化剂，它被称为固定化酶。

固定化酶的制法是：利用酶所带的官能团（$—NH_2$，—COOH，—SH，咪唑基，苯酚基等）与高分子化合物的官能团进行反应制得，例如将含$—C_6H_4NCS$的聚丙烯酰胺的官能团$—C_6H_4NCS$与含$—NH_2$的酶中的官能团$—NH_2$作用，可得以下固定化酶：

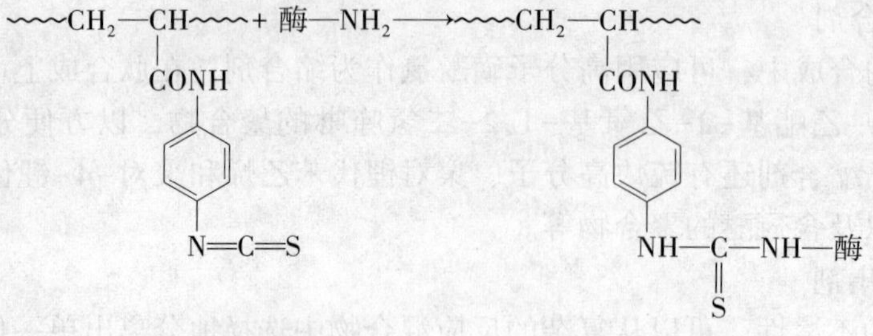

固定化酶可用作氧化、还原、重排、水解、异构化等反应的催化剂。

2）高分子有机金属络合物催化剂

有机金属络合物是催化活性和选择性都较高的催化剂，但是它们在空气中或受潮后容易失去活性，对金属反应器有腐蚀性，反应后分离和回收催化剂困难。如果把有机金属络合物固定在高分子上，就制得了高分子金属催化剂，例如将有机金属络合物$RhCl[P(C_6H_5)_3]_3$固定在高分子上，制得的高分子金属络合催化剂。它的优点是相对分子质量大、选择性高、活性高、催化速率快、容易从产物中分离。

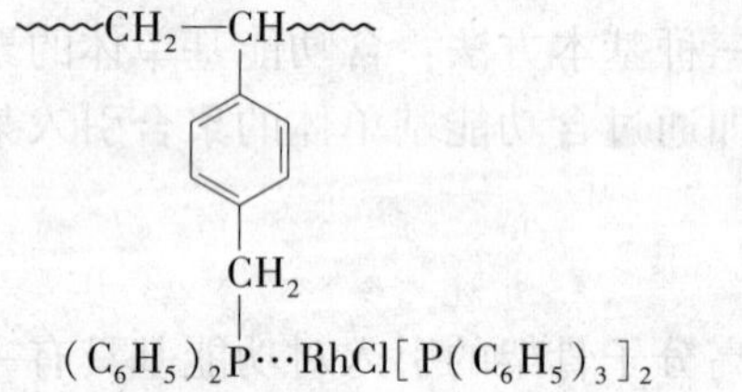

这种高分子金属催化剂可用于烯烃的加氢反应，它在空气中很稳定，几乎没有腐蚀性，而且在反应完成以后，可以用过滤的方法回收。

3）高分子酸碱催化剂

即酸性或碱性离子交换树脂。含酸（碱）性功能基，可在有机合成中起酸（碱）的催化作用。特点易分离回收，可重复使用，产物不需中和，反应条件温和，催化反应可连续进行。

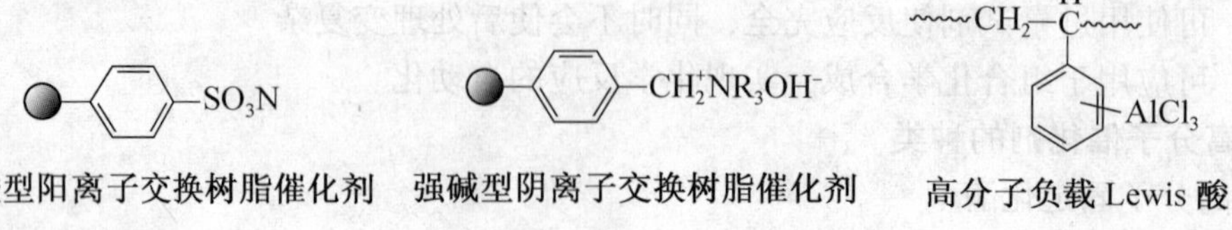

强酸型阳离子交换树脂催化剂　强碱型阴离子交换树脂催化剂　高分子负载 Lewis 酸

4）聚合物相转移催化剂

相转移催化作用是20世纪70年代发展起来的一种新的有机合成技术，已得到广泛地应用和研究。近年来，还在高分子合成中的单体合成、缩聚、大分子侧链上的反应以及负离子聚合、开环聚合等方面也有研究和应用。继相转移催化剂后的聚合物相转移催化剂的研究更加令人感兴趣，其应用更受重视，如腈的合成、卤素的交换反应、醚的合成、C-烷基化反应、二卤卡宾类的反应、氧化还原反应合成等等都已成功地采用了聚合物催化剂。所谓相转移催化剂，是指通过催化剂的作用，使不溶的试剂溶于有机溶剂中，并与有机基质反应。低分子类似物几乎不具有催化剂活性，但接入高分子却具有了和以往鎓盐系统相转移催化剂相同的活性。例如含有冠醚和季铵结构的高分子相转移催化剂。

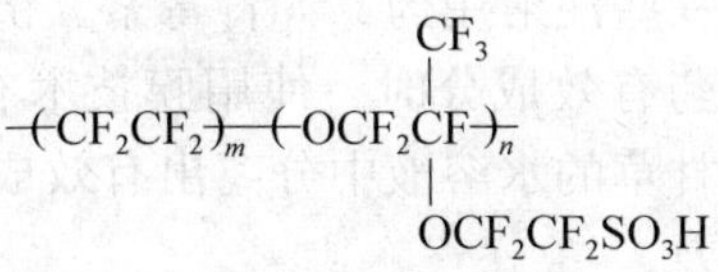

高分子超强酸

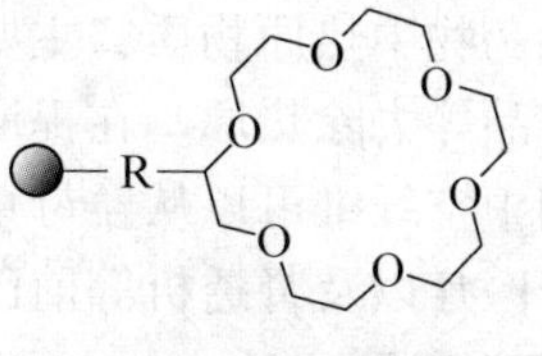

高分子相转移催化剂

八、高分子膜材料

膜材料的重要指标是透过率和选择性。高分子膜的制法有浸渍凝胶相转化法（L-s法）和复合膜法两类。复合法基材是一个多孔高分子支撑膜。膜基材可有多种，常用聚酯织物或无纺布，在其上涂上一层致密的高分子皮层，制成复合膜。而浸渍凝胶法，是制造皮层与支撑体同时形成的非对称分离膜。将高分子溶液涂于一平板上（液相），使成均匀薄层然后连溶液带板放入一个液体槽（凝胶槽）中，槽中凝胶液扩散到高分子溶液上，高分子溶液的溶剂扩散出来，一定程度后高聚物就从原来溶液变成固相沉积下来，板上的一层高分子溶液变成了一张高分子固体膜。

按膜的功能分类：

- 微滤膜　孔径 0.1～10nm
- 超滤膜　孔径 1～100nm
- 细超滤膜　孔径 0.1～10nm
- 密度膜　不存在人为的微孔
- 电透析膜　在电场力作用下，带电粒子透过
- 液体膜

按用途分类：

- 气相膜，伴有气体扩散，高聚物膜中溶解扩散等
- 气-液系统用膜
  - 大孔结构
  - 微孔结构
  - 高分子膜
- 液-液系统用膜
- 气-固系统用膜
- 液-固系统用膜

膜的应用很广泛，现在已经用于过滤、超滤、电渗析过程、气体分离和控制释放等（药物膜）。

1. 水的净化

- 海水淡化——反渗透膜
- 苦咸水淡化——反渗透
- 超纯水——采用电渗析-反渗透-离子交换工艺
- 城市家庭水净化——反渗透膜

2. 啤酒食品工业应用

用超滤和反渗透膜分离脱水，去除杂质、酒类混浊和酒花树脂、蛋白质等。用超滤膜技术可以不用蒸发而浓缩酶、果汁、茶叶抽提汁、甜菊糖、大豆蛋白等。

常用醋酸纤维素材料制膜。

3. 医药工业应用

用超滤膜去除药物中热原物质，主要是一些注射用药，如青霉素、链霉素、中药的黄芪注射液、氨基酸产品等去除热原。在提取中药有效成分时，使用膜技术有时可以不必加热，不要药品处理。用中空纤维可以从益母草、甘草的水溶液中分离出有效成分。

制取纯水用于医疗以及肾透析等前已述及。

4. 石油化工行业应用

可以用中空膜浓缩铀，从合成氨的弛放气中用中空纤维复合膜可以回收 H_2，回收 H_2 的平均浓度接近 90%，氢的回收率达 95%以上，有的达 98.5%。日产 1000t 合成氨厂，用膜回收 H_2，可增产 50t NH_3。在许多化工厂的废气中，含有有机物，采用膜分离法比活性炭或分子筛法都经济可行，可用来分离回收醇、酮、酯、芳烃、烷烃、石脑油等。用硅氧烷为主制成的富氧膜可使透过的空气含氧量达 28%~35%左右，采用富氧膜装置于燃烧系统，可节省燃料 30%~50%；炼钢中用 35%富氧空气，不仅节能，而且减少钢铁损失 3%左右；用富氧膜系统助燃，使燃料充分燃烧，减少灰尘污染。用渗透-蒸发法生产无水乙醇，设备体积小，能耗低，操作简便。

5. 环保部门应用和其他应用

各国都使用超滤膜、反渗膜、中空纤维等很多技术来处理各种工业废水和城市污水，许多应用领域还在不断开拓和扩展，膜的技术也在不断进步。

九、导电高分子

除了在高分子中加入导电材料共混制成导电塑料之外，通常高分子都是绝缘的。日本的白川英树、美国的 Heeger(黑格)等发现了聚乙炔可以导电之后开辟了导电高分子的新领域。

1. 高分子材料的分类

导电高分子材料可分为结构型导电高分子和复合型导电高分子两大类。

结构型导电高分子又分为电子导电结构型导电高分子和离子导电结构型导电高分子两类。

结构型导电高分子材料是高分子本身的结构或经过一定的掺杂处理后，具有导电功能的材料，如聚乙炔、聚苯乙炔、聚苯胺、聚吡咯、对苯硫醚等均属于结构型导电高分子材料。复合型导电高分子材料是以聚合物为母体，经与抗静电剂、无机导电填料或亲水性聚合物混配而成。

根据现有的技术，使普通绝缘有机高分子导电的方法主要有以下 3 种：

（1）将金属、导电炭黑或导电纤维与普通绝缘高分子混合制成填充型导电高分子材料。

（2）通过高温裂解的方法将普通高分子材料石墨化制成半导体材料。

（3）采用新型具有共轭结构的本征型导电高分子。

导电高分子材料的研究，从其一开始应用，目的就十分明确，但人们对其发展前景还有些不同的看法。人们一直期望，导电高分子材料将来可能代替金属作为电缆料，甚至发展到有机聚合物超导体，但在近几十年的研究过程中，人们逐渐认识到大量使用这类材料作为金属的代用品是不现实的。尽管如此，在对它们的物理、化学特性作了广泛深入的研究后，人们发现它们具有许多独特的光、电、磁性能。正是它们具有金属和其他高分子材料所无法比拟的这些特性，产生了许多可能的应用领域，使本征型导电高分子的研究丰富多彩。目前应用主要从本征型导电高分子的一些基本性质，如氧化还原性能、导电性能、掺杂、反掺杂性能等研究出发。

2. 导电高分子材料的应用

导电高分子实现了从绝缘体到半导体、再到导体的变化，是所有物质中能够完成这种形态变化跨度最大的导电高分子材料，此外可低温加工、可大面积化、具有塑料的拉伸性、弹性和柔韧性等，所以制作成本低，组件特性优越，对未来电子及信息工业将产生巨大影响。正是这些特性使导电聚合物具有了许多优异的应用性能。

导电高分子材料不仅在国家安全、国民经济，而且在工业生产和日常生活等领域都有极大的应用价值，是这些领域非常有用的一种材料。

1）利用半导体特性的应用

发光二极管：利用导电高分子与金属线圈当电极，半导体高分子在中间，当两电极接上电源时，半导体高分子将会开始发光。比传统的灯泡更节省能源而且产生较少的热，具体应用包括平面电视机屏幕、交通信息标志等。发光二极管现在的性能已经可以与无机发光材料相媲美，并且已经商业化，这将是导电聚合物大规模应用的一个突破口。

太阳能电池：导电高分子可制成太阳能电池，结构与发光二极管相近，但机制却相反，它是将光能转换成电能。优势在于廉价的制备成本，迅速的制备工艺，具有塑料的拉伸性、弹性和柔韧性 。

2）半导体特性应用

防静电的特性：传统的电磁屏蔽材料多为铜，导电高分子材料在这方面具有几乎同样的性能，并且它成本低，不消耗资源，可以方便应用，因此它是一种非常理想的电磁屏蔽材料替代品，可以应用在计算机、电视机、电脑和心脏起搏器上。

电磁波遮蔽涂布：能够吸收微波，因此可以做隐身飞机的涂料。

防蚀涂料：能够防腐蚀，可以用在火箭、船舶、石油管道等。

3）电化学掺杂/去掺杂之可逆性的应用

电变色组件：共轭高分子在电化学氧化还原时都会产生变色现象。电变色性在汽车防眩后视镜、光信息储存组件、太阳眼镜、军事用途护目镜、飞机驾驶舱遮篷及智能窗等可控制电变色性质的应用上具有极大的发展潜力。

可反复充放电电池：导电高分子电极与对应电极及电解质构成一个蓄有电能的电池，若加电场而掺杂充电，加负载而去掺杂放电，该充电/放电过程为可逆反应，具有价廉、能量密度高、循环寿命长和低自身放电等优点。

气体检测器：检测的气体包括氧化性气体与还原性气体，氧化性气体在高分子薄膜内将导电高分子氧化，形成阴离子掺杂，增加导电度；还原性气体在高分子薄膜内则会将导电高分子还原，形成阳离子掺杂，降低导电度。因为其对电信号的变化非常敏感，因此可以用做检测器。

此外，它对电信号的变化非常敏感，因此可以做传感器；利用导电聚合物可以由绝缘体变为半导体再变为导体的特性，可以使巡航导弹在飞行过程隐形，然后在接近目标后绝缘起爆；与纳米技术相结合，导电聚合物可以制成分子导材料，制作分子器件和其他电子元件。

最新研究发现，DNA 具有导电性。因此，与生命科学相结合，导电聚合物可以用来制造人造肌肉和人造神经，以促进 DNA 生长和修饰 DNA。这将是导电聚合物研究在应用上最重的一个趋势。

十、液晶高分子

液晶(Liquid crystals)是兼有液体和晶体两方面性质的奇异的功能材料。液晶的发现很早，可以追溯到 1880 年，奥地利植物学家莱尼茨尔(F. Reinitzer)在研究胆甾醇类化合物的植物生理作用中，发现胆甾醇苯甲酸酯有两个熔点：145.5℃和 178.5℃。这是一个新的现象，因为晶体应具有单一熔点。莱尼茨尔将自己的发现和样品交给了当时已很著名的德国物理学家莱曼(O. Lehmann)进行研究。莱曼使用偏光显微镜观察胆甾醇苯甲酸酯在 145.5~178.5℃范围的光学性质时，发现已熔融的混浊黏稠液体具有双折射现象，这是晶体所固有的特征。于是莱曼定义这种集液体和晶体二重性质为一体的状态为液晶态。这种状态在有生命和无生命的体系中都是存在的，而且液晶材料具有温度效应、电光效应、理化效应、磁效应、超声效应等。

然而，液晶应用的历史却比较短，于 1960 年左右才开始。在日常生活中，液晶材料正通过各种应用及其优异性能被愈来愈多的人所认识，如彩色液晶显示器、各种传感器等，这些主要是小分子液晶材料。1956 年，Flory 将其著名的格子理论用来处理溶致型高分子体系，推导出了刚性或半刚性高分子溶液的液晶相出现的临界浓度。1966 年，Dupont 公司首次使用各向异性的向列态高分子溶液制备出了高强度、高模量的商品纤维 Fibre B，使高分子液晶研究走出了实验室。该种纤维的化学结构是聚对氨基苯甲酸，它很快又被结构为聚苯二酰对苯二胺的新产品 Kelvar 所替代。Kevlar 纤维的开发，激发了人们进一步研究刚性链高分子液晶的兴趣。

1. 液晶高分子特性

液晶高分子聚合物树脂一般为米黄色，也有呈白色的不透明的固体粉末。密度为 1.4~1.7g/cm^3。液晶聚合物具有高强度、高模量的力学性能，由于其结构特点而具有增强型，因而不增强的液晶塑料即可达到甚至超过普通工程塑料用百分之几十玻璃纤维增强后的机械强度及其模量的水平；如果用玻璃纤维、碳纤维等增强，更远远超过其他工程塑料。

液晶聚合物还具有优良的热稳定性、耐热性及耐化学药品性，对大多数塑料存在的蠕变缺点，液晶材料可忽略不计，而且耐磨、减磨性均优异。

LCP 的耐气候性、耐辐射性良好，具有优异的阻燃性，能熄灭火焰而不再继续进行燃烧。其燃烧等级达到 UL94 V-0 级水平。LCP 是防火安全性最好的特种塑料之一。

LCP 具有优良的电绝缘性能。其介电强度比一般工程塑料高，耐电弧性良好。作为电器应用制件，有连续使用温度 200~300℃时，其电性能不受影响特点。而间断使用温度可达 316℃左右。

LCP 具有突出的耐腐蚀性能，LCP 制品在浓度为 90%的酸及浓度为 50%的碱存在下不会受到侵蚀，对于工业溶剂、燃料油、洗涤剂及热水，接触后不会被溶解，也不会引起应力开裂。

2. 液晶高分子材料的应用

1）液晶高分子纤维

液晶高分子在适当的条件下，液晶分子有自动沿分子长轴取向的倾向，体系的黏度系数也表现为各向异性，沿分子长轴方向的黏度系数较其他方向小得多，因而很容易在纺丝过程中形成沿纤维轴高度取向的结构，从而获得优异的力学性能，芳纶是最早开发成功并进行工业化生产的液晶高分子纤维，它的高强度、高模量以及优良的耐热性使它在增强材料、防护服装、防燃等方面发挥着重要作用。最近以 PBZ 和 PBO 为代表的具有杰出力学性能和耐热性的芳族杂环高分子的研究和开发成功可以说是科学家挑战自我的胜利，是液晶高分子工程最成功的例子之一。20 世纪 90 年代后，Dupont 化学公司与东洋纺合作，成功地生产出了液晶 PBO 纤维，并以 Zylon 的商品名推出。Zylon 具有十分优异的性能，具有 2 倍于 Kevlar 的强度和模量，分别达 5.8 GPa 和 300GPa 左右，热分解温度达 650℃，也只有由液晶高分子制得的纤维才能获得如此接近理论极值的性能。

2）热致性高分子液晶-塑料

由于芳族酰胺和芳族杂环液晶高分子都是溶致性的，即不能采取熔融挤出的加工方法，因此在高性能工程塑料领城的应用受到限制。以芳族聚酯液晶高分子为代表的热致性液晶高分子正好弥补了溶致性液晶高分子的不足。高分子液晶，特别是热致性主链液晶具有高模、高强等优异的机械性能，因此特别适合于作为高性能工程材料。与钢筋相比具有质轻、柔韧性好、耐腐蚀的优点，更重要的是它的极低的膨胀率可以大大减小由温度变化产生的内应力。高分子液晶的低黏度和高强度性质在作为涂料添加剂方面也得到应用。加入高分子液晶的涂料黏度下降，因此可以使用更少的溶剂，以减少污染，降低成本。加入高分子液晶后，涂料成膜后的强度也有较大增加。

3）液晶高分子复合材料

液晶高分子复合材料是以热致性液晶聚合物为增强剂，将其通过适当的方法分散于基体聚合物中，就地形成微纤结构，达到增强基体力学性能的目的。近年来，关于液晶高分子通过互穿聚合物网络与基体聚合物分子复合的研究也有不少报道，而且近来越来越收到关注，可以说应用前景很好。

4）液晶高分子信息材料

液晶高分子在电学方面的应用：聚合物液晶具有在电场作用下从无序透明态到有序非透明态的转变能力，因此也可以应用到显示器件的制作方面。它是利用向列型液晶在电场作用下的快速相变反应和表现出的光学特点制成的。把透明体放在透明电极之间，当施加电压时，受电场作用的液晶前体迅速发生相变，分子发生有序排列成为液晶态。当有序排列部分失去透明性而产生与电极形态相同的图像。根据这一原理可以制成数码显示器、电光学快门、广告牌及电视屏幕等显示器件。

液晶高分子在倍息储存介质及光学方面的应用：液晶高分子特别是侧链型液晶高分子是很有前途的非线型光学材料，因为这类高分子具有易在分子中引入具有高值超极化度和非线型光学活性的液晶单元，易在外电场的作用下实现一致取向，且易加工成形等鲜明特点。

3. 液晶聚合物高分子(LCP)成型加工

LCP 的成型温度高，因其品种不同，熔融温度在 300~425℃ 范围内。LCP 熔体黏度低，流动性好，与烯烃塑料近似。LCP 具有极小的线膨胀系数，尺寸稳定性好。成型加工条件参考为：成型温度 300~390℃；模具温度 100~260℃；成型压力 7~100MPa，压缩比 2.5~

4，成型收缩率0.1~0.6。

4. 液晶高分子的研究展望

目前，高分子液晶的研究工作仍处于基础研究阶段，着重点仍放在结构与性能的关系上。已获得的结果表明，造成液晶相出现的原因主要是下述两条：(1)分子形状的不对称；(2)分子间作用力的各向异性。而对聚合物来说，第一条的作用更为显著。从理论处理的方法来看，各种理论中占主要地位的有两种，一是连续介质理论，是由Zocher、Oseen和Frank等人建立的；二是分子理论，最早出现可推Onsager对微粒间形状相互作用的处理，还有处理大分子体系的Flory的格子理论。

总之，液晶高分子由于其区别于其他高分子材料的流变性能、各向异性以及良好的热稳定性、优异的介电、光学和机械性能，以及它的抗化学试剂能力、低燃烧性和极好的尺寸稳定性，它在诸多领城日益受到重视。随着科技的发展，不断有新的液晶高分子合成和功能化，高分子材料将获得越来越广泛的应用。

第八章　油田高分子材料

第一节　概　述

随着石油工业的发展和科学技术的进步，人们对石油勘探、钻采、集输和注水等工艺过程的认识越来越深入，化学品和化学方法在石油勘探开发中的作用也越来越大。尤其是随着油气勘探开发地域的扩展，所开采油气层位越来越深，地质条件日趋复杂，开展难度越来越大。为保证高效地进行石油钻探和提高油气采收率，从钻井、固井、压裂酸化，直到油气采出的各个环节，都必须采取有效的措施以保证作业的顺利进行。在这一过程中，油田化学品起着至关重要的作用。因此，对油田化学品的要求更高，用量也越来越大。特别是近10年来，中国石油产量的增长已远远不能满足经济快速增长对石油的需求。2009年原油产量比2008年甚至下降了0.4%，进口原油2.04亿吨，对外依存度达52%。这标志着原油消耗由原先主要靠国内保障，转为主要靠进口满足。提高石油钻采技术，开发可大幅度提高石油采收率的化学剂，是当前的一个迫切任务。

另一方面，随着世界各油田开采相继进入二次开采和三次采油，化学品在油田开采中使用的日趋普遍，由此带来的一系列环境问题和水资源问题日益突出，油田注入水、循环水等对开采设备的影响和腐蚀问题十分突出，油田水处理化学成为油田化学的一个重要部分，对油田可持续发展具有重要的影响。

以上两个方面可以看到，为了提高原油产量以及保持油田的可持续发展，对油田化学品以及油田水处理化学品提出了更高的要求。在各种油田用化学品中，高分子材料由于其独特的功能在石油钻采工程的各个环节起着十分重要的作用，已成为不可替代的材料，而且形成了一个独特的门类——油田高分子。实践证明高分子材料在油田水处理方面具有投药量少、药效高、无二次污染等；具有各种特殊的优异性能，如可设计性、易改性、适应性好等，因而油田高分子用于大幅度提高石油采收率以及二次或三次采油颇有成效，非常有助于石油能源开发。

油田用高分子材料主要包括钻井用高分子、采油用高分子、油气集输高分子和油田水处理高分子等。本章将对上述油田高分子从包含的种类、作用以及部分代表性的产品进行介绍，对读者学习油田高分子材料的发展和应用起一抛砖引玉的作用。

第二节　钻井用高分子

钻井用高分子材料主要包括钻井液用高分子材料和水泥外加剂两大类。

一类是钻井液用高分子材料。钻井液是水、膨润土和化学处理剂组成的一种混合流体，通常称为泥浆。随着世界石油钻井技术的迅速发展，特别是20世纪70年代以来，高分子材料被广泛应用于钻井处理剂，在扩大泥浆品种、改善泥浆性能方面取得了很大的成绩，为提高钻速、降低成本作出了重要贡献，受到普遍的重视。钻井液用高分子材料就是指用于配置钻井液时所使用的各种高分子化学品，主要用于维护和改善钻井液性能。高分子材料在钻井液中的应用主要是用作降滤失剂、降黏剂、增黏剂、絮凝剂等。从大的分类上说，主要包括天然高分子及其改性物和合成聚合物两大类。前者多为植物胶、淀粉、纤维素衍生物、木质磺酸盐、生物聚合物等，后者主要以水溶性聚合物为主，如聚丙烯酰胺(PAM)类的聚合物、聚丙烯酸盐、磺化苯乙烯-顺丁烯二酸酐共聚物、烷基醚聚合物等。

另外一类是水泥外加剂。水泥外加剂是指在固井过程所用的各种化学品，主要用于保证施工顺利和提高固井质量。其品种主要包括：促凝剂、消泡剂、降滤失剂、减阻剂(分散剂)、防气窜剂、减轻外掺剂、防漏外掺剂、缓凝剂、增强剂等。

一、降滤失剂

在钻井过程中，钻井液中的水分不可避免地通过井壁进入到地层中，随着水分的滤失，钻井液中的黏土颗粒便附着在井壁上形成“滤饼”。“滤饼”一方面可阻止钻井液水分的进一步滤失，另一方面保护了井壁。但由于滤失的水分过多，“滤饼”过厚或细黏土颗粒进入地层，会影响到正常钻井，并对地层造成伤害。这就要求除了解决钻井液本身胶体颗粒的分布等问题，还要在钻井液中添加降滤失剂来控制钻井液中水分的滤失量。降滤失剂实际功能是抑制泥浆中水分的挥发，保证泥饼的薄度、致密和韧性，通过在井壁上形成低渗透率、柔韧、薄而致密的滤饼，尽可能降低钻井液的滤失量，确保泥浆液流的冲刷，实际上是一类降失水剂。

凡具有对含水泥浆有增稠、吸水能力及电荷排斥功能的物质均可作为降滤失剂，而实际上作为降滤失剂的多为水溶性高分子化合物，主要有稳定胶体颗粒、提高滤液黏度、堵孔的作用。常用的主要分为纤维素类、腐殖酸类、丙烯酸类、淀粉类和树脂类。每一类又有许多品种，因此，下面仅对每一类中具有代表性的品种进行简要介绍。

1. 纤维素类

由纤维素为原料可以制得一系列钻井液降滤失剂，应用最普遍的是羧甲基纤维素(CMC)，一般应用的是它的钠盐。

CMC 由碱纤维在一定温度下与氯乙酸进行醚化反应，再经洗涤、干燥得到不同取代度和聚合度的产品。聚合度和取代度是 CMC 的两个重要性能指标。聚合度大小与增稠能力有关，取代度则关系到其水溶性和抗盐、抗钙性。当取代度为 0.3~0.7 时，CMC 已能完全溶于水，这是由于羟基和羧钠基的水化作用所致。纯净的羧甲基纤维素钠为白色纤维状粉末，具有吸湿性，易溶于水形成胶状液，适用于各种类型的水基钻井液，可抗温 130~150℃，若加入抗氧剂可将其抗温能力有所提高。取代度为 0.8~0.85，聚合度为 600 左右，25℃时，2%水溶液的黏度为 50~270mPa·s，一般可用于提高钻井液的黏度，也可起到降滤失作用。取代度 0.8~0.9，聚合度为 500 左右的 CMC，黏度较低，25℃时，2%水溶液的黏度为 50mPa·s，一般用于加重钻井液的降滤失剂。此外，由于羧甲基纤维素的碱金属和碱土金属盐都溶于水，故可用于盐水泥浆。

此外，阴离子型纤维素的研究和使用，使该类滤失剂的抗温、抗盐、抗钙性能有了较大提高。

2. 淀粉类

淀粉的结构与纤维素相似，是最早使用的钻井液降滤失剂之一。羧甲基淀粉(CMS)和羧丙基淀粉(HPS)是其中的两种较典型的代表。

羧甲基淀粉：CMS 是淀粉的改性产品，属阴离子型的淀粉醚，性能及用途与羧甲基纤维素相似。与原淀粉相比，CMS 黏度高、稳定性好，适用于做增稠剂和稳定剂，是一种重要的钻井液降滤失剂，尤其适用于饱和盐水钻井液体系。一般地，CMS 的使用温度不能超过 130℃，故在深井中不宜使用；但在饱和盐水钻井液中，使用温度可达 140℃；配合乙烯基磺酸液共聚物，可将使用温度提高至 150℃。使用时，可以直接加入钻井液中，但加入速度不能太快，也可与其他处理剂一起配成复合胶液，然后再用于泥浆处理或性能维护。

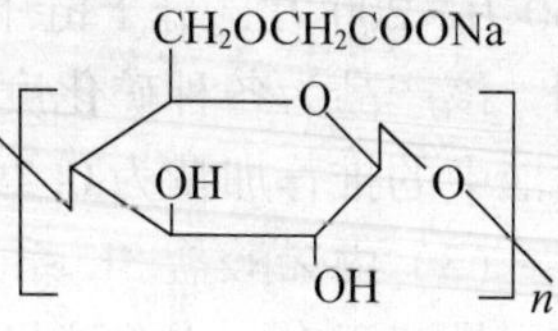

羧甲基淀粉

羧丙基淀粉：HPS 为非离子型高分子材料，对高价阳离子不敏感，抗盐、抗钙能力很强。在处理 Ca^{2+} 污染的钻井液时，比 CMC 效果更好。在阳离子型或两性离子型聚合物钻井液中，可有效降低钻井液的滤失量。在固井、修井作业中，可用来配置前置隔离液和修井液等。

3. 腐殖酸类

磺甲基褐煤(SMC)是腐殖酸类一个典型的代表。SMC 是我国用于深井的"三磺"处理剂之一，其主要特点是具有很强的热稳定性，在 200~230℃的高温下能有效地控制淡水钻井液的滤失量和黏度；缺点是抗盐效果较差，在 200℃单独使用时，抗盐不超过 3%，但与磺甲基酚醛树脂配合处理时，抗盐能力可大大提高。

4. 丙烯酸类聚合物

丙烯酸类聚合物是低固相聚合物钻井液的主要处理剂类型之一，可作为具有抗高温、抗盐作用的降滤失剂，在很大程度上提高了水泥的抗压强度。制备这类聚合物的主要原料有丙烯腈、丙烯酰胺、丙烯酸和丙烯磺酸等。根据所引入官能团、分子量、水解度和所生成盐类的不同，可合成一系列钻井液处理剂，其中最常用的是水解聚丙烯腈及其盐类、PAC 系列产品和丙烯酸盐 SK 系列。

(1) 水解聚丙烯腈(HPAN)：HPAN 实际上可视为丙烯酸、丙烯酰胺和丙烯腈的共聚物。降滤失能力与 CMC 相似，分子中的腈基(—CN)和酰胺基($—CONH_2$)与黏土颗粒吸附，与羧钠基的水化作用相配合形成吸附水化层，再加以高分子的保护作用使黏土颗粒的聚结稳定性增强，从而达到降失水的目的。HPAN 的降失水作用，主要取决于它的聚合度和水解度。聚合度高，黏度大，降失水性强，并可增加钻井液的黏度和切力；聚合度较低时，降滤失和增黏作用均相应减弱。HPAN 的优点是不霉变、热稳定性高、保水能力强，可用作深井降滤失剂。目前用于钻井液的大多是腈纶废丝经碱水解后的产物，是一种价格低廉、用量较大的钻井液处理剂。

(2) PAC 系列产品：各种复合离子型的聚丙烯酸盐(PAC)聚合物，实际上是具有不同取代基的乙烯基单体及其盐类的共聚物，通过在高分子链节上引入不同含量的羧基、羧钠基、羧胺基、酰胺基、腈基、磺酸基和羟基等共聚而成，该系列产品主要用于聚合物钻井液体系。由于各种官能团的协同作用，聚合物在各种复杂地层和不同的矿化度、温度条件下均能发挥其作用。只要调整好聚合物分子链节中各官能团的种类、数量、比例、聚合度及分子构型，就可设计和研制出一系列的处理剂，以满足降滤失、增黏和降黏等要求。其中应用较广的是 PAC141、PAC142 和 PAC143 三种产品。

PAC141 是丙烯酸、丙烯酸胺、丙烯酸钠和丙烯酸钙的四元共聚物。它在降滤失的同时.还兼有增黏作用，并且还能调节流型，改进钻井液的剪切稀释性能。该处理剂能抗 180℃的高温，抗盐可达饱和。

PAC142 是丙烯酸、丙烯酰胺、丙烯腈和丙烯磺酸钠的共聚物。在降滤失的同时，其增黏幅度比 PAC141 小。主要在淡水、海水和饱和盐水钻井液中用作降滤失剂。在淡水钻井液中，推荐加量为0.2%~0.4%；在饱和盐水钻井液中，推荐加量为1.0%~1.5%。

PAC143是由多种乙烯基单体及其盐类共聚而成的水溶性高聚物，相对分子质量为150万~200万，分子链中含有羧基、羧钠基、羧钙基、酰胺基、腈基和磺酸基等多种官能团。该产品为各种矿化度的水基钻井液的降滤失剂，并且能抑制泥页岩水化分散。在淡水钻井液中的推荐加量为0.2%~0.5%；在海水和饱和盐水钻井液中，推荐加量为0.5%~2%。

(3) 丙烯酸盐SK系列产品：该系列产品为丙烯酸盐的多元共聚物，其外观为白色粉末，易溶于水，水溶液呈碱性，主要用作聚合物钻井液的降滤失剂，但不同型号的产品在性能上有所区别。例如，SK-1可用于无固相完井液和低固相钻井液，在配合用NaCl、$CaCl_2$等无机盐加重的过程中，主要起降滤失和增黏的作用；SK-2具有较强的抗盐、抗钙能力，是一种不增黏的降滤失剂；SK-3主要用在当聚合物钻井液受到无机盐污染后，作为降黏剂，同时可改善钻井液的热稳定性，降低高温高压滤失量。

5. 树脂类

该类产品是以酚醛树脂为主体，经磺化引入其他官能团而制得。其中，磺甲基酚醛树脂是最常用的产品。

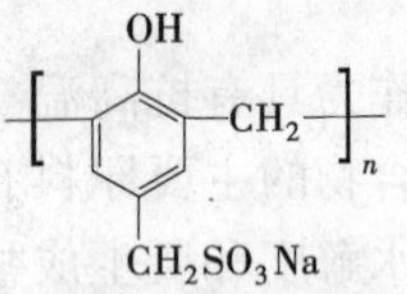

磺甲基酚醛树酯

(1) 磺甲基酚醛树脂(SMP)：这是最早工业化的合成树脂类降滤失剂，为阴离子水溶性聚电解质。由于其分子主链中含有苯环，热稳定性好，在泥浆中抗温能力强，可抗180~200℃高温；同时其主要水化基团—$CH_2SO_3^-$对盐的敏感性弱，具有良好的抗盐、抗钙能力，一般可抗饱和盐水。因此，SMP类主要用于饱和盐水钻井液作为降滤失剂使用，在石油深井钻探和盐水泥浆中得到最广泛的应用。与磺化褐煤、磺化单宁、磺化沥青等共同使用，可以配制“三磺泥浆”体系，是理想的高温深井泥浆体系之一。

(2) 磺化木质素磺甲基酚醛树脂缩合物(SLSP)：由磺甲基酚醛树脂与磺化木质素所得到的，具有与磺甲基酚醛树脂相似的性能，又由于磺化木质素的引入，使产品在具有降滤失作用的同时，又可作为稀释剂使用。缺点是在钻井液中比较容易起泡，必要时需配合加入消泡剂。

(3) 磺化褐煤树脂：磺化褐煤树脂是褐煤中的某些官能团与酚醛树脂通过缩合反应听制得的产品。在缩合反应过程中. 为了提高钻井液的抗盐、抗钙和抗温能力，还使用了一些聚合物单体或无机盐进行接枝和交联。该类降滤失剂中比较典型的产品有国外常用的Resinex和国内常用的SPNH。

Resinex是自20世纪70年代后期以来国外常用的一种抗高温降滤失剂，由50%的磺化褐煤和50%的特种树脂组成。产品外观为黑色粉木，易溶于水，与其他处理剂有很好的相容性。具有优秀的抗温、抗盐、抗钙性，并且在降滤失的同时，基本上不会增大钻井液的黏度，在高温下不会发生胶凝。因此，特别适于在高密度深井钻井液中使用。

SPNH是以褐煤和腈纶废丝为主要原料，通过接枝共聚和磺化的方法制得的一种含有羟基、羰基、亚甲基、磺酸基、羧基和腈基等多种官能团的共聚物。SPNH主要起降滤失作用，但同时还具有一定的降黏作用。其抗温和抗盐、抗钙能力均与Resinex相似。总的来看，其性能优于同类的其他磺化处理剂。

综上所述，降滤失剂的种类和品种很多，性能和生产成本也各不相同，在进行钻井液配方设计时必须根据地层情况和钻井要求，合理选用降滤失剂，一些近年来研制的较新的产品，如阳离子聚合物降滤失剂和两性离子聚合物降滤失剂等。

二、降黏剂

在钻井泥浆中，为了提高泥浆的流动性，往往需加入降黏剂，其作用是降低钻井液黏度和切力，又称稀释剂，在钻井液处理剂中占有重要的地位。配置钻井液时，需要用黏土颗粒，由于其对水具有膨润作用，导致自由活动的水分子减少，水流动性降低，同时也可能发生黏土和聚合物作用，形成网络结构，引起钻井液的稠化，使钻井液的黏度和切力增大。尤其对于深井、高温井，钻井液的稠化将导致输液泵泵压升高，钻探工具运动阻力增大等不利影响。而在钻井液使用过程中，由于温度升高、盐侵、固相含量增加等原因，形成增强的网络结构，也会导致钻井液黏度、切力增加。降黏剂的作用就是要拆散和削弱黏土颗粒形成的网状结构，或黏土与聚合物形成的网状结构。钻井泥浆使用的降黏剂在分子结构上和提供流动性的机理上均同于水泥减水剂，其降黏机理为，在相同水/黏土的比例下，因降黏剂分散黏土微粒，在微粒表面形成一层电荷层和水化膜层，不仅提高了粒子间的流动性，而且阻止了粒子进一步聚集、形成立体网状结构，同时减少了因黏土聚集而包裹在内部的水。

根据作用机理不同，降黏剂分为两种类型，即分散型和聚合物型。在分散型降黏剂中，单宁类和木质素磺酸盐属其中最主要的两类。聚合物型降黏剂主要包括共聚型聚合物降黏剂和低分子聚合物降黏剂，其中两性聚合物降黏剂由于具有集降黏和增强钻井液体系抑制性于一体的特殊功效，得到了快速发展和应用。与常规的分散型降黏剂相比，聚合物型降黏剂不仅能使钻井液的结构黏度和塑性黏度同时降低，还能增强钻井液抑制地层造浆的能力，从而为聚合物钻井液真正实现低固相和不分散创造条件。目前，常用的高分子降黏剂主要有木质素磺酸盐类、磺化聚苯乙烯共聚物、乙烯基或烯丙基单体的均聚物或共聚物。

1. 木质素磺酸盐类

木质素存在于各种木材中，不溶于水，但经过磺化后，就可成为具有分散能力的水溶性大分子。木质素磺酸盐是相对分子质量不同，结构也不尽相同，即具有多分散性的不均匀阴离子电解质。该类产品不仅可作为钻井泥浆的降黏剂，也是建筑混凝土常用的减水剂。木质素磺酸盐对降低液体截面张力的作用很小，且不能减小水的表面张力或形成胶束，其分散作用主要依靠基质的吸附-脱吸和电荷的生成。作为钻井泥浆用降黏剂的主要是木质素磺酸钙。近年来，为了提高木质素磺酸盐类的抗盐性和降黏能力，常与丙烯酸进行接枝。

2. 磺化聚苯乙烯共聚物

这类共聚物常见的有磺化聚苯乙烯-马来酸酐共聚物(SSMA)、磺化聚苯乙烯-衣康酸共聚物等。SSMA是一种低分子量的阴离子型聚电解质，易吸潮，可溶于水。作为钻井液降黏剂具有抗高温、抗盐、抗钙性能，是降黏剂中最有效的高温降黏剂之一，抗温可达260℃。SSMA可用于各种水基钻井液体系，也可用于高效的水处理阻垢剂、油井水泥分散剂，但生产成本高、制备工艺较复杂。

3. DSAA降黏剂

DSAA降黏剂是将二乙基二烯丙基氯化铵(DEDAAC)与烯丙基磺酸钠(AS)、丙烯酸(AA)和丙烯酰胺(AM)通过水溶液聚合得到的阳离子聚合物降黏剂。阳离子降黏剂既可以抑制钻屑的水化膨胀和分散，又能削弱或拆散黏土颗粒形成的网状结构，是降黏剂发展的一个重要趋势。

4. 马来酸酐类降黏剂

为提高降黏剂的分散能力，可将马来酸酐、丙烯酰胺、丙烯酸等水溶性单体与丙烯酸酯(如丙烯酸甲酯)共聚，聚合方法仍可采用水溶液聚合法。商品化的产品如PT-1等。

三、絮凝剂

钻井液的固相类型和固含量是直接影响钻井速度和钻井成本的关键因素。增加固含量会使钻速降低，因此，发展快速钻井液的一个关键环节就是控制固含量。在聚合物钻井液中，通过加入絮凝剂来降低钻井液体系中钻屑和黏土的含量，以达到钻井液设计中的固相含量要求。絮凝剂可以使钻屑和劣质土絮凝不分散，再通过机械设备除去，可较好地解决钻井液中钻屑的分散和积累问题。其絮凝作用是通过絮凝剂的吸附作用、架桥作用和形成团块下沉作用来实现的，受絮凝剂的分子量、水解度、浓度以及钻井液的酸碱度的影响。

在很多情况下，絮凝剂又可起到增黏、包被、降滤失的作用，具有多功能性。目前，常用的钻井液絮凝剂包括聚丙烯酰胺及其衍生物、聚丙烯酸盐、乙酸乙烯酯-顺丁烯二酸酐共聚物等水溶性高分子等。

1. 聚丙烯酰胺及其衍生物

这是油田中使用最多的处理剂，而且品种也非常丰富。分子量是影响其性能的主要参数。聚丙烯酰胺分子量增加，絮凝能力、增黏效应、堵漏效果、防漏效果都会提高。作为絮凝剂使用的聚丙烯酰胺分子量在 100 万~500 万，因为缺少水化基团，目前主要使用其衍生物，如部分水解聚丙烯酰胺、磺甲基化聚丙烯酰胺、丙烯酰胺/丙烯酸/丙烯磺酸钠共聚物等。

具有代表性的产品有高分子量聚丙烯酰胺和非离子型聚丙烯酰胺。前者分子量不低于 300 万，具有良好的水溶性，用作水基钻井液的絮凝剂，能改善钻井液的流变性能。后者通过其高分子的长链把污水中的许多细小颗粒或油珠吸附后缠在一起而形成架桥。它是一种絮凝能力非常强的絮凝剂，絮凝速度比阴离子型 PAM 快，在油田含油污水处理时，通常与铝盐配合使用。作为一种高选择性的絮凝剂，非离子型 PAM 可用于使用膨润土的低固相钻井泥浆中，因为它可絮凝被钻下的岩屑，而使膨润土仍然保持分散状态。

2. 乙酸乙烯酯-顺丁烯二酸酐共聚物(VAMA)

这是一种选择性絮凝剂，对钻井液中的膨润土不絮凝，但对钻屑、劣质土则可絮凝，通过羧酸基吸附在钻屑、劣质土颗粒上，进一步的絮凝作用使钻屑、劣质土沉降。

四、固井用水泥外加剂

固井是指钻井完毕后，用水泥封堵井管和地层之间的圆形空隙的过程。在这个过程中，为改善水泥浆的流变性能和水泥的水化、凝结性能，提高水泥石的综合性能，控制水泥的施工性及强度，保证固井质量，需要使用多种外加剂。大量的实践表明，保证固井质量的关键之一是固井水泥浆的良好性能。而固井水泥浆的良好性能取决于水泥浆和水泥浆外加剂的性能。目前普遍存在水泥浆失水量大、流动性差、摩阻大、游离水多、水泥环胶结强度低等问题，对固井用水泥外加剂的研究越来越受到固井工程界的重视。

根据功能不同，外加剂主要有水泥促凝剂、水泥缓释剂、水泥降滤失剂、水泥防气窜剂等，其中属于高分子型外加剂的主要是缓凝剂和降滤失剂。

1. 高分子型缓凝剂

通常，建筑水泥用缓凝剂多为低分子有机物，如柠檬酸等。由于油田固井时，井下温度可达 200℃以上，因此低分子缓凝剂在油井固井时很少使用，常用带缓凝功能的减水剂，如木质磺酸钙和羧甲基羟乙基纤维素。主要包括木质素磺酸盐及其衍生物、纤维素衍生物、合成有机聚合物等，最常用的是木质素磺酸盐类产品。到 20 世纪 90 年代，高温缓凝剂已成研究重点。由于原料差异易导致天然聚合物及其改性产品性能不稳定，重点开发的是合成聚合物类产品，如磺甲基化聚丙烯酰胺、磺化丙酮甲醛缩聚物等。一般来说，合成聚合物类缓凝剂在抗温性、抗盐性等方面均优于天然产品及其衍生物。

2. 降滤失剂

高分子降滤失剂是一种水溶性高分子聚合物及其他有机材料，包括纤维素衍生物、非离子型合成聚合物(如聚乙烯吡咯烷酮复合体系、聚乙烯醇))、阴离子型聚合物(如部分水解聚丙烯酰胺或丙烯酸共聚物，*N*,*N*-二甲基丙烯酰胺聚合物，磺化苯乙烯聚合物或共聚物)、阳离子型聚合物(如聚乙烯胺)。单纯的天然材料及其衍生物作为降滤失剂在增稠、缓凝抗盐、抗高温等方面性能较差，目前已很少使用。各种合成聚合物型降滤失剂是降滤失剂的研究重点，如AM-AA共聚物及其与改性天然高分子材料等组成的复合型降滤失剂，AM-MA共聚物，多糖类衍生物加聚电解质等合成产物。

五、聚合物钻井液

聚合物钻井液是以某些具有絮凝和包被作用的高分子聚合物或聚合物盐作为主处理剂的水基钻井液。具有明显提高钻井速度，减小对油气层的损害程度，利于保持井壁稳定等优点。目前主要有羟乙基纤维素体系、部分水解聚丙烯酰胺体系、两性离子聚合物体系、阳离子聚合体系等。聚合物钻井液的发展非常迅速，其中两性复合离子型聚合物体系和新型含磺酸基单体聚合物体系有了可喜的进展和良好的应用。

第三节　采油用高分子

油田投产后，需要多种化学药剂以维持正常生产和提高原油采收率，这些化学药剂统称为采油用化学品。按其应用可分为酸化、压裂、采油增产用化学剂和采油用其他化学剂。酸化、压裂用化学剂主要用于中低渗透层、裂缝地层的改造，目的是扩大油气流通孔道，提高油气井产量。在化学上，采油用化学品又分为无机物质、水溶性高分子和表面活性剂三大类。其中，水溶性高分子和高分子表面活性剂占有非常重要的地位。

石油开采分为三个阶段。一次采油是依靠地层能量进行自喷开采，约占蕴藏量15%~20%。在天然能量枯竭以后用人工注水或注气，增补油藏能量使原油得到连续开采，称为二次采油，其采收率为15%~20%。当二次采油开展几十年后，剩余油以不连续的油块被圈捕在油藏砂岩孔隙中，此时采出液中含水80%~90%，有的甚至高达98%，这时开采已没有经济效益。为此约有储量60%~70%的原油，只能依靠其他物理和化学方法进行开采。这样的开采称为三次采油，国外亦称为强化采油(EOR，Enhanced Oil Recovery)技术。三次采油根据注入体系的不同，可分为汽驱、碱驱、聚合物驱、表面活性剂驱和三元复合驱等。

碱水驱油是利用原油中的环烷酸类与碱作用形成具有表面活性的环烷酸皂类，这种采油方法成本低，但一般还需要加入一些辅助表面活性剂和水溶性高分子才更有效。

表面活性剂驱油是在油层中注入表面活性剂水溶液的采油方法，所采用的表面活性剂HLB值(Hydrophile Lyophile Balance)在8~13范围内。其中，高分子表面活性剂因其具有分散、乳化、增溶、悬浮和增稠的作用，在石油勘探开发中具有重要的意义，成为三次采油用化学品中最具发展潜力的油田化学剂之一。

聚合物驱油体系是一聚合物水溶液作为驱油剂来提高石油采收率的方法，是目前最普遍采用的最经济的、最有前途的三次采油技术之一。

三元复合驱所用的驱替剂是由表面活性剂、碱和聚合物三者协同使用组成的，成本一般仅为聚合物驱的1/3左右。

与钻井用化学品相比，采油用化学品无论是品种还是数量上都较少，且还不配套。本节将主要介绍高分子材料在采油过程中提高采收率方面及油层改造方面的应用。

一、提高水驱采收率用高分子

聚合物驱油是以聚合物水溶液作为驱替液的采油技术，是目前应用比较广泛的三次采油方法。其主要作用是通过聚合物的加入，提高水相黏度，降低孔隙介质中水相相对渗透率，降低水油流度比，减少水沿着高渗透层突进，以提高原油的采收率。因此，驱油用聚合物应是水溶性好，增黏性强，能适应注入油层的环境条件，不易发生降解。但是，这些性能要求对聚合物在分子结构上的要求有些是相互矛盾的。因此，完全符合要求的聚合物是没有的。而作为驱油用的聚合物用量是很大的，成本低、原料易得是选择聚合物的重要因素。一般驱油用的聚合物有合成聚合物、生化聚合物、天然聚合物或其改性产物等三类。

1. 合成聚合物

用于驱油的合成聚合物主要是聚丙烯酰胺及其衍生物。高分子量、低水不溶物和低过滤系数聚丙烯酰胺粉剂是当前及今后一段时间内研究和应用最多的聚合物驱油剂之一。大庆油田应用效果表明，每注入1t聚丙烯酰胺，可增产原油150t。聚丙烯酰胺用于提高采收率，包括聚丙烯酰胺和部分水解聚丙烯酰胺。前者为非离子型，后者为离子型。

目前，在聚合物驱油中使用最广泛的是高分子量的部分水解聚丙烯酰胺，水解度一般为25%~30%。可通过聚丙烯酰胺在碱性条件的水解得到，也可将丙烯酰胺和丙烯酸共聚得到。聚丙烯酰胺的主要技术指标是分子量，因为其黏度与分子量成正比关系。已知的合成聚丙烯酰胺分子量可高达2000万以上。

聚丙烯酰胺在使用中存在降解问题，包括热降解、剪切降解、氧化降解等。针对剪切降解，可通过增加注入聚合物浓度、加入交联剂、地下使用中聚合等方法，最有效的方法是在聚丙烯酰胺分子链中引入支链链节，提高抗剪切能力。为了增强聚丙烯酰胺的耐热降解，可在分子中引入大侧基和刚性侧基，如环状结构、磺酸基等，提高其热稳定性。可提供大或刚性侧基的单体有苯乙烯磺酸、*N*-烷基马来亚酰胺等。如以PVA为主链的甲基磺酸吡咯聚合物，由于分子侧基的位阻效应，使聚合物具有较高热稳定性和抗水解性。

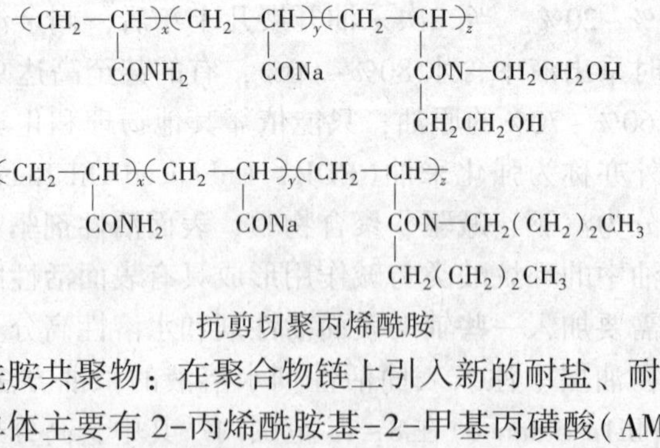

抗剪切聚丙烯酰胺

（1）阴离子型丙烯酰胺共聚物：在聚合物链上引入新的耐盐、耐温基团可提高聚合物的耐温抗盐能力。这类新单体主要有2-丙烯酰胺基-2-甲基丙磺酸（AMPS）、甲基丙烯酰氧乙基磺酸（SEMA）、3-丙烯酰胺基-3-甲基丁酸（NaAMB）及丙烯酰胺基长链烷基磺酸等。

利用含有耐盐的磺酸基单体与AM共聚可使聚合物的耐盐性明显提高，如含AMPS单体的三元共聚物丙烯酰胺/2-丙烯酰胺基-2-甲基丙磺酸/*N*,*N*-二甲基丙烯酰胺（AM/AMPS/DMAM），磺化的乙氧基聚丙烯酰胺和烷氧基化苯乙烯磺酸共聚物等。

值得一提的是，丙烯酰胺/3-丙烯酰胺基-3-甲基丁酸(AM/NaAMB)二元共聚物是一类具有惊人的分子内螯合能力的共聚物，这种共聚物由于 NaAMB 基团对 Ca^{2+} 有很强的螯合作用，使其在饱和 $CaCl_2$ 溶液中超过 100℃时不发生相分离，保留黏度比 PAM 高得多，被认为是最有希望的一种聚合物驱油剂。

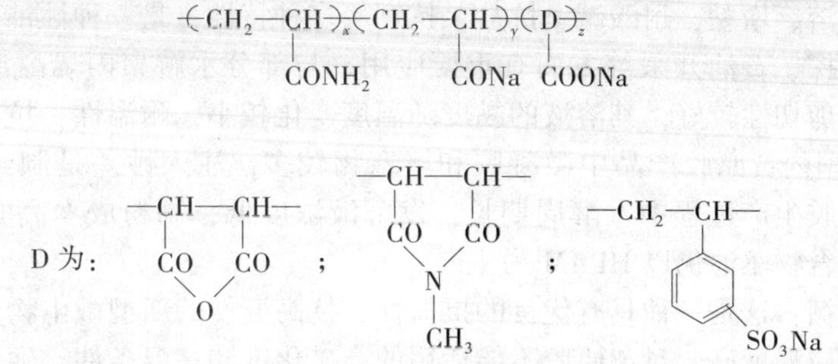

可耐热降解聚丙烯酰胺衍生物

(2) 疏水缔合型聚丙烯酰胺：利用疏水性丙烯酰胺系列单体与 AM 共聚亦可获得高温、抗盐性较好的共聚物。用 *N*,*N*-二乙基丙烯酰胺与 AM、AA 共聚合成三元共聚物 CUPF-315，在共聚物浓度为 2000mg/L、矿化度为 1×10^5mg/L 的盐水溶液中，90℃老化度 15d 后，黏度为 468mPa·s，黏度保持率大于 55%。

在聚合物驱油剂实际使用中，经常需要具有抗盐、抗钙的功能，这方面研究比较多。有人利用磺酸基的亲水性，提高聚丙烯酰胺的抗盐能力。我国研究人员提出了疏水缔合型聚丙烯酰胺，具有良好的抗盐、抗温性能。Ma Juntao 等通过在聚丙烯酰胺分子链上引入疏水长链烷基、2-甲基丙磺酸基的丙烯酰胺衍生物，制备了具有抗温耐剪切及触变性的疏水缔合型水溶性聚丙烯酰胺。国外也有研究者在聚丙烯酰胺分子链上引入疏水集团，提高水溶性聚合物的抗剪切、抗盐能力。

(3) 梳型聚丙烯酰胺：三次采油技术已成为我国提高原油采收率的主要措施之一，三次采油用聚合物目前主要是聚丙烯酰胺。然而，聚丙烯酰胺耐温抗盐性能较差，目前研究认为，梳型聚合物最具有发展潜力。具有梳型分子结构的抗盐聚合物 RSP，丙烯酰胺与新型抗盐单体(AHPE)的共聚物。

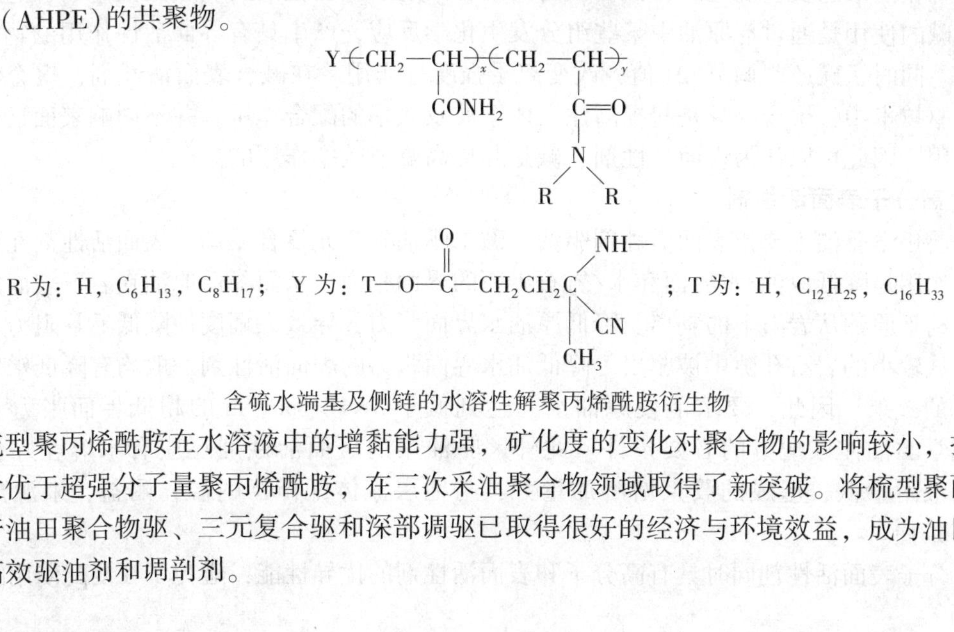

含硫水端基及侧链的水溶性解聚丙烯酰胺衍生物

梳型聚丙烯酰胺在水溶液中的增黏能力强，矿化度的变化对聚合物的影响较小，抗盐性能大大优于超强分子量聚丙烯酰胺，在三次采油聚合物领域取得了新突破。将梳型聚丙烯酰胺用于油田聚合物驱、三元复合驱和深部调驱已取得很好的经济与环境效益，成为油田新一代的高效驱油剂和调剖剂。

2. 生化聚合物

现有工业化生产的可能用于驱油用的生化聚合物主要是黄原胶和硬葡萄糖。

（1）黄原胶：由碳水化合物经黄单细胞杆菌生物合成的聚多糖，具有类似纤维素 β-1,4-吡喃型葡萄糖主链及含糖的侧链。产品一般为淡黄色粉末，平均分子量在 200 万～1500 万，有良好的水溶、增黏、耐酸碱、抗盐、抗钙等多种特性，是一种性能良好的驱油剂。它在食品、石油钻探、石油开采等方面有重要应用。与部分水解聚丙烯酰胺相比，它的增黏性、抗盐性、抗剪切性较好，其溶液的黏度随温度变化较小，耐温性、抗生物降解能力不及 HPAM。目前，国内黄原胶产品中微凝胶和堵塞物较多，注入性差是制约其应用的重要因素。此外，黄原胶生产过程中发酵周期长，发酵液浓度低，制粉成本高是个重要问题。因此，国内目前聚合物驱油仍以 HPAM 为主。

（2）硬葡萄糖：这是一种具有优良的抗盐性、抗高温性的新型微生物多糖。主要优点是热稳定性好，适应温度高。对黄原胶不能适用的高矿化度和高温条件，硬葡萄糖具有很好的适应性。为提高采收率的流度控制剂，硬葡萄糖的增稠能力强，大约是黄原胶的 2 倍。硬葡萄糖是继黄原胶后发展的一种更耐盐和稠化能力更强的生物聚合物。

3. 天然聚合物

可用作驱油剂的天然聚合物主要有田菁胶，又名瓜尔胶。它是田菁的种子胚乳提炼出的豆胶，是一种半乳甘露聚糖。应用田菁胶作为驱油剂的优点是成本低，主要问题是溶解速率小和易生物降解。为了提高水溶性，可使用田菁胶的化学改性产物，如钠羧甲基田菁胶、羟乙基田菁胶、羟丙基田菁胶等。

二、强化采油用高分子

油层中不流动原油主要包括附着在岩石上原油、由于毛管阻力被阻滞在低渗透孔隙中的原油、在地层中流动性较差的稠油以及部分在死孔隙中的原油。强化采油技术主要针对前三种原油的开采。其中，前两种主要用化学驱的办法进行开采，后一种主要用热力采油辅以添加化学剂的办法开采。

在提高原油采收率技术中，化学剂的中心作用是改变油层中油、水、气、岩石、蜡晶、沥青等各相的形态及它们之间界面性质的问题，因此表面活性剂的利用是大量的，起关键作用的。碱的使用是通过与原油中某些组分发生化学反应，产生具有界面活性作用的物质而起作用的。同时，碱还起调节 pH 值，改变离子强度等作用。在碱、表面活性剂、聚合物的三元复合驱技术中，聚合物只是起提高注入体系波及效率的配合作用，并不影响表面活性剂的中心作用。因此可以认为表面活性剂、碱是起提高驱替效率作用的。

1. 高分子表面活性剂

当前化学驱油主要指表面活性剂驱油、碱水驱油和三元复合驱油。表面活性剂在驱油中的主要作用是降低原油/水界面和水/岩石界而的界面张力，从而降低原油在岩石表面的黏附功，有利于原油从岩石上的剥离。降低原油水界面张力，导致大幅度地降低毛管阻力，有利于原油从较小的岩石孔隙中被驱出。降低油水界面张力的表面活性剂一般均有降低水岩石界面张力的效果。因此，要求能使原油水间达到低于 5×10^{-3} mN/m 的超低界面张力，成为筛选化学驱油体系配方的必要条件。此外，驱油用的表面活性剂还应有水溶性好，在固体表面吸附量低，形成的胶束增溶油量大，与地层流体配伍，耐温，耐盐，来源广，成本低等条件。

高分子表面活性剂同时具有高分子和表面活性剂的优异性能，避免了在复配使用时可能产生的不良效果，且具有简单低分子表面活性剂与高分子化合物复配所难以达到的优点。作为油田驱油剂使用时，与其他低分子的表面活性剂相比，高分子表面活性剂除具有降低界面张力的效果外，还起到增黏的效果，能有效降低总化学剂的加入量；具有吸附量小、较好的耐温、耐盐性和毒性低等特点。主要缺点就是种类较少，价格偏高，且普遍存在着提高分子量与表面活性下降之间的矛盾。

高分子表面活性剂按离子类型可分为阴离子型、阳离子型、两性型和非离子型四大类。按来源可分为天然(半合成)和合成高分子表面活性剂。按结构及制备方法可分为嵌段型、无规聚合型和接枝型高分子表面活性剂。

(1) 天然(半合成)高分子表面活性剂：常见的主要包括淀粉类、纤维素类和壳聚糖类及其改性聚合物。

常见淀粉类表面活性剂包括羧甲基淀粉、醋酸淀粉酯、磷酸淀粉酯和烯基淀粉酯等。

纤维素类表面活性剂主要是以水溶性纤维素衍生物通过醚化或酯化等反应引入疏水基，同时破坏纤维素分子间的氢键缔合，使其不能结晶，从而形成水溶性纤维素衍生物，并将其开发用作高分子表面活性剂。该类产品常见的有引入长链烷基的羟乙基纤维素、甲基纤维素和羟丙基纤维素，含碳氟基团纤维素类、具有两亲链段的改性纤维素共聚物等。

壳聚糖类表面活性剂主要是一些通过引入不同的取代基团制备的阴离子型、非离子型和两性离子型表面活性剂，如烷基羧甲基壳聚糖、*N*-亚甲基磷酸壳聚糖、(2-羟基-3-丁氧基)丙基-羟丙基壳聚糖、壳聚糖磺化季铵盐等。

目前实际应用中，使用最多的是羧甲基纤维素。

(2) 合成高分子表面活性剂：驱油用高分子表面活性剂以聚醚非离子型和丙烯酰胺类共聚物两性离子型的耐盐、耐温性较为突出，倍受关注。非离子型中，常见的有聚乙烯醇及其部分酯化或缩醛化产品、聚丙烯酰胺、聚丙烯酸酯、聚醚、聚环氧乙烷环氧丙烷、水溶性酚醛树脂、氨基树脂等等。两性离子型常见的有丙烯酸乙烯基吡啶共聚物、丙烯酸、阳离子丙烯酸酯共聚物、两性聚丙烯酰胺等。

2. 高温调剖剂

高温调剖剂是针对稠油进行热力采油时所应用的一类化学封堵剂。由于是与高温蒸汽一起或前后注入起泡剂溶液，并形成稳定的泡沫，故要求应能耐250℃以上，最高达350℃的高温而不分解。常用作高温调剖剂的高分子化合物有聚氧乙烯烷基醇醚烷基磺酸盐、聚氧乙烯烷基苯酚醚烷基磺酸盐等。而这些化学剂往往同时也是表面活性剂，起调剖和降低表界面张力的作用。

此外，在稠油开采中也常用一些高分子表面活性剂作为乳化剂，降低原油黏度，以利于稠油的采出。

三、油层改造用高分子

石油生产过程中除主动采取的提高原油采收率措施外，为维持正常生产常采用一些技术措施，如油水井压裂、堵水、酸化等油层改造措施。这些技术措施中，化学剂的使用也占有重要地位。

1. 注水井调剖剂

注水采油的油田，由于油层的非均质性，随着注入水量的增加，使得注入剖面很不均匀，甚至会突破高渗透层，使油井大量出水，降低产能。为了解决这个问题，需要注入水均匀推进，减少油井出水，可以从注入井封堵高渗透层，调整注入水的剖面，即注水井调剖；

也可采用从油井封堵出水层，降低油井出水量，称为油井堵水，将在后面介绍。

注水井调剖用水溶性高分子与交联剂形成各种凝胶作为调节注入水的黏度、流度的调剖剂。使用的聚合物主要有聚丙烯酰胺、水解聚丙烯酰胺、水解聚丙烯腈、聚乙烯醇、羧甲基纤维素、羟乙基纤维素、黄原胶等。水凝胶的形成可通过水溶性高分子与交联剂的作用，交联剂可以是甲醛、乙醛等，也可以是高价金属离子形成的多核羟桥络离子。

2. 生产井堵水剂

生产井堵是指从生产井注入，以减少原油的水产出，即油井堵水。油井堵水通过堵水剂实现，其中，水溶性高分子作为堵水剂应用比较广泛。根据作用方式，聚合物堵水剂又分为选择性堵水剂和非选择性堵水剂。

(1) 选择性堵水剂：主要用于简单方法不能封堵的水层，利用水溶性聚合物与油、水层的性能差别，达到选择性封堵的效果。主要使用的是部分水解聚丙烯酰胺、部分水解聚丙烯腈等。它们可在水层经交联剂交联形成聚合物凝胶，达到封堵水层的目的。此外，部分水解的两性离子型聚合物也可作为选择性堵水剂，如部分水解丙烯酰胺(AM)/(3-酰胺基-3-甲基)丁基三甲基氯化铵(AMBTAC)共聚物，部分水解丙烯酰胺(AM)/二甲基二烯丙基氯化铵(DMDAC)共聚物等。

(2) 非选择性堵水剂：通常采用的聚合物包括酚醛树脂、脲醛树脂、三聚氰胺-甲醛树脂等热固性树脂，先使用他们的水溶性预聚液，然后在生产井水层形成不溶的交联结构，将水层堵住。还可采用水溶性聚合物凝胶，如部分水解聚丙烯酰胺、羧甲基纤维素、羟乙基纤维素、木质素磺酸盐等。这类堵水剂由于对水层与油层都有封堵作用，主要用于底水隔板。

3. 防砂用剂

化学防砂剂主要使用砂粒桥接剂和砂粒胶结剂两种。砂粒桥接剂是通过氢键或静电作用，将砂粒连接固定。如含有机阳离子的聚丙烯酰胺可通过这两种作用与砂粒表面桥接，达到固定砂粒作用；无机阳离子型聚合物羟基铝通过在水相中形成带正电的多核羟桥络离子，与带负电的砂粒表面连接，将砂粒固定。砂粒胶结剂是用可固化的物质将砂粒胶结固定，如酚醛树脂、脲醛树脂、聚氨酯型胶结剂等。

4. 酸化缓速剂

酸化缓速剂能延缓酸液对地层反应速度，可降低近井地带的反应速度，扩大酸化处理范围，提高酸化效果。酸化缓速剂一般包括表面活性剂和聚合物。

聚合物类的酸化缓蚀剂是通过提高酸液的黏度来降低酸与地层的反应速度，主要是酸液黏度增加，降低了酸液反应试剂的扩散速度，从而减缓酸液与地层的反应速度。用做酸化缓蚀剂的高分子主要有多糖类聚合物如瓜胶、羟丙基瓜胶、羧甲基羟乙基纤维素、羟乙基纤维素等，以及某些水溶性聚合物如聚乙二醇、聚乙烯醇、聚氧化乙烯-氧化丙烯醚、聚丙烯酰胺、聚乙烯吡咯烷酮、丙烯酰胺-2-甲基-2-丙烯酰胺基丙磺酸共聚物等。

5. 压裂液添加剂

压裂是指用压力将地层压开裂缝，并用一定粒度的砂粒作为支撑剂，将裂缝支撑起来，以减少流体流动阻力的增产增注措施。

压裂液的种类很多，按分散介质分类，有水基压裂液、油基压裂液和醇基压裂液。按分散体系类型分类，有高分子溶液、冻胶、乳状液、泡沫等。属高分子体系的压裂液主要有水基压裂液和油基泡沫压裂液。

(1) 水基压裂液：主要有稠化水压裂液和冻胶水压裂液等。高分子添加剂主要是其中的稠化剂。

稠化水压裂液具有黏度高、摩阻低的特点，由稠化剂和水配制成。稠化剂均为线型高分子化合物，有水溶性聚合物，如聚氧乙烯、聚乙烯醇、聚乙酸乙烯酯、聚丙烯酰胺、部分水解聚丙烯酰胺、亚甲基聚丙烯酰胺及聚丙烯酰胺的其他衍生物等；也有天然聚合物及其衍生物，如纤维素及其衍生物、半乳糖甘露糖胶及其衍生物等。这些高分子化合物在水中溶解并通过其亲水集团的溶剂化作用使水的黏度大大增加，有利于携砂和减少滤失量。聚合物分子在高速流动时，沿流动方向发生大分子取向，有效地抑制了水分子横向运动的能量消耗。这样有利于压裂液有效地传递压力，有利造缝。

冻胶水压裂液是在稠化水压裂液的基础上加交联剂配制而成的。由于交联作用，使高分子稠化剂通过化学键或次价键产生遍及整个溶液的网络结构，形成冻胶。这种压裂液的优点在于悬浮性能好、摩阻低、滤失量小、破胶返排容易。

（2）油基压裂液：生产现场使用最多的油基压裂液是原油及其重馏分，可以是油包水乳化压裂液和油基泡沫压裂液。由于油基压裂液分散介质的特点，所用稠化剂主要是皂类、磷酸酯铝盐类、醇盐类、脲类等，高分子稠化剂在该类压裂液中基本无应用。而含氟聚合物或聚硅氧烷则常作为油基起泡剂使用。

（3）醇基压裂液：这类压裂液是以醇为溶剂或分散介质的，成本高，很少使用。某些高分子稠化剂，如胺甲基聚丙烯酰胺、部分水解聚丙烯酰胺等，可使醇稠化。

第四节　油气集输用高分子

油气集输是指从井口开始，将原油、天然气通过输送、集中、初步加工，一直到矿场油库的全部过程。在油气集输过程中，石油要求脱水、除盐，天然气要求脱水、脱油和除硫，从油气中脱出的水还应达到回注水和排放要求。因此，在集输过程中，为保证油气质量，保证生产过程安全可靠和降低能耗，就少不了化学品的应用。油气集输用化学剂的品种较多，其中高分子化学品常用作防蜡剂、降凝剂、破乳剂等。

一、防蜡剂

一般来说，原油中都含有一定量的蜡，在地层中蜡通常以溶解状态存在；然而在开采过程中，当原油从地层流入井底再上升到井口这一过程中，由于压力和温度的降低及轻质组分的不断逸出，减小了原油对蜡的溶解度，蜡就以晶体的形式不断析出，沉积于井下装置、油管及地面储存设备中，从而导致油井产量不断下降，给原油的管道输送和贮罐的清洗带来严重的影响，甚至造成危害。因此，从原油采出到炼油厂的输送过程中加入防蜡剂是保证油井正常生产，原油输送、储运的一项十分重要的措施。

常见的防蜡剂有稠环芳烃、表面活性剂与高分子化合物3大类。其中，高分子防蜡剂由于其独特的结构特征，容易根据原油中蜡的极性和非极性物质的组合，调整高分子链中极性和非极性基团的比例，设计出适用于不同含蜡原油的产品。同时，高分子防蜡剂使用浓度低，而且可以是固体，将其置入地层（如压裂时由压裂液带入地层）或井底（以防蜡棒形式）可在较长时间内起作用。因此，高分子防蜡剂成为防蜡剂研究的热点。目前油田用的高分子防蜡剂产品比较多，主要有低分子量聚乙烯、聚丙烯酸酯、聚羧酸乙烯酯、α-烯烃/苯乙烯共聚物、α-烯烃与丙烯酸共聚物、乙烯/羧酸乙烯酯共聚物、乙烯/丙烯酸酯共聚物、甲基丙烯酸酯/顺丁烯二酸酯酐共聚物等，其中最具代表性的是乙烯/乙酸乙烯酯共聚物和聚丙烯酸酯高碳醇类防蜡剂。

1. 聚乙烯

作为原油防蜡剂的聚乙烯是由乙烯在高温高压下制得的，与塑料用聚乙烯不同的是，这种聚乙烯的分子量在6000~20000之间，其支链结构含量在10%~50%。聚乙烯类防蜡剂因与体系相容性好，防蜡效果应用最好，但因聚合条件难于对相对分子质量和支化度及支链长度进行准确控制，造成这类防蜡剂的质量水平波动性大。

2. 乙烯-乙酸乙烯(丙烯)酯共聚物

这类聚合物是由乙烯与长链乙酸乙烯酯经自由基溶液共聚合得到，分子量控制在3000~6000。这种共聚物因侧链长度、数量可准确控制，产品防蜡效果比较均一，易于控制在原油中的加入量。

3. 乙烯-丙烯酸酯-丙烯酸共聚物

这类共聚物的分子结构和防蜡效果与乙烯-乙酸乙烯酯共聚物相似，都是梳状聚合物，聚合方法也一样。优点是其长链烷基不饱和酯-(甲基)丙烯酸高碳醇酯更易于制备和精制。乙烯-丙烯酸酯-丙烯酸共聚物防蜡剂的分子量一般控制在3500~5000，在原油中的加入量为$10^{-5}\%\sim10^{-4}\%$即可达到防蜡效果。

4. 聚二甲基硅氧烷-聚醚嵌段共聚物

这种嵌段共聚物由八甲基环四硅氧烷(D_4)与环氧乙烷经阳离子活性开环聚合得到，也可由聚醚与聚二甲基硅氧烷进行部分脱醇反应得到。

二、降凝剂

降凝剂是用来降低原油凝固点和降低表观黏度、改善低温流动性的助剂。降凝剂除氯化石蜡外，其余均是高分子类聚合物。原油降凝剂、降黏剂和防蜡剂有时是相同的，其作用机理也一样，均是控制原油中石蜡的结晶。

目前的高分子降凝剂大都具有长链烷烃主链和极性侧链，为了阻止蜡晶形成网状结构，一般要求降凝剂的碳链长度应与原油中蜡的平均碳数相近，以保证降凝剂与原油中的蜡同时结晶出来。降凝剂的分子量也要求有一定的范围，分子量过低(2000以下)降凝效果很差，分子量过高(500000以上)效果也很小，一般认为4000~100000为佳，并且分子量不同应用范围也不同，如用富马酸烷基酯-乙酸乙烯酯共聚物作为高含蜡原油的降凝剂，高分子量的共聚物适用于低平均碳数和宽分布的原油，低分子量的共聚物适用于具有较高平均碳数和较窄分布的原油，而中等分子量的共聚物则对于较高平均碳数和较宽分布的原油。此外，还要求碳链上有较强的极性基团，当碳链与蜡共结晶时，可以阻碍蜡晶的聚集，从而延缓蜡晶网状结构的形成。

一般来说，高分子降凝剂大都是低分子量的梳状聚合物，常见的如丙烯酸高碳醇酯-马来酸酐-乙酸乙烯共聚物、丙烯酸低级酯-丙烯酸高碳醇酯共聚物等。

三、破乳剂

多种采油技术的应用，如注水驱、蒸汽驱、化学驱使原油以乳状液形式被采出。油-水乳状液的存在，将增加储运的负担，降低管线的使用寿命，在原油加工过程中导致催化剂中毒和高温蒸馏设备的严重腐蚀。因此，必须清除这些乳状液，使油水分离，同时原油中的盐分通过溶于水中而除去。原油破乳剂就是针对石油采出液进行油水分离的油田化学剂，是实现原油高效脱水脱盐的重要条件之一。

随着油田逐渐进入深度开采，原油含水量增加，原油乳状液由 W/O 型转为 O/W 型，低分子破乳剂难以获得较好的效果。自 20 世纪 60 年代发展起来的高分子破乳剂，具有投加量少、破乳效果好的优点，但也存在专一性强、广泛适应性差的问题。其主要类型有高分子非离子型破乳剂、聚氨酯类、两性离子聚合物等。

1. 高分子非离子型破乳剂

高分子非离子型破乳剂实际上是高分子非离子型表面活性剂，主要是一些聚醚类高分子。

(1) 以醇类为起始剂的嵌段聚醚：多嵌段聚醚类破乳剂产品品种多，生产量也大，所用的醇有十八碳醇、丙二醇、丙三醇、季戊四醇等。代表性的产品有聚氧乙烯聚氧丙烯丙二醇单醚(PR-23)、聚氧乙烯聚氧丙烯丙二醇醚(BPE-2070)、十八醇聚氧乙烯聚氧丙烯嵌段共聚物(SP-169)、丙二醇聚氧乙烯聚氧丙烯嵌段共聚物(BP-169)等。其中，PR-23 具有脱水快、脱出水清、无中间层等优点，在高含水稠油脱水中有很好应用；BP-169 于 1968 年研制成功，较好地解决了当时大庆油田存在的脱水包油问题，现在应用较少；SP-169 破乳剂具有脱出污水清、含油量少的突出优点，目前仍维持较高的用量，在很多油田单独应用或用其他脱水速度快的破乳剂配合使用；BPE-2070 目前仍有些油田应用。

(2) 以胺类为起始剂的嵌段聚醚：所用的胺主要有多乙烯多胺、乙二胺等。此类产品具有水溶性、脱水速度快、耐低温等特点，是 20 世纪七八十年代我国油田用于原油脱水的主要破乳剂。主要产品有多乙烯多胺聚氧乙烯聚氧丙烯醚(AP)和多亚乙基多胺聚氧乙烯聚氧丙烯醚(AE)系列等。

(3) 酚醛树脂或烷基酚醛树脂聚醚类：酚醛树脂或烷基酚醛树脂的改性受到普遍关注，因为它们非常符合破乳剂分子的结构要求。(烷基)酚醛树脂聚醚分子结构中的亲水基团可以是聚氧乙烯基和二环氧甘油醚。合成起始剂时常用的烷基酚为壬基酚或以含九个碳为主的混合烷基酚。这类产品依实际要求可做成油溶型，也可做成水溶型，在破乳的同时兼具降黏、防蜡的作用。

(4) 酚胺醛树脂嵌段聚醚：这类产品是氨基改性酚醛树脂嵌段聚醚，起始剂为烷基酚、乙烯胺类化合物和甲醛的缩合产物。该类型破乳剂在 20 世纪 70 年代末研发成功，破乳效果好，适应性较广，具有降黏、防蜡的作用，是目前油田使用的主要类型。属于这类产品的有聚氧乙烯聚氧丙烯多乙烯多胺芳烃、酚胺聚醚、树脂缩合型聚氧丙烯聚氧乙烯醚等。

2. 聚氨酯类破乳剂

聚氨酯适于稠油破乳脱水，其中亲水基是聚氧乙烯基，亲油基主链上有聚氨酯，碳原子数为 6~18。这类破乳剂在平均相对分子质量为 $10^4 \sim 10^5$时作用较好，太高则不易在原油中分散。通过聚乙二醇与醇类在二异氰酸酯存在的条件下制备，可单独使用，也可溶于溶剂，溶剂最好是乙二醇水溶液或其他低级醇水溶液。

3. 两性离子聚合物破乳剂

以环氧氯丙烷进行开环聚合制备氯代聚醚，然后用低分子胺将其季铵化所制备的两性表面活性剂。如 CW-01，此产品不仅具有良好的破乳效果，而且具有缓蚀作用，还能有效地抑制 H_2S、CO_2、HCl 和 NaCl 对金属的腐蚀。

4. 超高分子量破乳剂

采用三乙基铝-乙酰丙酮-水三元催化体系通过阴离子配位聚合得到的环氧烷类聚合物，分子量高达 $10^5 \sim 10^6$，破乳速度极高，破乳效果惊人，如 UH-6535 等。

此外，将两种或多种破乳剂进行复配，利用破乳剂间的协同作用可以提高破乳剂的性能，降低破乳剂用量，加快脱水速度，节约能源，同时也使经济效益得到大幅度的提高，是目前油田十分普遍的破乳剂使用方法。

第五节　油田水处理用高分子

油田开发过程中，产生大量污水，需要经过处理后，重新注入地下，循环使用。常用的水处理化学剂包括缓蚀剂、阻垢剂、杀菌剂、絮凝剂等。本节主要介绍作为阻垢剂和絮凝剂的高分子。

一、阻垢剂

结垢是油田水处理中最严重的问题之一，结垢可发生在采油过程用到水的各个部位，严重时会导致油井报废。影响油田水结垢的一个重要因素是油田水的成分和浓度。目前开发应用的高分子阻垢剂主要有天然高分子阻垢剂、含磷高分子阻垢剂、聚羧酸类高分子阻垢剂、磺酸盐高分子阻垢剂及绿色环保型高分子阻垢剂。

1. 天然高分子阻垢剂

单宁、木质素、磺化木质素、淀粉和羧甲基纤维素等天然有机物质可作为阻垢剂，控制水垢的生成。这类阻垢剂稳定性较差，在高温、高压条件下易于分解，在油田水处理上很少应用。目前用于普通循环水阻垢的也主要是改性的木质素和壳聚糖两类。

2. 含磷高分子阻垢剂

含磷高分子阻垢剂是一类由无机单体次磷酸钠与其他有机单体，如丙烯酸、马来酸酐、含磺酸基单体，以及含其他功能性基团的不饱和单体共聚而成的聚合物。这类阻垢剂的特点就是将磷酸基引入到大分子链上，与羧基等功能性基团协同作用，从而产生比单一基团更好的阻垢、缓蚀作用。近年来相继开发出含有多种官能团的含磷聚合物阻垢分散剂，如丙烯酸/异丙烯磷酸/2-丙烯酰胺基-2-甲基丙烷磺酸三元共聚物、马来酸酐/2-丙烯酰胺-2-甲基丙基磺酸/2-丙烯酰胺-2-甲基丙基磷酸三元共聚物等。这些新型含磷阻垢分散剂的阻垢性能优良，并且含磷量大大降低。

3. 聚羧酸类高分子阻垢剂

聚羧酸类高分子阻垢剂是目前大量使用的水溶性高分子，主要有聚丙烯酸盐、水解聚丙烯酰胺和水解马来酸酐及其共聚物等。这类高分子阻垢剂的分子量一般低于10000，用量很少(几毫克/千克)就可控制结垢情况。同时，也可将热交换器上的硬垢或极硬垢转变成软垢或极软垢，从而使垢层容易在水的洗涮下脱落。

这类阻垢剂主要是利用聚合物分子中含有的—COO—等基团对 Ca^{2+}、Mg^{2+}、Fe^{2+}、Cu^{2+}、Zn^{2+}、Ba^{2+} 等离子具有较强的螯合能力，不仅有分散和凝聚作用，还能在无机垢结晶过程中干扰晶格正常的排列，从而达到阻垢和防垢作用。

最早用于水处理的聚合物是聚丙烯酸等仅含弱酸基团的羧酸基聚合物。后来发现，这类聚合物在高硬度水中容易生成难溶性的聚合物盐凝胶，特别是对磷酸盐的抑垢能力不理想。在分子链中同时引入一些羟基、酰胺基等亲水性基团，可以保证共聚物的溶解特性而防止凝胶的产生，并可提高阻垢性能。因此，以丙烯酸(AA)为主体的多元共聚物孕育而生，出现了种类繁多的以丙烯酸与马来酸(酐)为主体的二元、三元甚至更多元共聚物。这些共聚物型阻垢剂以其阻垢效果好、热稳定性高和价格适中等优点而受到人们的重视。

4. 磺酸盐高分子阻垢剂

磺酸盐共聚物是国外20世纪80年代开发的一种有效的水处理剂。由于磺酸共聚物分子链中同时含有强酸和弱酸两种功能团，其中的弱酸基团羧酸对活性部位的吸附作用强，可抑制微溶性盐的结晶生长，而强酸基团磺酸则保持离解特性有助于溶解，可防止难溶性聚合物凝胶的生成，表现出优异的阻垢分散特性。其阻垢分散性比AA及其酯类共聚物的好，与有机膦酸盐复配使用可以产生良好的协同效应。它的突出优点是在阻垢方面不受水中是否存在金属离子的影响，对Ca^{2+}、Ba^{2+}、$Mg(OH)_2$、$CaCO_3$等盐垢，特别是对$Ca_3(PO_4)_2$有良好的抑制作用，且能有效地分散颗粒物，稳定金属离子和有机膦酸，药力持久，不易结胶。

5. 绿色环保型高分子阻垢剂

随着环保意识的提高，可生物降解的“绿色阻垢剂”成为当前的研究热点和研究方向。到目前为止，这类阻垢剂主要有聚天冬氨酸型和聚环氧琥珀型。

聚天冬氨酸型阻垢剂主要包括聚天冬氨酸及其钠盐和酯，以天冬氨酸或马来酸酐为原料制成。这类阻垢剂突出特点是具有生物降解性、较高的阻垢性能、对钙离子的高容忍度，特别适合于抑制冷却水、锅炉水的$CaCO_3$、$Ca_3(PO_4)_2$等垢的形成。一般用量为0.2~2mg/kg，对$CaCO_3$的阻垢率就可达100%。

聚环氧琥珀型主要包括聚环氧琥珀酸及其钠盐，是一种有效的螯合剂，具有螯合多价金属阳离子的性能。这类阻垢剂使用于高碱度、高硬、高温条件，与氯的相容性好，与膦羧酸复合具有很好的协同效应。

二、絮凝剂

油田水中的固体悬浮物表面带有负电荷的悬浮颗粒之间相互排斥，不易聚结沉降。可通过絮凝剂来中和悬浮颗粒表面的负电性，或使颗粒失去电性而聚结沉降。选择一种高效的絮凝剂是解决油田注水开采所带来的管线被堵塞、注入层被破坏及系统被严重腐蚀的最可行途径。油田废水处理常用的絮凝剂主要有无机絮凝剂、有机絮凝剂和微生物絮凝剂三大类。其中有机高分子絮凝剂具有用量少、反应快、效率高、脱色好等优点，其絮凝物体大、量少，机械强度高，可使污泥脱水的棘手难题得到较好的解决。近年来，在油田污水处理中运用较多的有机高分子絮凝剂主要有合成类有机高分子絮凝剂和天然改性类有机高分子絮凝剂。这些高分子絮凝剂通常是水溶性线型高分子，通过吸附作用桥接在悬浮颗粒表面上，使悬浮颗粒聚结在一起而迅速沉降。

1. 合成类有机高分子絮凝剂

在合成的有机高分子絮凝剂中，主要是聚丙烯酰胺及其衍生物。目前已广泛运用于油田水处理中的主要是聚丙烯酰胺(PAM)、聚二甲基二烯丙基氯化铵(PDMDAAC)、由Mannich反应制得的阳离子型聚丙烯酰胺以及两性离子型高分子絮凝剂。

(1) 聚丙烯酰胺：聚丙烯酰胺分子中所含的—$CONH_2$官能团既是亲水基团，又是吸附基团，在水处理中主要用作辅助絮凝剂。其机理是通过分子链中特有的—$CONH_2$官能团与悬浮物发生吸附架桥作用，增大絮体矾花的尺寸，利于其快速沉降而去除；其絮凝效果与聚合物的分子量密切相关。提高聚合物分子量，有利于增加絮凝剂在水相的流体力学尺寸或体积，从而提高絮凝网捕能力，有效降低絮凝剂的使用浓度，提高絮凝效果。

(2) 二甲基二烯丙基氯化铵/丙烯酰胺共聚物：聚二甲基二烯丙基氯化铵(PDMDAAC)和丙烯酰胺的共聚物是一种带有阳离子基团的线型水溶性高聚物，它的大分子链上所带的正电荷密度高，水溶性好，絮凝能力强，具有较好的吸附性、抗剪切性、耐温性、耐酸碱性，在污水处理中用量少，不污染环境，被广泛应用于油田污水处理。

（3）Mannich 反应制得的阳离子型聚丙烯酰胺（HYM）：HYM 阳离子絮凝剂是聚丙烯酰胺 Mannich 改性的产品，其大分子链上同时具有强电离的季铵盐基团和叔胺基团，且分子量高达 1000 万。因此，该产品 pH 值适用范围广，电荷稳定性高，生成絮花大，沉降速度快，用量少，可大幅度降低废水和污泥脱水处理成本，广泛适用与工业废水和污泥处理。对水溶液介质中的各种悬浮微粒都有极强的絮凝沉降效能，特别是对那些带有负电荷的胶体溶液微粒更显示出其优越性。

（4）两性离子型高分子絮凝剂：两性高分子絮凝剂是高分子链节上同时含有正、负两种电荷基团的水溶性聚合物，适用于处理带不同电荷的污染物，具有 pH 值适应范围宽，抗盐性好，絮凝、沉降脱水能力强等应用特点，特别对污泥脱水，不仅有电性中和、吸附桥联作用，而且有分子间的“缠绕”包裹作用使处理的污泥颗粒粗大，脱水性好。即使是对不同性质、不同腐败程度的污泥，也能发挥较好的脱水助滤作用。因此，两性高分子絮凝剂成为近十年来油田污水处理用高分子絮凝剂的开发热点。主要产品如两性聚丙烯酰胺、丙烯酰胺-二甲基二烯丙基氯化铵-马来酸两性共聚物等。

2. 天然改性类有机高分子絮凝剂

天然改性类与化学合成类高分子水处理剂相比，具有以下优点：①原料可再生，来源丰富，制备成本低，价格便宜；②基本无毒且易生化降解，不造成二次污染；③天然高分子种类多，分子内活性基团多，可选择性大，易根据需要采用不同的制备方法进行改性。

目前在油田污水处理中应用较多的主要是阳离子型和两性离子型两种。从原料来源说，这些天然改性高分子絮凝剂主要包括淀粉类衍生物、纤维素衍生物、改性植物胶、其他多聚糖及蛋白质类改性絮凝剂和微生物絮凝剂。

（1）天然改性阳离子高分子絮凝剂：这类絮凝剂有代表性的是改性淀粉类、改性壳聚糖类和木质素改性类。

淀粉可通过与阳离子醚化剂进行醚化反应、与阳离子单体进行接枝共聚等方法获得化学改性的阳离子型改性淀粉絮凝剂。常用的醚化剂如 3-氯-2-羟丙基三甲基氯化铵等，接枝单体有如丙烯酰胺等。

壳聚糖的 C_6 伯羟基、C_3 仲羟基及 C_2 氨基都可以成为接枝点，通过接枝反应，将某些特定基团引入到壳聚糖分子链上，从而赋予壳聚糖新的性能，如壳聚糖和丙烯酰胺类的共聚物等。

以木质素制备的季铵型阳离子絮凝剂是木质素改性产品的代表之一。

（2）天然改性两性高分子絮凝剂：天然改性类两性高分子絮凝剂由于具有 pH 值适应范围宽、絮凝及沉降脱水能力强、对环境污染小等特点，成为油田污水用高分子絮凝剂开发的重点。这类絮凝剂主要有淀粉、壳聚糖、纤维素以及瓜尔胶等的改性产物，其中以两性改性淀粉的应用最为普遍。

淀粉含有许多羟基，通过羟基的酯化、醚化、氧化、交联、接枝共聚等化学改性，其活性基团数目大大增加，聚合物呈枝化结构，分散的絮凝基团对悬浮体系中颗粒物有较强的捕捉与促沉作用。代表性的产品如以淀粉-丙烯酰胺接枝共聚物为原料，通过 Mannich 反应和水解反应，合成了同时具有阴、阳离子基团的两性高分子絮凝剂，对污水的处理效果优于部分水解聚丙烯酰胺。

木质素改性后得到的两性絮凝剂在沉降性能、过滤性能等方面均有很好的效果。其改性方法如木质素的甲醛羟甲基化、羧甲基化-接枝共聚-Mannich 三步反应等。

甲壳素和壳聚糖分子中均含有酰胺基及氨基与羟基，当它在酸性介质中溶解以后，随着氨基的质子化，表现出阳离子聚电解质的性质，不仅对重金属有螯合吸附作用，还可有效地吸附水中带负电荷的微细颗粒。此外，利用壳聚糖中的氨基能与醛基反应生成 Schiff 碱的性质，选择分子结构中含有羧基的醛进行反应，制成的两性壳聚糖，可显著提高对污水的脱色及去除 COD 效果。因此，甲壳素及壳聚糖改性物作为絮凝剂有良好的应用前景。

第九章　聚合物基复合材料和高分子合金

在现代社会，高分子材料已经成为各个行业及日常生活不可缺少的一类重要材料。在众多的高分子材料中我们可以看到，单一的聚合物材料已经很难满足多方面的性能，人们对材料的要求随着科学技术的进步更为多样、更加苛刻，不仅要求性能优越，还要求加工容易，价格便宜等等。

对高分子材料的研究已经朝向高性能化、高功能性、复合化、精细化、智能化等方面发展，并且取得了突飞猛进的成绩，为材料的发展提供了卓有成效的途径。其中复合材料、高分子合金就是高分子材料复合化、高性能化的具体体现。

中国的复合材料起步于20世纪50年代初期，生产酚醛树脂的层压材料、人造板。1958年用玻璃纤维增强，以手糊工艺制成了环氧树脂玻璃纤维增强塑料的船艇，把它命名为玻璃钢艇，用于军事工业。以后用层压和卷制工艺制成酚醛玻璃钢、板、管，用于火箭作防热弹头。到1962年用玻璃钢制成了氧气瓶。70年代以后，玻璃钢材料推广到民用，复合材料的产量几乎以每年大于10%的速度在迅速增长，广泛用于建筑材料、游乐和运动器材、汽车部件和舰艇、环保、水处理、化工容器、管、板、罐和各种制品。

金属基和陶瓷基材料也取得重要进步。

第一节　聚合物基复合材料概述

一、复合材料概述

复合材料是以一种材料为基体(基体材料)，另一种材料为增强体(增强材料)组合而成的材料。由于复合材料中各个材料在性能上互相取长补短，产生协同效应，使复合材料的综合性能优于原组成材料而满足各种不同的要求，这是复合材料具有的最大特点。

增强材料的性能随其组成材料含量及分布情况而变，基体材料的性能、含量、增强材料和基体材料间的界面结合情况及其复合方式与复合工艺等是决定复合材料性能的基本因素。

复合材料命名至今尚无统一标准。现在一般准确称呼是以增强材料的名称放在前，基体材料放在后，在名称最后缀以“复合材料”一词。如玻璃纤维环氧树脂复合材料，碳纤维酚醛树脂复合材料等。

复合材料的分类方法很多，通常按照基体材料不同分为三大类：聚合物基复合材料、金属基复合材料、无机非金属基复合材料。三类复合材料的性能，都可达到或优于传统金属材料的强度与模量等力学性能指标，尤其是比强度、比模量特性更为突出。其中聚合物基复合材料的用量最大，占所有复合材料的90%以上，而它的耐化学腐蚀性优于金属材料。聚合物基复合材料又称树脂基复合材料。

二、聚合物基复合材料的分类

聚合物基复合材料是指以有机聚合物为基体、纤维增强材料为增强剂的复合材料。聚合物基复合材料的分类可以以聚合物为基础，也可以以增强剂为基础来进行。

1. 以聚合物为基础分类

（1）按照聚合物的用途，可分为：塑料基复合材料、橡胶基复合材料。如果不特殊表明，聚合物基复合材料一般指塑料基复合材料。

（2）按照聚合物的特性，可分为：热固性树脂复合材料、热塑性树脂复合材料。

（3）按照聚合物的种类，可分为：聚酯树脂基复合材料、环氧树脂基复合材料、酚醛树脂基复合材料、尼龙基复合材料等等。

（4）按照树脂的种数，可分为：单一树脂基复合材料、混杂树脂基复合材料。

2. 以增强剂为基础分类

（1）按照纤维的排列，可分为：单向纤维复合材料、双向纤维复合材料、三向纤维复合材料。

（2）按照纤维的长度，可分为：连续纤维增强树脂基复合材料、短纤维增强树脂基复合材料、磨碎纤维增强树脂基复合材料。

（3）按照纤维种类，可分为：玻璃纤维增强树脂基复合材料、碳纤维增强树脂基复合材料、芳纶纤维增强树脂基复合材料、硼纤维增强树脂基复合材料等等。

三、聚合物基复合材料的基材

在复合材料的成型过程中，聚合物基体经过一系列物理的和化学的变化过程，最终与增强材料复合成一定形状的整体。在这个整体中，是聚合物基体将增强材料粘接起来，并分配纤维间的载荷，保护纤维不受环境影响，从而更充分地发挥增强材料的作用。

作为复合材料基体的聚合物的种类很多，经常应用的有不饱和聚酯树脂、环氧树脂、酚醛树脂、各种热塑性塑料等等。热固性塑料基体是以热固性塑料为基本成分，添加交联剂、固化剂及其他一些添加剂；热塑性塑料基体有尼龙、聚烯烃类、苯乙烯类、热塑性聚酯、聚醚醚酮等，它们的性能见表 9-1。

表 9-1　几种热塑性塑料的性能

塑　料	弹性模量/GPa	断裂强度/MPa	断裂伸长率/%	密度/(g/cm³)	T_g/℃	$T_{加工}$/℃
聚丙烯	1.4	34	200	0.9	−20	200~280
尼龙 66	2.8	76	100	1.2	57	270~290
聚碳酸酯	2.4	66	110	1.1	157	260
聚醚醚酮	3.4	100	150	1.3	143	370~390

不同树脂体系具有不同的使用温度，见表 9-2。

其中不饱和聚酯价格便宜，固化温度低，室温性能好，广泛用于制备大型构件，适合规模化生产；酚醛树脂，使用温度高，阻燃性理想，力学性能较低；环氧树脂的品种比较多，能和不同的固化剂组成不同的树脂/固化剂体系，在室温或高温下固化，是复合材料中使用最多的一种树脂；聚酰亚胺树脂具有优异的耐高温性能，力学性能较佳；BMI（双马来酰亚胺）具有较好的工艺性，良好的耐高温性和耐湿热性能，使用温度介于环氧树脂和聚酰亚胺之间。

表 9-2　不同树脂体系的最高使用温度

树　脂　基　体	最高使用温度/℃	应　用　领　域
120℃固化环氧树脂	90	民用飞机、亚音速飞机
180℃固化环氧树脂	130	民用飞机、亚音速、超音速飞机
BMI	200	超音速飞机、火箭、发动机
聚酰亚胺	>230	发动机

四、聚合物基复合材料的增强剂

对聚合物基复合材料而言，其力学性能主要取决于增强材料。增强材料主要是纤维类的物质，是主要承力组分，它可以使材料表现较高的抗张强度和刚性，而且能够减少收缩率，提高热变形温度和低温冲击强度等。有资料介绍，聚苯乙烯塑料加入玻璃纤维增强后拉伸强度提高了60%以上，弹性模量提高150%以上，热变形温度提高20℃，并且-40℃的冲击强度可提高10倍。

增强剂的品种很多，主要品种有以下几种。

1. 玻璃纤维

这是一类应用最多的增强材料。是由玻璃作为原料，从拉丝炉拉出原丝，再纺织成无捻纱、玻璃布、玻璃带等。玻璃纤维的外观为光滑圆柱体，横截面为圆形，直径为5~20μm。

（1）玻璃纤维的类型　玻璃纤维的类型很多。根据化学成分分为无碱玻璃纤维和有碱玻璃纤维；根据外观形状分为连续长纤维、短纤维、空心纤维和卷曲纤维；根据特性分为高强度纤维、高模量纤维、耐碱纤维和耐高温纤维等。

（2）玻璃纤维的性能　玻璃纤维具有优良的性能，密度为2.16~4.30g/cm^3，比一般纤维大；表面积大；拉伸强度高，一般玻璃制品的拉伸强度只有40~100MPa，而直径3~9μm的玻璃纤维，拉伸强度高达1500~4000MPa，比一般合成纤维高约10倍，比合金钢高2倍；玻璃纤维的耐热性较高，它的软化点为550~580℃；化学稳定性好。

缺点：耐磨性及耐折性差；制成纤维的玻璃纤维透光性远远低于玻璃。

（3）玻璃纤维的用途　各类玻璃纤维在增强塑料中的应用见表9-3。

表9-3　各类玻璃纤维在增强塑料中的应用

玻璃纤维种类	适合的成型方法	用量/%	主要应用
短切纤维	对模模压、注射成型	15~50	电工制品、家具、机器及汽车零件
无捻粗纱	缠绕、模压、喷射、挤拉等成型	25~90	管、型材、汽车零件、火箭发动机壳体、容器、钓竿
短切纤维毡	对模模压、冷压、手糊、挤拉、连续成型	20~50	汽车车身、车辆部件、管、型材、容器等
连续纤维毡	对模模压、冷压、离心成型	20~50	汽车车身、容器等
加捻纱	缠绕	50~90	缠绕制品
玻璃布、带	手糊、真空袋法、加压袋成型、压制、缠绕	47~75	飞机部件、雷达罩、船、容器、绝缘板

2. 碳纤维

碳纤维是由有机纤维在惰性气体中经高温碳化制得的，是一种非金属材料。其中利用聚丙烯腈纤维为原料生产的碳纤维质量最好，产量最大。

（1）碳纤维的种类　碳纤维的种类比较多。根据碳纤维的性能分为高性能碳纤维（如高强度、高模量、中模量碳纤维）和低性能碳纤维（耐火、碳质、石墨碳纤维等）；根据原丝类型分为聚丙烯腈基纤维、黏胶基纤维、沥青基纤维、木质素纤维基纤维、其他纤维基纤维等；根据碳纤维的功能分为受力结构用碳纤维、导电用碳纤维、润滑用碳纤维、耐磨用碳纤维等。

（2）碳纤维的性能　碳纤维性能优异，密度小，在1.5~2.0g/cm^{3}之间，比强度大，模量高，在2500℃无氧气氛中模量不降低，耐热性好，化学稳定性好，普通碳纤维的强度与玻璃纤维接近，而高模量的碳纤维的模量为玻璃纤维的数倍。

表 9-4 为日本东邦人造丝公司的沥青基碳纤维的性能。

表 9-4　Donacarbo 的性能

项　目	S-230 短纤维	F-140 长丝	F-500 长丝	F-600 长丝
密度/(g/cm³)	1.65	1.95	2.11	2.25
拉伸强度/MPa	800	1800	2800	3000
弹性模量/GPa	35	140	500	600
断裂伸长率/%	2.0	1.3	0.55	0.50
单丝直径/μm	13~18	11	10	10
比电阻/Ω·cm	1.6×10^{-3}	1×10^{-3}	5×10^{-4}	3×10^{-4}
热分解温度/℃	410	540	650	710
碳含量/%	>95	>98	>99	>99

以碳纤维为增强剂的复合材料具有比钢强、比铝轻的特性，是一种比较受重视的高性能材料之一，广泛应用在航空航天、军事、工业、体育器材等方面。

3. 硼纤维

硼纤维是用还原硼的卤化物来生产的。它的特点是强度高，耐高温，弹性模量尤其高，但因为价格比较贵，应用上受到限制。

硼纤维的弯曲强度比拉伸强度高，其平均拉伸强度为 310MPa，拉伸模量为 420GPa，而且硼纤维在空气中的拉伸强度随温度升高而降低，在 200℃左右性能基本不变；室温下，硼纤维的化学稳定性好，但表面具有活性，不需要处理就能与树脂进行复合，且制得的复合材料具有较高的层间剪切强度；硼纤维密度在 2.5~2.65g/cm³ 之间，热膨胀系数为 $4.68\sim5.04\times10^{-6}$/℃。硼纤维与碳纤维的性能比较见表 9-5。

表 9-5　几种碳纤维、硼纤维性能比较

性　能	普通碳纤维	高模量碳纤维	高强度碳纤维	硼纤维
密度/(g/cm³)	1.75	1.96	1.75	2.6
直径/μm	10	6	7	100
拉伸强度/MPa	1000	1400~2100	2500~3000	2800~3500
拉伸模量/MPa	6×10^{4}	3.8×10^{5}	2.4×10^{5}	$3.8\times10^{5}\sim4.2\times10^{5}$

4. 芳纶纤维

芳纶纤维是指聚芳酰胺纤维，也称为有机纤维。

芳纶纤维的特点：拉伸强度高单丝强度可达到 3773 MPa；弹性模量高，高达 10^5 数量级，比玻璃纤维高一倍；冲击强度为石墨纤维的 6 倍，硼纤维的 3 倍；密度小，只有铝的一半，为 1.44，是增强纤维中密度最小的；芳纶纤维的断裂延伸率较高，不像硼纤维、碳纤维等那样脆；芳纶纤维热稳定性良好，耐火而不熔，直到分解也不发生变形，可在 180℃下长期使用；芳纶纤维耐各种酸碱的侵蚀及耐水性不好。

芳纶纤维有三分之一左右用于复合材料，在应用于航空航天方面仅次于碳纤维。

5. 晶须

晶须是直径为几微米的针状单晶体，强度可达到 2.8×10^4MPa，是目前已知纤维中强度最高的。

作为增强材料的晶须主要是陶瓷晶须，此外用得较多的还有金属晶须。晶须兼有玻璃纤维和硼纤维的优良性能，如：它具有玻璃纤维的延伸率和硼纤维的弹性模量。它可以作为硼纤维、碳纤维和玻璃纤维的补充材料加入1%~5%，强度明显提高；加入5%~50%的晶须会使模压复合材料和浇注复合材料的强度成倍增加。

6. 颗粒

用以增强复合材料的颗粒性材料，一般是一些耐热性特别好，硬度较高的金属氧化物、碳化物、氮化物等，颗粒增强的复合材料可以被赋于耐热、耐磨、耐冲击、增韧、硬度高等特性，有的可以作切削刀具，有的可以作绝热材料、轴承、核设施等，广泛用于航空航天、军事和国民经济的许多部门。

用作增强的颗粒有许多金属颗粒如钴、镍，非金属颗粒如石英、云母、滑石、炭黑，还有金属氧化物、氮化物、硼化物、碳化物等，如碳化硅、硼化钛、氮化硅、氮化硼等。

五、复合材料的添加剂

复合材料的添加剂常被称为助剂，是在复合材料的生产加工过程中需要添加的化学品。常见的复合材料的添加剂有如下几类。

1. 偶联剂

偶联剂是一类具有两种不同性质官能团的物质，一部分官能团是亲油的，与高分子材料有较好的亲和性；另一部分官能团是亲水的，与无机材料和填料的亲和性好。亲和性包括化学键合和物理吸附等作用。这种物质在高分子基的复合材料中，可以改善高分子和无机材料之间的界面性能，提高界面之间的粘合性，从而提高复合材料的性能。

应用较广的偶联剂是硅烷偶联剂、钛酸酯偶联剂、有机铬偶联剂、铝酸铁偶联剂等等。

硅烷偶联剂出现于20世纪60年代初期，可用通式 $YSiX_3$ 表示。式中，Y表示亲油基团，或叫非水解基团，诸如含烯基、环氧基、末端为—NH_2、—SH、—NCO、酰基的烃基基团；X表示可水解基团，或称亲水基团，诸如Cl、OMe、OEt、OAc、$OSiMe_3$ 等。如：$ViSi(OEt)_3$、CH_2 ═CH—CH_2—$Si(OEt)_3$、$NH_2(CH_2)_3Si(OEt)_3$、$HS(CH_2)_3Si(OEt)_3$ 等数十种上百种硅烷偶联剂。

钛酸酯偶联剂是20世纪70年代出现的，依分子结构可以分为单烷氧基型、单烷氧基焦磷酸酯型、螯合型、配位体型四种基本类型。

单烷氧基型适用较广，尤其适合不含游离水的填充体系，主要的如三异硬脂酰基钛酸异丙酯。

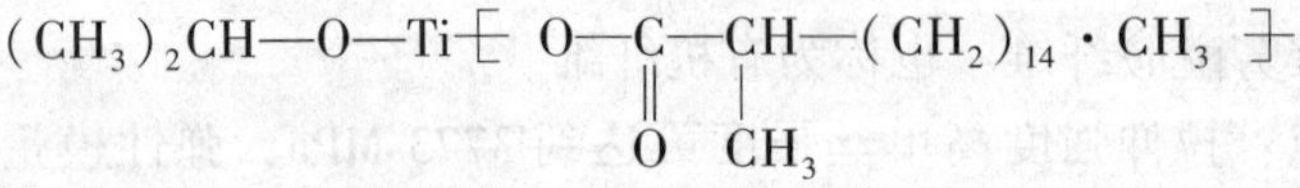

单烷氧基焦磷酸酯基型，这种偶联剂适合于湿含量高的填料体系，焦磷酸酯基也能吸收部分水分。典型品种如三(二辛基焦磷酰氧基)钛酸异丙酯。

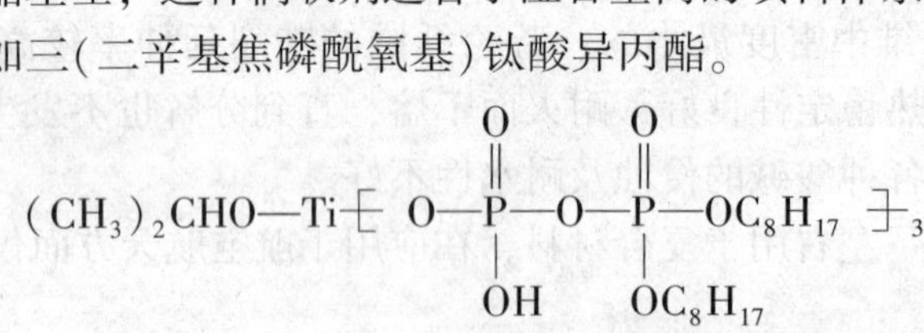

螯合型特别适用于含水体系如水处理玻璃纤维、硅酸铝及湿法 SiO_2 填充体系等。

配位体型是比较理想的偶联剂，克服了一般钛酸酯偶联剂的缺点。

2. 增韧剂

增韧剂是具有降低材料脆性从而提高较冲击性能的一类助剂。通常又分为活性增韧剂和非活性增韧剂两大类。

活性增韧剂是含有活性基团，能与基体高分子的有关基团反应，形成网络结构，增加一部分柔性链。非活性增韧剂则与高分子基体可以很好地相容，使链的运动灵活，增加柔性，但不参与反应。

增韧剂又因塑料橡胶品种而不同，如橡胶类增韧剂主要有丁腈胶、液体聚硫胶、乙丙胶、丁苯胶和液体聚丁二烯橡胶、环氧基液体聚丁二烯等。

热塑性弹性体增韧剂有聚氨酯、聚苯乙烯、聚烯烃等。

其他增韧剂有低分子聚酰胺、缩水甘油醚等。

3. 稀释剂

稀释剂并不能溶解高分子树脂，但可以使树脂液体黏度下降，变得稀薄，部分代替溶剂。可以改善树脂对填料和增强材料的浸润性。

树脂不同，稀释剂则不同，有时稀释剂又有活性和非活性稀释剂之分。

4. 抗氧剂

它们是能抑制或减缓高分子材料在空气中自动氧化速度的物质。其作用机理比较复杂，有些问题一时未必弄得清楚。但多数人认为有的是链终止剂，有的是阻聚剂或者能把氧化物分解为稳定物质等。常用的有酚类、胺类、亚磷酸酯类、硫代酯类、有机金属盐类等等。

5. 光稳定剂

光稳定剂是防止太阳光引起复合材料破坏或外观性能变坏的添加剂。一般有光屏蔽剂，能够反射或吸收紫外光，阻止紫外光直接射到材料内部，如炭黑、氧化锌、二氧化钛等。还有紫外光吸收剂、自由基捕集剂、转移激发态能量的淬灭剂等等，如邻羟基二苯甲酮，受阻胺类，水杨酸酯类，苯并三唑类等等。

6. 热稳定剂

热稳定剂是为了防止高分子在加工使用中受热而受到破坏，延长复合材料的使用寿命而添加的物质。常用热稳定剂有脂肪酸类、有机锡类、无机和有机的铅盐类、多元醇亚磷酸酯类等。

7. 填料

填料也起增强补强作用，但在复合材料中与增强材料不同，呈粒状。而纤状的增强材料则不作为填料。

填料的作用一般可以降低制件的成型收缩率，调节树脂黏度，改善强度，增容，提高颜料着色效果等。

填料按来源分类如下：

- 无机填料
  - 氧化硅类（包括硅酸盐）
  - 金属和金属氧化物
  - 碳酸盐和碳化物
  - 钛酸盐
  - 硫酸盐和硫化物
- 有机填料
  - 动植物类
    - 植物类、木粉、纤维
    - 动物类、骨、蹄、毛等
  - 合成材料类
    - 再生材料
    - 合成树脂、橡胶细屑
    - 合成材料微珠

用偶联剂处理或其他处理方法(如煅烧矿物)使填料表面有覆盖层，提高填料分散性，这类填料有时叫活性填料。天然矿石磨碎直接使用的常称惰性填料。填料的性状又有微珠、微球片状、层状、针状、纤状和无定形状之分。

8. 脱模剂

防止复合材料制品粘着模具而破坏结构或外观，在材料和模具之间施加的一类隔离膜，称为脱模剂。按使用方式分为内脱模剂和外脱模剂，前者加入树脂，与树脂相容；后者施于模型，形成隔离层。按脱模剂本身性状分为液体型、薄膜型、膏状物和蜡状几种，又有单一型和组合型之分。

9. 其他

助剂还可以列举许多，不同的体系需要不同的助剂。常见的还有着色剂、阻燃剂、引发剂、固化剂、流平剂、消光剂、触变剂等等。

六、聚合物基复合材料的性能和用途

1. 聚合物基复合材料的性能

聚合物基复合材料一般是由增强纤维与基体树脂组成的，两相之间存在界面，通过界面使纤维和基体结合为一个整体并产生复合效果，使复合材料具有原组分所没有的特性。

聚合物基复合材料的性能主要表现为以下几个方面：

(1) 具有较高的比强度和比模量　聚合物基复合材料的比强度和比模量可以与金属材料相比较，力学性能相当好。几种复合材料和金属材料的比较见表9-6。其优异的力学性能与纤维类增强剂有关。

(2) 抗疲劳性能好　当复合材料由于疲劳而产生裂缝时，纤维和基体的界面能够阻止裂纹的扩展，并且破坏总是从纤维的薄弱环节开始逐渐扩展，所以破坏前有明显的预兆。一般金属材料的疲劳极限为拉伸强度的40%~50%，而碳纤维复合材料可达到70%~80%。

(3) 减震性能好　由于纤维和基体界面具有吸震的能力，聚合物基复合材料的震动阻尼很高，减震效果好。

(4) 热变形温度高　由于纤维的存在，使聚合物基体的热变形温度升高。

此外聚合物基复合材料的安全性好，可设计性强，成型工艺简单。

表9-6　纤维增强材料与金属材料性能比较

材料＼性能	密度/(g/cm^3)	拉伸强度/GPa	弹性模量/100GPa	比强度/GPa	比模量/100GPa
玻璃钢	2.0	1.06	0.4	0.53	0.21
碳纤维Ⅰ/环氧	1.45	1.5	1.4	1.03	0.21
碳纤维Ⅱ/环氧	1.6	1.07	2.4	0.07	1.5
有机纤维/环氧	1.4	1.4	0.8	1.0	0.57
硼纤维/环氧	2.1	1.38	2.1	0.66	1.0
钢	7.6	1.03	2.1	0.13	0.27
铝	2.8	0.47	0.75	0.17	0.26
钛	4.5	0.96	1.14	0.21	0.25

2. 聚合物基复合材料的应用

聚合物基复合材料的主要应用领域有以下几个方面：

(1) 航空航天领域　由于聚合物基复合材料的热稳定性好，比强度、比刚度高，可用于制造飞机机翼和前机身、卫星天线及其支撑结构、太阳能电池翼和外壳、大型运载火箭的壳体、发动机壳体、航天飞机结构件等。

(2) 汽车工业　由于聚合物基复合材料具有特殊的振动阻尼特性，可减振和降低噪声，抗疲劳性能好，损伤后易修理，便于整体成形，故可用于制造汽车车身、受力构件、传动轴、发动机架及其内部构件。

(3) 化工、纺织和机械制造领域　聚合物基复合材料有良好耐蚀性，特别是碳纤维与树脂基体复合而成的材料，可用于制造化工设备、纺织机、造纸机、复印机、高速机床、精密仪器等。

(4) 医学领域　碳纤维聚合物基复合材料具有优异的力学性能和不吸收 X 射线特性，可用于制造医用 X 光机和矫形支架等。碳纤维复合材料还具有生物组织相容性和血液相容性，生物环境下稳定性好，也用作生物医学材料。

此外，复合材料还用于制造体育运动器件和用作建筑材料等。

七、聚合物基复合材料的成型方法

复合材料的成型方法按基体材料不同各异，树脂基复合材料的成型方法较多，有手糊成型、喷射成型、真空袋成型、模压成型、拉挤成型、热压罐成型、隔膜成型、迁移成型、反应注射成型、纤维缠绕成型、冲压成型等。

总的来说聚合物基复合材料的成型包括两个方面：一是成型，就是将预浸料根据产品的要求，铺置成一定的形状(即产品的形状，可称为型坯)；二是进行固化，将型坯在一定温度、时间、压力等条件下，基体发生固化反应，使产品的最终形状固定下来，并达到预定的性能要求；最后进行机械加工。

下面简单介绍几种成型方法。

1. 手糊成型

手糊成型也称为湿法铺层成型，这是复合材料最早的、最简单的成型方法。

首先在模具上涂刷含有固化剂的树脂混合物，再在上面铺贴一层裁好的纤维织物，用刷子、压辊或刮刀压挤织物，均匀浸胶并排除气泡，再涂刷树脂混合物和铺贴第二层纤维织物，反复直到所需要的厚度，然后在一定的压力下，加热固化成型。

2. 纤维缠绕成型

纤维缠绕成型是将浸过树脂胶液的连续纤维或布带，按照一定规律缠绕到芯模上，然后加热固化成型，最后脱模。

3. 拉挤成型

拉挤成型将浸过树脂胶液的连续纤维束或带状织物在牵引装置的作用下通过成型模定型，在模中或固化炉中固化，制成具有特定横截面形状和长度不受限制的复合材料，如管材、棒材、型材等。

4. 热压罐成型

热压罐成型是一种用于成型先进复合材料结构的工艺方法，如生产航空航天高质量的先进树脂基复合材料制件。它的最大优点在于它能在很大范围内适应各种材料对加工工艺条件的要求。

热压罐成型是利用热压罐内部均匀温度场合及气体压力，对复合材料预浸料叠层毛坯施加温度和压力，以达到固化成型的目的，非常适合于各种复杂形状的制件的加工。

八、聚合物基纳米复合材料

除上述所列的聚合物基复合材料外，还有一种称为聚合物基纳米复合材料。它是一新兴复合材料，具有优异的性能，是当前材料科学的研究热点之一。

所谓纳米复合材料(Nanocomposites)是20世纪80年代初由Roy等人提出来的，与单一纳米材料和纳米相材料不同，它是由两种或两种以上的吉布斯固相至少在一个方向上以纳米级大小(1~100nm)复合而成的材料。由于纳米粒子较小的尺寸，大的比表面产生的量子效应，赋予纳米复合材料许多特殊的性能。故许多科学家认为纳米复合材料是21世纪最有前途的材料之一。其中以聚合物作为基体的统称为聚合物基纳米复合材料，虽然它的研究比较晚，但是近几年来发展相当迅速，已引起了高分子领域的广泛关注。

聚合物基纳米复合材料是利用高分子的复合稳定作用，将纳米粒子复合于聚合物中，复合物具有长期的稳定性，纳米粒子与聚合物载体相结合，而且聚合物材料和纳米材料复合后在光学、机械性能等方面显示更大的优势。把纳米材料与聚合物进行有机的复合，利用纳米材料与基体的互相作用产生的效应，可以实现两者的优势互补，开发性能优异的新功能材料。

已报道的用于制备聚合物/层状硅酸盐纳米复合材料的方法主要有四种：

(1) 单体嵌入到硅酸盐片层中，然后在外加作用如氧化剂、光、热、引发剂或电子作用下使其聚合；

(2) 主体材料强有力的氧化还原特性使嵌入与聚合原位同步进行；

(3) 把聚合物直接嵌入到硅酸盐中；

(4) 通过溶胶-凝胶法(sol-gel)可以在聚合物溶液中就地形成硅酸盐，共沉淀干燥后得到嵌入纳米复合材料。

鉴于硅酸盐的片层结构，制备聚合物/层状硅酸盐纳米复合材料的有效方法为插层复合法，是当前材料科学领域研究的热点之一。它是将高分子单体或聚合物插层于层状结构的硅酸盐(如蛭石、云母、蒙脱土等)片层中，进而破坏硅酸盐的片层结构，使层状硅酸盐剥离成厚为1nm，长、宽各为100nm的基本单元，均匀分散在聚合物基体中，实现纳米复合。

插层复合一般有两种方式：

(1) 插层聚合法：先将单体插层进层状硅酸盐片层中，然后在光、热作用下进行原位聚合，利用放出的聚合热，克服硅酸盐片层间的库仑力，使其剥离，从而使纳米相的硅酸盐片层与聚合物基体以化学键的方式相复合。

(2) 聚合物插层法：将聚合物熔体或溶液与层状硅酸盐混合，利用力化学及热力学作用，使层状硅酸盐剥离成纳米尺度的片层并均匀地分散在聚合物基体中。

按照聚合反应类型的不同，插层聚合又可分为缩聚插层和加聚插层两种类型。

聚合物插层也可分为聚合物溶液插层和聚合物熔融插层两种。聚合物溶液插层是聚合物大分子链借助于溶剂而插层进入蒙脱土的硅酸盐片层间，然后再挥发掉溶剂。这种方法需要合适的溶剂来同时溶解聚合物和分散蒙脱土，且大量的溶剂不易回收，对环境不利。而聚合物熔融插层是在高于聚合物软化温度上加热，在静止条件或在剪切力作用下直接插层进入蒙脱土的硅酸盐片层间。

实验表明，聚合物熔融插层、聚合物溶液插层和单体聚合插层所得到的复合材料具有相同结构。由于聚合物熔融插层不需溶剂，工艺简单，且可以减少对环境的污染，因此聚合物熔融插层具有很大应用前景。

具有层状结构的黏土矿物包括高岭土、滑石、膨润土、云母等4大类。其中膨润土的主要成分为含蒙脱土的层状硅酸盐。目前研究较多并且具有实际应用前景的层状硅酸盐是2∶1型黏土矿物，如钠蒙脱土、锂蒙脱土等。其基本结构单元是由一层铝氧八面体夹在2个硅氧四面体之间靠共用氧原子而形成的层状结构。蒙脱土(MMT)的每个结构单元尺度为1nm厚、长宽均为100nm的片层，与其他层状硅酸盐矿物不同之处是层与层之间空隙特别大，层间有可交换性阳离子，如Na^+，Ca^{2+}，Mg^{2+}等，它们可与有机金属离子、有机阳离子型表面活性剂和阳离子染料等进行阳离子交换进入蒙脱土层间。通过离子交换作用导致蒙脱土层间距增加，由数埃增加到十几埃甚至几十埃。在适当的聚合条件下，单体在片层之间聚合可能使层间距进一步增大，甚至剥离成单层，使蒙脱土以1nm厚的片层均匀分散于聚合物基体中。

近年来随着纳米科学的发展，有关在蒙脱土层状结构间引入聚合单体并在其间实现"就地"引发聚合，形成纳米级聚合物/蒙脱土纳米复合材料的问题已引起极大的注意。各种不同类型的聚合方法如：加成聚合，缩合聚合，电化学聚合及不同的聚合体系如聚苯乙烯、聚己内酰胺、环氧树脂、聚苯胺等都已在制备这类材料中各显身手，使复合材料研究出现了一个崭新的局面。

但值得注意的是，在这多种多样的聚合方法中利用光化学反应的方法来实现插层聚合比较新颖。众所周知，光聚合反应具有反应速度快、反应完全等优点，且经常在印刷版材等精细化工材料工业中得到广泛应用。因此纳米材料的引入将有可能对这类光聚合体系材料的性能有很大程度的提高。这表明利用光聚合方法来实现蒙脱土层状结构间插层聚合的研究，不仅能为这类复合材料的制备方法提供一种新的手段，并且有可能对改善印刷版材的工作质量等有所帮助，可见对于光聚合问题的研究是一值得人们进行详细考察的课题。

第二节　聚合物共混和高分子合金

聚合物共混，实质上是高分子和高分子的"复合"材料，是指两种或两种以上聚合物通过物理的或化学的方法进行混合。在塑料工程界，高聚物共混物通常也称聚合物合金或高分子合金。聚合物共混的历史可以追溯到1846年，通过天然橡胶与古塔波胶的混合，制成了雨衣，并形成了两种橡胶混合改性制品性能的思路。第一个工业化的共混物是聚氯乙烯和丁腈橡胶。

一、聚合物共混的目的

聚合物共混改性有以下几个目的：

(1) 利用组分中聚合物的性能，取长补短。一种材料总是具有一定的优点和不足的，特别是在使用方面，比如最常用的聚丙烯，它密度小，透明性好，拉伸强度、压缩强度和硬度优于聚乙烯，但是冲击强度、耐应力开裂及柔韧性不如聚乙烯，可以将聚乙烯和聚丙烯共混，共混物能够同时保持二者的优点。聚合物共混体系中，如果其中聚合物的质量相差比较大，可把量少的聚合物作为量大聚合物的改性剂，二者共混获得显著的效果。

(2) 改善聚合物的加工性能。可以将流动性好的高聚物作为改性剂，在不影响其他性能的前提下与另外聚合物共混，这样能够降低共混材料的加工成型温度。

(3) 降低成本。

总之，聚合物共混改性是获得综合性能优异的高分子材料的卓有成效的途径。

二、聚合物共混的方法

聚合物共混物的制备方法大体有物理共混法、共聚-共混法、互穿网络共聚物(IPN)技术等。

1. 物理共混法

物理共混法也称为机械共混法，是通过各种混合机械供给的机械能或热能的作用，使被混物料粒子不断减小并且相互分散，最终形成均匀的混合物。在混合和混炼的过程中通常仅有物理变化，但有的时候由于强烈的机械剪切以及热效应会发生部分高聚物的降解，产生大分子自由基，从而形成少量的接枝或嵌段共聚物，但这些化学反应不成为这一过程的主体。

大多数聚合物共混物都可以采用物理共混法。如果按照物料的形态，物理共混法又可分为干粉共混、熔体共混、溶液共混和乳液共混。

(1) 干粉共混法　干粉共混法是指两种或两种以上外观形态为细粉状的聚合物在混合设备中混合，制备成共混物的方法。干粉混合过程可以加入各种助剂。干粉混合物料可直接成型或经挤出造粒后再成型。但是由于干粉共混混合效果不好，一般不单独使用，而是作为熔体共混的初混。对于难熔融、难溶解的聚合物干粉共混法有一定的价值。

(2) 熔体共混法　熔体共混法也称为熔融共混法，是指在聚合物各个组分黏流温度以上进行分散、混合，制备共混物的方法。熔体共混法制得的混合物可以直接成型，也可以经过造粒冷却形成粒状共混物。熔体共混法是一种常用的高聚物共混法，它与干粉共混法操作配合可以得到比较满意的共混物料。

(3) 溶液共混法　溶液共混是将聚合物原料各个组分用溶剂溶解，搅拌均匀，然后加热除去溶剂或加入沉淀剂沉淀，制得共混物的方法。这种方法适用于易溶的高聚物和某些液态高聚物或共聚物以溶液状态使用的情况。

(4) 乳液共混法　这是一种适合聚合物乳液共混或共混物以乳液的形式应用的一种方法。将不同的聚合物乳液一起搅拌混合均匀，加入凝聚剂使异种聚合物共沉析形成聚合物共混体系。这种方法可以与共聚-共混法联用。

2. 共聚-共混法

共聚-共混法是一种利用化学反应制备共混物的方法，它可以分为接枝共聚-共混法、嵌段共聚-共混法，主要以接枝共聚-共混方法为主。

接枝共聚-共混物包括三种组分：聚合物Ⅰ、聚合物Ⅱ、接枝共聚物(在聚合物Ⅰ骨架上接枝上聚合物Ⅱ)。它的制备方法是将聚合物Ⅰ溶于聚合物Ⅱ的单体中，形成均匀溶液后再依靠引发剂或热能引发，发生接枝反应，同时单体发生共聚反应。

这种方法的最大特点是由于接枝物的存在，增加了聚合物间的相容性，组分相之间的作用力增强了，因此其性能大大优于机械共混物，应用比较广泛。

3. 互穿网络共聚物(IPN)技术

这是一种开发较晚、发展较快的技术。

互穿网络共聚物，是用化学方法将两种或两种以上的聚合物相互贯穿成交织网络状的聚合物共混材料，实际上是利用化学方法制备物理共混物的方法。

互穿网络共聚物(IPN)技术可以分为分步型 IPN(IPN)、同步型 IPN(SIN)、互穿网络弹性体(IEN)、胶乳- IPN(LIPN)等，其中分步型 IPN 简记为 IPN。

IPN 的制备方法：首先制备一个交联聚合物网络(聚合物Ⅰ)，将它在含有活化剂和交联剂的单体Ⅱ中溶胀，就地聚合并交联，因此聚合物Ⅱ的交联网络与聚合物Ⅰ交联网络相互贯穿，实现了聚合物的共混。

三、高分子合金的性能

高分子合金一般是指塑料与塑料或塑料与橡胶经过共混后，形成的宏观上均相、微观上分相的一类材料。经过合金化，原来单一高分子化合物性能上的某些欠缺可以互相弥补，表现出均衡的综合性能，也可以使某些性能得到改善，或赋予高分子材料新的特殊的性能。

完全相容型高分子合金没有中间层，形成均相(比如 PVC/CPE)；完全不相容型的宏观分相型高分子混合物，两相间只有轻微的扩散，存在非常明显的相界面(比如 PP/PA)，因此宏观上分相型高分子混合物要成为合金必须改善两个组分间的相容性。在不相容的两相中引入相容剂可以降低两相的界面张力，增加两组分的扩散程度，使相界面变得比较模糊，获得优良的高分子合金。

相容剂是指与两种高分子化合物组分都有较好的相容性，可降低界面张力、强化两种或两种以上高分子化合物界面粘结性的物质。相容剂可以是高分子型的，也可以是低分子型(偶联剂)的。

测定聚合物的相容性采用玻璃化转变法：若两组分相容，共聚物为均相体系，玻璃化温度只有一个，由两个组分的玻璃化温度及体积分数决定；若两组分完全不相容，就有两个玻璃化温度，分别为两个组分的玻璃化温度；若两组分部分相容，情况介于前两种极限情况之间。

1. 高分子合金性能与组分性能的关系

完全相容型高分子合金的性能具有加和性，合金的性能取决于两个共混组分的组成，只能得到与其组成相对应的某个中间性能；而微观分相型高分子合金的性能在某一组成时可能会出现极大值，性能得到相当大的改善，关键是组分的相容性和分散相粒径的大小。完全相容型高分子合金的性能与组分性能的关系可粗略采用以下关系式描述：

$$P=P_1\beta_1+P_2\beta_2$$

$$1/P=\beta_1/P_1+\beta_2/P_2$$

式中，P 为双组分体系的某指定性能，如密度、电性能、黏度、热性能、力学性能等；P_1、P_2 分别为组分 1、2 的相应性能；β_1、β_2 分别为组分 1、2 的含量，可以用体积分数、质量分数、摩尔分数表示。

2. 高分子合金的力学性能

高分子合金是一种多相结构的体系，各相之间相互影响，又有明显的协同效应，其力学性能并不等于各组分力学性能的简单平均值。高分子材料的最大优点之一是它们内在的韧性，及其在断裂前能吸收大量的机械能，但是这种内在的韧性不是总能表现出来的，实际应用中不少聚合物总是由于在冲击负荷作用下容易脆裂。

断裂的原因是因为许多高分子材料，特别是热塑性塑料，制品在使用过程中会出现银纹。银纹是在材料表面或内部出现的微小而稠密的裂痕，这种微裂痕的界面能使光全反射而出现银色光，称为银纹，这种现象称为银纹化。银纹可分为表面的、裂缝尖端的、内部的三种，它不同于裂缝，厚度约为 10nm，平面尺寸远大于厚度，并且具有可逆性，在压力或玻璃化温度以上退火时，银纹会回缩以至于消失。脆性聚合物只能在薄弱的部位产生少数的银纹，吸收能量有限，产生的银纹在外加应力的作用下，发展成裂缝并进一步扩展，促进材料的断裂，因此不符合使用要求。所以聚合物共混改性提高力学性能，主要是增加材料韧性，提高冲击强度。冲击强度也是高分子合金力学性能重要的指标之一。

(1) 橡胶增韧塑料　增韧的途径很多，但是目前最主要和最有效的方法还是利用与橡胶共混来增韧制备高抗冲击聚合物材料，即橡胶增韧塑料。

在橡胶增韧塑料中，一般橡胶含量为 5%～20%，冲击强度可以大幅度提高，大到几倍乃至几十倍，这是因为橡胶相的存在使材料的破裂能大大提高。围绕增韧机理出现了许多理论，普遍达到共识的解释为：橡胶颗粒引发银纹，并能终止银纹。

橡胶以微粒状分散于连续的塑料中，应力场不再是均匀的，橡胶粒子起着应力集中物的作用。在张应力的作用下，橡胶粒子的周围引发大量银纹，大量银纹的产生和发展要消耗大量能量，可以提高材料的冲击强度。同时橡胶粒子可以控制银纹的发展，使银纹及时终止，不至于发展成为破坏性裂纹。这里要注意的是橡胶粒子的形变能吸收部分能量，但是它不是冲击能的主要吸收者，主要吸收者是产生银纹的塑料基体，因此说在橡胶粒子和塑料基体两者协同作用下使共混物获得韧性。

(2) 影响橡胶增韧塑料的因素

① 组分间的相容性：只有塑料基体和橡胶颗粒在界面层内两种分子相互渗透，形成很强的界面粘结力，橡胶颗粒以一定的尺寸均匀分散在基体中，才有最佳的增韧效果。

② 橡胶颗粒的尺寸：在橡胶含量一定时，颗粒尺寸越大，粒子数越少，颗粒间距越大，显然这对引发银纹和终止银纹都不利，增韧效果不佳，但是通过实验表明，颗粒尺寸太小不能终止银纹，也没有明显的增韧效果。因此对一定的增韧体系，存在一个临界的橡胶颗粒尺寸。

③ 橡胶含量：在橡胶颗粒尺寸基本不变的情况下，一定范围内，橡胶含量增大，橡胶粒子数增多，引发银纹，终止银纹的速率相应增大，对材料的冲击韧性提高有利。但是橡胶含量过高，会引起其他性能下降。

此外影响橡胶增韧塑料的因素还有橡胶的玻璃化温度、橡胶颗粒间的距离等等。

3. 高分子合金的流变性能

聚合物熔体的流变行为直接影响制品的某些力学性能和表观质量，同时流变行为又是确定聚合物成型工艺的主要依据。高分子合金的流变行为与一般聚合物熔体基本相似，显示非牛顿流体行为，具有明显的弹性效应。但是由于共混物中存在两相结构，它们之间互相作用、互相影响，使得共混物的流变行为又显示自身的特点。

高分子合金的熔体黏度与组成之间的关系非常复杂，不同的共混体系显示的行为有很大的差异，很难用数学公式准确表示。

黏度和组成的关系大体分为以下几种情况：小比例的共混产生黏度较大的下降；改变共混比例，共混物熔体黏度可能出现极大值或极小值；共混物的熔体黏度与组成的关系受剪切应力大小的影响。

高分子合金熔体流动时的弹性效应随组成比例而改变，在某些特殊组成下会出现极大值与极小值，并且弹性的极大值常与黏度的极小值相对应，弹性的极小值与黏度的极大值相对应。

此外弹性效应与剪切应力的大小有关。

4. 高分子合金的透过性

透过性包括透气性和可渗透性，单一的聚合物制品对透过性的多种要求很难满足，比如对薄膜，要求既具有较高的机械强度，又具有高的选择渗透性、较大的透过速率等等。我们可以借助于共混的方法来满足要求，制备综合性能优异的制品。

对高分子合金来讲，气体的穿透主要发生在连续相中，起着主导作用，另外气体透过性与气体的扩散密切相关，而扩散主要在聚合物的无定形区进行，因此透过性的高低很大程度决定于聚合物无定形区域自由体积的大小。对接枝共聚物，由于支链的引入，相态结构和分子运动都有别于原均聚物，因此对气体的透过性也发生明显的变化。

高分子合金的渗透作用和气体透过的情况基本相似，只是在蒸汽和液体透过薄膜的同时，往往会发生溶胀作用，使高分子合金松弛性能有所改变。因此高分子合金的渗透对液体的浓度有很大的依赖性。

5. 高分子合金的透光性

大多数非晶高聚物都是透明的，而大多数不相容的共混物不再具有光学透明性，这是由于两相结构在界面对光线发生反射和折射造成的结果。但是这也不是绝对的，如果分散相颗粒尺寸很小或两种聚合物的折光率相近，则高分子合金仍然可以是透明的。

四、高分子合金的主要品种

1. 聚乙烯的共混物

聚乙烯(PE)的主要缺点是软化点低、强度不高、容易应力开裂、不易染色等。

(1) HDPE/LDPE　HDPE 硬度大、韧性差，LDPE 较柔软、强度低，两者共混可取长补短，制得软硬适中的 PE 材料。HDPE/LDPE 的性能，如：密度、结晶度、软化点、硬度等，随两者的共混比例发生变化。

(2) PE/EVA　PE/EVA 具有优良的柔韧性、加工性、较好的透明性、透气性和印刷性。它的性能随着 EVA 的含量、EVA 的分子量、EVA 中乙酸乙烯酯的含量以及共混条件在很宽的范围内变化。通常乙酸乙烯酯的含量在 40%～70%的 EVA 比较适合与 PE 共混。PE/EVA 的熔体流动性随 EVA 含量的变化显示有极大值和极小值。PE/EVA 多用于制造泡沫塑料和印刷业。

(3) PE/PMMA　PE/PMMA 共混物可以改善 PE 的印刷性能，如在 PE 中添加 5%～20%的 PMMA 可提高对油墨的粘结力 7 倍。

2. 聚丙烯的共混物

聚丙烯(PP)耐热性优于 PE，刚性好、耐折叠性好、加工性能好。主要缺点：成型收缩性大、低温容易脆裂、耐磨性差、耐光性差、不易染色等。

(1) PP/PE　PP 中加入 PE 后，虽然拉伸强度下降，但是冲击强度却提高了，特别是低温韧性明显提高。比如在 PP 中加入 10%～40%的 HDPE，在-20℃冲击强度提高 8 倍以上，而且加工流动性增加，比较适合大型容器的注射成型。但要注意的是 PP 与 PE 共混，两者并不完全相容，共混物仍然是两相结构，晶体结构也基本没有变化，只是 PP 的晶体粒度有所减少。

(2) PP/EPDM　EPDM 是一种三元乙丙橡胶共聚物，添加到 PP 中，可以明显改善 PP 的韧性，但耐热性及耐老化性有所下降。10%～15%的 EPDM 可使 PP 在-20℃和-40℃的无缺口冲击强度分别提高 13 倍和 17 倍。

(3) PP/BR　PP/BR 共混物可以大幅度提高 PP 的韧性，如添加 15%的 BR 可使 PP 的冲击强度提高 6 倍以上，脆化温度由 30℃降到 8℃，而且共混物的挤出膨胀比 PP、PP/PE、PP/EVA 等都小，故制品的尺寸稳定性好。

(4) PP/EPDM/硅灰石　用偶联剂处理过的硅灰石、EPDM 及一些助剂，与本体法聚合的 PP 粉料进行共混改性，可以提高 PP 的刚性，提高热变形温度、尺寸稳定性、冲击强度等等，并且可以降低成本。

3. 聚氯乙烯的共混物

聚氯乙烯(PVC)是一种用途比较广的聚合物。它的主要缺点是：热稳定性差，本身比较硬脆，冲击强度低，耐老化、耐寒性不好。共混改性是改善PVC性能的主要途径之一。

(1) PVC/EVA　EVA是PVC主要改性剂之一，PVC/EVA可以采用机械共混法或接枝共聚法制备。接枝共聚法由于体系中共聚物的增容作用，改性效果比机械法好。添加EVA后PVC/EVA的表观黏度降低，加工流动性显著改善，起到增塑、增韧的作用。实验证明EVA中乙酸乙烯酯的含量在40%~45%时对冲击强度提高最佳。

(2) PVC/CPE　CPE是常用的PVC增韧改性剂，由于两者结构相似，因此具有较好的力学相容性。CPE不但改善了PVC的韧性，而且耐候性、阻燃性也得到提高。一般用于PVC增韧改性的CPE的含氯量为35%左右。

(3) PVC/ABS、PVC/MBS　ABS、MBS作为PVC增韧改性剂主要是生产具有一定透明性的抗冲击制品。PVC/ABS冲击强度高、热稳定性好、加工性优良，一般具有高含量丁二烯的ABS[丁二烯(50)-丙烯腈(18)-苯乙烯(32)]对PVC的增韧效果比标准的ABS[丁二烯(30)-丙烯腈(25)-苯乙烯(45)]要好。PVC/MBS的透明性高于PVC/ABS，增韧效果两者基本相同，通常MBS的含量在10%~17%范围，冲击强度最佳。

(4) PVC/ACR　ACR为丙烯酸酯类弹性体，也是PVC的抗冲改性剂。ACR在PVC中的含量以8%~10%为最佳，冲击强度可提高10倍以上，此外耐气候性、加工流变性也比较好。

4. 尼龙的共混改性

尼龙(聚酰胺PA)是一种古老的工程塑料，它具有强韧、自润滑、耐磨、耐油、耐腐蚀、易染色等优点，但是它的热变形温度较低，容易吸湿，蠕变性大，干态及低温冲击强度低，容易开裂。

(1) PA/ABS、PA/PC　PA/ABS合金具有很好的低温韧性和表面光泽，而且耐热性、耐磨性、耐化学药品性、成型加工性都很好。PA/PC除具有好的冲击韧性外，还具有刚性大、耐热性高的特点。需要注意的是这类混合物的组分必须保证较强的界面粘结力，可以添加增容剂。

(2) PA/PPO　PA/PPO合金的耐热性好，用于汽车车身，耐热流水线160℃以上的喷漆温度；冲击强度高，在-20~-30℃低温下不发脆；吸水性低，而且随着吸水吸湿尺寸变化小；成型加工性好，成型时不发生滞流，制品的物性稳定；刚性随温度变化小，耐蠕变性良好。

(3) PA/PP　PA/PP合金主要克服了PA产品因为吸湿而使刚性和玻璃化温度降低的缺点，同时具有耐热、耐冲击、成型收缩率低、不因吸湿而降低刚性等特点。

5. 聚碳酸酯

聚碳酸酯(PC)属非结晶性工程塑料，最常用的PC是双酚A聚碳酸酯。PC具有突出的冲击韧性和耐蠕变性，较高的耐热性和耐寒性，可在-100~140℃范围内使用，拉伸强度、弯曲强度较高，电性能优良，吸水率低。它的缺点是：容易产生应力开裂，耐磨性差，加工流动性差。

(1) PC/ABS　PC/ABS合金既保持了PC的优良特性，又具有ABS加工性好的特点，而且价格比较低廉，显著改善了缺口敏感性。PC/ABS合金的性能随着ABS的含量及类型发生变化。ABS 的量增加，加工流变性变好，成型温度降低，如果选用超冲击型 ABS 树脂和 PC 共混，PC 的应力开裂可以显著改善，冲击强度有较大的提高，但机械强度及模量下降。

（2）PC/PE　PC/PE 共混的主要目的是降低熔体黏度，改善成型加工性。当 PE 的含量小于 5%时，PC/PE 合金的冲击强度比 PC 提高 4 倍，熔融黏度降低三分之一，耐沸水性、耐热老化性均好，拉伸强度、弯曲强度几乎不变。

第十章　高分子材料的加工

高分子材料的加工不是单纯的物理过程，而是决定高分子材料最终结构和性能的重要环节。除胶黏剂、涂料一般无需加工而可直接使用外，橡胶、纤维、塑料等通常须用相应的成型方法加工成制品。一般塑料制品常用的成型方法有挤出、注射、压延、吹塑、模压或传递模塑等，橡胶制品有塑炼、混炼、压延或挤出等成型工序，纤维有纺丝溶体制备、纤维成形和卷绕、后处理、初生纤维的拉伸和热定型等。

在加工过程中，聚合物有可能受温度、压强、应力及作用时间等变化的影响，导致高分子降解、交联以及其他化学反应，使聚合物的聚集态结构和化学结构发生变化。因此加工过程不仅决定高分子材料制品的外观形状和质量，而且对材料超分子结构和织态结构甚至链结构都有重要影响。（注：织态结构又叫织构，源于织物组织和医学解剖学组织。在高分子材料中泛指高分子的聚集态结构，包括晶区、非晶区、空洞、添加剂等组成区域的形状、大小、取向度、结晶度等，是比分子链结构更大范围的结构，更接近于超分子结构。）

第一节　塑料的加工

塑料加工的目的在于根据塑料的原有性能，利用一切可能的方法使它成为具有一定应用价值的制品。塑料的成型加工包括：原料的配制和准备、成型、制品的后加工等工序。成型是一个重要的环节，是将各种形态的塑料加热，使它处于黏流态，再经过加压使其流动制成所需的形状的产品或型坯的过程。成型的方法很多，常用的有压缩模塑、挤出成型、注射成型、压延成型，还有模压、吹塑、滚塑、浇铸、涂覆成型等。后加工包括机械加工、修饰、装配等。机械加工是指在成型后的工件上钻孔、车螺纹、车削、铣削等机械过程，完成成型过程中不能完成的工作；修饰是对制品的一种美化，同时也可提高某些性能，如光洁度等；装配是将完成的零散的部件组合成一个整体制品。并不是每一种制品都需要后加工，而是根据需要进行取舍。

一、成型物料的配制

在塑料制品的生产中，很少用单一的树脂的，或多或少要加入其他物料或助剂，为的是改善塑料制品的使用性能、提高成型加工性能、降低成本等。因此在成型加工前必须选择适当的助剂，进行物料的配制。

塑料和各种助剂按照一定的比例进行混合，称为物料的配制。其目的就是形成一种均匀的混合复合物，混配物的形态可以是粉状、粒状、溶液、分散体，成型用的物料主要是粉状和粒状物料。

1. 粉料的配制

粉料的配制包括原料的准备和原料的混合两个过程。

（1）原料的准备　树脂在混合前首先要进行过筛、吸磁等处理，除去不合乎要求的原料和杂质；润性物料混合前，需要对增塑剂进行预热处理，以保证树脂尽快的吸收，提高混合效率；某些助剂，如稳定剂、填充剂等最好和树脂混合前制成浆料或母料，利于分散混合。

(2) 原料的混合　粉状原料的混合实质上是一种原料的初混。这是一种简单的混合，混合作用主要靠扩散、对流和剪切三种作用来完成，混合过程只是增加各个组分粒子之间空间分布的无规程度，不改变粒子的尺寸。用于初混合的设备有转鼓式或螺带式混合机、斗式或管道式捏合机、辊筒混合机、高速混合机以及静态混合器等。

2. 粒料的配制

粒料的配制是在粉料制备的基础上，再经过初混料的塑炼、粒化等完成的。

(1) 初混料的塑炼　塑炼是在聚合物的流动温度和较高的剪切速率条件下，通过热和机械力的作用，使初混物软化为具有可塑性的均匀熔体的过程。根据所用的设备不同，可以直接完成造粒过程，也可以塑炼后再经过其他设备粒化。用于塑炼的设备有挤出机、双辊开炼机、密炼机。

(2) 粒化　粒化的过程和工艺根据塑炼设备的不同而不同。利用挤出机塑炼，可直接配造粒机头，挤出的条状物采用冷切或热切进行造粒；双辊开炼机塑炼出的是片状物料，可利用切粒机切成条、再切成粒；密炼机制得的是块状物，还需经过双辊开炼机辊压成片，再造粒。

3. 物料的预处理

粉状或粒状的塑料，可能吸湿或含有一些水分和挥发分，当含量过多时会使塑料的流动性过大，会影响成型的正常进行，同时也会对产品的质量有影响，如：出现气泡、表面无光、有流纹、力学性能下降等，因此在成型前必须对原料进行预热和干燥。不同的塑料要求的含水量不同，通常控制在0.5%以下。原料的预热和干燥一般在烘箱等干燥设备或附属干燥料斗中进行。

二、塑料的挤出成型

挤出成型也称为挤塑模塑，是在螺杆的挤压作用下，受热熔融的物料被推动通过挤出机的口模成为具有恒定截面连续的制品的成型方法。挤出成型的主要制品有管材、棒材、单丝、异型材、薄膜、电线电缆等。

1. 挤出成型设备

挤出成型是在挤出成型设备上完成的。挤出成型设备是由主机(习惯称为挤出机)和辅机组成，辅机包括挤出口模(机头)、冷却装置、牵引装置、切割装置等，随着不同的制品辅机可以有不同的配置，但是主机是相同的。

目前常用的挤出机是螺杆型挤出机，按照螺杆的数目分为单螺杆挤出机和双螺杆、多螺杆挤出机。单螺杆挤出机结构简单，但混料效果差，不适合粉状原料的加工；双螺杆挤出机进料稳定，挤出量大，物料在料筒内停留时间短，且料筒有自清洁作用，混合效果好，特别适合PVC粉料的加工，因此应用越来越广泛。图10-1是单螺杆挤出机结构示意图。

在挤出机的组成部分中，螺杆是挤出机的关键部件，其示意图见图10-2。通过螺杆的转动，物料才能在料筒内移动，获得一定压力，吸收部分热量，达到均匀塑化。根据塑料在螺杆各个部位所处的状态不同，通常将螺杆分为加料段、压缩段(熔融段)、计量段(均化段)三段。螺杆各段的参数不同，功能也不同。加料段是自塑料入口向前延伸的一段，主要是输送固体物料，螺杆的螺槽深度较大；压缩段，也称输送段，是螺杆中部的一段，主要功能是压实并熔融物料，并将物料中夹带的气体向加料段排除，螺槽的体积逐渐变小；计量段，也叫均化段，是螺杆的前段，主要功能是使物料进一步塑化均匀，并定量、定压的将物料挤出到机头，这段螺槽的深度较浅。

表征螺杆性能的几何参数有螺杆直径、长径比、螺槽深度、螺距、螺纹头数、螺棱宽度等，其中螺杆直径标志着挤出机挤出物料量的大小，长径比在一定意义上表示了挤出机塑化能力和塑化质量，两个参量都是挤出机的重要参数，是选择挤出机的重要依据。

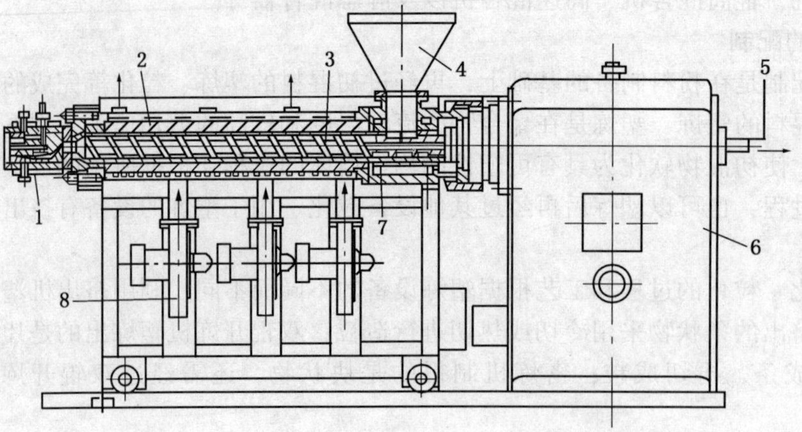

图 10-1　单螺杆挤出机结构示意图

1—机头；2—料筒；3—螺杆；4—料斗；

5—螺杆冷却系统；6—传动装置；7—水冷却料斗段；8—风机

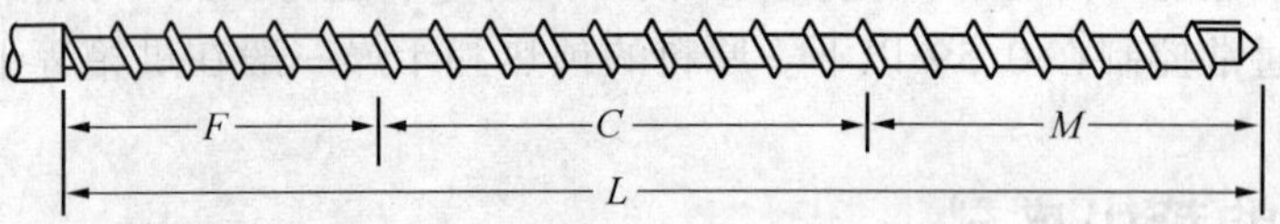

图 10-2　标准挤出机螺杆示意图

F—加料段；*C*—压缩段；*M*—计量段；*L*—螺杆长度

目前随着科学技术的发展出现了许多新型的螺杆，如：屏障型螺杆、销钉型螺杆、波型螺杆等等。新型螺杆的出现提高了螺杆的塑化效果和塑化效率。

2. 挤出成型过程

挤出成型过程包括物料塑化、口模成型、冷却定型三个阶段。

物料的塑化是在挤出机的机筒内完成的。固体塑料通过螺杆的转动逐渐被压实，通过物料与螺杆、物料与机筒的摩擦，以恒定的速度，向前移动；由于机筒外加热器及螺杆与物料剪切热，物料升温，并逐渐熔化变为熔体；完全熔融的物料再经过进一步的混合、均化，克服流动阻力向机头输送。根据物料物理状态的变化，可相应地把这三个区域分别称为固体输送区、熔融区、熔体输送区。

塑化的物料通过螺杆的转动以一定压力被送入机头，机头也称为挤出模具，是成型设备的成型装置，它的断面形状与制品的断面形状相同。当熔体流经机头口模后形状基本与口模的断面形状一致，这时的具有一定断面形状的熔体可以称为型坯。熔体在机头内的成型是挤出成型的重要阶段。

挤出物离开口模后仍然处于高温熔融状态，具有非常大的塑性变形能力，只有通过辅机的冷却定型装置才能使挤出物降温并将形状固定下来，否则会导致制品形状和尺寸的变化。定型与冷却可以同时进行，也可以分别完成，视制品的种类而定。

3. **常见制品的挤出**

（1）挤出管材　管材分为硬管和软管，大体的工艺过程是一致的，只是在辅机部分稍有差别，硬管按照一定长度切割后，进行包装，而软管则由收卷盘卷绕一定量再切割。图 10-3 为硬管挤出工艺流程示意图。

物料在螺杆机筒内塑化均匀后，经过料筒前端的机头环隙口模挤出，成为具有一定断面形状的型坯；离开口模的型坯进入定型装置(定径套)，采用加压或抽真空的方法进行定型冷却，使型坯的表层凝固，再进入冷却水槽进一步冷却；充分冷却定型的管状物由牵引装置匀速拉出，再由切割装置按照规定的长度切断。

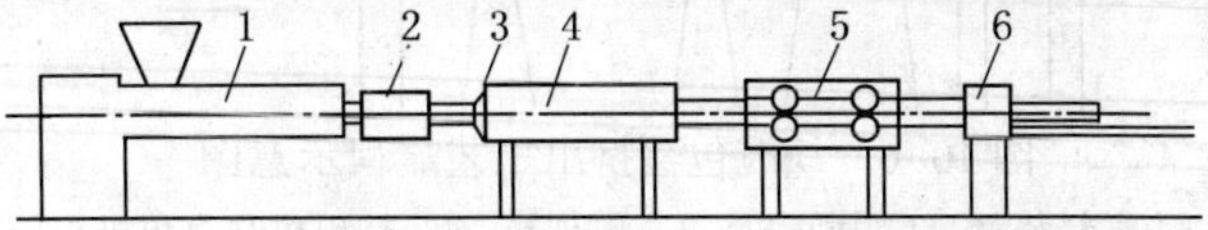

图 10-3　硬管挤出工艺流程示意图

1—挤出机；2—管机头；3—定径套；4—冷却水槽；5—牵引装置；6—切断装置

适合于挤出管材的塑料有：PVC、PP、PE、ABS、PA 等。塑料管材广泛应用于输液、输油、输气等生产和生活的各个方面。

（2）挤出吹塑薄膜　薄膜的生产可以采用很多方法，如压延法、利用扁平机头挤出法、流延法、挤出吹塑法。其中挤出吹塑法生产的薄膜是筒状的，可以剖开得到比较宽的薄膜，也可利用该形状生产方便袋。

按照从机头引出筒坯的牵引方向不同，可分为上吹、下吹和平吹三种方法。图 10-4 为上吹法挤出吹塑薄膜示意图。

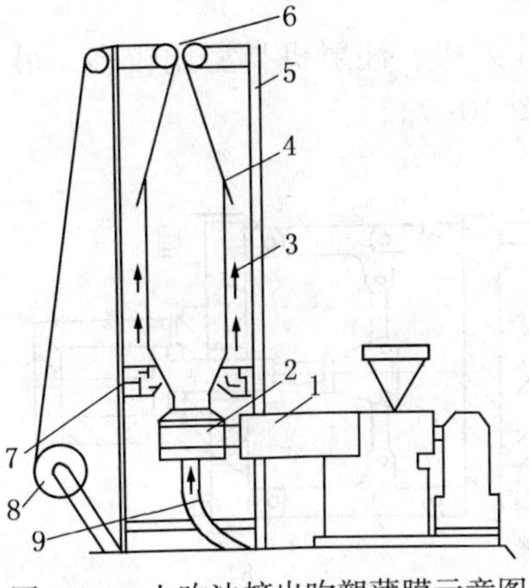

图 10-4　上吹法挤出吹塑薄膜示意图

1—挤出机；2—机头；3—膜管；4—人字板；5—牵引架；6—牵引辊；7—风环；8—卷取辊；9—压缩空气入口

物料经过挤出机塑化均匀后，进入机头，被机头的环形缝隙挤成筒状型坯，筒坯被从机头下面的进气管引入的压缩空气横向吹胀，又被机头上面的牵引辊纵向拉伸，形成膜管；同时机头上的冷却风环又对膜管进行冷却，保证薄膜厚度的均一；充分冷却的膜管由人字板逐渐压叠成双层，再经过牵引辊压紧封闭，以均匀的速度进入卷取辊，卷取到一定的长度或重量切断。

（3）挤出板材　板材的工艺流程如图 10-5。物料经过挤出机塑化均匀后，进入机头，板材机头的口模是有着宽而薄的出料口，呈狭缝形，这样由狭缝机头挤出的熔融物料就成型为板状型坯，板坯的温度比较高，容易变形，应立即进入三辊压光机降温定型；经过三辊压光机定型后的板状物在导辊上进一步冷却后由切边装置切去废边成一定宽度，再由二辊牵引机送入切断装置裁切成所需长度的板材。

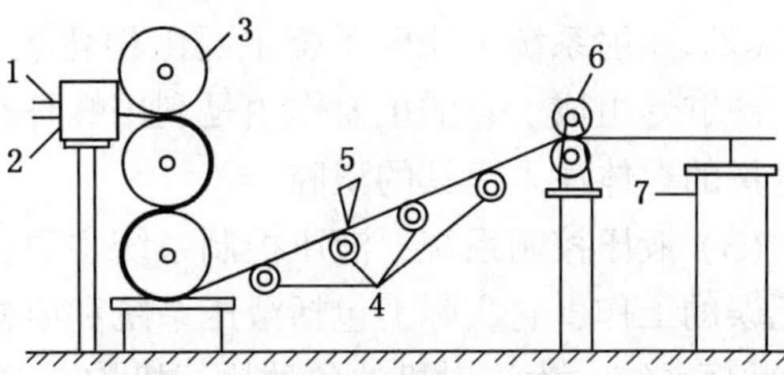

图 10-5　板材挤出工艺流程示意图

1—挤出机；2—狭缝机头；3—三辊压光机；4—导辊；5—切边机；6—二辊牵引机；7—切割装置

（4）挤出线缆包覆　这是生产电线电缆的一种工艺，在成型过程中，将塑料通过挤出而包覆在芯线上，塑料作为绝缘层，而芯线为单股或多股金属线时，挤出产品是电线，芯线为一束相互绝缘的导线时，挤出产品是电缆。图 10-6 为线缆包覆挤出工艺流程示意图。

金属线由送料装置经过矫正机正直和预热器的预热，进入挤出机直角机头的导线器；从挤出机送来的熔体绕着导线形成管状物，并在口模的成型段紧密的贴合；被包覆的导线离开口模进入水槽冷却，最后通过绝缘检验机、牵引轮到卷线机卷绕成捆。

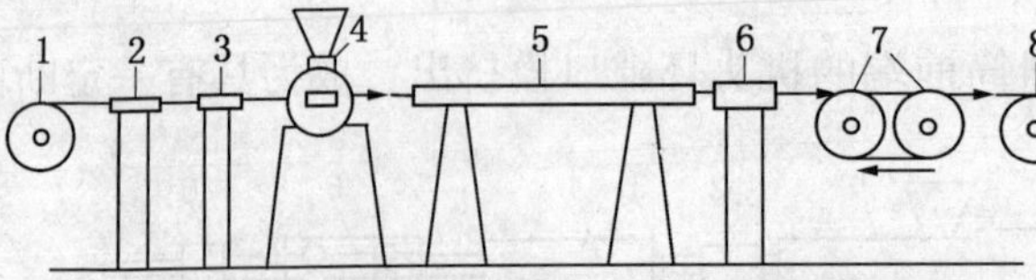

图 10-6　线缆包覆挤出工艺流程示意图

1—送料装置；2—矫正机；3—预热器；4—挤出机与直角机头；5—水槽；6—检验机；7—牵引机；8—卷取机

三、塑料的注射成型

注射成型也称为注射模塑，是将粒状或粉状的塑料加入注射机的料筒内，在热和机械剪切力的作用下塑化成具有良好流动性的熔体，在柱塞或螺杆的推动下，快速进入注射模具中，冷却固化得到塑料制品。

几乎所有的塑料都可以采用注射的方法进行成型，而且成型的制品外型复杂、尺寸精度高、可以带有金属嵌件、成型过程自动化程度高。注射产品小到钟表齿轮，大到汽车保险杠，种类繁多，涉及的领域比较广。

1. 注射成型机

注射成型是在注射成型机上完成的。注射成型机简称注射机，注射机类型比较多，最常见的、最有代表性的是移动螺杆式注射机，结构示意图见图 10-7。

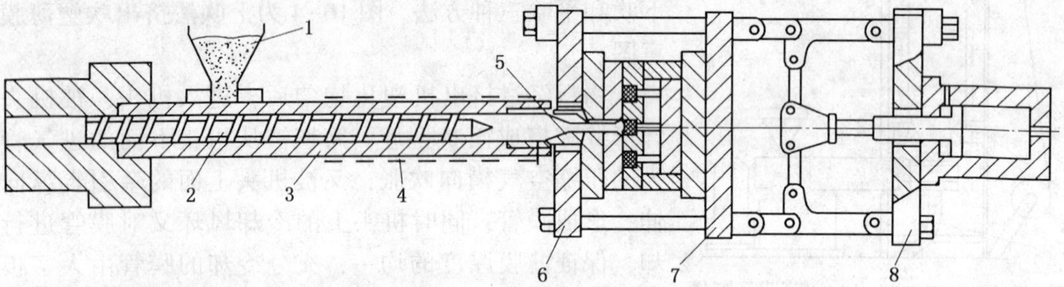

图 10-7　移动螺杆式注射机结构示意图

1—料斗；2—螺杆；3—料筒；4—加热器；5—喷嘴；6—前固定模板；7—移动模板；8—后固定模板

注射机主要由合模系统、注射系统、液压控制系统三个部分组成。

（1）合模系统　合模系统主要由前后固定模板、活动模板、拉杆、油缸、顶出系统等组成。它的作用是保证模具的闭合锁紧、开启、顶出制品。

（2）注射系统　注射系统主要由塑化装置（螺杆、料筒、喷嘴等）、计量装置、传动装置、油缸等组成。它的主要作用是利用螺杆和外加热料筒将塑料原料熔融塑化，并在高压下将定量的熔体注入模具的型腔。

（3）液压控制系统　液压控制系统主要作用是保证注射机按照工艺过程的要求和程序准确无误的工作，它实际上包括液压系统和电器控制系统两个部分。液压系统是注射机的“血液”循环系统，为注射机的各种执行机构（工作油缸）提供压力和速度的回路；电器控制系统是注射机的“中枢神经”系统，它控制着注射机的各种程序及其动作，调节和控制时间、位置、压力、速度和温度。

2. 注射过程

比起挤出过程，注射过程复杂得多。它生产的制品不是连续的，而是间歇的周期过程，注射机的螺杆时转时停，既有转动也有轴向移动。

注射成型周期一般从模具闭合，即合模开始；合模锁紧模具后，注射机由整体移动油缸带动使喷嘴和模具的流道接触，并由注射油缸向螺杆施加压力使它前进，把熔体经过喷嘴注射到模具的型腔内，这个过程称为注射；螺杆保持在注射的位置上，其目的是保持一定的压力，并向模腔补充熔体，该过程为保压；保压结束后，还要继续冷却制品，同时要进行下一个周期的预塑化，即螺杆开始转动，不断地将物料送入料筒中熔融塑化，在料筒的顶端，堆积的熔料使螺杆一边转动一边后退，直到计量结束；冷却结束开模后，由顶出装置将制品顶出模具，然后进入下一个成型周期。这个过程可用图 10-8 表示。

模具预热──→合模──→注射──→(放气)保压──→冷却定型──→开模──→顶出──→制品

↑ 预塑（指向冷却定型）

图 10-8 注射成型过程示意图

四、压延成型

压延成型是生产塑料薄膜和塑料片材的主要方法，它是将已经塑化的接近黏流温度的热塑性塑料通过一系列相向旋转着的水平辊筒间隙，使物料承受挤压和延展作用，成为具有一定厚度、宽度与表面光洁的薄片状制品。用作压延成型的塑料大多是热塑性非晶态塑料，其中以聚氯乙烯用得最多，它适于生产厚度在 0. 05～0. 5mm 范围内的软质聚氯乙烯薄膜，和 0. 25～0. 7mm 范围内的硬质聚氯乙烯片材，见图 10-9。当制品厚度大于或低于这个范围时，一般均不采用压延法而采用挤出吹塑法或其他方法。

压延成型可连续生产，也易于自动化，因此具有较大的生产能力，较好的产品质量，还可制得人造革、涂层纸等，印刻花纹等。但所需加工设备庞大，精度要求高，辅助设备多，同时制品的宽度受压延机辊筒最大工作长度的限制。

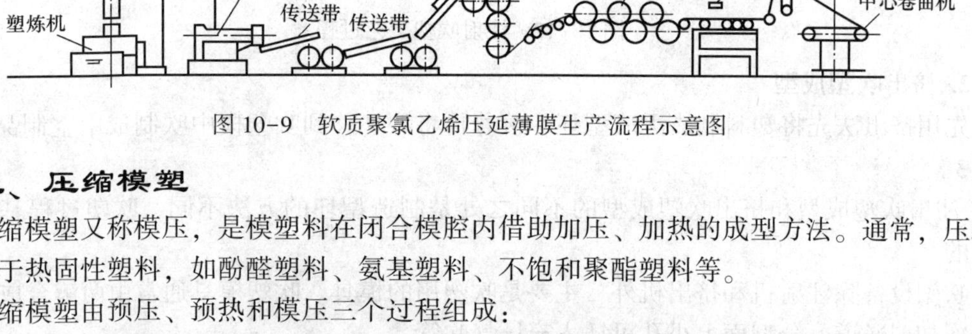

图 10-9 软质聚氯乙烯压延薄膜生产流程示意图

五、压缩模塑

压缩模塑又称模压，是模塑料在闭合模腔内借助加压、加热的成型方法。通常，压缩模塑适用于热固性塑料，如酚醛塑料、氨基塑料、不饱和聚酯塑料等。

压缩模塑由预压、预热和模压三个过程组成：

预压：为改善制品质量和提高模塑效率等，将粉料或纤维状模塑料预先压成一定形状的

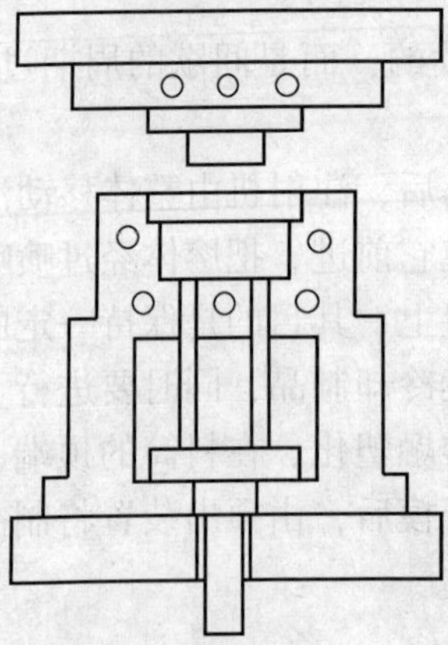

图 10-10 模压成型的塑模示意图

操作。

预热：为改善模塑料的加工性能和缩短成型周期等，把模塑料在成型前先行加热的操作。

模压：在模具内加入所需量的塑料，闭模、排气，在模塑温度和压力下保持一段时间，然后脱模清模的操作。

压缩模塑用的主要设备是压机和塑模（见图 10-10）。压机用得最多的是自给式液压机，吨位从几十吨至几百吨不等。有下压式压机和上压式压机。

用于压缩模塑的模具称为压制模具，分为三类；溢料式模具、半溢料式模具不溢式模具。

压缩模塑的主要优点是可模压较大平面的制品，其缺点是生产周期长，效率低。图10-11为模压成型工艺过程。

原料的处理——→加料——→闭模——→排气——→固化——→脱模——→吹洗模具——→后处理

图 10-11 模压成型工艺过程

六、中空吹塑

中空吹塑借气体压力使闭合在模具中的热型坯吹胀成为中空制品的一种方法。该方法主要用于各种包装容器的制造。凡是熔体流动速率为 0.04~1.12g/10min 的都是比较优良的中空吹塑材料，如聚乙烯、聚氯乙烯、聚丙烯、聚苯乙烯、热塑性聚酯、聚碳酸酯、聚酰胺树脂等，其中以聚乙烯应用得最多。

中空吹塑有以下几种方法：

1. 注射吹塑成型

先利用注射成型法先将塑料制成有底型坯，接着再将型坯移到吹塑模中吹制成中空制品。见图 10-12。

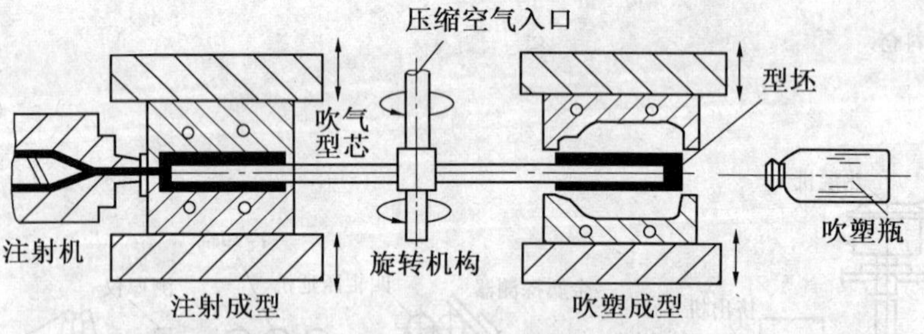

图 10-12 注射吹塑工艺过程

2. 挤出吹塑成型

先用挤出法先将塑料制成无底型坯，接着再将型坯移到吹塑模中吹制成中空制品。见图 10-13。

注射吹塑成型和挤出吹塑成型的不同之处是制造型坯的方法不同，吹塑过程基本上是相同的。

吹塑设备除注射机和挤出机外，主要是吹塑用的模具。吹塑模具通常由两瓣合成，其中设有冷却剂通道，分型面上小孔可插入充压气吹管。

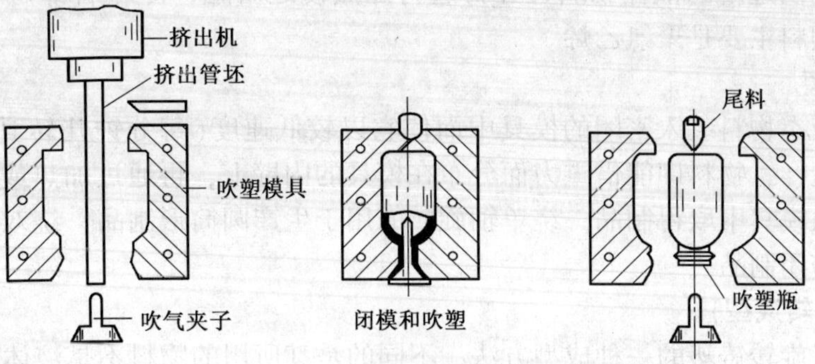

图10-13 挤出吹塑工艺过程

3. 拉伸吹塑成型

拉伸吹塑成型是双轴定向拉伸的一种吹塑成型，其方法是先将型坯进行纵向拉伸，然后用压缩空气进行吹胀达到横向拉伸。拉伸吹塑成型可使制品的透明性、冲击强度、表面硬度和刚性有很大的提高，适用于聚丙烯、聚对苯二甲酸乙二醇酯(PET)的吹塑成型。

拉伸吹塑成型包括：注射型坯定向拉伸吹塑，挤出型坯定向拉伸吹塑，多层定向拉伸吹塑，压缩成型定向拉伸吹塑等。

七、浇铸

浇铸是在不加压或稍加压的情况下，将液态单体、树脂或其混合物注入模内并使其成为固态制品的方法。浇铸法分为静态浇铸、嵌铸、离心浇铸、搪塑、旋转铸塑、滚塑和流延铸塑等。

1. 静态浇铸

静态浇铸是浇铸成型中较为简便和使用较为广泛的一种方法。这种方法常用液状单体、部分聚合或缩聚的浆状物、聚合物与单体的溶液，配入助剂(如引发剂、固化剂、促进剂等)，或热塑性树脂熔体铸入模腔而成型。

2. 嵌铸

嵌铸又称封入成型，是将各种样品、零件等包封到塑料中间的一种成型技术。即将被嵌物件置于模具中，注入单体、预聚物或聚合物等液体，然后使其聚合或固化(或硬化)，脱模。这种技术已广泛用于电子工业。用于这类成型工艺的塑料品种有不饱和聚酯、有机玻璃和环氧树脂等。

3. 离心浇铸

离心浇铸是利用离心力成型管状或空心筒状制品的方法。通过挤出机或专用漏斗将定量的液态树脂或树脂分散体注入旋转并加热的容器(即模具)中，使其绕单轴高速旋转(每分钟几十转到2000转)，此时放入的物料即被离心力迫使分布在模具的近壁部位。在旋转的同时，放入的物料发生固化，随后视需要经过冷却或后处理即能取得制品。在成型增强塑料制品时还可同时加入增强性的填料。

离心浇铸通常用的都是熔体黏度较小、热稳定性较好的热塑性塑料，如聚酰胺、聚乙烯等。

4. 搪塑

搪塑是模塑中空制品的一种方法。模塑时将塑料糊倒入开口的中空模内，直至达到规定的容量。模具在装料前或装料后应进行加热，以便使物料在模具内壁变成凝胶。当凝胶达到预定厚度时，倒出过量的液体物料，并再进行加热使之熔融，冷却后即可自模具内剥出制品。搪塑用的塑料主要是聚氯乙烯。

5. 旋转铸塑

该法是将液态物料装入密闭的模具中而使它以较低速度(每分钟几转到几十转)绕单轴或多轴旋转，这样，物料即能借重力而分布在模具的内壁上，再通过加热或冷却达到固化或硬化后，即可从模具中取得制品。绕单轴旋转的用于生产圆筒形制品，绕双轴或靠振动运动的则用于生产密闭制品。

6. 滚塑(旋转成型)

该法类似于旋转铸塑的一种成型方法，不同的是其所用的物料不是液体，而是烧结性干粉料。其过程是把粉料装入模具中而使它绕两个互相垂直的轴旋转、受热并均匀地在模具内壁上熔结为一体，而后再经冷却就能从模具中取得空心制品。

滚塑使用的有聚乙烯、改性聚苯乙烯、聚酰胺、聚碳酸酯和纤维素塑料等。

7. 流延铸塑

该法是制取薄膜的一种方法。制造时，先将液态树脂或树脂分散体流布在运行的载体(一般为金属带)上，随后用适当方法将其固化(或硬化)，最后即可从载体上剥取薄膜。

用于生产流延薄膜的塑料有：三乙酸纤维素、聚乙烯醇、氯乙烯和乙酸乙烯的共聚物等，此外某些工程塑料如聚碳酸酯等也可用来生产流延薄膜。

八、二次成型

二次成型是塑料成型加工的方法之一。以塑料型材或型坯为原料，使其通过加热和外力作用成为所需形状的制品的一种方法。

1. 热成型

热成型是将热塑性塑料片材加热至软化，在气体压力、液体压力或机械压力下，采用适当的模具或夹具而使其成为制品的一种成型方法。塑料热成型的方法很多，一般可分为：

模压成型：采用单模(阳模或阴模)或对模，利用外加机械压力或自重，将片材制成各种制品的成型方法，它不同于一次加工的模压成型。此法适用于所有热塑性塑料。

差压成型：采用单模(阳模或阴模)或对模，也可以不用模具，在气体差压的作用下，使加热至软的塑料片材紧贴模面，冷却后制成各种制品的成型方法。差压成型又可分为真空成型和气压成型。

热成型特别适用于壁薄、表面积大的制品的制造。常用的塑料品种有各种类型的聚苯乙烯、有机玻璃、聚氯乙烯、ABS、聚乙烯、聚丙烯、聚酰胺、聚碳酸酯和聚对苯二甲酸乙二醇酯等。

热成型设备包括夹持系统、加热系统、真空和压缩空气系统及成型模具等。

2. 双轴拉伸

为使热塑性薄膜或板材等的分子重新定向，特在玻璃化温度以上所作的双向拉伸过程称双轴拉伸。拉伸定向要在聚合物的玻璃化温度和熔点之间进行，经过定向拉伸并迅速冷到室温后的薄膜或单丝，在拉伸方向上的机械性能有很大提高。

适合于定向拉伸的聚合物有：聚氯乙烯、聚对苯二甲酸乙二醇酯、聚偏二氯乙烯、聚甲基丙烯酸甲酯、聚乙烯、聚丙烯、聚苯乙烯以及某些苯乙烯共聚物。

3. 固相成型

固相成型是热塑性塑料型材或坯料在压力下用模具使其成型为制品的方法。成型过程在塑料的熔融(成软化)温度以下(至少低于熔点10~20℃)。均属固相成型。其中对非结晶类的塑料在玻璃化温度以上，熔点以下的高弹区域加工的常称为热成型，而在玻璃化温度以下加工的则称作冷成型或室温成型，也常称作塑料的冷加工方法或常温塑性加工。

该法有如下优点：生产周期短；提高制品的韧性和强度；设备简单，可生产大型及超大型制品；成本降低。缺点是：难以生产形状复杂、精密的制品；生产工艺难以控制，制品易变形、开裂。

固相成型包括：片材辊轧、深度拉伸或片材冲压、液压成型、挤出、冷冲压、辊筒成型等。

九、其他塑料成型技术

1. 共挤出技术

共挤出技术是用两台或者两台以上单螺杆挤出机或双螺杆挤出机将两种或多种聚合物同时挤出并在一个机头中成型多层板式或片状结构等的一步法加工过程 。

共挤出技术是当代广泛应用的先进的聚合物加工方法，共挤出技术已广泛应用于复合管材、复合薄膜、板材、异型材、光纤、电线、电缆等复合制品的生产，随着共挤出技术的发展，其应用领域会进一步拓宽。多层共挤复合机头是研究和开发的热点，也是共挤复合研究的难点。开发高效、节能的多层结构单机共挤出设备是共挤出设备的发展趋势。

2. 挤出注射组合技术

挤出和注射成型组合的直接成型技术可将聚合物粉料与磁粉、无机颜料、玻璃纤维等通过双螺杆挤出机混合后直接注塑成型。其突出优点是可以更加灵活地调节调节复合物的配方。省去了造粒、包装、干燥等工序，大幅度地降低了设备费用和减少了生产时间，从而降低了成品的成本。

3. 反应挤出工艺

反应挤出工艺是连续地将单体聚合并对现有聚合物进行改性的一种方法，因可以使聚合物性能多样化、功能化且生产连续、工艺操作简单和经济适用而普遍受到重视。该工艺的最大特点是将聚合物的改性、合成与聚合物加工这些传统工艺中分开的操作联合起来。

反应挤出成型技术是可以实现高附加值、低成本的新技术，已经引起世界化学和聚合物材料科学与工程界的广泛关注，在工业方面发展很快。与原有的成型挤出技术相比，有明显的优点：节约加工中的能耗；避免了重复加热；降低了原料成本；在反应挤出阶段，可在生产线上及时调整单体、原料的物性，以保证最终制品的质量。

反应挤出机是反应挤出的主要设备，一般有较长的长径比、多个加料口和特殊的螺杆结构。它的特点是熔融进料预处理容易；混合分散性和分布性优异；温度控制稳定；可控制整个停留时间分布；可连续加工；未反应的单体和副产品可以除去；具有对后反应的控制能力；可进行黏流熔融输送；可连续制造异型制品。

4. 固态挤出工艺

固态挤出有直接固态挤出和静液压挤出两种方法，是指使聚合物在低于熔点的条件下被挤出口模。固态挤出一般使用单柱塞挤出机，柱塞式挤出机为间歇性操作。柱塞的移动产生正向位移和非常高的压力，挤出时口模内的聚合物发生很大的变形，使得分子严重取向，其效果远大于熔融加工，从而使得制品的力学性能大大提高。

5. 气体辅助注射成型

气体辅助注塑(GAIM)技术比普通注塑多一个气体注入阶段，由气体推动塑料熔体充满模具型腔。GAIM 具有节省原料、减少合模力、缩短冷却时间、防止制品缩痕、减少内应力、减少或消除制品翘曲、提高制品表面性能、提高生产效率、降低生产成本等优点。

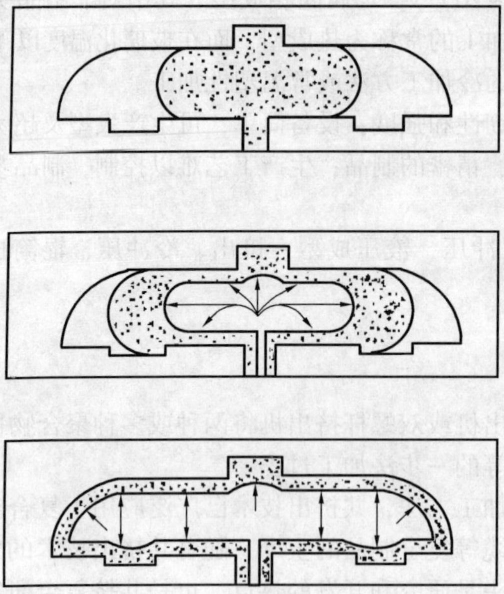

图 10-14　气体辅助注射成型

气体辅助注射成型的工作过程可分为四个阶段(见图 10-14):

第一阶段为熔体注射，即将熔融的塑料熔体注射到模具型腔中，分为“欠料注射”和“全料注射”。第二阶段为气体注射，可于注射期的前、中、后期注入气体，气体的压力必须大于塑料熔体的压力以达到使塑件成中空状态。第三阶段为气体保压，当塑件内部被气体充填后，制件在保持气压的情况下冷却，气体由内向外施压使制品外表面紧贴模壁，通过气体二次穿透从内部补充因冷却带来的体积收缩。第四阶段为制件脱模，随着冷却周期的完成，排出气体，塑件由模腔取出。

气体辅助成型的塑料制件大致可分为三类:

(1) 管形和棒形制件，如衣服架、扶手、椅背、刷棒、方向盘，主要是利用气体穿透形成气道来节省材料和缩短成型周期。

(2) 板状制件，如汽车仪表板、办公家具，主要是减小翘曲变形和对注塑机的吨位要求，以及提高制件的刚性、强度和表面质量。

(3) 厚薄不均的复杂制件，如家电外壳、汽车部件可通过一次成型简化工艺。

6. 微孔泡沫塑料注射成型

国内外微孔塑料的成型主要有间歇成型、连续挤出成型和注射成型等技术。与传统塑料发泡技术比较，微孔塑料发泡注射成型技术既不需要化学发泡剂，也不需要以烃基为原料的物理催化剂、发泡剂等及其他相关反应成分。微孔泡沫塑料注射成型已可生产壁厚为 0.5mm 的薄壁大部件及尺寸精度要求高的、形状复杂的小部件。它推翻了长期一直认为发泡成型只能完成厚壁制品的生产的观点。与传统的发泡成型形成的最小孔径为 250μm 的不均匀的微孔相比。现在的工艺形成的微孔大小均匀。孔径在 5~50μm，这样的微孔结构也赋予比传统方法制备的制品更高的机械性能和更低的密度。在力学性能不损失的情况下，重量可降低 10%，而且可减少制品的翘曲、收缩及内应力。微孔泡沫塑料注射成型可加工多种聚合物，如 PP、PS、PBT 工程塑料，PA 及 PEEK。合理利用微孔注射成型技术可以扩大产品结构形式、提高生产效率、降低生产成本。

7. 注射结构发泡成型技术

注射结构发泡成型技术既保留了注射成型工艺中的许多优点，又避免了传统注射成型工艺中的一些问题，如制品强度不够、生产周期过长、模塑率低等，还能减轻制品质量，保证差异较大制品的成型质量等。另外，结构发泡技术还可模塑大型复杂制品、使用低成本模具、多模可同时操作，从而降低制品生产成本。结构发泡多采用多点低压注塑技术进行生产。注射结构发泡工艺中，往往采用的设计是多点喷嘴并顺序注射。这样可以减少工作流程，并降低所需的工作压力，同时增加设备的生产能力，提高产量，还能消除制品表面的熔接痕。如利用结构发泡方法可制成有高强度、高模量、高抗冲击同时又有高损耗因子(力学阻尼性)的PU结构泡沫。

第二节　橡胶的加工

橡胶制品的主要原料是生胶、再生胶以及各种配合剂，有些制品还需要纤维或金属材料作为骨架材料。橡胶的加工是指生胶及其配合剂经过一系列化学和物理的作用制成橡胶制品的过程，主要包括生胶的塑炼、塑炼胶与配合剂的混炼、成型、硫化等几个加工工序。橡胶制品生产基本工艺流程见图10-15。

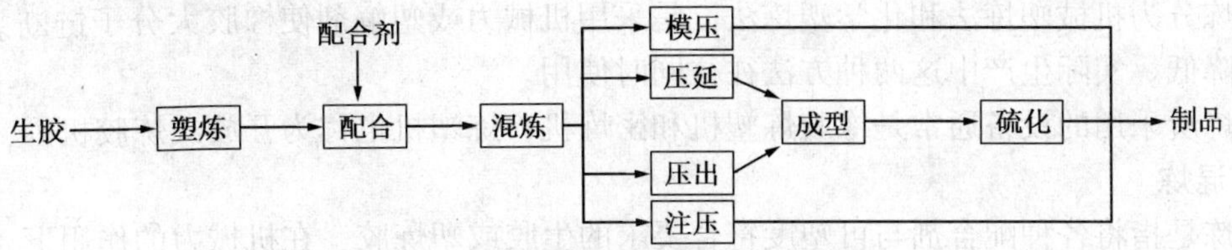

图10-15　橡胶制品生产基本工艺流程

一、橡胶配合剂

在橡胶制品中，往往要加入一些配合剂，其目的是为了改善橡胶的加工性能、满足橡胶制品使用性能的需要、降低成本等等。配合剂的种类很多，根据在橡胶中所起的作用，主要有以下几种。

1. 硫化剂

在一定条件下使橡胶发生交联的物质称为硫化剂。常见的硫化剂有硫磺、过氧化物、醌类化合物、胺类化合物等。

2. 硫化促进剂

能够加快橡胶的硫化速度、缩短硫化时间的物质称为硫化促进剂，简称为促进剂。促进剂的加入还可以减少硫化剂的用量、降低硫化温度、提高制品的物理机械性能。常见的促进剂多为有机促进剂，如硫醇苯并噻唑(促进剂M)、二硫化二苯并噻唑(促进剂DM)、二硫化四甲基秋兰姆(促进剂TMTD)等。

3. 硫化活性剂

硫化活性剂简称为活性剂，也称为助促进剂。它的作用是提高促进剂的活性。常用的活性剂有氧化锌，而氧化锌只有在脂肪酸存在下对促进剂才有较大的活性，因此还要加入硬脂酸，与氧化锌并用。

4. 防焦剂

防焦剂也称硫化延迟剂或稳定剂，它可以防止胶料在加工过程中发生早期交联。同时防焦剂可降低制品的耐老化性。常用的防焦剂有邻羟基苯甲酸、邻苯二甲酸酐等。

5. 防老剂

橡胶同塑料一样受到氧、光、热等的作用会老化，变得发黏、变硬、弹性降低等。防老剂类似于塑料的抗氧剂、热稳定剂，能够阻止和延缓橡胶的老化现象。主要品种有胺类、酚类等化学防老剂和石蜡等物理防老剂。

6. 补强和填充剂

补强剂是指能够提高橡胶机械性能的物质，也称为活性填充剂；而填充剂是指在橡胶中起增容作用的物质。因此两者之间并没有明显的界限。橡胶常用的补强剂是炭黑和白炭黑，加入量可达到50%以上。

此外，橡胶的配合剂还有软化剂、着色剂、发泡剂等等。

二、橡胶的加工

1. 塑炼

生胶在常温状态下具有较高的弹性，不便于加工成型。塑炼就是使生胶由弹性状态转变为可塑状态的工艺过程。经过塑炼的生胶可以获得适宜的可塑性和流动性，利于混炼和成型的进行。

塑炼分为机械塑炼法和化学塑炼法，是采用机械力或塑解剂使橡胶大分子链断裂，平均分子量降低。实际生产中这两种方法往往同时使用。

塑炼所采用的设备通常是橡胶炼塑机和密炼机，炼塑机也称为开放式炼胶机。

2. 混炼

混炼是指将各种配合剂与可塑度符合要求的生胶或塑炼胶，在机械力的作用下，制成均匀的混炼胶的过程。这是橡胶加工中的最基本、最重要的工序之一。

混炼方法类似于塑炼。采用开放式炼胶机、密闭式炼胶机，借助于设备强烈的机械作用，使配合剂掺入生胶或塑炼胶中，并在其中均匀混合与分散，使最终产品具有良好的物理机械性能。通常塑炼机和混炼机采用的工艺参数不同。

3. 成型

在橡胶的加工工序中，成型可大体分为两种情况：模型制品的生产和非模型制品的生产。橡胶的压延和压出一般用来生产橡胶半制品，属于非模型制品的生产，非模型制品必须再经过硫化反应才能成为最终的制品；橡胶的模压和注出属于模型制品的生产，即在成型时同时完成定型和硫化等工序。

(1) 橡胶的压延　这是生产橡胶半制品的主要工艺之一。根据制品和工艺的要求可以采用二辊、三辊、四辊等压延机，通过热的辊筒对胶料的辊压完成压延工艺的要求。

橡胶的压延工艺包括以下几个步骤：

胶片压延(压片)：将预热好的胶料用辊速相同的三辊或四辊压延机制成具有一定厚度和宽度的胶片。

压型：将热炼后的胶料压制成具有一定断面形状或表面具有某些花纹的胶片，采用的压延机可以是两辊、三辊和四辊，其中一个辊筒上刻有花纹或沟槽，制品包括胶鞋鞋底、力车胎胎面的坯胶等。

纺织物挂胶：利用三辊或四辊压延机在纺织物上挂上一层薄胶，可以制成挂胶帘布或挂胶帆布作为橡胶制品的骨架层，如轮胎外胎的尼龙挂胶帘布，挂胶方法分为贴胶和擦胶两种。

贴合：通常利用三辊或四辊压延机将两层薄胶片贴合成一层胶片。

(2) 橡胶的压出　橡胶的压出也称为橡胶的挤出。所采用的设备与生产塑料制品的挤出机基本相同，生产橡胶的挤出机一般称为压出机。

混炼胶在压出机中受到加热和塑化，通过螺杆的转动，使胶料在螺杆和料筒强大的挤压作用下，不断前进，进入压出机的口型压出具有一定断面形状的橡胶半制品，如：轮胎的胎面、内胎、胶管、胶带、电线电缆等等。

(3) 橡胶的模压　模压成型广泛用于各种橡胶和热固性塑料的加工，模压法制备橡胶制品时可以同时完成成型过程和硫化过程。

橡胶的模压成型采用平板硫化机，混炼胶或经过加工后的半成品加入到金属模具内，在平板硫化机的作用下，闭合模具，加热加压成型并保压硫化，开模，取出制品。

(4) 橡胶的注射　橡胶的注射，在橡胶行业中也称为橡胶的注出，利用注射机可以同时完成成型和硫化的工序。与塑料的注射成型相似，橡胶的注出成型经过加料(可以是胶粒，也可以是带状胶料)、预热、塑化、成型硫化等工序。硫化时可进行下一周期的塑化。

注射产品主要有鞋类和模型制品，如：密封圈、带金属骨架的模型、减震垫、轮胎制品等。

4. 硫化

橡胶的硫化是指在硫化体系的作用下，通过不同的硫化方法和硫化介质，使橡胶的线型结构变成网状交联结构的过程。

无论橡胶制品采用什么方法成型，硫化都是一个必要的过程，也是橡胶加工特有的工序。橡胶通过硫化获得了必须的物理机械性能理和化学性能，具有了一定使用价值。橡胶的硫化是在一定温度压力下完成的，硫化设备有硫化罐、平板硫化机、个体硫化机和注压硫化机等。

以上介绍的是干胶制品的生产，除此以外橡胶的生产还有胶乳制品的生产和热塑弹性体的生产。

三、胶乳制品的生产

胶乳制品是以胶乳为原料进行加工生产的。其生产工艺大致与塑料糊的成型相似。但胶乳一般要加入各种添加剂，先经半硫化制成硫化胶乳，然后再用浸渍、压出或注模等与塑料糊成型相似的方法获得半成品，最后进行硫化得制品。

四、热塑性弹性体(TPE)的生产

热塑性弹性体是指常温下具有橡胶弹性、高温下又能像热塑性塑料那样熔融流动的一类材料。这类材料的特点是无须硫化即具有高强度和高弹性，可采用热塑性塑料的加工工艺和设备成型；如注塑、挤出、模压、压延等。

第三节　纤维的加工

纤维包括天然纤维和合成纤维，纤维的加工包括纺丝液的制备、纺丝、初生纤维的后加工等过程。成纤聚合物溶解或熔融成黏稠的液体，然后将这种液体用纺丝泵连续、定量地从喷丝头的小孔压出，形成黏液细流经凝固或冷凝而成纤维，最后根据需要进行后加工。加工过程可大体分成纺丝和后处理两个过程。

一、纺丝

纤维的成型是将高分子化合物熔融成熔体或制成浓溶液，然后经喷丝小孔挤出成微细液条，将此微细液条冷凝或脱出溶剂，并在张力下进行一定牵伸比的拉伸以使高分子链在纤维中尽可能规则性地沿纤维长轴方向，最终定型而成纤维。

目前的成纤工艺主要分为：

1. 熔融纺丝

凡能加热熔融或转变为黏流态而不发生显著分解的成纤聚合物，例如聚酯、聚酰胺、聚丙烯等，均可采用熔融纺丝法进行纺丝。该法就是利用螺杆挤出机将高聚物加热熔融制成熔体，熔体经喷丝头喷成细流，在空气或水中冷却而凝固成纤维。

熔融纺丝可以分为直接纺丝法和切片纺丝法。直接纺丝就是利用聚合所得的高聚物熔体直接进行纺丝，切片纺丝是将聚合物熔体经铸带、切粒等工序制成“切片”，然后在纺丝机上将切片重新熔融成熔体，进行纺丝。

图 10-16 是切片法熔融纺丝示意图。

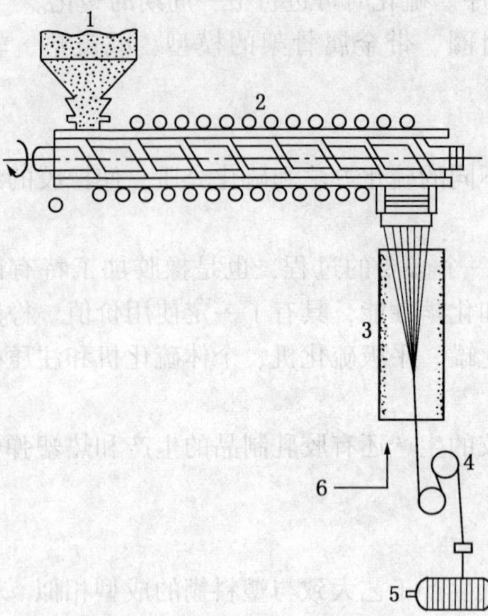

图 10-16　熔融纺丝示意图

1—料斗；2—螺杆挤出机；3—纺丝甬道；4—导丝；5—卷丝筒；6—空气入口

聚合物粒料在螺杆挤出机中熔融后，被压到纺丝部位，经过纺丝泵定量送到纺丝头(主要由喷丝板、过滤网等组成)中，在纺丝头中熔体经过过滤，然后从喷丝板的喷丝孔中压出而形成细流。处于 200～300℃ 高温的细流在纺丝甬道中被空气冷却而形成丝，长丝被收集成卷，短丝装桶。熔融纺丝的速度可以达到 800～1000m/min。

2. 溶液纺丝

溶液纺丝是将聚合物溶解于溶剂中制得黏稠的纺丝液，由喷丝头喷成细流，通过凝固介质使之凝固而形成纤维。按照凝固浴的不同溶液纺丝分为湿法和干法两种。

(1) 湿法纺丝　湿法纺丝示意图见图10-17。

将聚合物配成纺丝溶液，利用纺丝泵加料，经过滤器，通入浸在凝固池中的喷丝头，喷成细流。在凝固池中纺丝细流和凝固池的组分发生双扩散，即细流中的溶剂向凝固池扩散，同时凝固剂向细流渗透。双扩散的结果使聚合物的溶解度发生变化，聚合物从纺丝溶液中分离出来而形成纤维。湿法纺丝的速度比较低，一般为 10～50m/min。聚丙烯腈等可以采用此法纺丝。

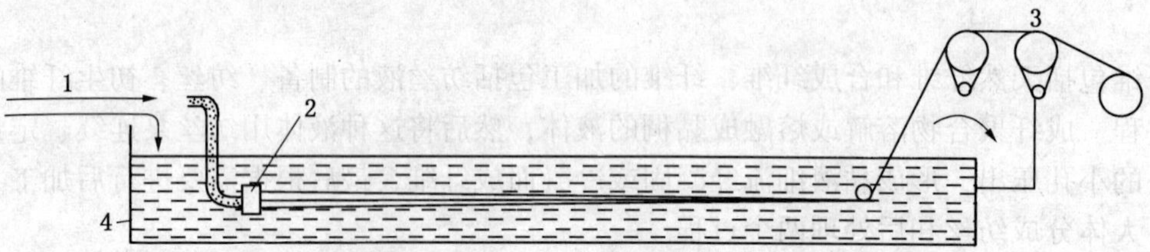

图 10-17　湿法纺丝示意图

1—纺丝液；2—喷丝头；3—卷绕；4—凝固浴

(2) 干法纺丝　聚合物配成纺丝溶液，利用纺丝泵喂料，经由喷丝头喷出液体细流，进入热空气套筒，使细流中的溶剂遇热蒸发，被热空气带走，而聚合物随之凝固成纤维。干法纺丝示意图见图 10－18。干法纺丝的速度在 200～500m/min 左右。聚氯乙烯纤维和聚丙烯纤维采用此法生产。

3. 干喷湿纺工艺

干喷湿纺工艺即将聚合物选用适当溶剂制成浓溶液，然后将高分子浓溶液在螺杆作用或压力下，经喷丝板挤出到空气层中(约几厘米)，之后很快进入凝固浴，在凝固浴中冷却、溶出液条中的溶剂(对超高分子量聚合物的凝胶纺丝技术中，这时溶剂不溶出，只在凝固浴中冷却成凝胶丝条)，再经牵伸而成纤维。

干喷湿纺丝工艺适合于高分子液晶溶液的成纤和超高分子量聚合物的凝胶法成纤，目前芳纶、超高分子量聚乙烯、超高分子量聚乙烯醇、超高分子量聚丙烯腈均采用此类工艺生产。

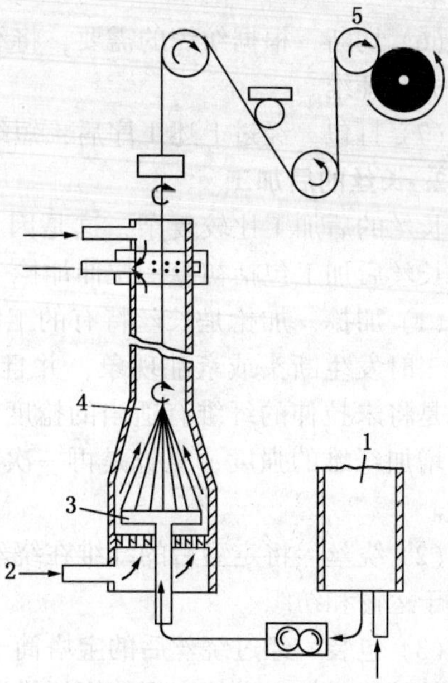

图 10－18　干法纺丝示意图

1—纺丝液；2—热空气；3—喷丝板；4—纺丝管；5—卷绕

二、纤维的后加工

经过纺丝的纤维，不能直接用于纺织加工制成织物，因为此时的纤维强度低、手感粗糙，必须经过后加工才能得到结构稳定、性能优良的纤维，同时后加工还可以进行化学纤维与天然纤维的混纺，制备膨体纱、弹力丝等。

后加工分为短纤维后加工和长纤维(长丝)后加工。

1. 短纤维的后加工

短纤维的后加工包括集束、拉伸、热定型、上油、卷取、切断、打包等工序。图10－19为熔融纺丝短纤维后加工流程示意图。

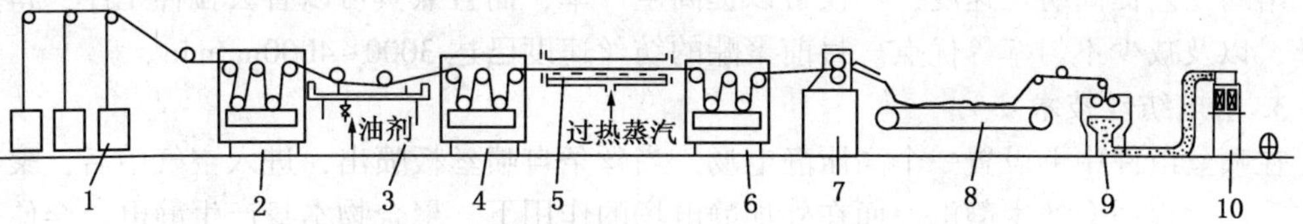

图 10－19　熔融纺丝短纤维后加工流程示意图

1—集束；2—一次拉伸；3—油浴；4—二次拉伸；5—过热蒸汽箱

6—三次拉伸；7—卷取；8—热定型；9—切断；10—打包

(1) 集束　纺制出的若干丝束合并成一定粗细的大股丝束，然后导入拉伸机。

(2) 拉伸　拉伸是以高于送入速度的速度对丝束进行拉伸，一般高于 4～10 倍。拉伸的目的是使大分子沿纤维轴向取向排列，提高纤维的强度。

(3) 热定型　消除纤维的内应力，提高纤维的尺寸稳定性，改善纤维的性能。

(4) 上油　使纤维表面覆上一层油膜，赋予纤维平滑柔软的手感，改善纤维的抗静电性。

(5) 卷取　利用热空气、蒸汽、热水、化学药品和机械方法对纤维平滑的表面进行卷取。

(6) 切断　根据纺织的需要，将纤维切成规定的短段，得到与各种混纺的天然纤维类似长度的短纤维。

(7) 打包　经过上述工序后，短纤维可打成包，作为成品出厂。

2. 长丝的后加工

长丝的后加工比较复杂，这是因为长丝需要一缕缕丝分别进行处理，并且处理条件相同。长丝后加工包括初捻、拉伸加捻、复捻、热定型、绕丝、包装等工序。

(1) 加捻　加捻是长丝特有的工序，目的是使复丝中各根单纤维紧密抱合，避免在纺织加工时发生断头或紊乱现象，并且提高纤维的强度。加捻分为初捻、拉伸加捻、复捻。初捻是将未拉伸的纤维有适当的捻度；拉伸加捻是将纤维杂乱的分子达到有规则的定向排列，增加纤维的强度；复捻是再一次补充加捻，使纤维具有规定的捻度，提高纺织加工的质量。

(2) 绕丝　将定型后的纤维在绕丝机上将丝筒退绕到锥形纸管，形成双斜面宝塔形式，以便于运输和纺织。

(3) 包装　经过绕丝后的宝塔筒子经过分级检验即可包装。

长丝的后加工中热定型与短纤维后加工基本相同。

纤维的品种不同，后加工工序也不同，如粘胶纤维由于在纺丝时具有了足够的牵引，在卷取过程中获得了一定的捻度，因此可以省去拉伸和加捻工序。又如卷取丝如果由溶液法纺制，在后加工中要有水洗和干燥工序。

三、其他的纺丝方法

1. 制备共混物的相分离熔体

纺丝成纤后，纤维结构横面成海-岛结构，进一步剥离这些“岛”纤维，而纺出更细的纤维，由此原理形成了超细纤维纺制技术。

2. 超高速纺丝技术

熔纺工艺提高纺丝速度，不仅可以提高生产率，而且兼具可以省去拉伸工序，得到全取向丝，以及减少不匀率等优点。目前聚酯的纺丝速度已达3000~4000m/min。

3. 静电纺丝技术

在喷丝组件中下设置一个高压静电场，当丝条自喷丝板喷出，进入空气中后，聚合物本身在纺丝过程中会产生静电，而在外加静电场的作用下，聚合物本身产生静电，会使丝条本身因静电斥力而变成更小更细的丝条，最细可达100nm左右。将这种丝条收集起来，即可纺得直径100nm纤维。

4. 高强度高模量纤维的制造技术

将聚丙烯腈原丝(或纤维原丝)在惰性气氛中，施加张力下，进行高温度处理，可得高强度高模量碳纤维。同样，将芳纶原丝在惰性气氛中，施加张力下，高温热处理，也可以明显提高高芳纶纤维的模量。

第十一章　高分子材料回收利用

第一节　概　　述

高分子材料的主体为高分子化合物，它包括塑料、橡胶和纤维。在众多的材料中，高分子材料以其优异的性能及较低的生产和应用投资尤其引人注目，加上它在很多应用领域取代了一些传统的和天然材料，使得它获得了高速的发展。据统计，在20世纪40年代到80年代的40年中，全世界钢的平均增长率为5.7%，木材为1.6%，水泥为6.4%，而塑料达到了13.6%，并且以大于10%的速度增长。80年代，许多材料增长缓慢，甚至下降，而高分子材料却突飞猛进，如：1978年全世界塑料产量5700万吨，1992年达到9990万吨，1994年为1亿吨，1996年为1.3亿吨，1998年达到1.4亿吨，合成橡胶产量也占整个橡胶工业总消耗量的三分之二左右，合成纤维在纺织原料中占45%~50%，甚至更多。因此有人说，世界已经进入了合成材料时代。而且随着科学技术不断提高，石油化学工业的不断发展，各行各业对高分子材料的要求也将更广泛，更多样化，促使高分子材料更迅猛发展。21世纪已经成为高分子材料高速发展和充分利用的世纪。

高分子材料的科技进步给人类带来了巨大的文明，但是同其他大规模生产一样，高分子制品在生产和使用过程中必然也会出现大量的废弃物。据资料报道，90年代初，我国每年废塑料量为376万吨，废橡胶量为84万吨，世界年均废塑料量为7000万吨。废橡胶量为1240万吨，而且随着制品产量的逐年增加，一年高于一年。如此庞大废弃物的出现给人们提出了严峻的问题：如何处理？

最初的高分子废弃物如：塑料农膜、废橡胶等，当它们失去使用价值后只是散落于土壤中，或掩埋地下，结果造成土质恶化。有的被抛入大海，结果造成海洋污染，毒害了海洋生物，形成二次公害。

分析高分子材料的组成，其主体为高分子化合物，当它失去使用性能成为废弃物时，其中的高分子链只是出现老化现象，即大分子降解或交联，并没有完全分解。若想完全分解不污染环境还需要漫长的岁月。从另一个角度看，这些“废弃物”只是部分失去了原有的性能，还有可以利用的价值，因此积极合理地进行废弃物再生利用是一项十分有意义的工作。这项工作既可以充分利用资源，又可以解决环境污染问题，是一条可持续发展之路。因此废弃高分子材料已经成为世界各国研究的焦点，为了保护环境，节约能源，促使人们加速了高分子材料废弃物的回收。

在我国废旧高分子材料的回收还处于初级阶段，实际回收率还比较低，还没有建立一套完整、切实可行的回收、管理、利用的规章制度。但是随着环境污染的日益加重，特别是塑料的白色污染，人们对回收的认识也越来越强烈。废弃物的回收处理已经不单纯是技术问题，它需要建立全社会的处理体系，建立科学的合理的回收技术系统，也需要政府的重视。

美国和日本是世界塑料生产的两大强国，每年废旧塑料的排放量也处于领先地位。据统计，美国2000年废旧塑料将超过1600万吨，按体积计算已经超过1.5亿吨的钢材。美国废旧塑料的研究工作在20世纪60年代就已经开始，回收的措施已经提到联邦议会，美国至少30个州制定了不同的立法来解决废弃物的问题。日本政府一直对废旧材料的回收问题持积极态度，出台和制定了各种计划，建立了各种机构、组织、委员会，并且专门研制废旧塑料回收设备向国外出口。此外，意大利的废旧塑料回收利用工作也做得比较好，它研制的废旧塑料分离机械系统，为废旧塑料的更合理更高效的回收提供了一种手段。

第二节　高分子废弃物

由于高分子材料的优越性能，使它应用甚广，涉及各个不同行业，加上高分子材料种类繁多，制品多样化，因此造成废旧高分子材料的来源复杂，给回收利用带来一定的难度。

通常可将废旧的高分子材料分为两大类：工业性废弃物和一般混杂性废弃物。

一、工业性废弃物

工业性废弃物是目前研究回收利用的高分子材料主要部分，它包括三方面的来源：树脂生产工厂、制品生产厂和社会上的废弃物。

1. 树脂生产厂的废弃物

树脂生产过程中往往会产生一些废树脂或副产物。例如：聚丙烯生产过程中的副产品无规聚丙烯(APP)；合成中未达到指标的产品；在反应釜中形成的附壁料；成品包装及运输过程中的落地料等等。严格地说这部分废树脂或副产物数量比较少，回收也比较容易，如APP经过处理可以作为助剂使用，落地料经过过筛等处理制成性能要求不高的制品等。

2. 制品生产厂的废弃物

制品生产厂是将树脂经过某种方法成型为制品，在这一过程中，不可避免地出现一些废品、边角料、试验料。例如：注射成型制品中的料把、飞边；压延及热成型的切边料；合成纤维熔融抽丝的废树脂和废纤维；试生产的废品等。这些废料无需鉴别分选，而且基本没有污染，废塑料可以破碎以一定的比例加入新料中再成型，废纤维可以重新造粒利用，也可以切断成短纤维加入塑料或橡胶中作为增强材料。

3. 社会上废弃物

这部分废弃物是指在使用、消费和流通过程中，由于失去原有的性能而丢弃的，是废旧高分子材料的主要来源。它主要包括农业领域和商业部门的废弃物。我国是一个农业大国，用于农业生产的高分子制品占有较大的比例，其中地膜是使用周期短、回收量大、回收难度较大的一类制品。商业部门的废弃物可以分为两类。一类是经销部门如商店使用的包装材料，这类包装材料大多为一次性的，基本没有污染，通过分类即可利用。另外一类是消费中废弃的制品，如食品盒、饮料瓶等杂品，这类废弃物必须经过分类、清洗才能再生利用。

二、一般性混杂废弃物

这类废弃物是指来自家庭日杂用品的废物，大部分为废旧的塑料，如一次性包装袋、饮料瓶、非一次性的日杂品。这些废弃物往往与其他垃圾混杂，回收较难。回收利用主要从减少容积的“减容”技术着手研究，但由于这部分废弃塑料的量较大，因此如何有效地回收家庭日用废塑料成为热点。目前我国北京等城市已经采取措施进行家庭垃圾分类，其利用前景是可观的。

下面介绍废旧高分子材料的概况。

1. 废塑料概况

高分子材料制品中数量较大的是塑料，20世纪90年代初统计数据表明，世界塑料总产量1亿吨左右，中国塑料制品达到537万吨。按同期产生的废弃物为产量的70%计算，那么世界年均废塑料约为7000万吨，中国376万吨。在这么多的废塑料中，通用塑料(聚乙烯PE、聚丙烯PP、聚氯乙烯PVC、聚苯乙烯PS)所占的比例比较大。根据一般通用塑料的使用寿命，用统计方法推算出年均废塑料制品量，通用塑料如：农膜、一次性包装膜在两年内将产生126万吨的废弃物；家用杂品玩具制品在5年内将产生约60万吨的废弃物；而周转箱、汽车、电工制品在9年内将产生78万吨的废弃物；管材、电缆等10年内将产生45万吨废弃物。除通用塑料外，还有30%的工程塑料，所产生的废弃物是不可忽视的。

2. 废橡胶概况

一般认为，橡胶制品的产生量约为消耗生胶产量的2倍。而在生胶产量中，天然橡胶约占30%，合成橡胶约占70%。统计资料表明，20世纪80年代中后期废橡胶产生量约占当年橡胶制品的40%~50%，而橡胶的回收量大约是废橡胶产生量的50%。

80年代世界年均生胶总消耗为1550万吨左右，年生产橡胶制品约3100万吨，其中50%是轮胎，其余50%制品为胶鞋、胶管、胶带及各类杂品。80年代后期世界各国所生产的废橡胶已经超过1300万吨。其中美国橡胶制品产量约为500万吨，这当中轮胎为300万吨，轮胎几乎每二三年就报废，每年报废轮胎约为2亿条，此外，每年还产生工厂废橡胶(边角料)约4.5万吨。在回收利用方面，美国年均再处理废橡胶量占20%，被堆放量为60%。在日本每年产生的废橡胶量约为96万吨，其中废轮胎约5000万吨，占橡胶的60%，废胶管、胶带及工业杂品占17%，其余为废胶鞋、电缆等。在回收利用方面日本的状况是：37%废轮胎被制成再生胶或废胶粉，13%翻新成新轮胎。

在我国，橡胶制品的产量还比较低，但是发展速度较快。80年代中期年均消耗生胶量为58万吨，橡胶制品超过116万吨，到了1992年生胶产量已经超过100万吨，橡胶制品约为74万吨左右，实际加工生胶量已经超过100万吨，橡胶制品在210万吨以上。我国废橡胶回收情况是利用率较高，年生产再生胶比例列世界前茅，再生利用以生产再生胶为主，胶粉工业刚刚起步，而且基本上是生产粗胶粉。

3. 废纤维概况

废旧纤维的数量不如废塑料及废橡胶多，但也是不容忽视的。

纤维的品种较多，因此废纤维的种类比较繁杂，由于用途不同，来源也不同。废旧纤维的来源有两个，一是来源于橡胶制品中，在制造产品时，为提高橡胶的强度，把纤维作为增强材料添加于橡胶制品中，使橡胶与纤维进行黏合，例如汽车轮胎的帘子线、输送带、三角带等等。作为橡胶增强材料的纤维主要为合成纤维，如维尼纶、尼龙6、尼龙66、涤纶等，另外也有人造纤维，如人造丝等。这类纤维的回收是与橡胶制品一起回收的，在制取再生胶前将废橡胶磨碎筛选后得到大量的短废纤维。这些废纤维用量占生胶的10%~60%，量比较大，回收后还是作为增强材料填充于混炼胶中制备橡胶类制品，如各类垫带、低档胶管、重车胎、三角带底胶、防水油毡等；另外也可以与混凝土一起制备具有较高冲击性能的混凝土制品。

二是纤维厂和纺织厂在生产过程中出现的各类规格的废纤维，其规格、品种单纯，而且基本无污染，可以制造有机化工产品，也可以作为填充材料进行利用。

第三节　高分子材料回收利用概述

高分子材料的回收利用大致可以分为：采用高效、无污染的物理方法，改善混杂废弃高分子材料的相容性和加工流变性，即废弃物被循环用来生产同类型的产品(简单再生)或废弃物资源化，成为其他类型产品的原料(复合再生)，统称为原材料再生，也称为一级回收和二级回收；通过聚合物的可控裂解和降解，从废弃材料回收有经济价值的单体，低分子量油脂及其他化学品，称为化学再生，也称三级回收；对无毒、热值高的高分子材料可以考虑用以制备洁净固体燃料，回收能量，称为能量回收，也称为四级回收。

一、一级回收

一级回收，也称为简单再生，再生工艺简单，成本比较低，这类再生大致分为两种情况：

1. 边角废料再生

制造过程中产生的边角料或不合格品，因为没有污染，不用经过分选、清洗等预处理，可直接通过磨碎与造粒，掺入新料中，塑化成型为原来的制品。

2. 废制品再生

使用过的制品，没有经过污染，也没有混入其他的组分的杂品，如回收的包装材料、防震材料，可以直接破碎后再生；或者经过清洗、干燥、破碎后造粒使用；或者直接塑化成型。

一级回收是一种以增加材料的总体密度来进行的回收，例如：薄膜或纤维等高倍拉伸的制品，废料的总体密度可能比初级加工中聚合物的总体密度低15~20倍，如果将这些废料进行正规生产，就会影响原材料的输送速度，从而影响产品的质量。

二、二级回收

二级回收，也称为复合再生。

混合的高分子材料是指一般性混杂废物及社会上的废弃物，它们可以由二级回收系统进行加工，也可以采用三级回收系统进行。二级回收单元作业主要包括减小尺寸、分离等。

1. 减小尺寸

在采用切碎机进行废旧材料的加工时，并不改变材料的组分，而是改变每一成分的尺寸分布。尺寸分布取决于各个材料组成的特性、设备的机械结构以及操作的工艺条件。

2. 分离

分离的目的之一是除去混入的金属、沙土、织物等，同时，对其中的高分子材料进行分选，以便于重新加工。用于废料的分离技术主要有密度法、浮选法、磁选法、静电分选法、手工分选法、低温分选法等等。二级回收料可以用于性能较低制品的生产。

三、三级回收

三级回收是指材料的热裂解与气化，即化学再生。高分子材料的热分解有三种加工形式：热裂解、气化与焚烧，其中焚烧可以列入四级回收。

1. 热裂解

热裂解是材料在惰性气体或自身产生的气体中发生热分解，分解可以按下列各种不同的反应模式进行：聚合物分解成单体，如聚甲基丙烯酸甲酯、聚四氟乙烯等；聚合物分子链断裂，如聚乙烯、聚丙烯等；脱去简单的组分，如聚氯乙烯脱去氯化氢，聚乙酸乙烯酯脱去乙酸等；脱去与交联链结合的侧链。

从回收的高分子材料中通过热分解可以得到低分子量的物质，而且多为化学成分不同的混合物，因此影响的因素比较多，如喂料组分、颗粒尺寸、含水分量与含灰分量、反应器的类型及操作条件(温度、程序、反应时间、加热介质、周围环境等等)。

2. 气化

气化不同于热裂解，是指废旧的聚合物在很高的温度下(高达1500℃)进行降解，它的产物是合成气体(如一氧化碳和氢气)。

四、四级回收

四级回收，即能量回收，主要针对于难于分选清洗，无法回收的材料，回收过程包括焚烧、水解及风蚀。

废弃物的焚烧可以理解为通过温度可控的燃烧，惰性可燃渣滓的减少。焚烧的主要目的是为了减少废弃物的体积。据介绍焚烧后废弃物的体积可减少90%以上，同时在焚烧的过程中产生热量，并且加以利用。废弃的高分子材料热值在9.3~14.0MJ/kg(煤的热值为25.6~27.9MJ/kg)之间，如果将不燃物除去，还可以提高热值。

第四节　高分子材料的回收利用

一、废塑料的回收利用

废塑料的回收利用大致可以按照上述四种回收方式进行：即简单再生、复合再生、化学再生、能量回收。相比较而言，原材料再生在减少原材料消耗方面的效率比较高，是循环经济的理想境界。

1. 原材料再生

不同类塑料原材料再生的方法见表11-1。

表11-1　不同种类废弃塑料的原材料再生方法

原料			处理方法	产品	备注
类别	种类	颜色			
一级回收	PE、PP、PS制品，床上用品、塑料箱、塑料部件(为工业废弃物，100%为塑料)	单色	分类、水洗、干燥、粗碎、粉碎、造粒	市售再生粒料	附加值最高、处理成本低
二级回收	PE、PP、PS及其共聚物制品，电线包皮、模塑料部件等(主要为工业废品，混入塑料量50%以上)	杂色、黑色	分选、粗碎、粉碎、水洗、干燥、熔融成型(挤出、注射、模压等)	电线滚筒、棒、台架、集装箱、人造鱼礁、容器、薄板、箱、底板等	

原材料再生中简单再生的回收料价值较高，但是塑料经过加工、使用，或多或少老化、降解，表现为分子量变小，拉伸强度、模量下降，熔体黏度下降，流动性能提高，结晶性聚合物的结晶度变小，熔点降低，因此只能降级使用，作为较低档次的制品。在加工成型过程中可以适当的加入添加剂，如稳定剂、抗氧剂、润滑剂、着色剂等，可改善加工性能、产品的外观以及防老化能力。复合再生的制品虽然性能不如简单再生，但是可以通过共混改性、

化学接枝、活性无机粒子填充、加入弹性体增韧、混入短纤维增强等等方法进行改善制品的力学性能。特别是对未经分离混杂的塑料，可制取性能良好的合金，如 PET/HDPE 混合物，因为两者不相容，分相，产品的性能极差，如果加入 10%的相容剂，冲击强度有极大提高。

提到塑料的相容性，这在原材料再生中，是一个不容忽视的问题。多数的塑料不相容，在加工时可以加入相容剂，但往往混杂的塑料是三组分或更多组分，因此很重要的环节是混杂塑料的分选问题。

混杂塑料的分选有以下几种方法：

(1) 手工分离法　手工分离法是比较古老的方法，首先除去混入的杂物以及被油污染、变黑、变焦的制品，然后再对废塑料进行品种的分离。表 11-2、表 11-3 是塑料的鉴别方法。

表 11-2　外观鉴别法

塑料种类	外　观　特　性
聚乙烯	未着色时为乳白色半透明蜡状，制品有滑腻感，柔而韧，稍能伸长。低密度聚乙烯比较软，HDPE 比较硬，染色前呈乳白色不透明
聚丙烯	未着色时为白色半透明，蜡状，比 PE 轻，透明性好，透气性低，比高密度聚乙烯硬
聚苯乙烯	未着色时无色透明，无延展性，似玻璃状材料，制品落地或敲打具有金属的清脆声，光泽与透明度胜于其他通用塑料，性脆，易断裂。改性聚苯乙烯不透明
聚氯乙烯	本色为微黄透明状，透明度超过聚乙烯、聚丙烯，次于聚苯乙烯，柔而韧，有光泽

表 11-3　简易燃烧鉴别法

种类	燃烧的难易	离火后是否熄灭	火焰的特点	燃烧的现象	气　味
PE	容　易	继续燃烧	底部蓝色，顶部黄色	无烟，熔化淌滴	与燃烧蜡烛的气味相似
PP	容　易	继续燃烧	底部蓝色，顶部黄色	有少量黑烟，熔化淌滴	石油味
PVC	难	熄　灭	黄色，底部绿色，喷溅绿色和黄色火焰，冒白烟	软化，能拉出丝，有刺鼻的辛辣味(氯味)	
PS	容　易	继续燃烧	橙黄色，冒浓黑烟，空中飞扬炭末	软化，起泡	芳香气味(苯乙烯味)
PA	中　等	慢慢熄灭	蓝色，顶部黄色	熔化淌滴，起泡沫	似羊毛、指甲烧焦气味

(2) 磁分离法　利用磁力原理将混入混杂材料中的金属杂质除去，特别是一些金属碎屑，对成型设备的损害比较大。磁分离采用具有磁性的皮带轮或交叉型皮带进行分选。

(3) 低温分离法　塑料在温度比较低的情况下，发脆容易粉碎，低温分选法就是利用各种塑料的脆化温度的不同，分段改变温度，就可以有选择地粉碎，而达到分选的目的。这种方法比较适合于 PVC 和 PE 的分离：将混合料加入预冷器中，冷却到-50℃，PVC(脆化温度-41℃)就可以在粉碎机内粉碎，而 PE 的脆化温度为-100℃，不能粉碎，用这种办法可以分选 PVC 和 PE。

(4) 密度分离法　密度分离法是利用各种材料具有不同密度的原理来进行分离的。如带有铝箔的塑料，或密度差别较大的塑料的分离，对于密度相差比较小的塑料，要配制特定密度的溶液，根据塑料的沉浮进行。表 11-4 为不同密度溶液的配制。

(5) 浮上分离法　浮上分离法是使用润湿剂调节水对塑料表面的润湿性，使某些塑料由疏水性变成亲水性，气泡粘附于疏水性塑料上浮，亲水性塑料则留于水中，达到分离的目的。

表 11-4　不同密度溶液的配制

溶　液	密度(25℃)/(g/cm³)	配 制 方 法	塑料种类应用举例	
			浮于溶液	沉入溶液
水	1	纯水	PE、PP	PVC、PS
饱和食盐溶液	1.19	74 水和 26 食盐	PS、ABS	PVC、PMMA
58.4%的酒精溶液	0.91	100mL 水和 160mL95%的酒精	PP	PE
55.4%的酒精溶液	0.925	100mL 水和 140mL95%的酒精	LDPE	HDPE
氯化钙水溶液	1.27	100g 氯化钙和 150mL 水	PS、PMMA、PE	PVC

此外，还有静电分离法、光学分离法、旋液分离法、空气分选法等等。

2. 化学再生

塑料的化学再生可以回收燃料油品和单体。

（1）单体的再生　单体的再生比较适合于高温下只解聚为单体的一类塑料，如 PMMA、POM、PA、PET 等，而像 PE、PVC、PP 等通过热解生成的单体比较少。典型的例子是 PET 的解聚，几乎全是单体。

（2）裂解为低分子燃料油品　这类热解技术比较适合于无规自由基分解类型的塑料，比如：PP、PE、PVC 等，可分为高温分解(600~900℃)和催化低温分解(低于 300~450℃)。所采用的工艺有油化工艺、气化工艺、炭化工艺、分解挤出工艺等。主要以油化工艺为主，油化工艺得到的主要是石油产品，如汽油、煤油、柴油、轻油等；气化工艺得到的产品主要为氢气、一氧化碳、甲烷、乙烯等。用分解挤出工艺 可以从塑料废弃物中最经济地连续获得低分子化合物。

化学再生可以使用混杂回收塑料，处理量比较大，得到的产品使用价值高，废弃塑料处理次数不受限制。但是要想得到指定的低分子化合物是比较困难的。

10g PE 废料，在 60g Al_2O_3 催化剂作用下，分段加热，从 350℃左右到 400~430℃，最后到 490℃，可以提取不同的馏分，见表 11-5。

表 11-5　PE 催化裂解产品及收率

产　品	汽　油	柴　油	重　油	可燃气体	炭化物
数量/kg	1.81	6.16	0.11	1.16	0.76
收率/%	18.1	61.6	1.1	11.6	7.6

3. 能量回收

能量回收一般是采用焚烧炉回收热量。表 11-6 为几种塑料的燃烧热，从表中看到，聚烯烃和 PS 的燃烧热与煤油、PA 和 PMMA 的燃烧热与煤相当。因此说回收废弃塑料的热量潜力巨大，必须充分利用。

能量回收有下列工艺路线：

（1）利用生产蒸汽的焚烧炉燃烧塑料废弃物。焚烧时，产生的热可用于生产大温室取暖用的蒸汽，或者用于工业加工和电力生产。

（2）在现存的热交换器系统中燃烧废弃物。比如在电厂的锅炉里，可使用废弃物补充矿物燃料。

利用焚烧炉进行能量回收，要注意的是一些塑料，如 PVC 燃烧可产生 HCl，PAN 会产生 HCN，PU 可生成氰化物等等，这些都会污染环境。

表 11-6　几种塑料的燃烧热

名　称	燃烧热/(MJ/kg)	名　称	燃烧热/(MJ/kg)
PE	43.3	木材	15~17
PP	44	石油	42
PS	40	煤	29
PVC	18~26	纸	13~15
ABS	35.3	皮革	19
热固性塑料	20	脂类	38

二、废橡胶的回收利用

废弃橡胶的回收通常采用以下途径：

1. 再生橡胶

以橡胶制品生产中已硫化的边角废料为原料加工成的、有一定可塑度、能重新使用的橡胶，简称再生胶。再生胶能部分地代替生胶用于橡胶制品，以节约生胶及炭黑，也有利于改善加工性能及橡胶制品的某些性能。再生胶生产过程包括粉碎、再生(脱硫)和精炼 3 个工序。

(1) 选料与水洗　按所用废胶不同，严格对废胶进行分类，如：外胎类、内胎类、胶鞋类等，并进行清洗，将非橡胶杂质清除干净。

(2) 粉碎　利用粉碎机进行粗粉碎和细粉碎。胶粉的粒度，一般在胎类 30 目以上，鞋类 26 目以上，杂胶类 22 目以上，并利用磁选机除去金属杂质和其中的纤维，保证再生胶的质量。

(3) 脱硫(再生)和去水　脱硫(再生)是保证质量的关键。再生过程是废胶在增塑剂(软化剂和活化剂)、氧、热和机械剪切的综合作用下使硫化橡胶的部分分子链和交联点断裂的过程。软化剂起膨胀和增塑作用，常用的有煤焦油、松节油、石油系软化剂、裂化渣油。活化剂能缩短再生时间，减少软化剂用量。常用的活化剂为芳香族硫醇及其锌盐和芳香族二硫化物。

新型脱硫方法的开发成功是再生橡胶技术的关键。国际上较流行的脱硫再生的方法有：动态再生法(恩格尔科法)、常温再生法、低温再生法(TCR 法)、低温相转移催化脱硫法、微波再生法、辐射再生法、压出法等。

(4) 精炼和滤胶　脱硫(再生)后的橡胶进行精炼，按照一定规格出片。

再生胶的工艺性能优于胶粉，适量掺入有利于橡胶的混炼加工。

2. 胶粉

胶粉是指没有脱硫的废橡胶通过机械方式粉碎后变成粉末状物质。生产胶粉的方法有：低温冷冻粉碎法、常温连续粉碎法、高压水冲击法等对废弃橡胶进行粉碎处理。

粉碎后的胶粉种类见表 11-7。

胶粉可以直接使用，加入硫磺、促进剂等混合，用成型机成型，可以制作低档品；精细胶粉可以直接掺入生胶中，降低成本，掺入的量为 10~20 份；利用胶黏剂把胶粉黏合制成任意形状的材料，用于如铺设运动场、制造防震材料等。

表 11-7　胶粉种类

胶粉种类	粒度/μm	胶粉种类	粒度/μm
超细胶粉	<74	细胶粉	300~500
精细胶粉	75~300	粗胶粉	500~1500

应用此法，与生产再生胶相比有以下优点：

(1) 工艺路线较短，省去脱硫、清洗、挤水、干燥、捏炼、滤胶、精炼等工序，设备、能耗及人工有较大幅度下降，也可节省废弃橡胶脱硫所需的软化剂、活力剂等原材料。

(2) 精细胶粉可直接掺入生胶中替代部分生胶，使制品成本下降。

(3) 生产过程中不存在气、水的环境污染。

(4) 与再生胶相比，精细胶粉掺入量大且力学性能好。工业制品的胶料中，精细胶粉可掺入50%，而再生胶只能掺入20%以下，对力学性能要求甚高的轮胎胎面胶和胎侧胶，精细胶粉掺入量可达20%~30%，再生胶只能少量用于档次较低的人力车胎中。

3. 热分解

热分解主要回收的产品为炭黑、液体油类和煤气等，是很有前途的一种再生技术。废轮胎的分解产物中，油、煤气占50%以上，炭占40%左右。各种生成物所占的比例因轮胎的种类、形状大小、分解方式、分解温度的不同而不同。油，一般相当于重油，可以作为燃料油或橡胶加工软化剂使用；炭可代替炭黑使用，它的化学分析性能与一般炭黑不尽相同，特别是灰分较大，粒径差别大，但经过重新粉碎、造粒后用于一般橡胶制品，如橡胶管、橡胶带、杂品、鞋底等，其物理性能与通用炭黑和高耐磨炭黑相近，也可作为活性炭使用；煤气可作为燃料使用。

废橡胶的热分解，根据加热方式不同可分为内热式、外热式、流动层加热式、过热蒸汽加热式、微波加热式等。加热方式不同，生成物的数量和性能也不同。但是热分解所采用的设备投资比较高。

4. 焚烧回收热能

废橡胶的燃烧热为27.2~33.5MJ/kg，相当于优质煤炭，可以直接利用燃烧时的热量，也可以作焙烧水泥的燃料。由于废轮胎中有燃烧好的橡胶、油等，也有燃烧不好的炭黑、不燃的钢丝、钢丝帘线等，因此在燃烧废橡胶时要注意使燃烧速度不同的物质同时燃烧；炭黑容易以未燃物排出，排气装置及锅炉传热面容易结垢；钢丝圈等金属熔化后容易固着在炉床上，所以要控制熔化程度；考虑炉渣如何处理等。

5. 间接利用

再生橡胶、胶粉、裂解后的炭黑，可以用于防水卷材、铺地材料等。

(1) 胶粉改性沥青，或胶粉、树脂同时用于改性沥青可制成密封膏、胶黏剂、厚质防水涂料、道路铺设材料等。

配方见表11-8、表11-9、表11-10、表11-11。

表 11-8　胶粉脂肪酸沥青油膏配方

组　　分	配比/质量份	组　　分	配比/质量份
60号石油沥青	48	10号机械油	20
10号石油沥青	52	胶粉	15
脂肪酸沥青	10	石棉绒	45
松焦油	10	滑石粉	95
生桐油	5		

表 11-9　胶粉(再生橡胶)沥青密封膏配方

组　分	配比/质量份	组　分	配比/质量份
氧化沥青	10	再生橡胶	15
胶粉(18 目)	30	高沸点石油软化剂	45

表 11-10　屋用胶粉沥青胶黏剂配方

组　分	配比/质量份	组　分	配比/质量份
石油沥青	54~56	石　棉	13~16
香豆酮树脂	2~4	松　香	2~4
胶粉	15~22	增塑剂	1~1.5

表 11-11　胶粉沥青厚质防水涂料配方　　质量份

组分＼编号	1	2	3
石油沥青 60 号	15	—	—
石油沥青 30 号	—	—	36
石油沥青 10 号	21	21.6	—
油　渣	—	14.4	—
胶　粉	24	24	24
汽　油	40	40	40

（2）再生橡胶　再生橡胶与沥青、填充料混炼后，可压延成非硫化型防水片材；制成再生橡胶沥青油毡；可与沥青等配成油溶型防水涂料、水乳型防水涂料等等。表 11-12 为油溶型再生橡胶防水涂料的配方。

表 11-12　油溶型再生橡胶防水涂料配方

组　分	配比/质量份	组　分	配比/质量份
石油沥青	100	氧化钙	2
再生橡胶	80	铝粉	10
云母粉	76	汽油	120
滑石粉	76	煤油	30
氧化铁黄	30		

6. 直接利用

废橡胶的直接利用是指在不经过化学变化(如再生、热分解等)，或在其形状不发生重大变化(如胶粉)的情况下，利用橡胶的原形或通过部分改制、修补而重新利用的方式。

所有的废橡胶制品，可以通过挑选、分类后直接利用或改制、修补后利用，利用种类以轮胎为主，主要有：

（1）轮胎翻修　将已经磨损的、不能使用的旧轮胎，在可能的范围内翻修，重新利用。经过翻新的轮胎的使用寿命为新胎的 60%~90%。一条轮胎可以翻新多次，如棉帘线轮胎为 1~2 次，尼龙帘线轮胎为 2~3 次，钢丝子午线轮胎为 3~6 次。每条翻新的轮胎所消耗的原材料为新胎的15%~30%，价格为新胎的25%~50%。

（2）轮胎改制　有些轮胎，比如外胎，使用时胎面损耗比较严重，可能胎侧、胎里、胎圈保持完好，因此不宜翻新用于汽车轮胎上。如8.25-20和9.00-20的汽车外胎，可以改制成32×6的马车胎。

（3）输送带翻修　将已经磨损、割伤、带芯局部破损或带宽减少的旧输送带，按照种类通过剥离覆盖胶、打磨、裁断、涂胶浆、成型、硫化、修理等，制成新的运输带。其使用性能和寿命接近新运输带。

（4）人工鱼礁　人工鱼礁是在海底人为地设置一定形状的礁状物，目的是为了增加和吸引鱼类及其他海洋生物。采用废轮胎作鱼礁，具有耐久性好、组装容易、施工费低廉、集鱼效果好、安全污染少等优点。

（5）水土保护材　利用废轮胎代替圆木，进行垒积、平铺、建造水道，都可以起到保持水土流失的作用。

（6）护舷　在废轮胎腔内填满废橡胶块或海绵，再用垫带把胎口封好，用铅丝捆扎后，代替护舷，放在小型鱼船的船头或船侧。码头也可采用大的废轮胎做护舷。

（7）树木保护材　为保护优质树木的生长，使它免受砂石的破坏，可将废轮胎割断，套在树干上，作为树木的保护材。

（8）牧场栅栏　利用废轮胎代替木材、铁材，做牧场的栅栏，避免对牲畜的伤害。

（9）缓冲材料　利用橡胶的弹性特点，废轮胎可作为缓冲材料，用于铁轨间、用于爆破的防护罩等。

除此以外，还可以用于加工鞋底、马具、垫片、施工用胶桶等等。

废橡胶的直接利用，能够尽量保持橡胶制品的物性和形状，花费的能源费和人工费比较少，又能使废橡胶得到最大限度的使用，是一种非常有价值的利用方式。

三、废纤维的回收利用

废纤维可以分为两大部分。一是纤维厂和纺织厂中的边角余料；再是来源于橡胶制品中的，作为增强材料使用的纤维，包括天然纤维和合成纤维，这部分纤维的种类多，量也比较大。各种橡胶制品使用的纤维种类见表11-13。

表11-13　橡胶制品中使用的纤维种类

橡胶产品名称	橡胶产品中纤维的种类	橡胶产品名称	橡胶产品中纤维的种类
汽车轮胎	尼龙6、尼龙66、人造丝、聚酯、棉	胶　管	锦纶、尼龙6、尼龙66、聚酯、棉
力车胎	尼龙6、尼龙66、人造丝、棉、维纶	胶　鞋	棉、维纶、聚酯
输送带	尼龙6、尼龙66、聚酯、棉、维纶	胶　布	棉、丝、聚酯
三角带	人造丝、棉、维纶、聚酯		

纤维厂和纺织厂中的边角余料中有天然纤维和合成纤维，天然纤维可以循环利用，制造低档的纺织物、造纸，合成纤维可以采用与废的热塑性聚合物同样的回收方法，如分解回收有机原料等；橡胶中纤维，由于二者结合比较牢固，很难绝对分开，因此可以再用于橡胶中，或者应用在建筑材料中。

1. 废纤维在橡胶制品中的应用

这里说的废纤维主要是指橡胶中的废纤维，比如半成品胶料中的边角余料，硫化胶中的纤维。前一种废纤维中含有橡胶，很难除掉，可以利用炼胶机破碎和轧炼制成纤维胶料，混入新胶料或单独硫化制成低档橡胶制品。后一种可以在橡胶再生的同时，通过破碎、旋风分离得到，里面要夹杂胶粉，它可以通过筛分，混入新胶中或单独粘合或硫化。

2. 废纤维在建筑材料中的应用

废纤维同废橡胶的回收利用一样，可以掺在再生橡胶中生产防水油毡、防水涂料、铺地材料。此外由于纤维的高强度性能，可以将废纤维，特别是废尼龙或聚酯帘子线作为分散填料与水泥、沙子、碎石一同混合，制成具有较高强度和耐冲击性的混凝土制品，提高混凝土的质量。

3. 废纤维分解回收有机原料

废纤维分解回收有机原料，即高分子材料的三级回收，也是材料的化学再生。

(1) 回收对苯二甲酸　用脂肪酸或羟基苯甲酸，或将过热水蒸气通入 300~400℃的废聚酯纤维中就可以回收对苯二甲酸。

(2) 回收对苯二甲酸二甲酯　废聚酯纤维和一元醇在高温和一个大气压的条件下，进行酯交换触媒反应，制得二羟基酯，再用甲醇进行交换反应回收对苯二甲酸二甲酯。

(3) 回收对苯二甲酸乙二醇酯　废聚酯纤维用过量的乙二醇分解，从反应液中馏出乙二醇，再用乙醇结晶，回收对苯二甲酸乙二醇酯。对苯二甲酸乙二醇酯是聚酯的中间体。

(4) 回收二胺　以硫酸作为触媒，加水分解尼龙 66，回收二胺。

(5) 回收己内酰胺　将尼龙和正磷酸按照一定比例混合，通入水蒸气，解聚的己内酰胺可以回收。

(6) 回收聚乙烯醇　废的维纶纤维用溶剂溶解，脱缩醛化，除去聚乙烯醇的凝固沉淀、酸和凝固剂，即可回收聚乙烯醇。

第五节　环境友好高分子材料

环境友好高分子材料是指在材料合成、制造或加工、使用过程中不会对环境产生危害(如污染或破坏环境)的材料，也称绿色高分子材料。

随着高分子材料的快速发展及其应用领域的不断扩展，高分子材料已成为社会发展和人类生活不可缺少的组成部分，为国民经济的发展起到重要的作用。但是高分子材料使用后产生的不可自然分解的废弃物对环境造成了极大的威胁，大量的高分子材料被废弃，变成污染源，它们不仅大煞风景，而且还造成地下水及土壤污染，妨碍动植物生长，危及人类健康和生存。传统的方法即我们前几节介绍的再生利用、能量回收、热量回收等方法。20 世纪 90 年代世界上许多大城市用于处理固体废物的垃圾掩埋场已被用完，一些发达国家开始向落后国家出口垃圾，但所有这些都没有彻底解决污染问题。发展可降解高分子材料成为重要的绿色途径。

可降解是指在高分子链上引入对热、光、氧、生物酶敏感的基团，使高分子材料在环境条件下可发生降解，进入自然或人工循环过程；或者利用淀粉、纤维素、甲壳素等天然高分子材料，以及它们与合成高分子材料通过共混或复合形成的降解高分子材料。

环境降解高分子材料是解决高分子材料污染问题的重要途径之一，近年来引起人们的关注，各国积极从事环境友好高分子材料的研究与开发，并已取得一些成绩。一些产品已工业化，走向市场，同时市场需求量也逐年提高。

高分子材料在各种条件下都可发生降解，在热的作用下发生热降解，在机械力作用下发生机械降解，在氧的作用下发生氧化降解，在化学试剂作用下发生化学降解，在光、生物作用下发生光降解、生物降解等。可在环境条件下发生降解的高分子材料，主要以光、生物降解为主。

但是大多数高分子材料在环境条件下不发生降解或降解很慢，如聚苯乙烯、聚氯乙烯、聚甲醛、聚丙烯、聚四氟乙烯、聚乙烯等，但也有一些高分子如水溶性高分子像聚乙烯醇、聚醚、聚胺、聚酐、聚酯(指脂肪族聚酯)等会发生降解。目前环境降解高分子可分为光降解、生物降解和光-生物降解高分子。

一、生物降解高分子材料

生物降解高分子材料，亦称之为“绿色生态高分子”，是指在一定条件下，能在微生物分泌酶的作用下而分解的材料。

1. 主要用途

(1) 利用其生物可降解性，解决环境污染问题，以保证人类的可持续发展。

(2) 利用其可降解性和吸收性，用作生物医用材料。这类材料可在生物体内分解，参与人体的新陈代谢，并最终排出体外。

目前生物可降解高分子材料的基本特征是在自然界能完全生物降解。美国、日本、德国等发达国家都先后制定了限用或禁用非降解塑料的法规，不少国家还制定了生物可降解高分子材料的研究开发计划和措施。我国的北京大学、同济大学、中国科学院化学所、中国科学院成都有机所等单位也开展了这方面的研究，由于成本、技术、投入等因素的制约，虽然对生物降解高分子材料已有研究和试用，但对其开发和应用，尤其是工业化集成技术的形成还亟待解决。

人们期盼着不久的将来，从环境保护和资源有效利用两个方面来开展生物降解高分子的研究和开发，为人类的可持续发展打下必不可少的材料技术基础。

2. 几种生物降解高分子材料

(1) 生物塑料：这是一类由微生物合成的生物降解塑料，简称生物塑料，包括生物聚酯、生物纤维素、多糖类和聚氨基酸等，是一类能完全被自然界中的微生物降解的塑料。微生物体内贮存的动植物脂肪或糖原，是一类脂肪族聚酯，称为生物聚酯，是微生物的营养物质。当无碳源存在时，这些聚酯可分解为乙酰辅酶作为生命活动的能源。

(2) 聚乳酸塑料：聚乳酸(PLA)又称聚丙交酯，是以微生物发酵产物乳酸为单体化学合成的一种聚合物。使用后可自动降解，不会污染环境。聚乳酸可以被加工成力学性能优异的纤维和薄膜，其强度大体与尼龙纤维和聚酯纤维相当。聚乳酸在生物体内可被水解成乳酸和乙酸，并经酶代谢为 CO_2 和 H_2O，故可作为医用材料。日本、美国已经利用聚乳酸塑料加工成手术缝合线、人造骨、人造皮肤。聚乳酸还被用于生产包装容器、农用地膜、纤维用运动服和被褥等。

(3) 淀粉塑料：含淀粉在90%以上，添加的其他组分也是能完全降解的，目前已有日本住友商事公司、美国Wamer-Lamber公司、意大利Ferrizz公司等宣称研究成功含淀粉量在90%~100%的全淀粉塑料，在1月~1年完全生物降解而不留任何痕迹，无污染，可用于制造各种容器、瓶罐、薄膜和垃圾袋等。

全淀粉塑料的生产原理是使淀粉分子变构而无序化，形成了具有热塑性的淀粉树脂，因此又称为热塑性淀粉塑料。其成型加工可沿用传统的塑料加工设备。

以淀粉为原料开发生物降解塑料的潜在优势在于：淀粉在各种环境中都具备完全的生物降解能力；塑料中的淀粉分子降解或灰化后，形成二氧化碳气体，不对土壤或空气产生毒害；采取适当的工艺使淀粉热塑性化后可达到用于制造塑料材料的机械性能；淀粉是可再生资源，取之不绝，开拓淀粉的利用有利于农村经济发展。

目前，国内外生物降解高分子材料的研究开发已取得了不小的进展，但在发展中也存在不少问题。生物降解是一个自然分解过程，在自然环境中通过微生物的作用，有机物转化为简单的化合物、矿物质，重新参与自然循环。生物降解过程复杂、试验评价因难，至今没有统一的定义，现列举几个有代表性的定义。

依据美国材料和测试协会(ASTM)的定义：生物降解高分子材料是在细菌、真菌、藻类等自然界存在的微生物作用下发生化学、生物或物理作用而降解或分解的材料。

日本生物降解塑料协会的定义：生物降解高分子材料是在自然界中微生物作用下能分解成对环境无不良影响的低分子化合物的材料。

理想的生物降解塑料是一种具有优良的使用性能、废弃后可被环境微生物完全分解、最终被无机化而成为自然界中碳素循环的一个组成部分的高分子材料。

生物降解高分子材料目前还处在不断发展的阶段，技术含量高，应用前景看好。其中化学合成型和微生物合成型目前主要的问题是产品成本过高，主要应用于一些特殊的领域如医用材料等。

二、光降解高分子材料

大部分聚合物的自氧化反应的活化能为 41.8~167.2kJ/mol，化学键的解离能为 167~600kJ/mol，太阳光中波长为 290~400nm 的紫外光的光量子能量为 412.5~299.2kJ/mol。因此，到达地面的紫外光可使塑料中的弱键断裂，发生降解反应，先变成粉末状，而后再被微生物分解，最终变为为 CO_2 和 H_2O，进入自然界生态循环。

按制造方法可将光降解高分子材料分成合成型降解材料和添加型降解材料。

1. 合成型光降解材料

合成型光降解高分子材料主要是通过共聚反应在高分子主链引入羰基型感光性基团而赋予其光降解特性，并通过调节羰基基团含量控制其光降解活性。通常采用光敏单体 CO 或烯酮类(如甲基乙烯基酮、甲基丙烯基酮)与烯烃类等单体共聚，可合成含羰基结构的光降解型 PE、PP、PS、PVC、PET 和 PA 等。目前已实现工业化的光降解性聚合物有乙烯/一氧化碳共聚物和乙烯酮共聚物。

(1) 乙烯/一氧化碳共聚物(E/CO)：光降解以主链断裂为特征。E/CO 的光降解速度和程度与链所含的酮基的量有关，含量越高，降解速度越快，程度也越大。美国德克萨斯州的科学家曾对 E/CO 进行过户外曝晒实验，在阳光充足的六月，E/CO 最快只需几天便可降解。

(2) 乙烯基类/乙烯基酮类共聚物(Ecolyte)：Ecolyte 分子侧链上的酮基在自然光的作用下可发生分解。Ecolyte 的光降解性能优于 E/CO，但成本也较高。

上述的两种光降解材料主要用于农膜、包装袋、容器、纤维、片材、泡沫制品等。羰基化聚合物的主要缺点是一旦在光的作用下就发生降解，没有诱导期，使用时必须加入适当的稳定剂，以控制光降解过程。

2. 添加型光降解塑料

添加型光降解塑料是在聚合物中添加少量光敏剂，在低浓度时是光氧化降解催化剂，经日光(紫外光)辐照而发生反应，使聚合物高分子断裂。

目前，常用的光敏剂有：过渡金属配合物(如二硫代氨基甲酸盐)、硬脂酸盐(如硬脂酸铁)、卤化物(如N-卤化乙内酰脲)、羧基化合物(如蒽醌)、酮类化合物(如二苯甲酮)、多核芳香化合物(如茂)以及某些光敏聚合物(如聚异丁烯)和合成光降解聚合物等。

在PE、PP等聚合物中添加酮类等光敏剂都可取得较好的光降解性。

添加型光降解塑料成本低，生产工艺简单，做覆盖地膜使用效果较好。但其降解特性是曝光面降解比较彻底，埋在土壤里的部分则降解较差。这类光降解塑料的降解诱导期可控制在二个月以上。但降解时间可控性较差。

光降解高分子材料技术相对较成熟，其市场占有率目前达70%~80%。但由于其降解方式的局限，其应用和发展今后将会受到挑战。

三、光-生物双降解高分子材料

光-生物双降解高分子是结合光和生物双降解作用以达到完全降解的目的，它是当前可降解高分子材料的主要研究、开发方向之一。

光-生物双降解高分子材料是淀粉等生物降解剂首先被生物降解，消弱聚合物的基质，使聚合物母体变为疏松，增大表面/体积比。同时日光、热、氧等引发光敏剂，促氧化剂和生物降解增敏剂的光氧化和自氧化作用等，导致聚合物的氧化、断裂。使聚合物分子量下降到能被微生物所消化，最终变成二氧化碳和水，被农作物吸收。

光-生物双降解高分子材料的生产工艺复杂，设备投资大，生产成本相对较高，这使它的竞争力受到一定程度的限制。

四、复合降解高分子材料

复合降解高分子材料是集光降解、生物降解和化学助剂诱导性降解为一体的新型可环境降解高分子材料。它不用淀粉而是采用价廉的无机基料碳酸钙，配以聚烯烃和各种助剂，采用先进的生产工艺和设备制造而成。复合降解高分子材料的降解首先是通过诱导性光降解，使聚合物的大分子降低到能被微生物侵蚀、吞噬的分子量以下，最后通过生物侵蚀性降解，达到完全降解目的，使源自自然的物质重新回到大自然当中。

使用碳酸钙做基料带来很多优点，如制品的加工性能好，产品理化性能好，降解诱导期可控，尤其是碳酸钙的价格远远低于淀粉，添加使用量占60%~70%，可使生产成本大幅度降低。

复合降解高分子材料的生产工艺简单，设备造价低廉，复合降解高分子材料可回收再利用，已具备工业化生产和大规模推向市场的条件。

我国在降解高分子材料这方面的研究开发也较早，始于20世纪70年代，但在90年代以前基本上没取得大的进展。为此，国家将降解高分子材料的开发列入了国家“八五”及“九五”重点科技攻关计划，在一些方面已经取得了一定进展。

国内除合成型光降解、完全生物降解塑料外，降解塑料的研发进程与世界同步，技术水平和世界先进水平接近或相当。其中淀粉细化、疏水改性技术和淀粉高填充等技术已拥有自主知识产权。

据不完全统计，我国目前从事降解塑料研发的单位有100多家，部分形成了产学研结合的开发体系。例如以绿色高分子为主的研究所和科研机构，如由中国塑料加工工业协会和北京工商大学联合共建的环境友好高分子材料技术中心，主要从事生物基材料、降解塑料、轻量化塑料和绿色阻燃制品的研发、测试。四川大学的环境友好高分子材料教育部工程研究中心，主要研究方向为生物基高分子材料、生物降解高分子材料、废弃高分子材料的回收利用等。工程研究中心将致力于该领域科技创新和成果的工程化研究，与相关企业紧密合作，推进科研成果的产业化。中国科学院理化技术研究所嘉兴工程中心，中心建有“绿色催化与环境友好材料”嘉兴市重点实验室。

第十二章　高分子材料研究进展与前瞻

一、高分子材料研究的进展

1. 高分子化学

在高分子化学领域，新的有用的高分子化合物的分子设计及合成、新的聚合反应及聚合方法，始终是高分子化学研究的前沿领域。在这个发展线索的推动下，可控制反应物的空间立构及其分子量、分子量分布的可控聚合、活性聚合、生物酶催化聚合，微生物合成，新功能化合物的分子设计及合成，高性能化合物的分子设计及合成，纳米粒子的合成方法，各种有机-无机分子内杂化材料的合成，聚合物加工成型过程中的化学反应，聚合物材料的化学改性方法，基于分子识别和着眼于各种新功能材料探索而出现的分子有序组装体系的设计和组装合成方法而形成的超分子体系组装化学等，已成为当今高分子化学的前沿领域。

2. 高分子物理

高分子链结构研究、聚合物的聚集态结构研究以及这种结构与高分子聚合物作为材料使用时所体现出来的性能、功能间的关系研究始终是高分子物理研究的主要线索。在这种研究线索指引下，有关高分子链结构、聚集态结构的新观点、新现象、新的研究方法、对聚集态本质及其变化过程的理论归纳等课题成为高分子物理研究的前沿领域。

与“静态”的结构研究相比，高分子的“动态”结构研究，诸如分子链运动及动力学行为、聚集态的亚稳态结构现象及其变化规律、聚合物流体的非线性黏弹行为等，更是近年来展现的一些前沿领域。

此外，聚合物的表面、界面结构和性质研究、材料力学性质的分子运动依据、电子功能聚合物的分子原理、生物高分子的链结构和聚集态结构、生物高分子聚集态结构和生命现象的关系以及难溶高分子分子量的表征研究等，也成为当今高分子物理研究的前沿领域。

关于高分子科学的理论研究领域，采用新观点、新模型、新概念对实验现象进行理论归纳，在新概念、新理论指导下采用数学、计算机方法解决高分子科学实验中的实际问题，是高分子科学理论研究领域的前沿课题。

3. 高分子工程(聚合反应工程和聚合物成型)

这个领域的前沿研究领域有用于制备新塑料、纤维、弹性体、胶黏剂等高分子化合物的前期工业合成技术研究，聚合物新成型方法、新成型技术、成型工艺过程和聚合物结构控制的关系等。高分子工程是高分子科学三个主要分支中形成最晚的一个学科分支，而这个分支学科研究水平的高低，直接影响着高分子工业的发展。目前这个分支学科在我国高分子科学研究中是相对薄弱的环节。

二、高分子材料研究的前景和发展方向

1. 通用高分子材料主要向高性能、多功能、低污染、低成本方向发展

通用高分子材料主要是指塑料、橡胶、纤维三大类合成高分子材料及涂料、胶黏剂等精细高分子材料。高性能、多功能、低成本、低污染(环境友好)是通用合成高分子材料显著的发展趋势。在聚烯烃树脂研究方面，如通过新型聚合催化剂的研究开发、反应器内聚烯烃

共聚合金技术的研究等来实现聚烯烃树脂的高性能、低成本化。高性能工程塑料的研究方向主要集中在研究开发高性能与加工性兼备的材料。通过分子设计和材料设计，深入、系统地研究芳杂环聚合物材料制备中的基本化学和物理问题，研究其多层次结构及控制技术，认识结构与性能之间的本质联系，寻求在加工性能和高性能两方面都适合的材料。合成橡胶方面，如通过研究合成方法、化学改性技术、共混改性技术、动态硫化技术与增容技术、互穿网络技术、链端改性技术等来实现橡胶的高性能化。在合成纤维方面，特种高性能纤维、功能性、差别化、感性化纤维的研究开发仍然是重要的方向。同时生物纤维、纳米纤维、新聚合物纤维的研究和开发也是纤维研究的重要领域。在涂料和胶黏剂方面，环境友好及特殊条件下使用的高性能涂料和胶黏剂是发展的两个主要方向。

2. 功能高分子材料发展迅速，应用领域不断扩大，越来越多的功能高分子材料将从科学发明、发现走向实际应用

在有机/高分子光电信息功能材料领域，光、电、磁等功能高分子材料作为新一代信息技术的重要载体，在21世纪整个信息技术的发展中将占有极其重要的地位。非常值得关注并可能取得突破的重要方向是：有机/高分子显示材料特别是电致发光材料、超高密度高分子存储材料、高分子生物传感材料等。此外，还有新型功能高分子材料的设计、模拟与计算、合成与组装以及分子纳米结构的构筑。高分子的组装、自组装以及在分子电子器件上的应用研究等。

在生物医用材料领域，总的发展趋势是：从简单的植入发展到再生和重建有生命的组织和器官；从大面积的手术损伤发展到微创伤手术治疗；从暂时性的组织和器官修复发展到永久性的修复和替换；从药物缓释发展到控释、靶向释放。生物医用材料研究的重点是：基于生物学原理，赋予材料和植入体生物结构和生物功能的设计；可靠地试验材料生物安全性和预测材料长期寿命的科学基础；先进的工艺制造方法学。

在吸附分离材料领域，分离膜的发展重点是在研究聚合物分离膜制备、成膜机理及其与聚合物结构关系基础上实现膜结构与膜分离性能的预测、调控与优化；通过分离膜与生化技术的集成，实现合成高分子膜材料的强度与可加工性能以及天然生物膜的特殊选择性与生物活性的有机组合。对于吸附分离树脂，不直接利用生物配体，而是通过模拟亲和作用及超分子化学的多重作用(分子识别)来设计合成具有分子识别特征的高选择性吸附树脂材料，具有重要的理论意义和实用价值。新型印迹聚合物材料的设计与制备及选择性分离功能的研究也是重要的发展方向。

3. 高分子材料科学与资源、环境的协调发展越来越受到重视

基于石油资源的合成高分子材料已得到了大规模的应用，在带给我们方便的同时也带来了环境污染的问题，而且50年后将面临石油资源逐渐枯竭的威胁。因此，基于可再生的动物、植物和微生物资源的天然高分子将有可能成为未来高分子材料的主要化工原料。其中最丰富的资源有纤维素、木质素、甲壳素、淀粉、各种动植物蛋白质以及多糖等。它们具有多种功能基团，可通过化学、物理方法改性成为新材料，也可通过化学、物理及生物技术降解成单体或齐聚物用作化工原料。为解决环境污染问题，一方面生物降解高分子材料的研究已成为研究热点，另一方面废弃高分子材料的回收利用也成为重要研究方向。生物降解高分子材料在20世纪末和21世纪初得到迅速的发展，特别是一些发达国家的政府和企业投入巨资开展生物可降解高分子材料的研究与开发，已取得可喜的进展。生物降解高分子材料要求具有好的成型加工性及使用性能，在完成其使用功能后容易降解，同时还应具有可接受的成本。而实现废弃高分子材料的回收利用，建设高分子材料绿色工程，是保护人类生态环境、实现资源充分利用、保证经济和社会可持续发展必须确实解决的全球性战略问题。

4. 高分子材料加工领域的研究不断拓展并深化

高分子材料的最终使用性能在很大程度上依赖于经过加工成型后所形成的材料的形态。聚合物形态主要包括结晶、取向等，多相聚合物还包括相形态（如球、片、棒、纤维等）。聚合物制品形态主要是在加工过程中复杂的温度场与外力场作用下形成的。因此，研究高分子材料在加工过程中外场作用下形态形成、演化、调控及最终“定构”，发展高分子材料加工与成型的新方法，对高分子材料的基础理论研究和开发高性能化、复合化、多功能化、低成本化及清洁化高分子材料有重要意义。目前这一学科前沿研究领域的主攻方向是：研究在加工成型过程中材料结构的形成与演变规律，实现对材料形态的调控；探索新型加工原理和开发新加工方法。

另外，对于功能高分子材料和自组装超分子结构材料的加工正成为新兴的研究领域。例如通过新型的加工方法得到不同微纳尺寸的结构应用于光电器件等领域。

5. 高分子材料科学与其他学科的交叉不断加强

高分子材料科学与生物科学、生物工程、化学、物理、信息科学、环境科学等的交叉既促进了高分子材料科学本身的发展，同时又使高分子材料扩大了其应用范围。例如，仿效生物体的结构或其特定功能的仿生高分子材料，是发展生物材料的重要途径。对有机/高分子材料电子过程的研究是使有机高分子材料科学与信息科学紧密结合，使有机塑料电子学成为一个重要研究方向。扫描探针显微镜和超高分辨率等现代检测技术的发展使有机/高分子纳米材料的研究得以深入。

三、高分子材料加工行业对人才的需求

1950 年以前我国的高分子科学和工业几乎是一片空白。当时国内没有一所高等学校设立高分子专业，更没有开设与高分子科学与工程相关的课程。1954～1955 年，国内首批高分子理科专业和工科专业分别在北京大学和成都工学院相继创立。时至今日全国各层次的高等学校中设置高分子科学、材料与工程专业和开设高分子课程的学校在百所以上。近 50 年来为国家培养出了大批高分子专业人才，大大地促进了高分子工业的发展。

今天，我国在高分子科学基础研究、专业技术人才培养以及各种高分子材料的生产发展相对迅速。所需人才大都为复合型的，如既懂高分子材料成型工艺及模具，又懂产品造型设计的高级复合型人才；既懂高分子材料成型工艺，又懂模具设计和加工的高级复合型人才；既懂高分子材料成型工艺，又懂得维修管理高分子材料成型加工设备的高级复合型人才。

主要参考文献

[1] 高俊刚等.高分子材料.北京:化学工业出版社,2002

[2] 张留成等.高分子材料基础.北京:化学工业出版社,2002

[3] 张德庆等.高分子材料科学导论.哈尔滨:哈尔滨工业大学出版社,1999

[4] 周达飞等.高分子材料成型加工.北京:中国轻工业出版社,2000

[5] 吴培熙等.聚合物共混改性.北京:中国轻工业出版社,1996

[6] 封朴.聚合物合金.上海:同济大学出版社,1997

[7] 黄家康等.复合材料成型技术.北京:化学工业出版社,1998

[8] 黄伯琴.合成树脂.北京:中国石化出版社,2000

[9] 程曾越.合成橡胶.北京:中国石化出版社,2000

[10] 王少春.合成纤维.北京:中国石化出版社,2000

[11] 董纪震等.合成纤维生产工艺学.北京:中国纺织出版社,1987

[12] 张美珍等.聚合物研究方法.北京:中国轻工业出版社,2000

[13] 王国权等.聚合物改性.北京:中国轻工业出版社,2000

[14] 陈祥宝等.树脂基复合材料制造技术.北京:化学工业出版社,2000

[15] 马德柱等.高聚物的结构与性能.北京:科学出版社,1999

[16] 范仁德.废橡胶的综合利用技术.北京:化学工业出版社,1989

[17] 刘均科等.塑料废弃物的回收与利用技术.北京:中国石化出版社,2000

[18] 冯新德等.高分子辞典.北京:中国石化出版社,1998

[19] 韩冬冰.高分子科学与材料基础.北京:学苑出版社,1996

[20] 金国珍.工程塑料.北京:化学工业出版社,2001

[21] [日]加藤顺,陈桂富等译.功能性高分子材料.北京:烃加工出版社,1996

[22] 贡长生,张克立.新型功能材料.北京:化学工业出版社,2001

[23] 山西省化工研究所,聚氨酯弹性体.北京:化学工业出版社,2001

[24] 朱广军.涂料新产品与新技术.南京:江苏科学技术出版社,2000

[25] 周震.印刷油墨.北京:化学工业出版社,2000

[26] 幸松民,王一璐.有机硅合成工艺及产品应用.北京:化学工业出版社,2000

[27] 李绍雄,刘益军.聚氨酯树脂及其应用.北京:化学工业出版社,2002

[28] 王孟钟,黄应昌.胶黏剂应用手册.北京:化学工业出版社,1987

[29] 沃丁柱.复合材料大全.北京:化学工业出版社,2000

[30] Wang Huimin, Mei Minghua, Jiang Yongcai. A study on the preparation of polymer/montmorillonite nano-composite materials by photo-polymerization. Polym. Int. 2001, 51: 7~11

[31] 赵文元,王亦军.功能高分子材料化学.北京:化学工业出版社,1996

[32] 潘则林, 王才. 水溶性高分子产品应用技术. 北京: 化学工业出版社, 2006

[33] 夏宇正, 陈晓农. 精细高分子化工及应用. 北京: 化学工业出版社, 2005

[34] 郑晓宇, 吴肇亮. 油田化学品. 北京: 化学工业出版社, 2001

[35] 于涛, 于伟, 曲广淼. 油田化学剂. 北京: 石油工业出版社, 2008